海州湾近岸海域现代沉积动力环境

张存勇　著

海洋出版社

2015年·北京

内容简介

本书较为全面地研究了海州湾近岸海域的动力环境、沉积物、沉积速率与沉积通量、沉积物粒径趋势分析、粒径谱、多组分分离、端元模型分析、分形特性、悬沙、悬沙级配、悬沙通量、悬沙动力机制、岸线变化对沉积动力环境的影响以及沉积动力变化的环境效应，是作者近10年来在该区域研究的一系列成果，其中部分资料因海湾开发不可再得而具有历史性，是海州湾近岸海域开发前后对比的宝贵资料。因此，本书可为继续深入研究区域自然过程和人类活动作用下海州湾近岸海域现代沉积动力环境提供有价值的基础资料，也可为近岸海域生态环境保护、岸线开发利用、港口开发与疏浚、核电站取排水、重大海岸工程设计、清淤防洪、合理开发国土资源、协调人地关系提供科学依据。

本书可供海洋沉积研究人员以及与海洋沉积有关的港口航道、海岸工程、环境、流体力学、生物地球化学等领域相关人员参考。

图书在版编目（CIP）数据

海州湾近岸海域现代沉积动力环境/张存勇著．—北京：海洋出版社，2015.12
ISBN 978－7－5027－9303－6

Ⅰ.①近…　Ⅱ.①张…　Ⅲ.①近海－海洋沉积学－海洋动力学－沉积环境－研究－连云港市
Ⅳ.①P736.21

中国版本图书馆CIP数据核字（2015）第289446号

责任编辑：常青青
责任印制：赵麟苏
海洋出版社　出版发行
http://www.oceanpress.com.cn
北京市海淀区大慧寺路8号　邮编：100081
北京华正印刷有限公司印刷
2015年12月第1版　2015年12月第1次印刷
开本：889mm×1194mm　1/16　印张：17
字数：538千字　定价：58.00元
发行部：62132549　邮购部：68038093
总编室：62114335　编辑室：62100038
海洋版图书印、装错误可随时退换

前　言

海州湾近岸海域位于黄海中部，连接长三角经济区北部和环渤海经济区南部，辐射中西部地区，是丝绸之路经济带和21世纪海上丝绸之路交会带，在区域经济协调发展中具有重要战略地位。随着江苏沿海开发国家战略和连云港市“城市东进，拥抱大海”战略的实施，已开始在海州湾实施以基础设施建设为先导，以海湾中心城市为枢纽，以大型港口为引擎，以现代海洋产业为主体，以海州湾沿海区域为经济载体的海湾型经济发展模式，客观和必然地必将经济和社会各优势要素向海州湾地域空间集聚，连云港“一体两翼”港口建设、围海造陆大型人文工程以及滨海新城建设必将对海州湾近岸海域现代沉积动力环境产生一系列影响。

海州湾是个年轻的海湾，在1712年以前还不成为海湾，其形成发育是1128—1855年间世界级高浊度黄河携带大量泥沙在江苏倾注入海700多年淤积的结果，属于废黄河三角洲北侧的一部分。1855年黄河北归从渤海入海后，大量泥沙来源缺失，致使海岸动力条件发生变化，废黄河口两侧海岸也进入了逆向调整过程，亦即泥沙再侵蚀、再搬运、再淤积，独特的形成历史塑造了我国典型的开敞型淤泥质近岸海域。

淤泥质近岸海域沉积物的一个重要特点是在水动力作用下极易受到侵蚀而再悬浮成为悬沙，以悬移质运动。“波浪掀沙，潮流输沙”形象地描述了波流共同作用下淤泥质近岸海域泥沙的运动机制。由于潮流和波浪的时空尺度相差较大以及海洋动力因素的多样性和随机性，泥沙运动过程复杂，一直是科学技术史上的重点和难点，很多问题尚未解决。

近岸海域沉积动力过程涉及岸滩演变、海岸工程、资源开发、环境保护以及海岸带管理等诸多领域。作为实施江苏沿海开发国家战略的重要区域和国家确定的3个海洋开发区之一，海州湾近岸海域的科学开发急需寻求包括海洋沉积动力环境在内的海洋科学研究以提供理论依据和技术支持。海洋科学本质上是一门以观测为基础的科学，离不开大量观测数据和资料积累，尤其是人类开发海洋活动，如围海造港、岸线开发等局部改变海域性质致使部分海洋观测资料因不可再得而成为海洋开发前后对比的宝贵资料。本书是作者近10年来在该区域研究的一系列成果，是第一部较为全面研究海州湾近岸海域沉积动力环境的著作，书中以大量翔实的现场观测资料研究了海州湾近岸海域现代沉积动力环境，取得了一些定量结果和一些具有新意的独到见解。

全书内容分为17章，第1章介绍了海州湾近岸海域的概况；第2章至第4章介绍了海州湾近岸海域的动力环境，基于大量实测资料研究了潮汐动力、潮流动力和海浪动力环境；第5章至第11章介绍了海州湾近岸海域的沉积物，研究了沉积物粒径趋势、沉积物粒径谱、多源组分、端元模型和分形特性、计算了沉积速率和沉积通量，探讨了在区域自然因素和人类活动影响下海州湾近岸海域沉积环境以及沉积物的堆积变化规律；第12章至第15章介绍了海州湾近岸海域的悬沙及其动力机制，该部分以多学科共同关注的悬沙为研究对象，以近底悬沙浓度变化作为沉积物是否发生再悬浮的判定指标，以海底沉积物作为重要的源和汇，运用小波分析、悬沙通量机制分解、悬沙级配变化、数值实验等方法，研究了悬沙浓度形态变化较为明显的海州湾近岸海域沉积物再悬浮过程，探索了再悬浮过程中一些有价值的现象和规律，提出可根据悬沙通量机制中的潮泵效应确定悬沙浓度周期分量产生的输移方向，丰富了陆海相互作用过程和现代沉积动力学理论；第16章介绍了岸线变化对沉积动力环境的影响；以连云港港口海域为例，基于岸线变化资料，定量研究了人类开发活动对半封闭海湾式港口海域水动力和纳潮量的影响，以期评估和预测海洋开发活动对港口海域沉积环境的影响；第17章介绍了海州湾近岸海域沉积动力变化的环境效应，分别从水质分析、沉积物环境质量、底栖生物特征研究了自然过程和人类活动对沉积环境变化的影响以及现代沉积环境的演变。

本书的研究工作得到了江苏省教育厅自然科学基金项目“海州湾近岸海域现代沉积环境研究”（07KJD170012）、江苏省海洋资源开发研究院基金项目“岸线变化对港口海域水沙交换的影响研究”（JSIMR201331）、江苏省环保科技项目“连云港近岸海域生态环境演变研究”（苏财建〔2005〕80号）、淮海工学院自然科学基金项目“海州湾近岸海域沉积速率及其淤积研究”（KQ07063）、“连云港近岸海域潮汐非周期性变化研究”（KQ11009）、“海洋沉积物粒径谱及粒度多组分数字分离研究”（Z2012019），以及其他横向课题研究的支撑，在此向支持和关心研究工作的所有单位和个人表示衷心的感谢。

在研究过程中得到了中国海洋大学博士生导师冯秀丽教授的指导，以及中国海洋大学杨作升老师、李广雪老师、范德江老师、王厚杰老师、李安龙老师、王永红老师、乔璐璐老师、楮忠信老师、徐继尚老师、毕乃双老师、复旦大学郭志刚老师、北海分局石强老师、国家海洋局第一海洋研究所滕涌老师、连云港市环保局陈斌林副局长、国家海洋局连云港海洋环境监测站刘吉堂副站长的帮助与支持，在此向他们表示衷心的感谢。衷心感谢淮海工学院周立教授对本书的支持和建议。感谢海洋出版社同人为本书出版付出的辛勤劳动和大力支持。

本书得到了江苏高校优势学科建设工程资助项目资助。

由于作者经历和知识所限，书中所涉及的内容还十分有限，难免存在一些问题和不足，恳请批评指正。

张存勇

2015年3月

目　次

1 海州湾近岸海域概况

1.1 地理位置

海州湾近岸海域位于黄海中部，因临近海州而得名。从历史延续情况看，明清时海州湾涵盖范围北起山东半岛东端点，南至盐城滨海一带。从海域管理角度看，海州湾北起前三岛北缘一线（35°09′N），南至灌河口与废黄河口一线（34°28′N）（连云港市政府研究室“突破海州湾开发研究”课题组，2006）。《中国海湾志（第四分册）》（中国海湾志编纂委员会，1993）把海州湾范围定为北起山东日照岚山头，南至连云港市高公岛。本书所述海州湾近岸海域为北起山东日照岚山头，南至连云港市灌河口，介于34°30′—35°08′N，119°23′—119°51′E，是面向东的大喇叭口形开敞海湾（图1－1），属江苏省连云港市辖区，又称连云港近岸海域。

图1－1　海州湾近岸海域位置图

1.2 地质背景

海州湾近岸海域地质构造上属苏鲁隆起与苏北坳陷的过渡地带，苏北坳陷覆盖深厚的第四纪沉积物，苏鲁隆起受燕山运动北东和北西两组断裂的影响，分别构成海州湾北部海岸和南部海岸的轮廓。在历史时期海平面变动和河流影响的共同作用下，东西连岛与云台山之间形成长约11.5 km、平均宽度为2.5 km

的狭长海峡。

海州湾近岸海域位于江苏废黄河口冲积三角洲北侧，是我国典型的开敞型淤泥质海湾，也是1128—1855年间黄河在江苏北部夺淮入海时期内所形成的废黄河三角洲的组成部分。根据历史资料分析，五千年前连云港海侵达到最大范围，形成最高海面，云台山均为海水所淹没。1128年黄河南泛侵泗夺淮，把大量的泥沙淤积在云台山以南的黄海之中。从1494年开始，黄河全流入黄海，泥沙骤增，到1591年黄河口伸至十套，1700年河口扩展至八滩以东，每年淤涨超过119～1 540 m。由于黄河泥沙不断向三角洲两侧推进，云台山以西的海峡不断被淤塞变窄，在1851年左右，云台山与大陆相连。海州湾及其南部沿岸沉积剖面资料表明（王宝灿等，1980），黄河入海口处所堆积的巨大三角洲，北界可达灌河口以南，组成三角洲的粉砂堆积层，其厚度达13 m左右。而由河口输出的泥沙，在海州湾沿岸组成了粉砂淤泥沉积层，其堆积厚度在灌河口—云台山以南达10～15 m，湾顶地区为5～8 m，到兴庄河口和柘汪一线则逐渐尖灭于滨海相砂层之中，表明海州湾近岸海域为废黄河淤泥质沉积物。这些沉积物固结性较差，在水动力作用下极易再悬浮而形成悬沙。1855年黄河北徙由山东入渤海后，由于大量泥沙来源消失，原先强烈淤涨的三角洲海岸，转变为海洋动力作用下的海岸侵蚀后退过程。1989年11月至1994年1月的4年多时间里，废黄河口附近岸外15 m等深线以浅的海底向下侵蚀的速度非常惊人，达到0.25 m/a，5～12 m的海底向下侵蚀的速度最快，可达到0.56 m/a（张忍顺等，1984）。这些岸滩侵蚀物质在潮流作用下大部分向外海扩散，部分则向三角洲两侧运移。

1.3 海岸类型

由于供沙条件、水动力条件和岸坡形态的不同，海州湾海岸地貌特征和冲淤动态各异，从北向南大致可分如下4个岸段：绣针河至兴庄河为砂质海岸，长约27 km，潮间带滩宽约1 km，海滩物质以小于0.1 cm的石英砂为主，岸线呈SSW走向；兴庄河至西墅之间为淤长型泥质海岸，长约26 km，潮间带滩宽为3～6 km，平均滩坡小于1/700，组成物质为青灰色粉砂淤泥；西墅至烧香河北口为江苏省唯一的基岩海岸，长约44 km，岸线曲折，海滩狭窄，主要为中细沙海滩，间或有淤泥质海滩；烧香河至灌河之间为后退型淤泥质海岸，长59.39 km，泥沙回淤量随风而异。

1.4 水深地形

海州湾近岸海域开阔，水深不大，等深线基本与岸线平行（图1-2），地形在形态上有水下浅滩、海底残留沙平原和古河道3种。水下浅滩指海州湾西南部潮间带以下的水下堆积岸坡，沉积物以粉砂质黏土为主。在水深10～27 m之间为海底残留沙平原，底面为一起伏和缓的冲刷面，表层为残留细沙覆盖。平原残留沙上有密集的流蚀浅洼地分布。在水深19～22 m之间有一条与地势倾向垂直的沙堆链，密集的沙堆呈带状排列。平原中央有两个明显的古河道，分别与临洪河口、灌河口遥相对应，自西南向东北延伸。在残留沙平原中央，有两个形态明显的陆架谷，谷头在10 m等深线附近，谷深平均在5～10 m，并有水深大于20 m的深潭。

1.5 温盐环境

海州湾近岸海域温盐垂向分布比较均匀，除夏季，表底层温、盐差异不大。夏季水温最高，表层水温大多为24～26℃，底层水温为22～25℃，冬季水温最低，表层水温多为4～7℃。本海域的盐度全年为24～30，其中冬、春季较大，其盐度值为28.5～30.5，夏、秋季较小，其盐度值为23.5～29.5，盐度分布的总趋势是盐度等直线与海域等深线走向基本一致，盐度值由远岸向近岸逐渐减小。

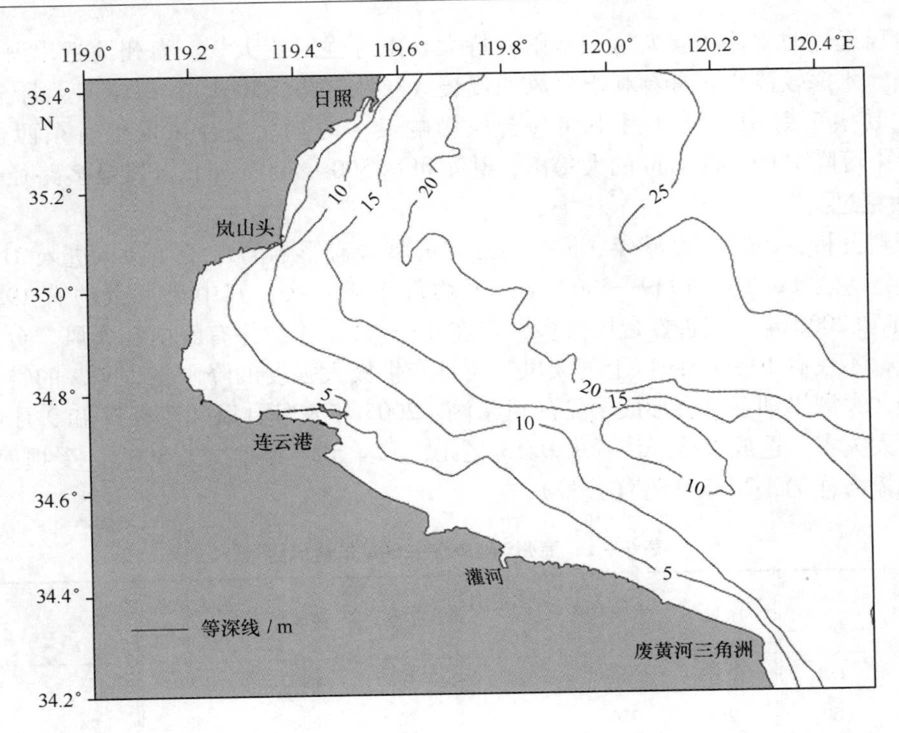

图 1－2　海州湾近岸海域水深（m）分布

1.6　气象

1.6.1　气压

海州湾近岸海域多年年平均气压为 1 015.2 hPa。春、秋两季为冬、夏的过渡时期，气压的年度变化趋势为春季下降，秋季上升，1 月气压最高，为 1 025.2 hPa；7 月最低，为 1 002.2 hPa。多年最高、最低气压的逐月分布趋势与平均气压分布一致，都是冬高、夏低。多年极端最高气压为 1 043.5 hPa；极端最低气压为 988.7 hPa（中国海湾志编纂委员会，1993）。

1.6.2　气温

海州湾近岸海域年平均气温为 14.2℃，平均最高气温 17.2℃，平均最低气温 11.9℃，历史最高气温 38.5℃，最低气温 －10.4℃。冬季是一年中气温最低的季节，最冷月为 1 月，夏季为一年中气温最高的季节，最热月为 7 月，具有海洋性气候特征。

1.6.3　风

海州湾近岸海域属湿润性季风气候，常风向为 E 向，春、夏季为 E、ESE 向，秋季为 N、NNE 向，冬季为 NE、NNE 向。强风为偏北风，北风、东北风在 6 级以上的大风出现分别占全年的 2.04% 和 1.96%。多年年平均风速为 5.8 m/s。一年中以 11 月平均风速最大，为 6.2 m/s；7 月平均风速最小，为 5.4 m/s。多年最大风速介于 18～30 m/s 之间，最大风速的风向以偏北为主，个别年份为偏东和偏南。

1.6.4　台风

台风是产生于热带洋面上的一种强烈热带气旋，近中心持续风速达到 12 级（≥32.7 m/s）的热带气旋即为台风。台风经过时常伴随着大风和暴雨或特大暴雨等强对流天气。海州湾近岸海域是一个面向大海的开敞型海湾，水深较浅，非常有利于台风的侵袭（于福江等，2002），每年从5月至11月都有可能遭受台风影响，其中7月中旬到9月中旬为台风影响最多时期。当台风发生时东西连岛风速可增至17.0 m/s，一天中可降100～300 mm的大暴雨，甚至可达500～800 mm。台风最多路径为“太湖东穿过类”和“太湖西穿过类”。

根据台风资料分析，1960—2006年，海州湾近岸海域最有影响的台风（台风进入31°N以北、126°E以西）共有93个（表1－1）。1949—2002年，平均每2年一次，其中最严重的有1956年、1974年、1981年、1997年和2000年，灾害性台风大多出现在8—9月，往往伴有暴雨和大风。台风往往与北方南下的冷空气结合，不仅有10～11级以上的大风，而且产生极大强度的降水量，66%的特大暴雨由台风产生。当台风与天文大潮汛耦合时会形成罕见的风暴潮。2005年8月台风“麦莎”和9月台风“卡努”给连云港市带来重大灾害，造成直接经济损失0.13亿元，海洋水产养殖损失800 t，受损面积100 hm^2；损毁船只3艘（国家海洋局，2005年海洋公报）。

表1－1　海州湾1960—2006年台风统计

序号	台风号	最大增水/cm	序号	台风号	最大增水/cm	序号	台风号	最大增水/cm	序号	台风号	最大增水/cm
1	6005	123	25	7204	4	49	8407	7	73	9430	55
2	6007	60	26	7207	28	50	8504	38	74	9504	28
3	6014	87	27	7303	113	51	8506	47	75	9507	36
4	6104	32	28	7304	66	52	8508	40	76	9608	32
5	6126	88	29	7308	74	53	8509	120	77	9710	46
6	6203	80	30	7410	10	54	8615	82	78	9711	110
7	6205	102	31	7412	24	55	8605	22	79	9904	14
8	6207	77	32	7416	83	56	8707	65	80	9906	54
9	6208	124	33	7502	28	57	8807	6	81	9907	36
10	6214	156	34	7503	38	58	8911	20	82	9908	25
11	6404	26	35	7504	34	59	8913	65	83	9911	82
12	6408	47	36	7615	23	60	8923	113	84	0004	66
13	6510	27	37	7708	164	61	8909	25	85	0012	67
14	6513	22	38	7810	14	62	9005	72	86	0014	52
15	6612	24	39	7805	3	63	9015	123	87	0102	16
16	6615	85	40	7909	48	64	9112	67	88	0205	11
17	6705	45	41	7910	69	65	9209	5	89	0407	91
18	6910	13	42	8006	33	66	9219	60	90	0419	105
19	6911	84	43	8108	31	67	9412	23	91	0505	112
20	7008	61	44	8109	23	68	9414	73	92	0509	123
21	7117	27	45	8114	139	69	9415	91	93	0515	85
22	7123	121	46	8211	121	70	9417	49			
23	7220	40	47	8310	103	71	9418	12			
24	7203	62	48	8406	112	72	9406	39			

1.7 河流

海州湾是江苏沿岸河流较多的海湾，水系属沂沭泗水系，主要河流有：绣针河、兴庄河、青口河、沙旺河、朱稽河、临洪河、淮沭河、蔷薇河、盐河、大浦河、排淡河、烧香河、东门五图河、灌河等，大部分河流为东西向分布。其中，灌河是一条最大的入海河流，也是江苏沿海唯一一条尚未在河口建闸的入海河流，其余河流常年由节制闸控制入海，海洋潮汐影响显著。临洪河口与灌河口分别与海底两个明显的古河道遥相对应。

临洪河是海州湾湾顶的主要入海河流，其上游与新沭河相连，下游汇聚了朱稽河、蔷薇河等支流。上源有南北两支，北支源自马山，南支源于郯城县大沙河镇，在石梁河村东北汇合东流，至临洪镇入临洪河，全长 50 km，流域面积 620 km^2，河道上游浅而宽，下游窄而弯曲。河流泥沙和水动力对海州湾湾顶近岸沉积具有一定的影响，但由于上游修建了一些水库以及海州湾潮差较大，临洪河径流量较小，入海泥沙小，河口潮流作用强于径流，属典型的潮汐河口，潮水可以一直上溯到离口门 12 km 的太平庄闸。受科氏力影响，临洪河口门两侧形态不对称，左凸右缩，如以临洪河河口岸线的最大弯曲作为口门外界的位置，北岸比南岸伸出 500 m，表明临洪河口的入海水流有右偏的趋势。口门外两侧的滩面宽度可达 4 ~ 5 km，口门段两侧滩涂宽约数十米。

灌河是海州湾近岸海域南部唯一一条没有建闸的最大入海潮汐河流，有“苏北的黄浦江”之称。上游由柴米河、六塘河、盐河等河流组成，中下游有帆河、唐响河等支流汇入，新沂河、五灌河等河流在河口附近聚汇。除两处有较大弯道外，灌河基本为顺直微弯型，干流全长 74.5 km，流域面积达 6 400 km^2，一般河宽 350 m，水深 7 ~ 11 m，水量丰富，年均径流量为 15×10^8 m^3，5—10 月为汛期，汛期下泄流量集中，年输沙量 70×10^4 t 左右（刘玮祎等，2006）。在入海口呈喇叭形，口门外发育有一水下浅滩，脊线长约 30 km，平均宽度为 4 ~ 6 km，自口门右岸东南向西北方向延伸。

灌河含沙量自主干流上游向河口逐渐递增，口内河道含沙量高，口外含沙量低，口外拦门沙海域含沙量较大，灌河口门东侧的含沙量比西侧高，拦门沙浅滩海域和灌河内风天泥沙含量明显增大，风浪掀沙作用明显。灌河口两侧岸滩从 20 世纪 80 年代以后，由于黄河改道，河流入海泥沙枯竭已达 1 个多世纪，岸滩侵蚀速度已明显减慢，加上人工护岸，控制了岸线后退。随着岸滩冲刷强度的减弱，沿岸泥沙流的宽度及沿岸输沙量亦随之减小。

1.8 小结

海州湾近岸海域位于黄海中部、古黄河三角洲北侧，是 1855 年黄河改道北上渤海后，废黄河三角洲在海洋动力作用下侵蚀形成的悬沙经长途搬运而形成的一个开敞型海域。海岸线长约 205 km，海岸类型主要是粉砂淤泥质海岸、基岩海岸和砂质海岸，海底自西向东缓倾，海域开阔，水深不大，低潮线以下多为水下岸坡，表层沉积物以粉砂淤泥质为主，是陆海相互作用敏感的区域。

海州湾近岸海域属湿润性季风气候，处于暖温带和北亚热带过渡地带，既有温暖带气候特征，又有北亚热带气候特征，四季分明，气候温和，光照充足，雨量适中。沿岸入海河流较多，大部分河流为东西向分布，除灌河外，常年由节制闸控制入海。

2 潮汐动力环境

2.1 潮汐水位

海州湾位于黄海的中部，山东半岛的南侧。东海前进潮波进入黄海后，西侧部分受到山东半岛南岸的反射，与地转偏向力共同作用下形成南黄海旋转潮波，并在废黄河口外形成无潮点。海州湾近岸海域的潮汐运动主要受南黄海旋转潮波的控制，此旋转潮波是一种前进驻波，在沿岸水域由北向南传播。根据公式（$H_{K1}+H_{O1}$）/H_{M2}计算本区海域的值为0.37，属正规半日潮，每个潮汐日内出现两次高潮、两次低潮，高低潮的潮位比较接近，由于受近岸浅水影响潮波发生变形，涨、落潮历时不等，涨潮历时短，落潮历时长。

2005年9月和2006年1月分别在海州湾近岸海域布设岚山头、海头镇、秦山岛、连云港供油站、小丁港、燕尾港6个潮位观测点（图2-1），在大、中潮期间进行连续潮位观测，潮水位观测使用压力式水位自记仪辅以人工观测。夏季水位观测时间为2005年9月3日15时至2005年9月9日17时，在大、中潮期间进行连续146 h的潮位观测。冬季水位观测时间为2006年1月1日0时至2006年1月9日8时，在大、中潮期间进行连续200 h的潮位观测。

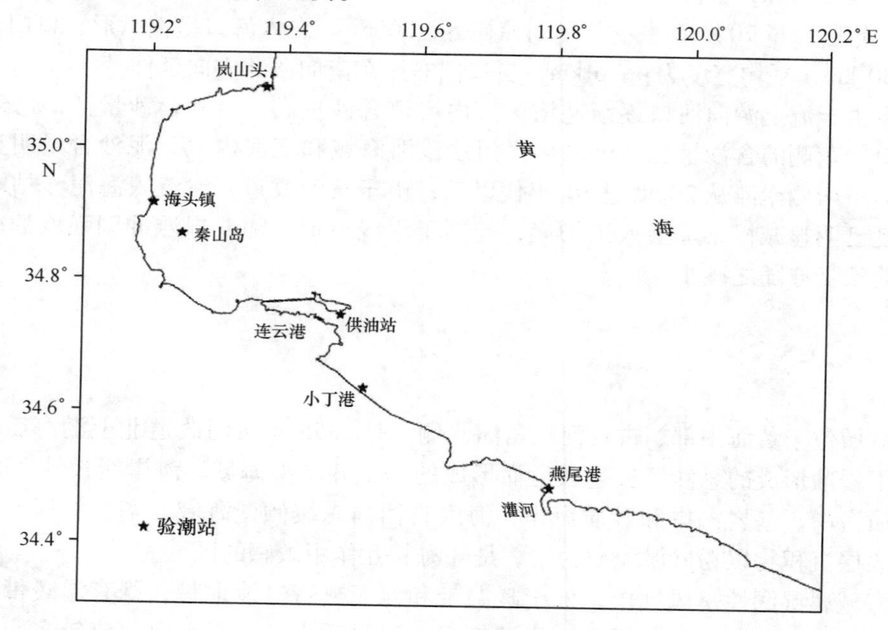

图2-1 海州湾近岸海域潮位观测站

从实测潮水位过程看（图2-2和图2-3），海州湾近岸海域受潮汐影响明显，夏、冬季观测期间潮位均由北部的岚山头先涨、逐渐向南，最高潮位时间岚山头与海头镇及秦山岛相差不大，连云港供油码头和小丁港站高潮时间迟10~30 min，燕尾港站高潮时间迟后1 h。各站最低潮位间隔时间基本与高潮间隔时间一致。从潮位的高低比较看，潮位由北向南减小，但燕尾港潮位却比所有站高，最大达0.15 m。

根据实测潮位资料统计，夏季观测期间，岚山头站最高潮位5.48 m，最低潮位1.07 m；海头镇最高

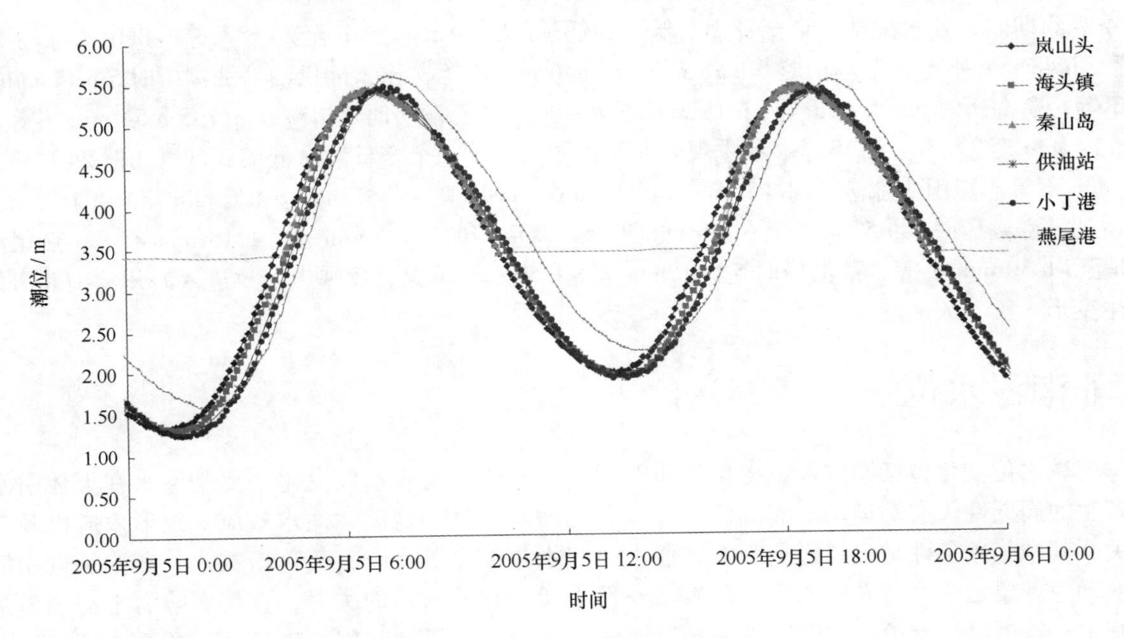

图 2－2 海州湾近岸海域夏季潮位过程线

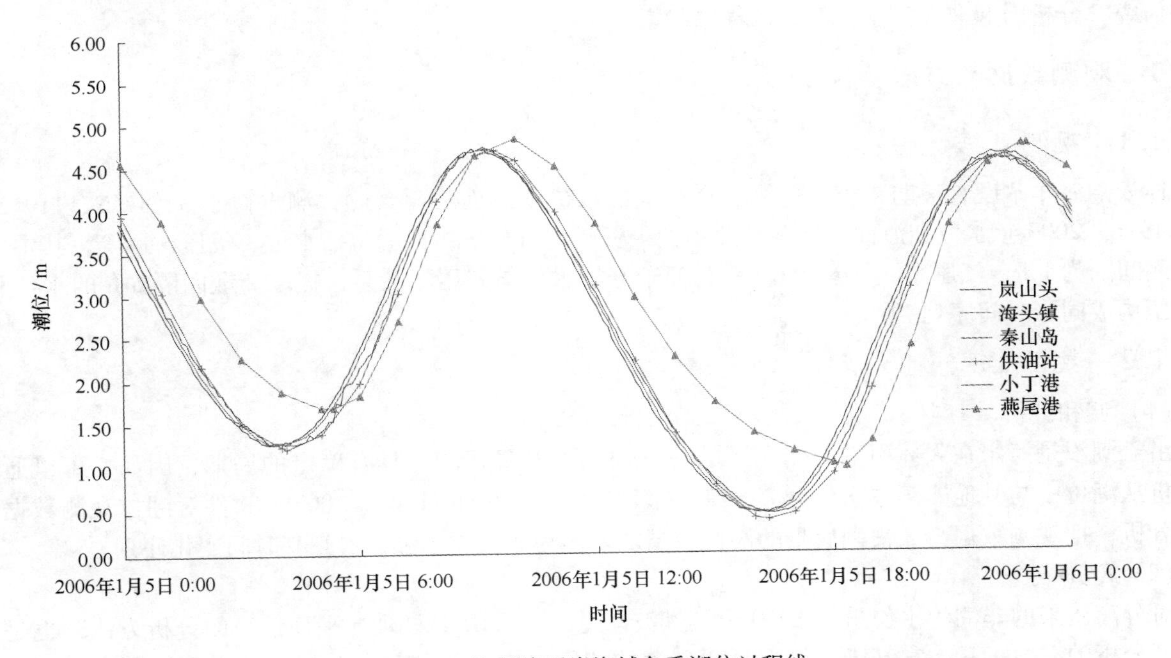

图 2－3 海州湾近岸海域冬季潮位过程线

潮位 5. 51 m，最低潮位 1. 05 m；秦山岛最高潮位 5. 52 m，最低潮位没有实测到；连云港供油码头最高潮位 5. 49 m，最低潮位 1. 03 m；小丁港最高潮位 5. 54 m，最低潮位 1. 12 m；燕尾港最高潮位 5. 61 m，最低潮位 1. 33 m。岚山头站最大潮差 4. 19 m，最小潮差 3. 38 m，连云港供油站最大潮差 4. 24 m，最小潮差 3. 08 m，燕尾港站最大潮差 4. 01 m，最小潮差 2. 92 m。冬季观测期间，岚山头站最高潮位 5. 46 m，最低潮位 0. 19 m；海头镇最高潮位 5. 46 m，最低潮位 0. 19 m；秦山岛最高潮位 5. 51 m，最低潮位 0. 32 m；连云港供油码头最高潮位 5. 47 m，最低潮位 0. 06 m；小丁港最高潮位 5. 37 m，最低潮位 0. 11 m；燕尾港最高潮位 5. 63 m，最低潮位 0. 83 m。岚山头站最大潮差 5. 05 m，最小潮差 2. 78 m，连云港供油站最大潮差 5. 19 m，最小潮差 2. 87 m，燕尾港站最大潮差 4. 54 m，最小潮差 2. 69 m。

夏季观测期间，各水位站一个全日潮从低潮到低潮历时24 h 12 min至25 h不等。岚山头涨潮历时5 h 6 min至5 h 48 min不等，落潮历时6 h 18 min至7 h 6 min不等；连云港供油站涨潮历时5 h 11 min至5 h 40 min不等，落潮历时6h 29 min至7 h 18 min不等；燕尾港涨潮历时4 h 54 min至5 h 54 min不等，落潮历时6 h 24 min至7 h 36 min不等。冬季观测期间，各水位站一个全日潮从低潮到低潮历时24 h 33 min至25 h 21 min不等。岚山头涨潮历时4 h 57 min至6 h 6 min不等，落潮历时6 h 6 min至7 h 18 min不等；连云港供油站涨潮历时4 h 57 min至6 h 6 min不等，落潮历时6 h 6 min至7 h 18 min不等；燕尾港涨潮历时4 h至5 h 30 min不等，落潮历时6 h 40 min至8 h 50 min不等，反映出潮汐进入海州湾南北海区不同程度发生变形。

2.2 非潮汐水位

近岸海域水位变化包括潮汐水位变化和非潮汐水位变化。潮汐水位变化主要是海水在天体引潮力作用下所产生的周期性天文潮运动。非潮汐水位变化与海水温度、盐度、浅水效应、地形效应以及气象因素等有关，其中气象条件是主要影响因素，通常引起水位的显著升降，又称增减水。潮汐是近岸海域最为显著的动力现象之一，与人们的生产、生活及军事活动有着密切的关系，直接影响海上交通航运、海洋工程施工、航道设计维护、滩涂围垦等。对潮汐的观测、分析和利用一直是关注的重点领域，对此开展了大量的研究，但对非潮汐水位变化的研究相对较少。因此，本节将开展海州湾近岸海域非潮汐水位变化研究，分析引起非潮汐水位波动的气象因素。

2.2.1 观测数据与方法

2.2.1.1 观测数据

连云港海洋站设有长期系统、连续、高精度的水位和海面气象观测，测点位于34°47′N、119°26′E。选取1996—2007年水位和海面气象参数原始记录资料进行分析，数据包括水位、气压、风等，其中水位、风观测间隔为1 h，气压观测间隔为6 h，为便于分析水位与气压的关系，提取离散间隔6 h的水位和风，与气压构成同步时间序列。

2.2.1.2 数据处理

（1）调和分析

由于潮汐是海水在天体引潮力作用下的一种周期性升降运动，具有确定的周期，因而，可以通过调和分析从潮位中与其他非潮汐水位分离开来。采用T_tide（Rich et al.，2002）软件对潮位观测数据进行调和分析，把观测数据与天文潮后报的潮位数据之差作为非潮汐水位，得到其时间变化序列。

（2）EMD分析

对分离出来的非潮汐水位采用EMD分解其波动过程。EMD是处理非平稳信号的分析方法，也是进行多尺度分析的有效工具，它基于信号本身所包含的特征尺度进行分解，分解过程中不需预设基函数，具有自调节、自适应的特点，能有效地将信号中真实存在的不同尺度波动逐级分解出来，产生一系列具有不同特征尺度的数据序列，使得分解出来的内模函数（IMF）能够准确地反映出信号数据原有的特性，并精确给出不同尺度的信号突变点（Huang et al.，1998）。

2.2.2 非潮汐水位变化特征

海州湾近岸海域非潮汐水位的时间序列存在着明显的变化，既有大幅度的起伏又存在小幅度的震荡。表2-1为1996—2007年大于50 cm的非潮汐水位波动特征，期间共发生峰值大于50 cm的增水380次，年均约31次；大于50 cm的减水290次，年均约24次。从增、减水的幅度看，增水幅度比减水幅度大，12年间增水最大值为130 cm，出现在1997年8月，最小值为-119 cm，出现在1997年5月。增水最大持续时间范围为 8 ~35 h，减水最大持续时间范围为 8 ~41 h。

表 2 - 1　海州湾近岸海域 1996—2007 年非潮汐水位（大于 50 cm）统计

年份	最大增水/cm	最大减水/cm	增水次数	增水最大持续时间/h	减水次数	减水最大持续时间/h
1996	101	106	20	12	39	19
1997	130	119	28	14	38	12
1998	116	84	56	22	19	8
1999	103	92	35	14	22	9
2000	94	92	46	15	13	11
2001	117	76	25	35	18	9
2002	120	77	37	8	25	21
2003	123	76	21	9	15	21
2004	111	78	21	9	26	10
2005	102	118	27	15	32	41
2006	105	91	34	10	22	10
2007	109	106	30	15	21	17

表 2 - 2 为 1996—2007 年大于 50 cm 非潮汐水位波动发生月份统计，从中可以看出，大于 50 cm 增减水主要集中在 1—3 月和 11—12 月，最多的月份是 12 月，其次是 1 月和 11 月，这 5 个月发生大于 50 cm 增减水次数占总数的 71%。6—7 月大于 50 cm 增减水现象较少，发生次数约占总数的 3.6%。这表明大幅度非潮汐水位波动的季节性明显，其波动的季节性同该海域的风暴潮发生有关。冬季和春季海州湾近岸经常受强温带气旋的影响而引起温带风暴潮，夏季和秋季多受热带气旋的影响而引起台风风暴潮。根据气候学统计，8 月是台风影响海州湾近岸海域最频繁的月份（吴少华等，1999），这类风暴潮来势猛、速度快、强度大、破坏力强，1996—2007 年非潮汐水位波动的最大增水就出现在 1997 年 8 月的 9711 号台风风暴潮期间。从表 2 - 2 还可以看出，热带风暴潮引起的大幅度非潮汐水位变化频次小于温带风暴潮引起的变化频次，这与在该海域热带风暴潮发生的次数小于温带风暴潮发生的次数相一致（沈育疆，钱成春，1990）。

表 2 - 2　海州湾近岸海域 1996—2007 年非潮汐水位波动（大于 50 cm）次数月份分布

年份	增减水	月份											
		1	2	3	4	5	6	7	8	9	10	11	12
1996	增水	2	3	5	1		1	1			2	4	1
	减水	3	9	7	2		2			1	1	5	9
1997	增水	4		4					4	6		6	4
	减水	9	2		3	3			2	2	6	6	5
1998	增水	11	8	9	4	2	2	5	1	1	2	4	7
	减水	8	1	2					1	1		5	1
1999	增水	3	2	10	1	2		2	1	5	4	4	1
	减水	3	6	1	3							1	8

续表

年份	增减水	月份											
		1	2	3	4	5	6	7	8	9	10	11	12
2000	增水	6	2	2		1			6	10	3	10	6
	减水		3	3	2			1		1	1	1	1
2001	增水	15	3	3		1			1	1			1
	减水	1		8						1		1	7
2002	增水	2	1		5	6	4	2	1	1	5	1	9
	减水	3	1	2	2						3	10	4
2003	增水	1	2	4		1			1		4	6	2
	减水	8					1				1		5
2004	增水	3	2	2					1	3		3	7
	减水	3	8	4	3						1	4	3
2005	增水	1	7						5	4	2	3	5
	减水	1	6	8	2			1			3	2	9
2006	增水	9	3	2	7	1						8	4
	减水		4	5	3					1		3	6
2007	增水		3	5	1			2	3	5	2	4	5
	减水	4	4	5							4	2	2

2.2.3 非潮汐水位经验模态分解

2.2.3.1 月平均非潮汐水位变化分解

月平均非潮汐水位存在中、长周期变化。为了进一步分析非潮汐水位波动的季节性变化，对1996—2007年各月平均非潮汐水位采用经验模态方法进行分解，并计算各模态的方差贡献，结果如表2-3和图2-4所示。

表2-3 海州湾近岸海域1996—2007年月平均非潮汐水位内在模函数的统计特征

模态	方差贡献/(%)	中心频率/Hz	平均周期/a	平均振幅/cm
IMF1	48.64	0.28	0.36	5.30
IMF2	22.63	0.15	0.66	3.59
IMF3	16.99	0.07	1.34	3.28
IMF4	9.40	0.03	3.33	2.44
IMF5	2.33	0.05	13.60	1.33

图2-4表明EMD把海州湾近岸海域1996—2007年月平均非潮汐水位分解为5个内在模和1个剩余项。第一模态的方差贡献最大，为48.64%，平均振幅也最大，平均周期约为0.36年，表现出明显的季节变化。第二模态表现为双季节周期变化，仅次于第一模态。第三模态和第四模态为年际变化周期，由于非潮汐水位变化主要取决气象因素，1年左右的变化周期，可能反映了季风变迁的影响。其次，由地球绕太阳周年公转运动所引起的气象要素的周年变化也可能是诱发因素（吴少华等，2002）。3年左右的周期波动与厄尔尼诺过程的周期很接近，在一定程度上可能反映了ENSO等外界异常变化对非潮汐水位变化的影响。第五模态为长周期变化，与太阳黑子的周期较为接近，振幅较小。剩余趋势为非潮汐水位的长

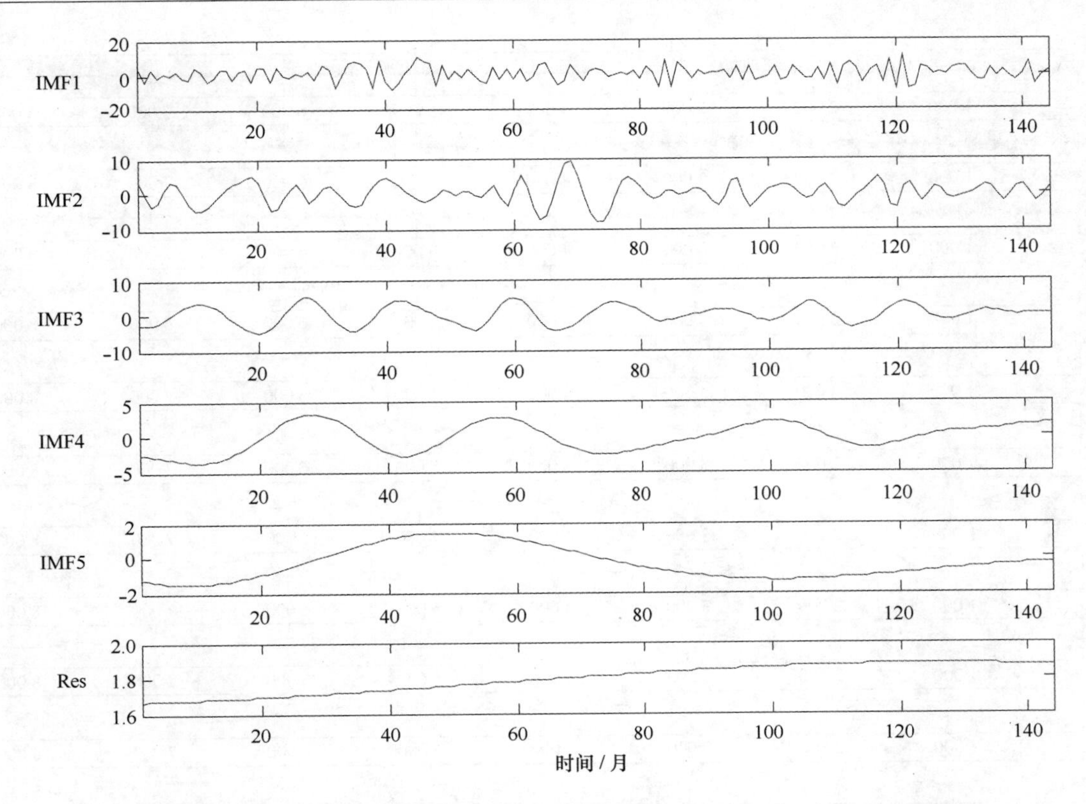

图 2-4 海州湾近岸海域 1996—2007 年月平均非潮汐水位（cm）经验模态分解

期变化趋势，图示表明在未来的一段时间内非潮汐水位会有所上升。

2.2.3.2 逐时非潮汐水位变化分解

为了高分辨率地了解非潮汐水位的季节性变化，采用 EMD 方法对逐时非潮汐水位变化进行分解，限于篇幅，选取 2007 年逐时非潮汐水位变化为例，图 2-5 为 EMD 自动分离的 11 个模态和 1 个剩余项，各内在模函数的统计特征如表 2-4 所示。

表 2-4 2007 年海州湾近岸海域逐时非潮汐水位内在模函数的统计特征

模态	方差贡献/（%）	中心频率/Hz	平均周期/h	平均振幅/cm
IMF1	6.02	0.257 5	8.94	4.25
IMF2	16.19	0.106 3	11.99	9.40
IMF3	16.30	0.053 7	22.94	9.60
IMF4	10.71	0.029 0	43.78	7.51
IMF5	16.62	0.014 6	81.07	9.36
IMF6	11.46	0.008 0	163.42	7.83
IMF7	8.96	0.003 9	291.11	7.02
IMF8	6.83	0.003 7	737.98	6.53
IMF9	4.28	0.001 1	1 105.64	5.11
IMF10	2.53	0.000 4	2 465.61	4.38
IMF11	0.10	0.008 6	4 883.69	0.90

从图 2-5 和表 2-4 可以看出内模函数 IMF2、IMF3、IMF5 的能量幅值最大，方差贡献分别为

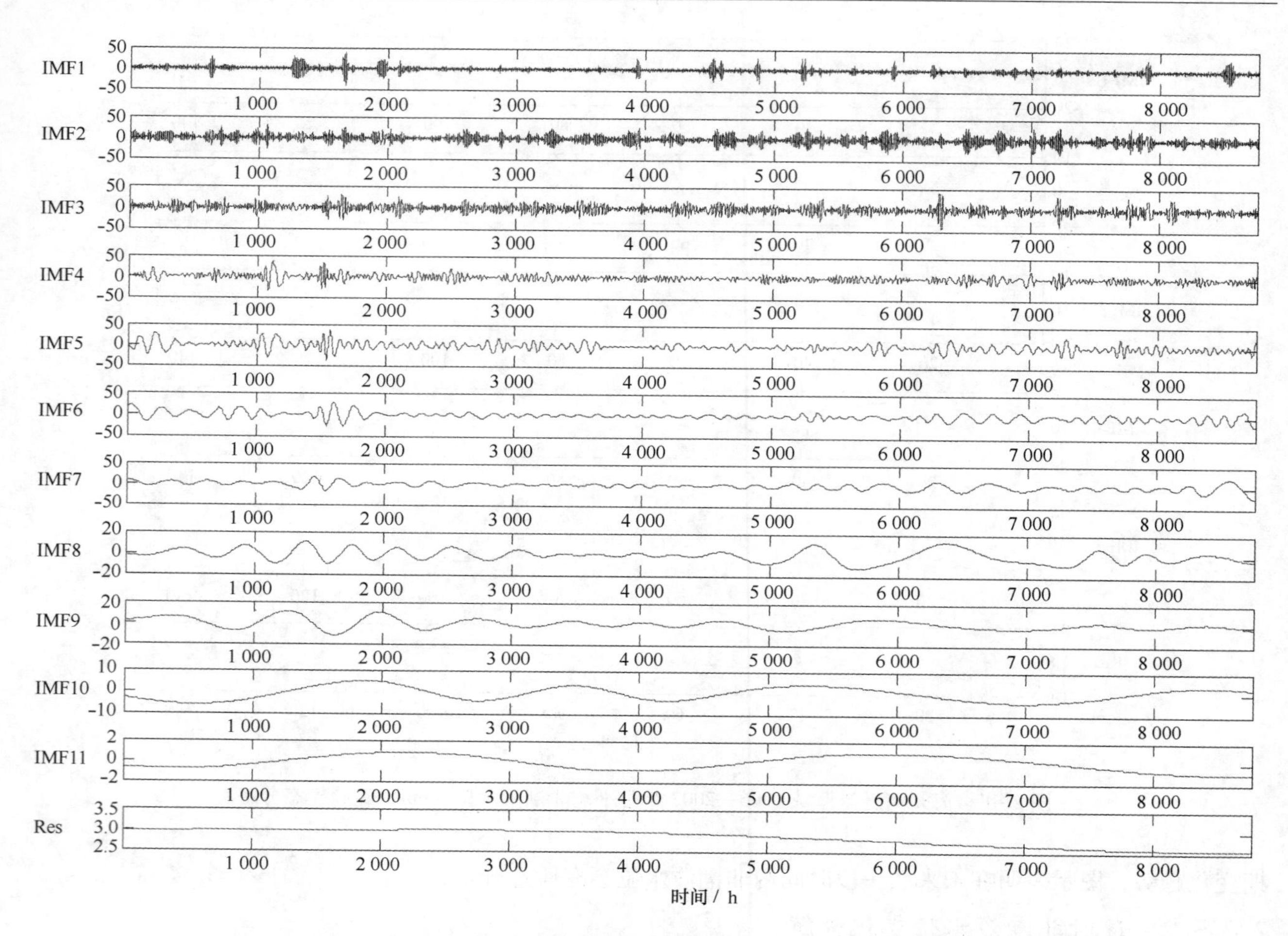

图 2－5　2007 年海州湾近岸海域逐时非潮汐水位（cm）经验模态分解

16. 19%、16. 30%、16. 62%。模态 IMF1、IMF2、IMF3 的周期与潮汐信息较为相近，IMF1 的周期对应浅水分潮周期，IMF2 的周期对应半日潮周期变化，IMF3 的周期对应全日潮周期变化，IMF4 到 IMF7 的周期对应双日周期，含有两日到多日变化信息。模态 IMF8、IMF9、IMF10、IMF11 的周期反映了季节性变化，同月平均非潮汐水位变化分解的周期相似。由于温带风暴潮与热带风暴潮期间非潮汐水位变化的频次、强度不相同，导致非潮汐水位季节性周期变化明显。剩余项反映了 2007 年非潮汐水位变化具有下降的趋势。与月平均非潮汐水位 EMD 获得的各模态周期相比，两者都揭示了非潮汐水位的季节性波动，逐月平均非潮汐水位存在中长周期变化，逐时非潮汐水位的变化含有近似潮汐的周期信息，这一现象主要由风暴潮与天文潮非线性耦合作用所致（冯士筰，1982）。事实上，对近岸海域非潮汐水位变化，天文主要分潮的影响还是比较显著的，EMD 分解的各组分方差贡献也表明了这一点。

2.2.4　非潮汐水位变化与风和气压变化的关系

引起非潮汐水位变化的原因有多种，浅水效应、地形效应、气象等均能引起非潮汐水位的变化，其中风和气压的变化是引起非潮汐水位变化的主要因素（刘赞沛等，2001）。

风通常是引起和影响非潮汐水位变化的主要强迫力，它基本控制着水位变化的量阶（李坤平，杨克奇，1983）。为了揭示非潮汐水位与风的相关性，将 2007 年非潮汐水位与风分解后的各经验模态进行相关性分析。表 2－5 为各内在模函数的相关系数，从中可以看出，非潮汐水位与风在各模态均具有相关性，但在高频模态上相关性较差，在低频模态上，两者的相关性较高，其中非潮汐水位的 IMF8 分量和风的 IMF8 分量相关性系数最大，其次为 IMF9 分量，低频模态对非潮汐水位变化的贡献较大，表明风主要在低频率把能量传递给水位。

表 2-5　海州湾近岸海域 2007 年非潮汐水位与风的各内在模函数相关系数

非潮汐水位模态	风模态									
	IMF1	IMF2	IMF3	IMF4	IMF5	IMF6	IMF7	IMF8	IMF9	Res
IMF1	-0.062 *	-0.019	-0.005	-0.006	0.01	0.007	0.001	0.01	-0.005	-0.014
IMF2	0.023	0.119 **	0.139 **	0.027	0.002	0.001	0.014	0.003	-0.011	-0.008
IMF3	-0.007	0.068 **	0.125 **	0.016	0.035	-0.007	0.006	-0.013	-0.004	-0.005
IMF4	-0.019	0.03	-0.149 **	0.111 **	0.042	-0.013	0.054 *	-0.032	-0.052 *	0.008
IMF5	0.013	0.016	-0.065 *	0.077 **	0.142 **	0.149 **	0.035	0.007	0.023	0.058 *
IMF6	-0.016	-0.007	0.062 *	-0.004	-0.156 **	-0.231 **	0.117 **	-0.006	0.008	0.009
IMF7	-0.003	-0.003	0.04	-0.033	-0.044	0.104 **	0.097 **	0.080 **	0.000	-0.056 *
IMF8	0.004	-0.013	0.057 *	-0.006	0.023	0.028	-0.065 *	0.786 **	0.043	-0.187 **
IMF9	0.004	0.009	0.003	-0.04	-0.076 **	0.074 **	0.037	0.265 **	0.344 **	0.421 **
Res	-0.007	-0.007	0.015	-0.032	-0.051 *	0.051	0.017	0.110 **	0.013	0.282 **

注：* 为 $p<0.05$；** 为 $p<0.01$。

气压波动是引起非潮汐水位变化的另一主要因素。表 2-6 为 2007 年非潮汐水位与相应气压的各内在模函数相关系数。从表中可以看出，非潮汐水位与气压的各模态多为负相关，相关性不明显，但非潮汐水位的余项与气压 IMF7 模态相关性达到 0.907，说明气压对非潮汐水位的变化趋势具有较大的贡献。

表 2-6　海州湾近岸海域 2007 年非潮汐水位与气压的各内在模函数相关系数

非潮汐水位	气压模态							
	IMF1	IMF2	IMF3	IMF4	IMF5	IMF6	IMF7	Res
IMF1	0.068 **	0.035	0.002	0.004	-0.003	0.004	-0.018	0.015
IMF2	0.051	-0.105 **	0.002	0.017	-0.014	-0.009	0.022	0.002
IMF3	0.007	-0.032	-0.237 **	-0.099 **	0.001	-0.011	0.013	0
IMF4	0.024	-0.029	-0.198 **	-0.110 **	-0.001	-0.006	0.073 **	-0.038
IMF5	0.004	0.019	0.048	-0.284 **	-0.205 **	0.014	-0.027	-0.042
IMF6	0.026	-0.015	0.017	-0.014	-0.317 **	-0.221 **	0.01	-0.005
IMF7	0.018	0.032	0.037	0.005	0.044	-0.185 **	0.021	0.038
IMF8	0.034	0.013	0.004	0.008	0.106 **	-0.101 **	-0.177 **	0.238 **
IMF9	-0.02	-0.008	-0.025	-0.024	-0.062 *	-0.044	-0.192 **	-0.319 **
Res	-0.024	0.008	-0.009	0.004	-0.036	-.067 *	-0.907 **	-0.002

注：* 为 $p<0.05$；** 为 $p<0.01$。

风和气压对非潮汐水位的影响在温带风暴潮和台风风暴潮天气下具有一定的差异。图 2-6a 为 1996—2007 年间发生在 2001 年 1 月温带风暴潮增水时间最长的一次非潮汐水位变化，从中可以看出，风速与水位变化之间具有一定的滞后现象，水位变化的极值落后于风速极值约 6 h，两者之间的相关值仅为 0.06。而典型台风风暴潮期间（图 2-6b），风速与水位变化基本同步，最大风速对应最大非潮汐水位，两者之间的相关值为 0.62，表明台风风暴潮期间风与水位变化相关性比温带风暴潮期间显著。气压与非潮汐水位基本呈反相位变化。温带风暴潮期间，气压与非潮汐水位之间的相关性较好，其值为 0.71。台风风暴潮期间，气压与非潮汐水位之间的相关性不如风速与非潮汐水位之间的相关性明显，其值为 0.25，两者对非潮汐水位的贡献方式具有一定的差异。值得注意的是，引起非潮汐水位变化的因素是多方面的，极端天气下的大幅度非潮汐水位变化主要是剧烈变化的风和气压诱导的，它们影响着非潮汐水位变化的内部结构。

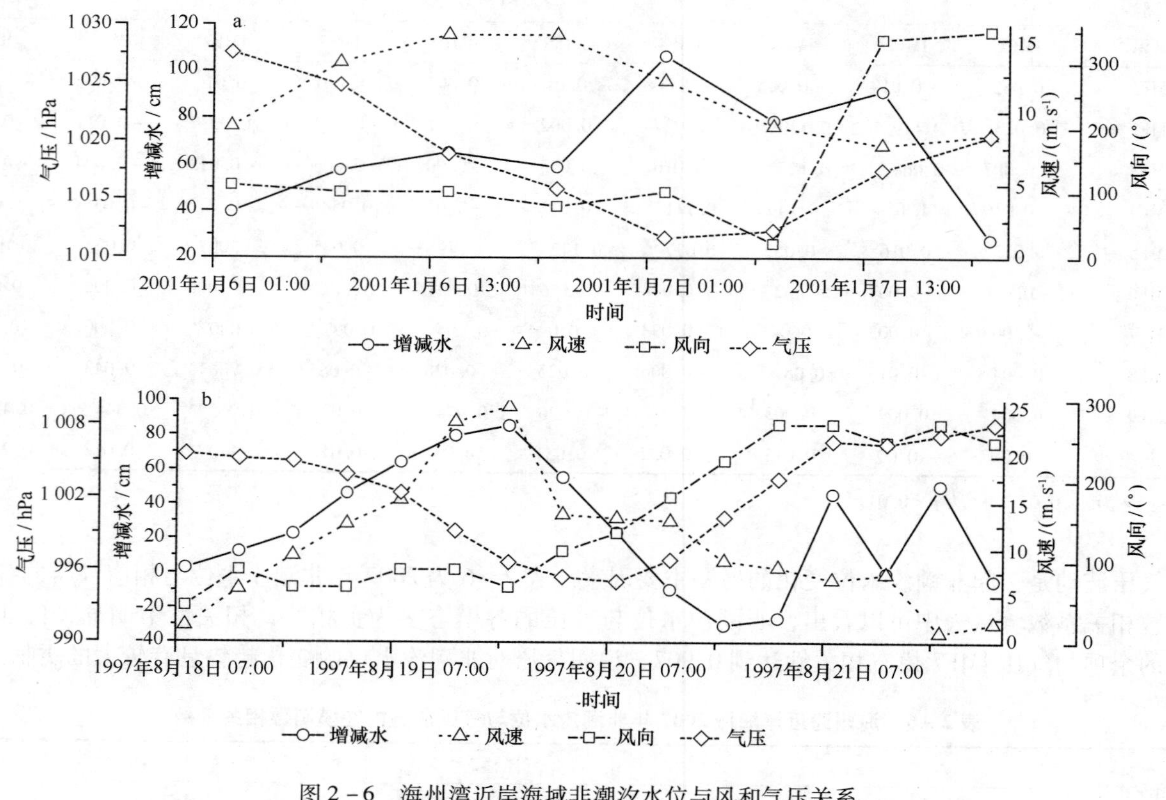

图 2-6　海州湾近岸海域非潮汐水位与风和气压关系

a. 2001 年 1 月温带风暴期间；b. 9711 号台风期间

2.3　风暴潮

海州湾近岸海域是一个面向大海的开敞型海湾，水深较浅，非常有利于台风的侵袭和风暴潮的能量聚集与成长。受海洋性、大陆性气候双重影响，该海域冬季和春季常受强温带气旋的影响，夏季和秋季多受热带气旋的影响，当极端天气引发的增减水与天文高潮叠加时，在短时间内引起水位的骤变，往往引发严重的海洋灾害，直接威胁近岸工程，而且还会导致沿岸低洼地区被淹，威胁沿岸居民的生命安全，对经济造成严重损失。根据风暴潮的成因，海州湾近岸海域的风暴潮分为由台风引起的风暴潮和由温带气旋引起的温带风暴潮两大类。

（1）台风风暴潮

海州湾是台风风暴潮灾害的多发区，由台风引起的风暴潮多见于夏、秋季节台风鼎盛时期，这类风暴潮的特点是：来势猛、速度快、强度大、破坏力强。如果台风增水和天文大潮耦合，则形成特大风暴潮。海州湾近岸海域出现的异常高潮位，除个别条件下的天文大潮外，主要是由台风增水配合夏季朔望大潮引起的，增水幅度一般低于 1.5 m，0 ~ 50 cm 为最多，其次为 50 ~ 100 cm。海州湾 1960—2007 年间受台风影响最大增水见表 2-1。

（2）温带风暴潮

海州湾地处中纬度，冬季和春、秋季经常受强温带气旋的影响，由此引起温带风暴潮。国家海洋环境预报中心吴少华等（2002）搜集了 46 年（1951—1996 年）海州湾潮位资料，采用 Gumbel 方法计算，结果为：温带风暴增水10 000年一遇为267 cm，温带风暴减水10 000年一遇为297 cm。46年间，海州湾共出现942次50 cm以上温带天气系统增水，平均每年发生20.5次，100 cm以上增水全年每个月份均有发生，其中秋季频数最高，占总数的40.8%，两次150 cm以上增水均发生在11月份。

本节根据1997—2007年水文气象数据，利用统计分析的方法研究海州湾近岸海域非潮汐水位对台风的响应。

2.3.1 台风

图2-7为1997—2007年西北太平洋热带气旋及台风发生频率图，由图可知共形成294个热带气旋，达到台风级别的有153个，其中在海州湾近岸海域过境的有5个，分别为1997年的台风“云妮”、2002年的台风“风神”、2005年的台风“麦莎”和台风“卡努”、2007年的台风“韦帕”，这些台风一般发生在7月中旬至9月间，为西北太平洋地区台风最为活跃的时间。

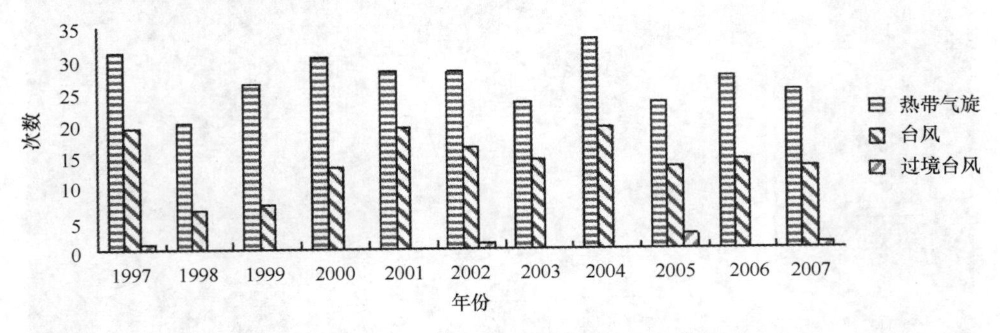

图2-7 1997—2007年西北太平洋热带气旋发生频次

2.3.2 典型台风期间非潮汐水位

2005年23个热带气旋中台风“麦莎”和台风“卡努”直接经过海州湾，对近岸海域造成巨大的影响。据2005年海洋公报统计，江苏省直接经济损失1.47亿元，受灾人口4.2万人；海洋水产养殖损失0.43×10^4 t，受损面积8.22×10^3 hm^2；损毁房屋17间；损毁船只21艘。其中台风“麦莎”影响尤为严重，本节将其单独列出做详细分析，研究其过境前后海州湾近岸海域非潮汐水位变化的具体状况。

台风“麦莎”2005年7月31日20时形成，8月6日3时40分在浙江玉环登陆，8月7日进入江苏，8月8日离开海州湾海域，影响山东半岛后进入渤海湾地区（图2-8）。

“麦莎”形成至其增强为台风前，海州湾近岸海域非潮汐水位无明显变化，8月3日“麦莎”增强为台风靠近我国东南沿海时，海州湾近岸非潮汐水位开始呈现上涨趋势。8月6日“麦莎”在浙江登陆时水位增长速度明显加快，8月7日“麦莎”经过海州湾近岸时增至最高水位，8月8日“麦莎”离开海州湾近岸5~8 h后水位开始迅速下降，约24 h后海州湾近岸受到“麦莎”外围风力影响，水位又明显升高，经过约12 h水位回落至正常状态，“麦莎”影响消失。图2-9为台风“麦莎”形成到消散期间非潮汐水位变化。

对比“麦莎”形成前、形成初期和进入海州湾期间非潮汐水位变化趋势（图2-10），可以看出“麦莎”离海州湾越近非潮汐水位增高越大，并且周期性较明显，与海州湾近岸潮汐变化周期接近。因此，可以以水位变化周期作为单位，以“麦莎”从增强至台风起的第一个低潮位为起点，把这段时间分成6个水位变化周期统计其风速关系（表2-7），图2-11为水位与风速变化，其中a时间段为“麦莎”由热带气旋增强为台风，b时间段为台风“麦莎”向中国沿海地区移动，c时间段为台风“麦莎”在浙江活动期间，d时间段为台风“麦莎”在安徽境内活动期间，e时间段为“麦莎”在江苏活动期间，f时间段为“麦莎”在山东活动期间。由图可以看出，最高水位的变化趋势与最高风速的变化趋势基本一致，但存在

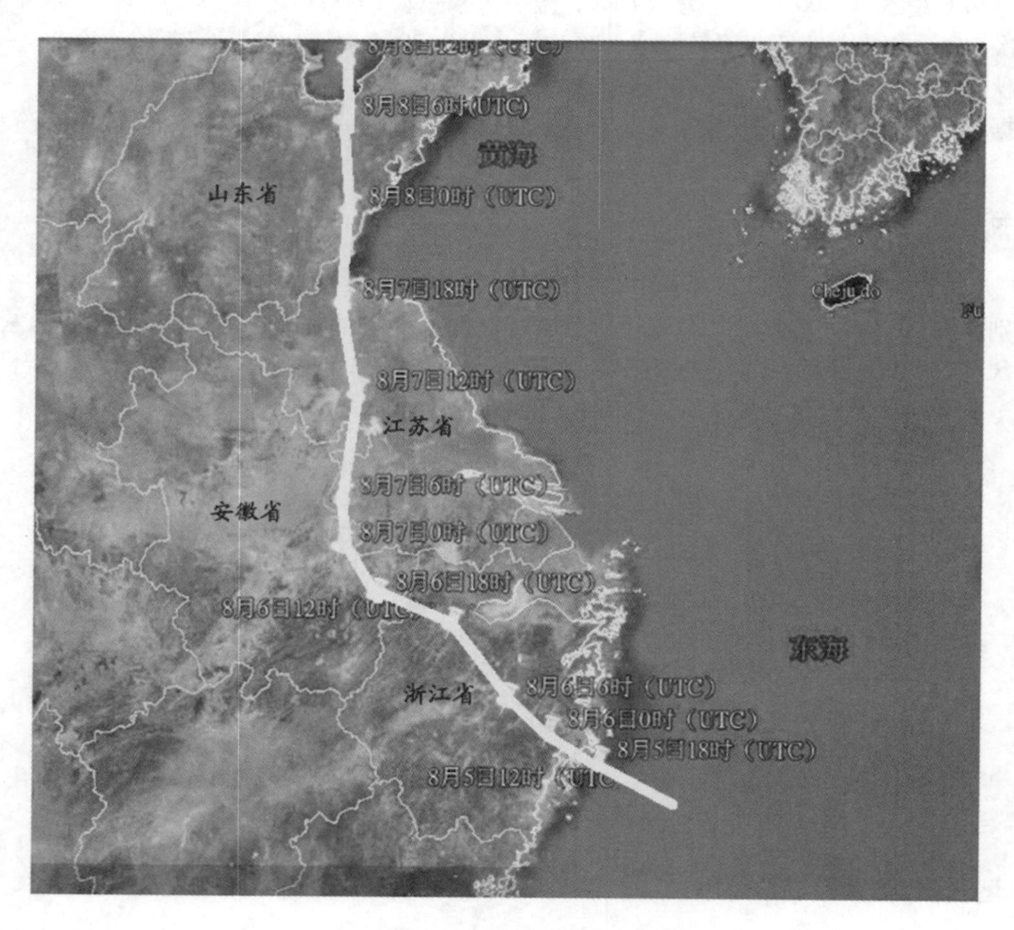

图2-8　台风“麦莎”移动路径图

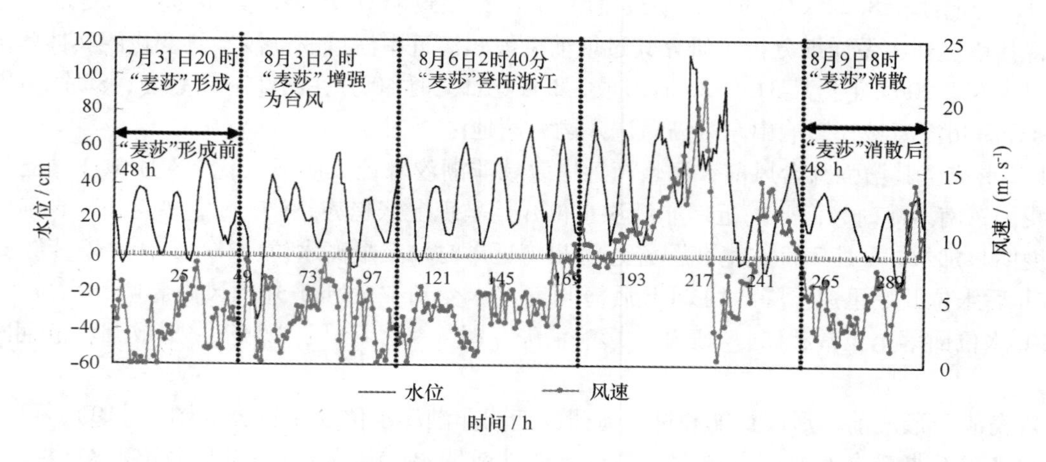

图2-9　“麦莎”影响期间海州湾近岸非潮汐水位与风速图

一个滞后效应，具体表现为风力增强后5~8 h水位上涨，风力减弱后5~8 h水位下降。由于水位变化周期受到天体引潮力的影响，故在台风影响期间，水位的周期性质仍然明显。

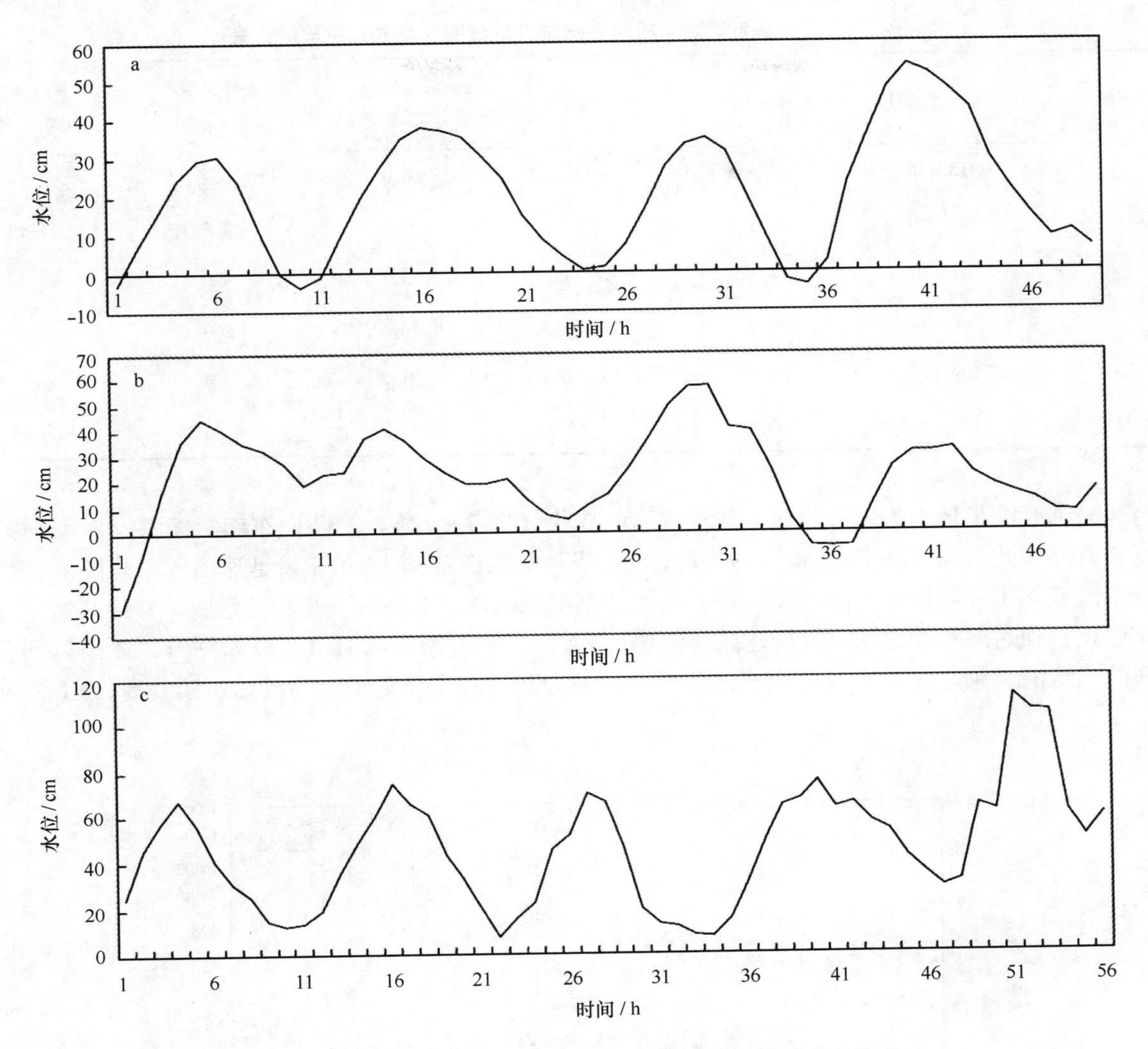

图2-10 “麦莎”影响期间海州湾近岸海域非潮汐水位变化

a. “麦莎”形成前；b. “麦沙”形成初期；c. “麦莎”形成后

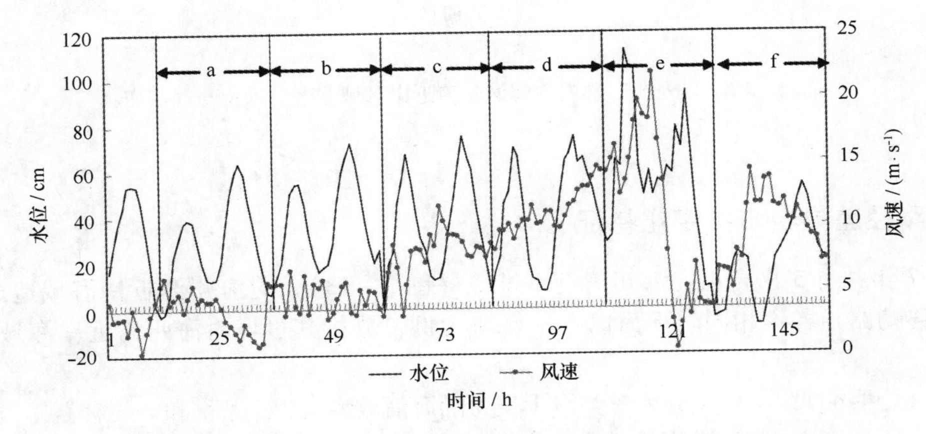

图2-11 “麦莎”影响期间海州湾近岸海域非潮汐水位与风速变化

表 2-7 "麦莎"影响期间海州湾近岸海域非潮汐水位与风速表

编号	时间区间/h	最高水位/cm	最低水位/cm	最高风速/(m·s⁻¹)	最低风速/(m·s⁻¹)	平均风速/(m·s⁻¹)
a	13~36	63.440	-1.762	6.0	0.2	3.49
b	37~60	72.472	0.519	6.6	2.8	4.45
c	61~84	74.726	7.345	11.5	3.0	8.08
d	85~108	75.063	6.704	14.5	8.9	11.32
e	109~132	112.338	-4.138	21.8	0.4	10.37
f	133~155	53.69	-7.44	14.2	5.0	9.93

台风来临时除了风力大增外，还会伴随气压的变化（图 2-12）。麦莎向东南沿海移动时海州湾近岸气压逐渐升高，此时风速在 2~6 m/s 内波动，"麦莎"登陆浙江前 12 h 开始迅速增长。登陆浙江后，海州湾近岸海域气压开始逐渐下降，风速增长减缓甚至出现回落。"麦莎"进入江苏后，气压开始下降，风速迅速增长，到达海州湾地区时气压达到最低值；"麦莎"离开海州湾时气压开始回升，逐渐达到登陆浙江期间的气压值，风速在"麦莎"离开海州湾 12 h 内依旧保持下降趋势，后开始迅速升高，6 h 后又开始下落。

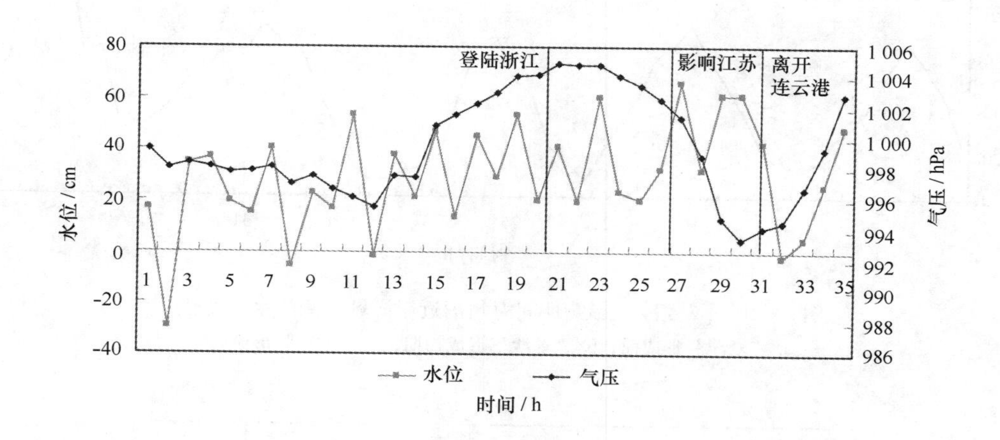

图 2-12 "麦莎"影响期间海州湾近岸海域非潮汐水位与气压变化

2.3.3 台风路径差异与水位变化特征

1997—2007 年共有 5 次台风在海州湾近岸过境（图 2-13），对海州湾近岸海域造成巨大的影响，它们的强度、移动路径各不相同。下面以 5 次台风为例，分析其过境时海州湾近岸海域非潮汐水位的变化。

根据图 2-13 可将这 5 个台风分为三类：Ⅰ类为渤海消散型（"云妮"和"麦莎"），这类台风在我国东南沿海登陆后北上，经海州湾陆岸后进入渤海湾；Ⅱ类为黄海消散型（"卡努"和"韦帕"），这类台风在我国东南沿海登陆后北上，经海州湾近岸海域后向朝鲜半岛运移；Ⅲ类为黄海登陆型（"风神"），这类台风穿过黄海海域直接在海州湾近岸登陆后北上进入渤海。三类台风均发生在海州湾近岸台风频发期间，路径具有明显的差异。

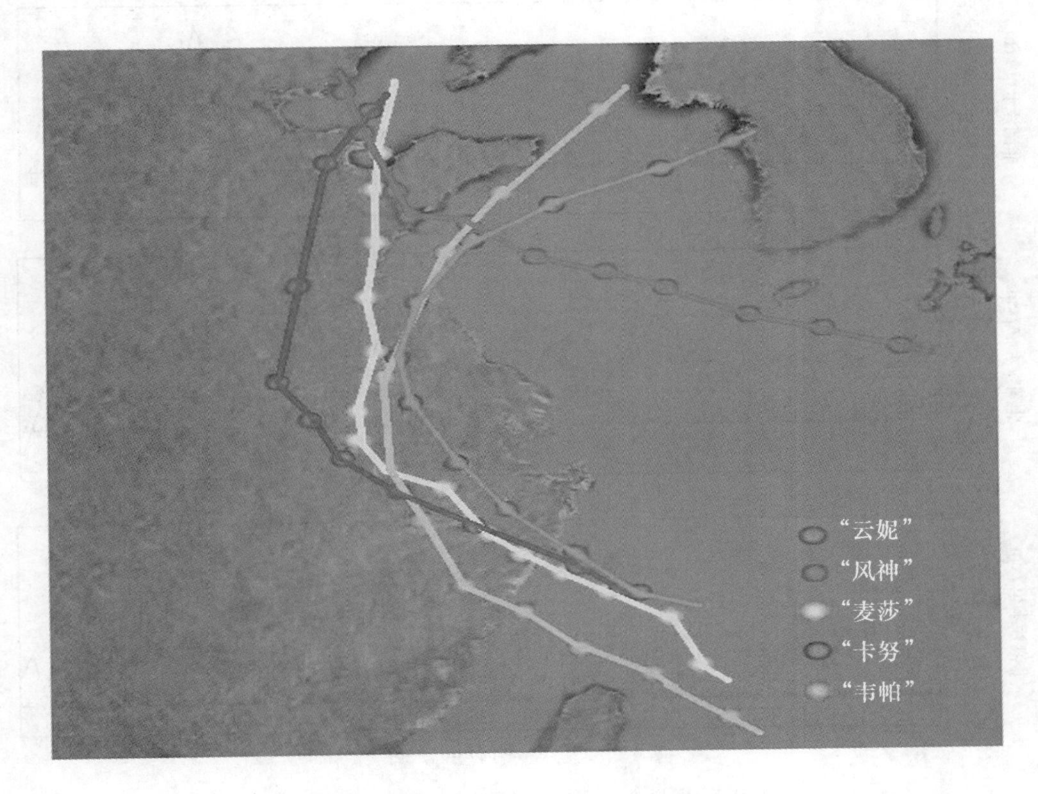

图 2－13　1997—2007 年海州湾过境台风局部路线图

图 2－14 为"云妮"等 5 个台风的非潮汐水位变化图，可以看出，Ⅰ类台风影响前期，海州湾非潮汐水位变化较平稳，受台风影响较小，当台风经过海州湾海域时水位增高非常显著，台风进入渤海湾后，水位回落较快。Ⅱ类台风影响期间水位波动与Ⅰ类相似，峰值较明显，但水位回落较慢。Ⅲ类台风影响期间水位波动明显异于Ⅰ类和Ⅱ类，水位波动较为杂乱，最高水位与Ⅰ类和Ⅱ类相比波动较小。

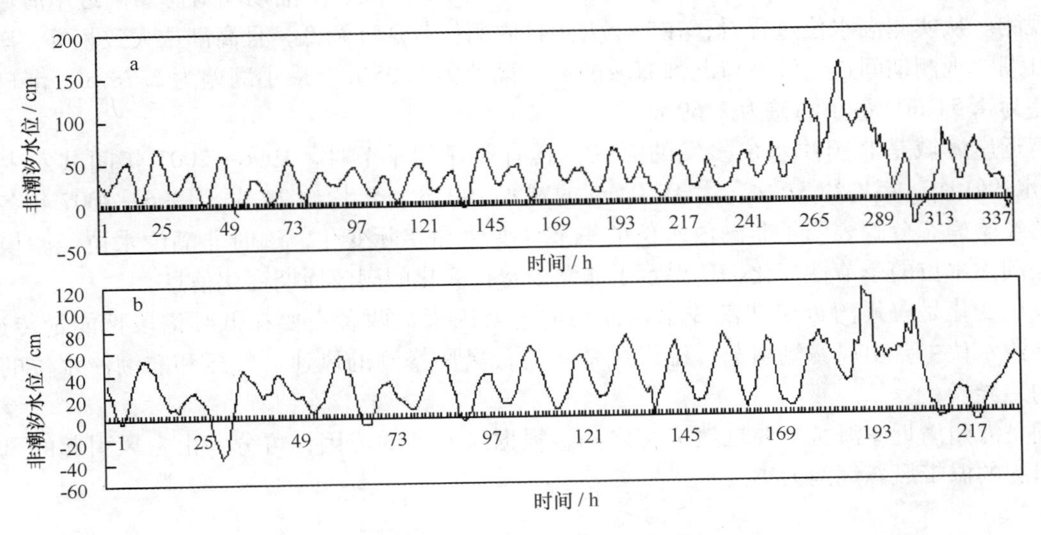

图 2－14(a)　台风期间海州湾近岸海域非潮汐水位

a. "云妮"；b. "麦莎"；

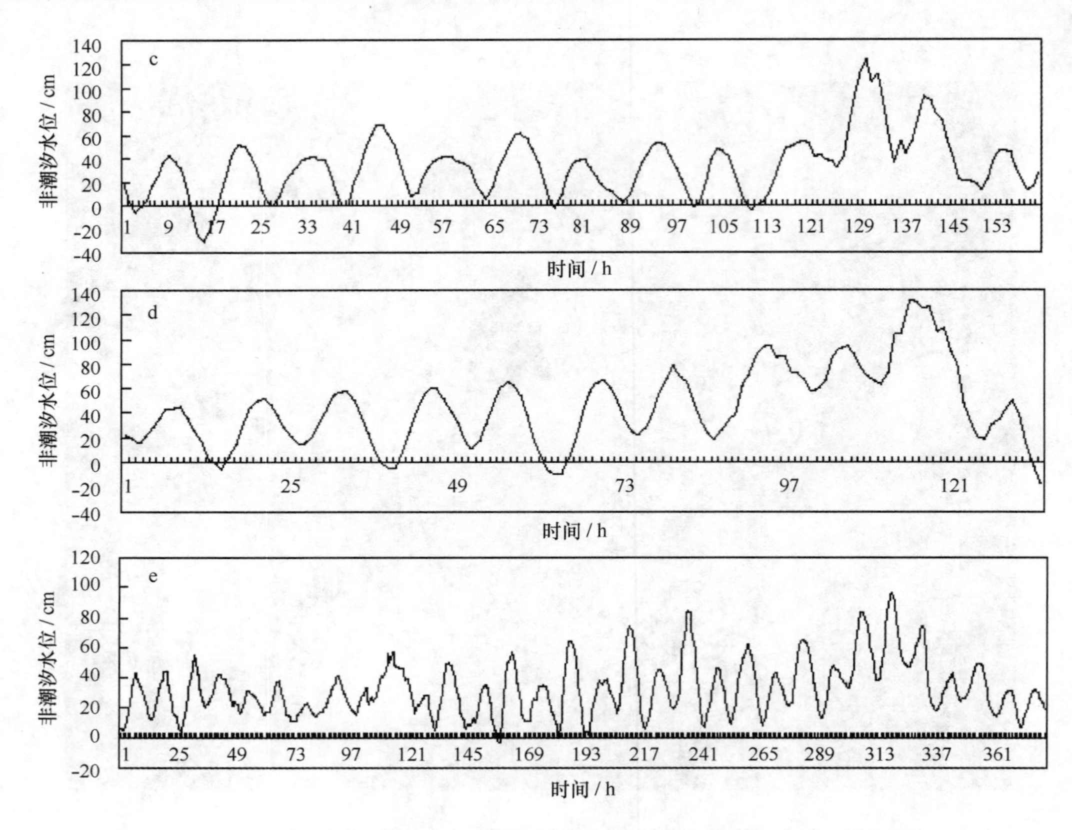

图 2－14(b) 台风期间海州湾近岸海域非潮汐水位

c. “卡努”；d. “韦帕”；e. “风神”

2.4 小结

2005 年 9 月 3 日至 9 月 9 日和 2006 年 1 月 1 日至 1 月 9 日大、中潮期间对海州湾近岸海域进行了连续的潮位观测。从实测潮水位过程看，在 1 个太阴日内潮位有两高两低，且高潮位大致相等，潮汐类型属于正规半日潮。观测期间连云港港口北部海域的最大潮差为 5.05 m，最小潮差为 2.78 m，港口南部海域的最大潮差为 4.54 m，最小潮差为 2.69 m。

海州湾近岸海域是非潮汐水位多发的海区，具有明显的季节性。1996—2007 年间共发生峰值大于 50 cm的增水 380 次，年均约 31 次，大于 50 cm 的减水 290 次，年均约 24 次。1996—2007 年各月平均非潮汐水位的经验模态分解表明了非潮汐水位的季节性变化和年际变化，逐时非潮汐水位经验模态分解不仅表明了非潮汐水位的季节性变化，还揭示了非潮汐水位变化的潮汐周期变化信息。

风和气压变化是海州湾近岸非潮汐水位波动的主要因素，两者主要在低频谱段把能量传递给水位。大振幅非潮汐水位主要由风暴潮引起，温带风暴潮与台风风暴潮的风速、气压和非潮汐水位的变化关系具有一定的差异。

风暴潮是海州湾近岸海域主要自然灾害之一，根据风暴潮的成因，可分为由台风引起的风暴潮和由温带气旋引起的温带风暴潮两大类。

3　潮流动力环境

潮流是近岸海域最为重要的动力现象之一，对海上航行、近岸工程建设、航道利用、潮汐能利用、水产养殖、泥沙运移、污染物扩散等均有重要的影响。因此，对近岸海域潮流特征的研究具有重要的意义。海州湾近岸海域受南黄海逆时针旋转潮波、地形和岸线的影响，潮流动力特征明显，潮差大，潮流变化复杂。本章根据2005年夏季和2006年冬季海州湾近岸海域多站同步连续实测潮流资料，利用准调和分析方法研究该海域潮流各要素的变化和分布规律。

3.1　潮流动力特征

3.1.1　材料与方法

3.1.1.1　观测资料

海州湾近岸海域夏季潮流的分析采用2005年9月大、中潮期间多站同步实测的13个和15个定点连续分层观测资料，站位分布见图3－1a。冬季潮流的分析采用2006年1月大、中潮期间多站同步实测的19个定点连续分层观测资料，站位分布见图3－1b。测点站位从北到南垂直岸线由近岸至远岸布设，根据岸线、水文等自然特征，尽量均匀分布使站位具有代表性，除增设站位外，不同季节和潮周期的测点位置基本相同，以便观测结果对比。观测使用仪器为SLC9－2直读式海流计，每1 h观测1次，观测层位采用6点法，分别为表层、0.2H、0.4 H、0.6 H、0.8 H、底层，H为当时实测水深，水深小于5 m时采用3点法。为便于分析，根据地形水流特征，把该海区分为连云港港口北部海域和港口南部海域。

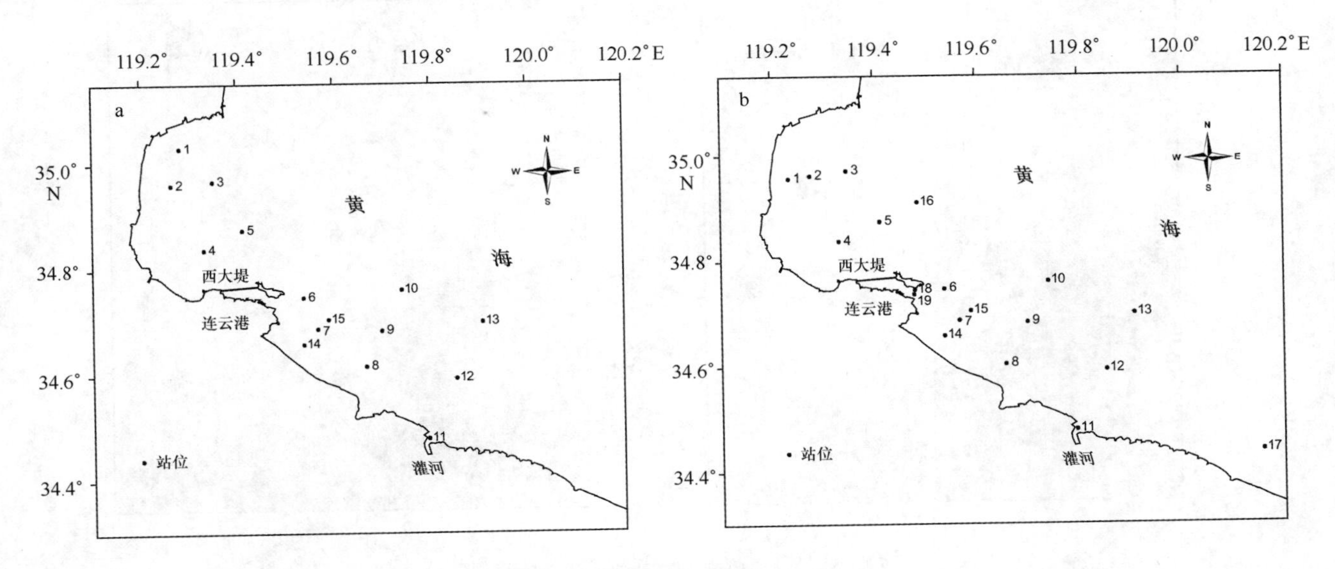

图3－1　海州湾近岸海域测流站位图

a. 夏季；b. 冬季

3.1.1.2 潮流准调和分析

根据潮流准调和分析原理（方国洪，1986；国家质量监督局，2007），采用引入差比数的方法，对实测海流资料进行准调和分析，计算各站每个分层的 M_2、S_2、K_1、O_1、M_4、MS_4 6 个主要分潮的调和常数及其潮流椭圆要素（方国洪，1981）。

3.1.2 潮流特征

受地形影响，海州湾近岸潮流基本为往复式的半日潮流。图 3－2 为夏、冬季大、中潮期间各站垂线平均流矢图，在港口北部海域，涨潮流向西南，落潮流向东北。在港口南部海域，近岸多为往复流，涨潮流向东南，落潮流向西北，随离岸增加，潮流逐渐变为旋转流。

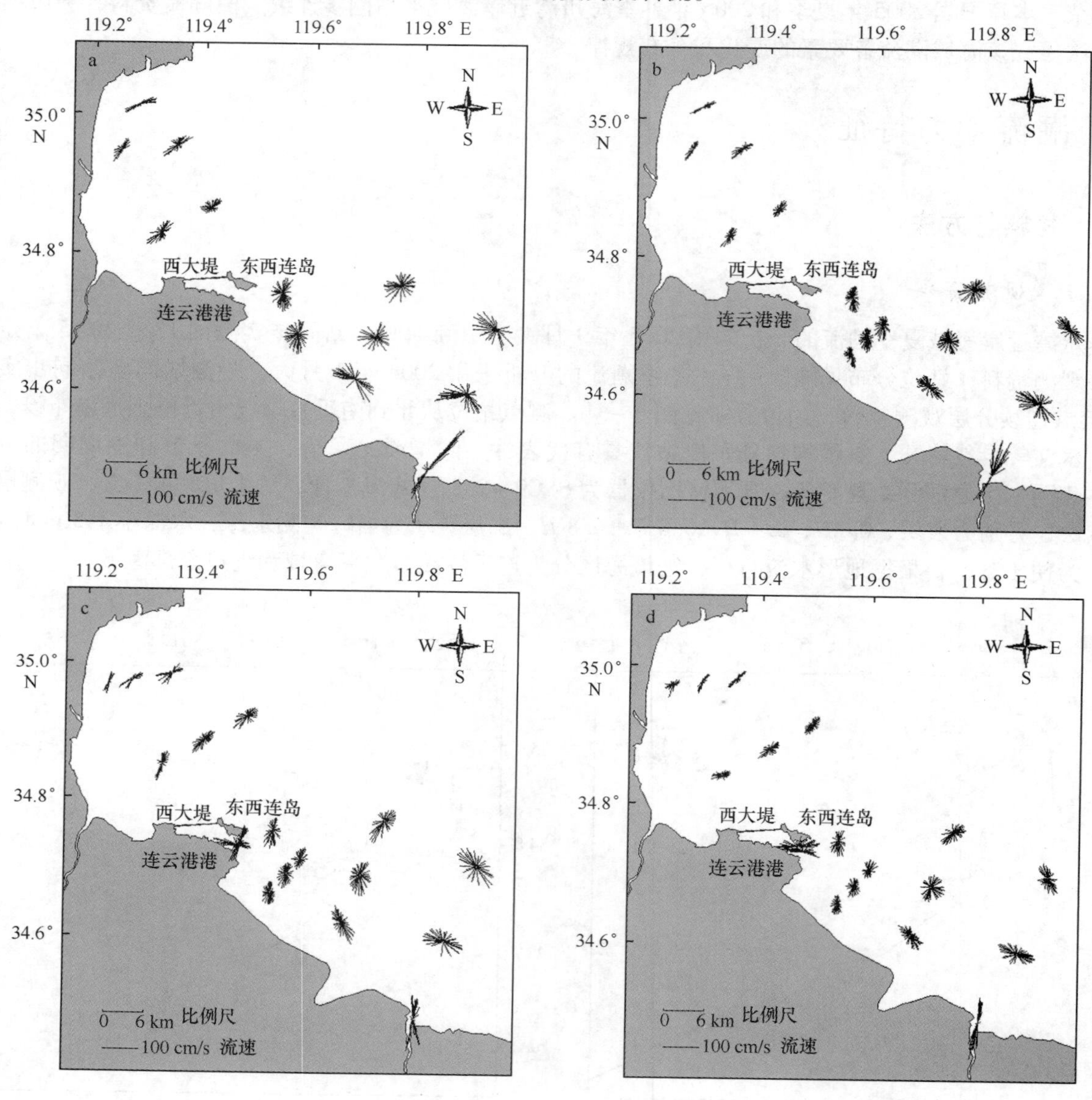

图 3－2 实测大中潮垂线平均流矢图

a. 夏季大潮；b. 夏季中潮；c. 冬季大潮；d. 冬季中潮

潮流实测结果表明，垂向上，通常表层潮流最强，底层潮流较弱，从表层至底层潮流由大变小（表

3－1)。平面上，港口南部海域的潮流大于港口北部海域的潮流，垂线平均流矢图（图3－2）也表明平均流速总体上由北向南逐渐增大。从涨潮流速和落潮流速大小来看（表3－2），涨潮流速大于落潮流速。季节上，夏季潮流普遍大于冬季潮流。冬季大潮流速变化范围大于中潮流速变化范围，夏季大潮流速变化范围出现小于中潮流速变化范围。实测最大流速在港口北部海域为0.49～0.83 m/s，在港口南部海域为0.87～1.28 m/s，4次观测期间平均最大流速结果如表3－2所示。最大流速方向在港口北部海域为西南向，在港口南部海域多为西北向。位于灌河口的11号站受径流影响，实测最大流速为1.64～2.06 m/s。从各观测期间潮差来看，港口北部海域的流速大小与平均潮差基本成正比，港口南部海域流速大小与潮差关系不如海州湾海域明显。根据质量守恒原理，涨、落潮流速的不等，必然导致涨、落潮流历时不等。一般来说，由于受地形等因素的影响，即使是正规的半日潮流，涨、落潮流历时也会不同，有时甚至差异很大。表3－2显示无论夏季还是冬季落潮流历时普遍大于涨潮流历时，表层和底层都呈现这种规律。

表3－1　海州湾近岸海域实测流速流向［流速：m/s；流向：(°)］

层位	大小方向	港口北部海域				港口南部海域			
		夏季大潮	夏季中潮	冬季大潮	冬季中潮	夏季大潮	夏季中潮	冬季大潮	冬季中潮
表层	流速	0.02～0.66	0.06～0.83	0.02～0.72	0.04～0.49	0.11～1.28	0.11～1.26	0.08～0.99	0.02～0.87
	流向	0～359	2～356	0～355	2～353	0～355	0～359	0～355	0～359
中层	流速	0.01～0.59	0.01～0.67	0.01～0.68	0.02～0.54	0.11～0.94	0.02～0.94	0.04～0.87	0.06～0.69
	流向	0～359	0～358	0～359	0～350	0～359	0～359	0～359	0～357
底层	流速	0.04～0.48	0.02～0.48	0.04～0.62	0.04～0.48	0.06～0.70	0.01～0.66	0.02～0.78	0.04～0.56
	流向	0～359	0～358	0～359	0～359	0～358	0～358	0～359	0～358

表3－2　海州湾近岸海域潮流特征值［流速：m/s；流向：(°)；历时：h：min；潮差：m］

海区	季节	潮时	涨潮平均流速	落潮平均流速	最大流速	最大流向	涨潮历时	落潮历时	平均潮差	最大潮差
港口北部海域	夏季	大潮	0.30～0.55	0.31～0.45	0.55	239	5：06～5：48	6：18～7：00	3.73	4.19
		中潮	0.28～0.60	0.32～0.43	0.60	243	5：12～5：36	6：48～7：06	3.74	3.94
	冬季	大潮	0.38～0.64	0.30～0.44	0.64	256	5：06～5：51	6：30～7：18	4.25	5.05
		中潮	0.27～0.50	0.22～0.36	0.50	240	5：27～5：57	6：33～6：54	3.39	3.93
港口南部海域	夏季	大潮	0.49～0.87	0.37～0.73	0.87	299	4：54～5：00	6：42～7：36	3.47	3.93
		中潮	0.42～0.97	0.35～0.73	0.97	293	4：54～5：54	6：24～7：36	3.58	3.73
	冬季	大潮	0.36～0.87	0.31～0.45	0.87	223	4：00～4：45	7：05～8：50	4.00	4.54
		中潮	0.30～0.74	0.31～0.69	0.74	297	4：50～5：10	7：20～8：15	3.23	3.59

3.1.3　潮流性质

潮流性质主要是根据全日、半日分潮流的相对比率来划分的，通常用$F=W_{O_1}+W_{K_1}/W_{M_2}$来判别，$F\leqslant0.5$为规则半日潮流；$0.5\leqslant F\leqslant2.0$为不规则半日潮流；$2.0\leqslant F\leqslant4.0$为不规则全日潮流；$F\geqslant4.0$为规则全日潮（交通部第一航务工程勘察设计院，2004）。由于近岸海域潮流性质受浅水分潮流的影响，因此，在判别潮流性质时，通常还要考虑浅水分潮流，其衡量公式为$G=W_{M_4}/W_{M_2}$。图3－3为海州湾近岸海域$F-G$的散点分布图，由图可见，该海域夏季绝大部分F值小于0.5，冬季F值小于0.4，夏季F值略大于冬季F值，表明该海域的潮流性质属于规则半日潮流，夏、冬观测期间G值均大于0.04，表明该海域浅海分潮显著。

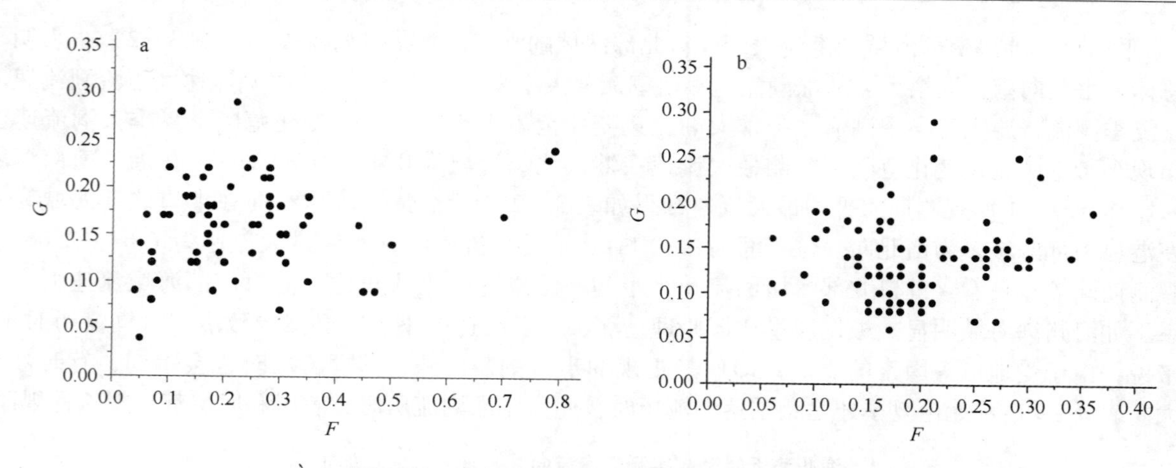

图 3－3　海州湾近岸海域各分层 *F*－*G* 散点图

a. 夏季；b. 冬季

3.1.4　潮流运动形式

由于该海区的潮流性质为正规半日浅海潮流，M_2 为主要分潮，所以潮流的运动形式可用 M_2 分潮的旋转率 *K* 来表示。*K* 值为潮流椭圆的短轴与长轴之比，通常 *K* 值在 0～1 之间，当 *K*＝0 时，为严格的往复流；当 *K*＝1 时为理想的旋转流；当 *K* 值大于 0.25 时，潮流表现出较强的旋转性；而当 *K* 值小于 0.25 时，潮流主要集中在涨、落两个方向上，表现为往复流。*K* 值前面的正、负号表示潮流的旋转方向，正号表示潮流为左旋，负号表示潮流为右旋（交通部第一航务工程勘察设计院，2004）。

表 3－3 为海州湾近岸海域夏、冬季潮流准调和分析计算的各层椭圆率变化。从潮流的旋转方向来看，在港口北部海域，夏季观测期间各站潮流运动为逆时针方向旋转；冬季观测期间，除 2 号站表层、0.2*H* 层为顺时针外，其余均为逆时针方向。在港口南部海域，夏季观测期间，11 号站为顺时针方向旋转，其余测站为逆时针旋转；冬季观测期间，19 号站为顺时针方向，其余站为逆时针方向旋转。值得注意的是，靠近河口的 11 号站夏季和冬季潮流旋转方向相反，夏季表现为顺时针方向旋转，冬季表现为逆时针方向旋转。

从椭圆率的大小来看，在港口北部海域，夏季观测期间椭圆率 *K* 平均值为 0.29；冬季观测期间椭圆率 *K* 平均值为 0.22，表明该海域往复流性质明显。在港口南部海域，夏季观测期间椭圆率 *K* 平均值为 0.55；冬季观测期间椭圆率 *K* 平均值为 0.43，表现出旋转流特性。此外，从椭圆率的大小还可以看到，港口北部海域的往复流性质较港口南部海域明显，冬季的往复流又较夏季明显。11 号站因受河流影响，无论夏季还是冬季从表层至底层椭圆率始终很小，接近于零，表现为明显的往复流运动形式。

表 3－3　海州湾近岸海域夏、冬季观测站位各层 M_2 分潮椭圆率

站位	夏季层位						站位	冬季层位					
	表层	0.2*H*	0.4*H*	0.6*H*	0.8*H*	底层		表层	0.2*H*	0.4*H*	0.6*H*	0.8*H*	底层
1 号	0.15	0.15	0.02	0.03	0.03	0.15	1 号		0.07		0.04	0.04	
2 号		0.16		0.25	0.28		2 号	－0.05	－0.05	0.02	0.08	0.1	0.11
3 号	0.31	0.28	0.26	0.25	0.38	0.5	3 号	0.06	0.06	0.05	0.05	0.04	0.02
4 号		0.07		0.33	0.49		4 号		0.2		0.27	0.28	
5 号	0.35	0.39	0.42	0.51	0.6	0.64	5 号	0.29	0.34	0.37	0.39	0.41	0.39
6 号	0.62	0.77	0.6	0.49	0.45	0.48	6 号	0.37	0.41	0.45	0.43	0.41	0.4
7 号		0.65		0.62	0.64		7 号		0.55		0.55	0.51	

续表

站位	夏季层位						站位	冬季层位					
	表层	0.2H	0.4H	0.6H	0.8H	底层		表层	0.2H	0.4H	0.6H	0.8H	底层
8号		0.3		0.43	0.42		8号		0.42		0.42	0.4	
9号	0.43	0.64	0.93	0.78	0.73	0.72	9号	0.74	0.73	0.72	0.72	0.71	0.71
10号	0.66	0.69	0.69	0.72	0.69	0.66	10号	0.47	0.5	0.51	0.53	0.53	0.54
11号	-0.01	-0.04	-0.09	-0.08	-0.04	-0.05	11号		0.07		0.01	0.01	
12号	0.4	0.4	0.35	0.39	0.47	0.48	12号	0.43	0.46	0.44	0.45	0.46	0.52
13号	0.4	0.36	0.4	0.44	0.39	0.41	13号	0.46	0.48	0.5	0.57	0.55	0.54
14号		0.49		0.47	0.55		14号		0.46		0.52	0.5	
15号	0.86	0.89	0.75	0.83	0.75	0.75	15号	0.56	0.55	0.56	0.62	0.62	0.65
							16号	0.35	0.41	0.42	0.44	0.5	0.41
							17号		0.18		0.22	0.21	
							18号	0.13	0.07	0.08	0.14	0.12	0.11
							19号		-0.21		-0.15	-0.06	

3.1.5　最大流速和流向

潮流椭圆长半轴和倾角代表了分潮流的最大流速和方向，由于该海区的潮流性质为正规半日浅海潮流，M_2 是优势分潮流，故用 M_2 分潮流的椭圆长短轴和倾角变化来说明潮流最大流速和方向。

在港口北部海域，夏季各站 M_2 分潮流的长轴平均值为 28.53 cm/s，短轴平均值为 7.41 cm/s，倾角变化范围为 213°～270°。冬季，除 5 号站表层外，各站 M_2 分潮潮流椭圆长轴平均值为 30.85 cm/s，短轴平均值为 6.95 cm/s，倾角变化范围为 202°～244°。在港口南部海域，夏季各站 M_2 分潮流的长轴平均值为 41.86cm/s，短轴平均值为 21.75cm/s，倾角变化范围为 2°～359°。冬季各站 M_2 分潮流的长轴平均值为 43.11 cm/s，短轴平均值为 18.72 cm/s，倾角变化范围为 179°～325°。港口南部海域的潮流长短轴比港口北部海域的大，椭圆倾角的变化范围也较大。

各站 M_2 分潮的椭圆长轴和倾角具有一定的季节性差异，最明显的是潮流椭圆倾角随季节不同而变化。在港口北部海域，夏季 M_2 分潮流椭圆长轴倾角平均值为 234°，而冬季 M_2 分潮流椭圆长轴倾角平均值为 228°，由夏季至冬季，潮流椭圆逆时针方向旋转了大约 6°。在港口南部海域，夏季 M_2 分潮流椭圆长轴倾角平均值为 258°，而冬季 M_2 分潮流椭圆长轴倾角平均值为 240°，由夏季至冬季，潮流椭圆逆时针方向旋转了大约 18°。

此外，靠近河口的 11 号站，由于受河流影响，椭圆长轴和倾角变化都较大，夏季 M_2 分潮流的长轴平均值为 97.23 cm/s，倾角平均值为 38°。冬季 M_2 分潮流的长轴平均值为 82.25 cm/s，倾角平均值为 5°，椭圆长轴倾角变化明显。

3.2　垂向流速变化

海州湾近岸海域水深较浅，受南黄海旋转潮波影响，海流比较复杂。受限于传统测流仪，早期的调查观测中一般为流速水平方向分量，没有垂向流速分量的数据，因此，对垂向分量实测数据研究的较少。20 世纪 80 年代发展起来的 ADCP 弥补了垂向流速观测的不足，它通过向水体中发射固定频率的声波，然后接收水体中泥沙颗粒等散射体的后散射信号，通过分析回波信号的多普勒频移，计算水体的三维流速。与传统流速仪不同，ADCP 基于声呐和雷达的基本原理及数字信号处理技术，一次可测量剖面多层水流速度的三维分量和方向，能够对海流进行实时三维精细测量，具有对流层无破坏作用、测验时间短、分辨率高等特点，特别适于流速较小，存在复杂流况的海域（周小峰等，2007）。

由于垂向流速分量提供了水质点在垂向上的大小和方向，可以用来估算湍动能耗散率与水流垂向扩散强度，对深入了解悬沙与沉积物的交换和向上扩散与沉积过程具有重要的意义。本节利用 2012 年 6 月在海州湾近岸海域定点高分辨率 ADCP 测流以及 CTD、浊度等观测资料，研究海流垂向流速分量变化，以期深入了解该区海流的垂向结构、变化规律、形成机制。

3.2.1 材料与方法

3.2.1.1 野外观测

2012 年 6 月 22 日，使用 LinkQuest 公司的 FlowQuest1000ADCP 在海州湾湾顶进行了定点海流观测，测点位于 119°26′E，34°47′N，水深约为 9 m。观测中，ADCP 以坐底的方式置于海底，换能器位于海床之上 0.5 m 处，采用仰视工作方式，频率为 1×10^6 Hz，单元层厚设为 0.25 m，盲区为 0.4 m，设为连续采样方式，周期为 30 s，一个测量集 256 Ping，流速测量精度为 0.25% ±5 mm/s。在 ADCP 底座上同时布放 RBRXR－420 CTD，设置采样时间间隔为 10 s，同步测量温、盐值。在 ADCP 观测的同时，利用 RBRXR－620 CTD、浊度计进行剖面测量，设置采样时间间隔为 10 s，以得到观测期间水体的温盐结构。

3.2.1.2 EMD 方法

经验模态分解和 Hilbert 变换是处理非线性和非平稳过程数据的新方法（Huang et al.，1998）。它的特点是能够对非线性、非平稳过程的数据进行线性化和平稳化的自适应处理，并在分解过程中保留了数据本身的特点，使分解出的分量具有明显的物理意义。通过对模分量进行 Hilbert 变换，可得到各自的瞬时频率和瞬时振幅，并显示出由非线性引起的高频段谱值的性质和谱值、频率随时间变化的三维特点（尹逊福等，2003）。

3.2.2 实测海流垂向分量

实测海流分析表明，观测期间海州湾近岸海域垂向流速分量的大小范围为－81～96 mm/s，向下为正，向上为负。其大小随深度变化明显，波动不规则，以团块状分布为主（图 3－4），上层垂向流速分量大小为－81～96 mm/s，中层为－57～64 mm/s，下层为－70～48 mm/s，通常上层垂向流速分量最大，中、下层次之，个别时刻也有中、下层流速大于上层流速的现象，垂向流速分量绝对值时间平均后结果如图 3－5 所示。从上下流向来看，规律性不明显，经常出现上、下层流速剪切现象。

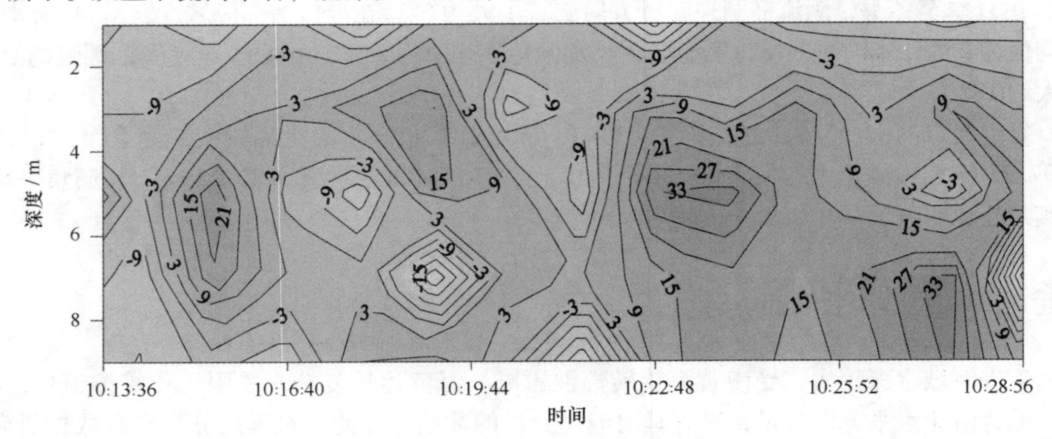

图 3－4 典型时段垂向流速（mm/s）分量时间序列变化图

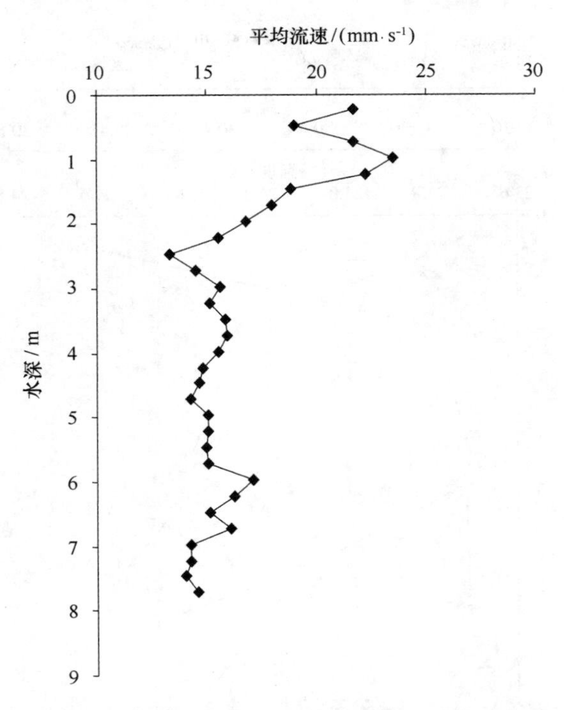

图3－5 垂向流速分量绝对值时间序列平均后变化图

3.2.3 垂向流速分量影响因素

垂向流速分量提供了水中质点在垂向上的运动方向和速率，除涨、落潮运动影响垂向流速分量外，主要为湍流所致。浅海区域湍流运动复杂，波浪、风、潮流旋转、表底层流向差异、海底摩擦、海水层化、非线性效应和海底地形等对海流垂向分量变化都有影响。实测海流垂向流速分量的变化表明海州湾湾顶浅海区垂向流速分量尺度较小，以团块状分布为主，较少有大幅度的脉动，其形成可能是海州湾湾顶水浅，各种潮波在向近岸传播过程中，受海底地形摩擦及岸线的影响导致内波破碎发生混合形成的湍流斑块或是因海水热盐扩散之差引起的各种双扩散过程及各种流动剪切不稳定引起的小尺度湍流云。

温、盐、密的垂直结构对海流的分布有着重要的影响（鲍献文等，2010），当海水出现层结现象时，在外力扰动下，易于在界面处产生波动（方欣华，1993），但受地形及岸线的影响，浅水区波动易受破碎激发湍流。研究表明：海州湾近岸海域夏季潮流上下结构具有明显的分层现象，冬季不明显，在夏季存在分层的情形下，实测潮流的垂直结构比较复杂（张存勇，2012）。图3－6为观测期间ADCP测点处温、盐、密剖面分布曲线，从图中可以看到，表层至2 m水深处温、盐、密变化较大，2 m以下温度较为均一，盐度和密度增大，具有一定的强度梯度。这种变化趋势同图3－5中垂向流速分量绝对值时间序列平均后变化较为一致。表层以下2 m处垂向流速分量急剧减小，中、下部垂向流速分量变化较小，与湍流引起的混合一致。

3.2.4 垂向流速分量EMD分解和Hilbert变换

为了研究海流垂向流速分量的变化规律，对各层垂向流速分量进行了EMD分解和Hilbert变换，以揭示垂向流速分量的结构及其随时间的变化。由于ADCP的安装高度和表、底层盲区，本次垂向流速分量的有效观测数据为31层，对应水深为1.28～8.78 m。

经验模态分解和Hilbert变换表明，海州湾湾顶浅海区垂向流速分量主要存在6个内在模（IMF）和一个剩余项（Res）。各模态对整个波动的贡献差异明显，第一模态的方差贡献最大，介于40.46%～

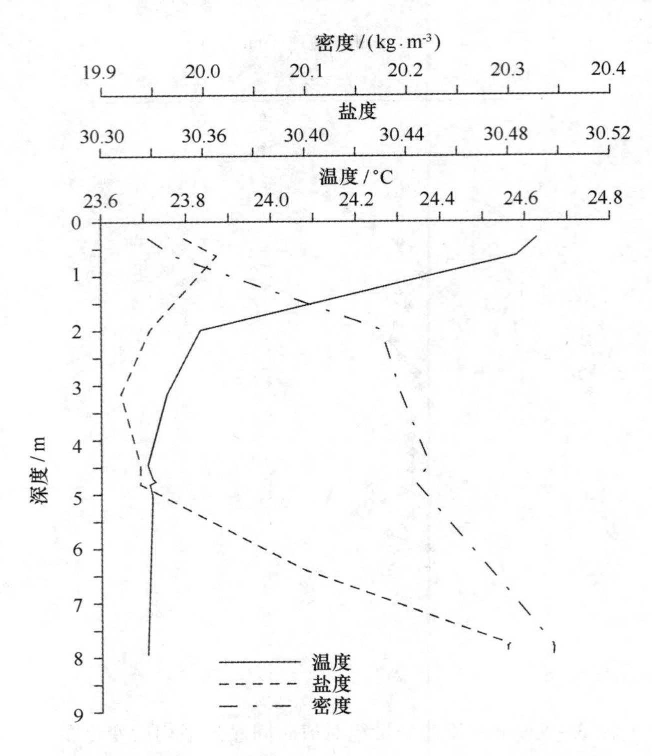

图 3－6　温、盐、密剖面图（2012 年 6 月 22 日 11 时 12 分）

67.23%之间，平均振幅也最大，介于 16.91 ~ 23.25 mm 之间，频率最高，平均周期介于 2.23 ~ 15.93 min。第二模态仅次于第一模态，方差贡献为 12.70% ~29.11%，平均振幅为 9.13 ~13.95 mm，平均周期为 3.73 ~5.47 min。随着模态序号的增大，模态方差贡献变小，通常小于 10%，振幅和频率也逐渐减小。从频率的分布来看，分解出来的 IMF6 频率对应浅水分潮的频率，IMF4 ~ IMF5 频率对应高频内波的波动频率，IMF1 ~ IMF3 频率由内波破碎和剪切不稳定激发而成。实际的海流垂向流速分量是非线性的，不同频率、不同振幅的分量之间通过非线性相互作用进行能量交换，将低频波动的能量传递给高频波动。限于篇幅，仅给出 3.28 m 处垂向流速分量的 EMD 分解结果（图 3－7 和表 3－4）。从图 3－7 和表 3－4 可以看出，内模函数 IMF1、IMF2 的能量幅值最大，方差贡献分别为 57.91%、14.54%，其他模态贡献较小。剩余趋势为垂向流速分量的长期变化趋势，图示表明在随后的一段时间内垂向流速分量会有所上升。

海流垂向流速分量的脉动分解过程表明垂向流速分量可分解为不同周期的函数，表现为由不同频率、不同振幅的分量叠加而成。在湾顶浅海区，海流受地形等多种因素影响，非线性过程明显，经验模态分解能够把非线性的海流分成准线性的子波，对这些子波进行 Hilbert 变换，进而得到各自的瞬时振幅和瞬时频率。这些瞬时频率和瞬时振幅可以用来分析紊动强度。从各层模态中心频率的垂向变化来看，海州湾湾顶浅海区垂向流速分量波动具有一定的范围，其波动频率范围为 0.013 ~0.35 Hz，各分量之间很少有交叉重叠现象。各层模态中心频率构成具有垂向变频特征（图 3－8）。其中，高频模态中心频率分布在 0.30 ~0.35 Hz 范围之内，随水深增加具有频率增加的趋势，表明高频波动具有自底层向上层减小的趋势。这与海底近壁湍流形成的湍流漩涡脱离床面向上扩散过程中，大漩涡被分解成各种尺度的小漩涡，能量逐渐被耗散相一致。低频垂向紊动随水深增加频率变化不明显，表明低频紊动相对稳定，高频紊动易被耗散掉。

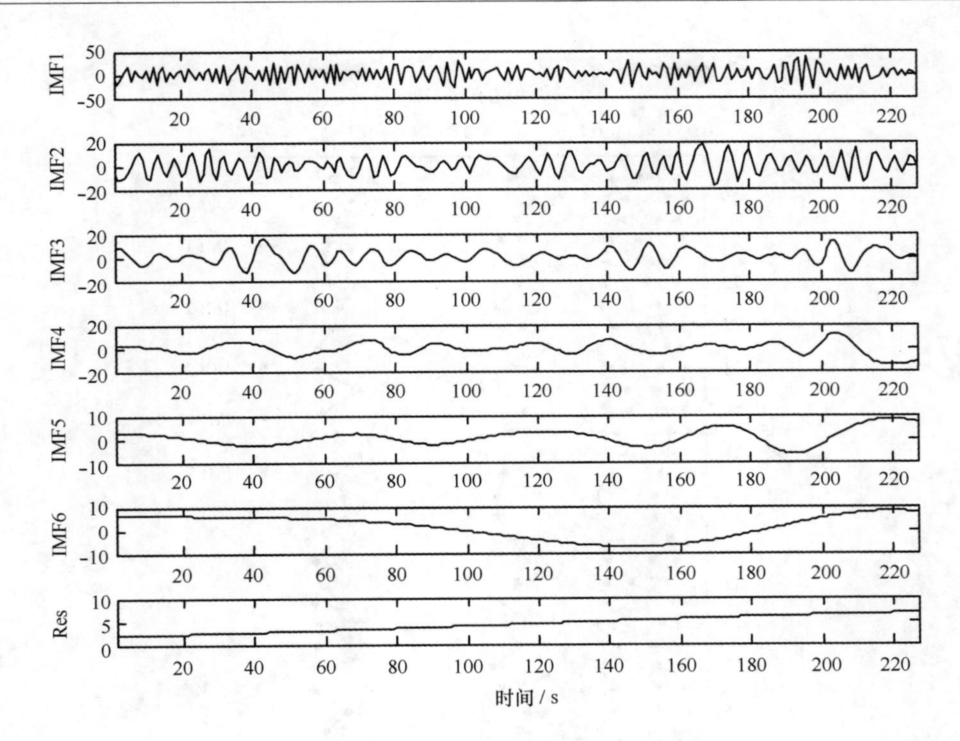

图 3 -7　垂向流速（mm/s）分量经验模态分解

表 3 -4　垂向流速分量内在模函数的统计特征

模态	方差贡献/%	中心频率/Hz	平均周期/min	平均振幅/mm
IMF1	57.91	0.34	5.10	18.36
IMF2	14.54	0.17	4.16	9.45
IMF3	8.99	0.10	7.02	6.99
IMF4	7.63	0.04	23.65	6.10
IMF5	3.05	0.02	59.27	4.19
IMF6	7.29	0.01	177.03	7.21

3.2.5　垂向流速分量与水平流速分量关系

周良勇等利用散点图法对苏北废黄河口附近海域声学多普勒测流中垂向流速分量与水平流速分量相关性进行分析，认为垂向流速分量是一个相对独立的量（周良勇等，2010）。由于垂向流速分量与水平流速分量尺度不同，散点图法难以揭示垂向流速分量与水平流速分量的关系。为了深入探讨它们之间的相关性，将垂向流速分量与水平流速分量经验模态分解后的各内在模进行相关性分析（表3 -5）。从中可以看出，除第三模态外，垂向流速分量与北向流速分量各内在模函数具有一定的相关性，总体上从高频向低频增强，第六模态的相关系数达0.761，该模态对应浅水分潮的频率，说明垂向流速分量中的低频分量来源于潮致贡献。与北向流速分量相似，除第一、第四模态外，垂向流速分量与东向流速分量各内在模函数也具有一定的相关性，但弱于垂向流速分量与北向流速分量各内在模函数相关性。此外，垂向流速分量与水平流速分量的趋势项相关性强，表明垂向流速分量与水平流速分量在波动趋势上具有一定的联系。

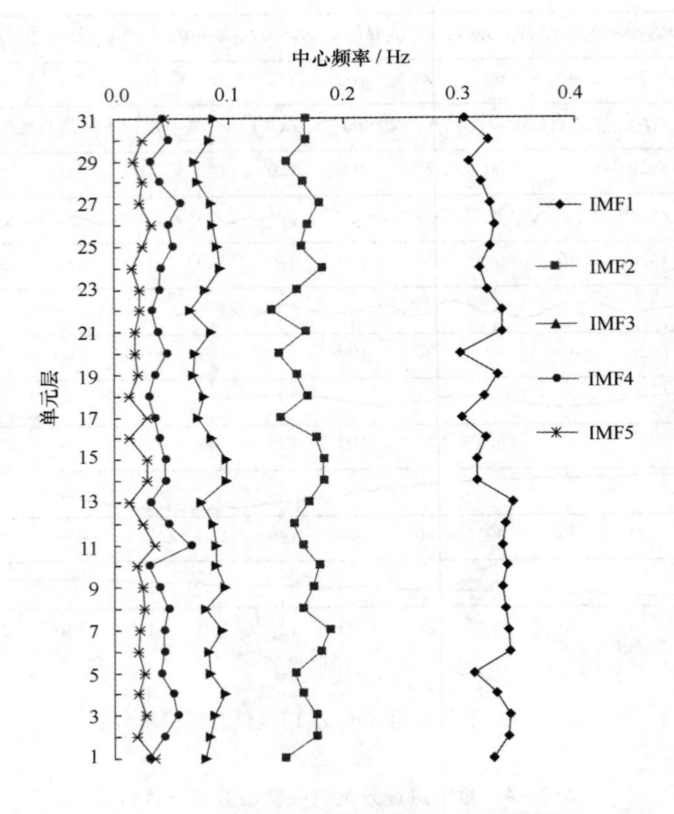

图 3-8　垂向流速分量各层 IMF 中心频率变化

表 3-5　垂向流速分量与水平流速分量各内在模函数相关系数

分量流速模态		垂向流速分量模态						
		IMF1	IMF2	IMF3	IMF4	IMF5	IMF6	Res
北分量流速模态	IMF1	0.367**	0.060	0.039	0.021	-0.038	-0.021	-0.029
	IMF2	0.028	0.284**	0.115	0.031	0.020	-0.005	-0.010
	IMF3	0.035	0.026	0.043	-0.060	0.087	0.022	0.075
	IMF4	-0.034	-0.025	-0.093	0.270**	0.298**	0.132*	-0.025
	IMF5	0.065	-0.031	-0.074	0.427**	-0.457**	0.126	-0.277**
	IMF6	-0.020	-0.010	0.028	-0.134*	-0.012	0.761**	0.059
	Res	-0.017	0.034	0.034	-0.257**	0.236**	-0.218**	0.986**
东分量流速模态	IMF1	-0.029	0.088	-0.072	0.013	-0.001	-0.042	0.036
	IMF2	0.042	-0.194**	-0.146*	0.184**	-0.092	-0.066	-0.093
	IMF3	0.002	-0.030	0.144*	-0.149*	0.050	0.034	0.062
	IMF4	0.006	0.024	0.091	-0.006	-0.100	0.076	-0.189**
	IMF5	0.005	0.023	-0.055	0.027	-0.344**	-0.198**	-0.217**
	IMF6	0.039	0.010	-0.050	0.182**	-0.202**	-0.283**	-0.590**
	Res	0.008	-0.044	-0.023	0.234**	-0.194**	0.341**	-1.000**

注：* 为 $p<0.05$；** 为 $p<0.01$。

3.3 潮流垂直结构及其季节变化

潮流垂直结构是海洋研究中的一个重要内容，发生在海洋中的许多现象，诸如海洋内波、海水混合、海洋湍流以及海洋中物质输运都与潮流垂直结构密切相关。海洋资源开发、军事、航运和海洋工程也需要了解潮流在不同水层的分布。此外，潮流垂向分布对深入研究沉积动力学问题也十分重要，尤其是在近岸海域，由于波浪潮流作用显著，沉积物易于再悬浮，潮流垂向分布是分析悬沙浓度随深度变化和计算悬沙通量的关键。目前，从已发表的文献来看，对海州湾近岸海域潮流的研究多是采用数值计算方法，受模拟精度的影响，对潮流垂向变化规律研究的较少，影响了对潮流整体特征的深入认识。本节利用2005年夏季和2006年冬季海州湾近岸海域多站同步连续实测潮流资料，研究不同季节潮流垂向变化特征，以期能深入了解该海域潮流的特征。

3.3.1 资料与方法

3.3.1.1 观测资料

海州湾近岸海域夏、冬季多站同步连续分层实测潮流分析站位如图3－1所示。夏季大潮期间观测站位为13个，观测时间为2005年9月4日12时至2005年9月5日15时30分；中潮期间观测站位为15个，观测时间为2005年9月8日1时30分至2005年9月9日6时。冬季大、中潮期间观测站位为19个，大潮观测时间为2006年1月2日0时至2006年1月3日5时；中潮观测时间为2006年1月6日21时至2006年1月8日3时。观测方法同3.1节潮流分析，与测流同步使用采水器在上述层位采集水样并用数显盐度仪测定盐度。

3.3.1.2 潮流准调和分析

根据潮流准调和分析原理，采用引入差比数的方法，对夏、冬季实测海流资料进行准调和分析，计算各站6个分层的M_2、S_2、K_1、O_1、M_4、MS_4 6个主要分潮的调和常数及其潮流椭圆要素，具体方法参见文献（方国洪，1981）。

3.3.2 潮流性质垂向变化

潮流性质主要是根据全日、半日分潮流的相对比率来划分，通常用$F=W_{O_1}+W_{K_1}/W_{M_2}$来判别，$F\leqslant0.5$为规则半日潮流；$0.5\leqslant F\leqslant2.0$为不规则半日潮流；$2.0\leqslant F\leqslant4.0$为不规则全日潮流；$F\geqslant4.0$为规则全日潮流（交通部第一航务工程勘察设计院，2004）。表3－6为各站潮流性质计算结果。

由表3－6可以看出，除夏季9号、14号、15号站表层外，海州湾近岸海域潮流性质F值基本上小于0.5，为规则半日潮流。夏季9号、14号、15号站表层为不规则半日潮流，可能同观测误差有关。从表3－6还可以看出，同一站位各层F值具有一定的差异。总体上看，表层的F值大于底层的F值，随水深增加逐渐变小，但F值的垂向空间分布规律性并不强，这与日潮流最大流速的垂向变化幅度较大有关。

从季节上看，夏季表层潮流类型F值普遍大于冬季潮流类型F值，并且表底层相差较大，例如5号、6号、9号站表层潮流类型F值通常是底层F值的2倍。冬季表底层潮流类型F值相对均匀，这可能与冬季层化不明显有关。温盐的垂直结构对潮流的分布有着重要的影响，尤其是夏季，强烈的层化抑制了潮流跨越密度界面的流动。由于测流中没有对温盐剖面进行高分辨率观测，不能对层化界面进行分析，但对各分层的盐度测定结果却表明该海区夏季盐度具有层化现象，冬季海水垂向混合强烈，层化不明显。

表 3－6　海州湾近岸海域夏、冬季观测站位各层 F 值

站位	夏季层位						站位	冬季层位					
	表层	0.2H	0.4H	0.6H	0.8H	底层		表层	0.2H	0.4H	0.6H	0.8H	底层
1 号	0.28	0.17	0.04	0.07	0.06	0.13	1 号		0.27		0.23	0.22	
2 号		0.18		0.17	0.31		2 号	0.30	0.29	0.26	0.25	0.24	0.25
3 号	0.28	0.18	0.21	0.17	0.14	0.20	3 号	0.30	0.25	0.26	0.30	0.27	0.24
4 号		0.27		0.24	0.22		4 号		0.17		0.16	0.14	
5 号	0.47	0.30	0.14	0.30	0.25	0.25	5 号	0.20	0.16	0.16	0.16	0.13	0.18
6 号	0.44	0.31	0.17	0.14	0.10	0.19	6 号	0.25	0.18	0.15	0.16	0.14	0.11
7 号		0.34		0.22	0.30		7 号		0.17		0.16	0.16	
8 号		0.16		0.26	0.50		8 号		0.19		0.17	0.15	
9 号	0.60	0.50	0.47	0.33	0.25	0.27	9 号	0.21	0.19	0.17	0.15	0.19	0.18
10 号	0.20	0.15	0.15	0.19	0.18	0.19	10 号	0.28	0.27	0.25	0.24	0.26	0.28
11 号	0.05	0.07	0.05	0.07	0.08	0.12	11 号		0.17		0.21	0.21	
12 号	0.14	0.14	0.17	0.09	0.10	0.13	12 号	0.11	0.10	0.11	0.10	0.10	0.06
13 号	0.30	0.35	0.28	0.28	0.25	0.28	13 号	0.18	0.16	0.17	0.20	0.20	0.26
14 号		0.65		0.37	0.21		14 号		0.17		0.14	0.14	
15 号	0.74	0.38	0.11	0.43	0.46	0.41	15 号	0.21	0.20	0.18	0.20	0.16	0.17
							16 号	0.34	0.23	0.20	0.20	0.20	0.22
							17 号		0.07		0.06	0.09	
							18 号	0.26	0.16	0.11	0.13	0.14	0.36
							19 号		0.31		0.29	0.29	

3.3.3　潮流椭圆率垂向变化

由于该海区的潮流性质为正规半日潮流，M_2 为主要分潮，所以可用 M_2 分潮的旋转率 K 来表示。图 3－9为 M_2 分潮表层、中层和底层潮流椭圆的长短半轴。由图可以看出，港口北部海域的往复流性质明显，冬季的往复流又较夏季明显。港口南部海域旋转流明显，由岸至外海旋转性增强，旋转性因不同站位和季节有一定的差异。M_2 分潮流的旋转方向，除夏季 11 号站、冬季 2 号站表层、0.2H 层和 19 号站为顺时针旋转外（表 3－3），其余各站均为逆时针方向旋转，与南黄海旋转潮波方向一致。

垂向上，夏季观测期间，2 号、3 号、4 号、5 号、8 号、12 号站 M_2 分潮的椭圆率总体上随深度增加而逐渐增大；6 号、15 号站 M_2 分潮的椭圆率基本上随深度增加而逐渐变小；9 号、10 号站 M_2 分潮的椭圆率先变大，后变小；1 号、11 号、14 号站 M_2 分潮的椭圆率先变小，后变大；7 号、13 号站 M_2 分潮的椭圆率变化较小。冬季观测期间，2 号、4 号、5 号、10 号、12 号、15 号、16 号、19 号站 M_2 分潮的椭圆率随深度增加而增大；1 号、3 号、9 号站 M_2 分潮的椭圆率随深度增加而变小；6 号、13 号、14 号、18 号站 M_2 分潮的椭圆率先变大，后变小；7 号、8 号站 M_2 分潮的椭圆率垂向变化较小。理论分析表明，无论半日潮流或日潮流，分潮流的椭圆率均随着接近海底而增加（方国洪等，1986）。根据上述实测潮流分析结果可以看出，多数站位椭圆率 K 值随水深增加而变大，潮流椭圆较表层圆些，实际观测结果与理论分析基本一致，部分站位出现不一致可能是由于观测的误差，此外，海岸、岛屿及复杂的地形也能引起潮流垂向变化异常。

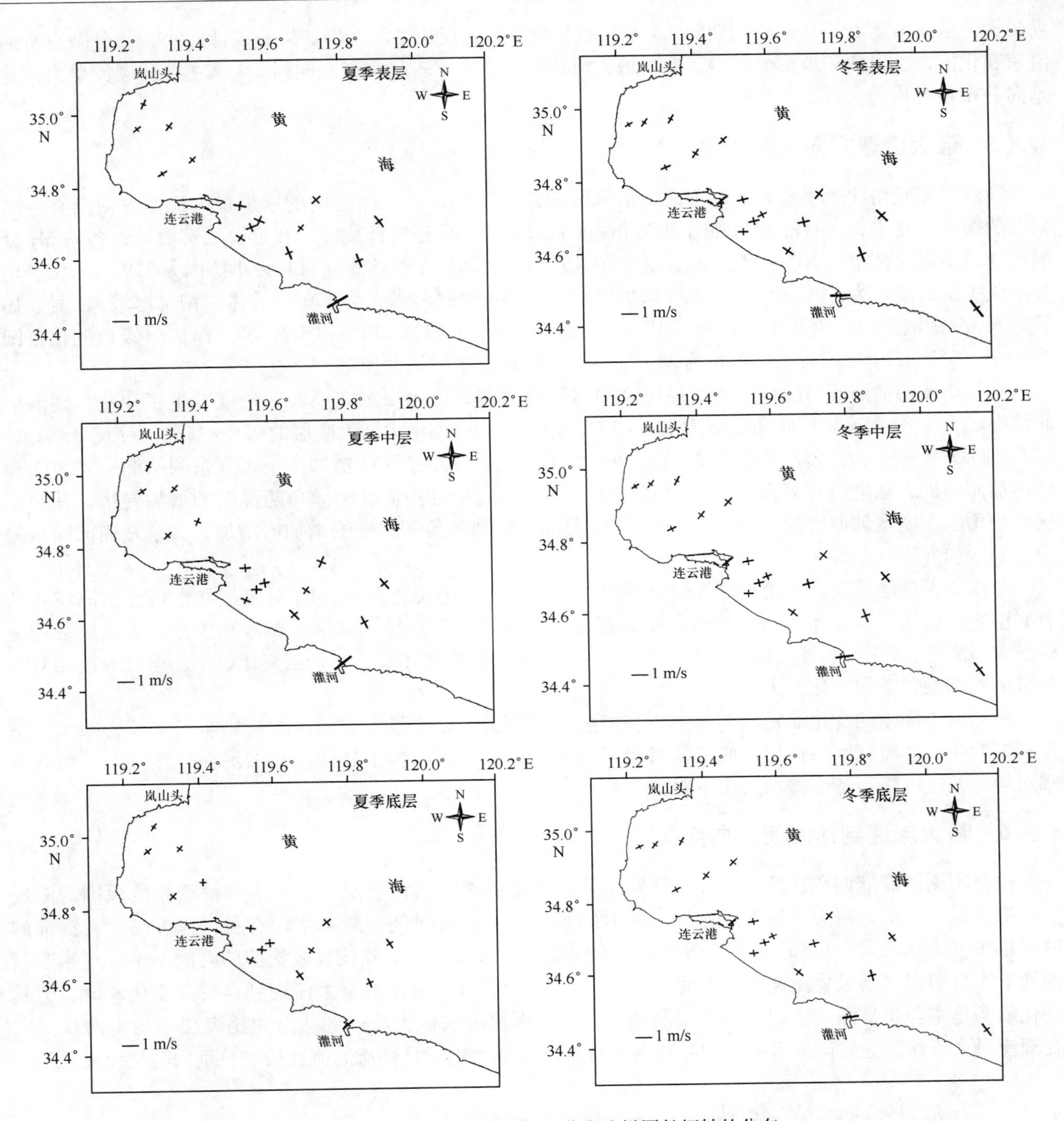

图 3-9 海州湾近岸海域 M_2 分潮流椭圆长短轴的分布

3.3.4 最大流速垂向变化

潮流椭圆长半轴代表了潮流的最大流速。根据潮流准调和分析结果，海州湾近岸海域椭圆长轴最为显著的分潮分别为 M_2、S_2、O_1、K_1，其中 M_2 分潮椭圆长轴最大，是该海区的优势分潮流，其最大流速值大于 S_2、O_1、K_1 3 个分潮流的流速量值之和。

垂向上，4 个主要分潮的最大流速变化趋势大都随深度的增加而递减，越接近底层，流速越小，这主要是海底摩擦作用的结果。相对于半日分潮流，日分潮流的最大流速规律性较差，从表层至底层变化幅度较大。从季节上看，夏季观测期间，4 个主要分潮流最大流速随深度增加呈非线性减小，部分站点垂向流速变化大，受风向和地形的影响，有时最大流速出现在中层。冬季观测期间，4 个主要分潮流最大流速垂向分布相对均匀。

3.3.5 最大流速方向垂向变化

潮流椭圆倾角代表了最大流速方向。从椭圆倾角的变化来看，随深度的增加最大流速方向具有一定幅度的摆动。夏季，半日潮族的椭圆倾角随深度的增加大致呈逆时针旋转。在港口北部海域，各站 M_2 分潮流的长轴走向基本为 NE—SW，表层倾角范围为 213°～245°，到达海底时其大小范围为 219°～270°。S_2 分潮流表层的倾角为 44°～65°，随深度增加而增大，接近海底时最大为 270°。在港口南部海域，7 号、10 号站 M_2 分潮流表层倾角较小，其余站 M_2 分潮流表层倾角范围为 230°～350°，到达海底时倾角变化范围为 292°～353°。S_2 分潮流表层倾角为 230°～349°，接近海底时最大为 353°。

全日潮族的椭圆倾角随深度的增加出现顺时针的旋转，由表层至底层旋转角度发生了变化。在港口北部海域，O_1 分潮流表层倾角范围为 32°～75°，随深度的增加增大到近底层的 92°～233°；对 K_1 分潮流，3 号站椭圆倾角随深度的增加先增大，后变小，5 号站椭圆倾角随深度增加变小，其余测站椭圆倾角随深度增加而增加。在港口南部海域，10 号、11 号、13 号站 O_1 分潮流椭圆倾角随深度的增加变小，其余站椭圆倾角随深度增加而增加。6 号、11 号站 K_1 分潮流椭圆倾角随深度的增加而增加，其余站椭圆倾角随深度的增加变小。

冬季，各分潮流椭圆倾角旋转性同夏季相似，表底层变化较夏季小。M_2 分潮流在港口北部海域各站表底层平均偏转了 3°，港口南部海域各站表底层平均偏转了 2°。S_2 分潮流，1 号和 3 号站表底层平均偏转了 3°，2 号、4 号、5 号、10 号、15 号站底层与表层倾角方向相反，其余层变化较小。全日分潮相对半日分潮椭圆倾角垂向变化偏大。

椭圆倾角的垂向变化通常同潮流类型和海底摩擦有关，由于该海域潮流为规则半日潮流，基本以正弦形式变化，受海底摩擦作用，底层的转流时刻先到，然后逐次向上转流，最大流向发生变化，但冬季相对均匀，这可能与冬季海水层化不明显有关。

3.3.6 最大流速到达时间垂向变化

根据实测潮流准调和计算，半日潮流底层最大流速到达时间比上层早，产生这种现象的原因与海底的摩擦有关，摩擦力越大，最大流速到达的时间越早，提前的时间一般与水深有关，深度越大，提前的时间越多（方国洪等，1986）。由于海州湾近岸海域大多数站点水深较浅，故提前的时间不多。夏季观测期间，半日潮流底层最大流速到达时间比表层平均提前 0.2 h。日潮流最大流速到达时间变化较大，但其变化趋势基本与半日潮流相似。冬季观测期间，半日潮流底层最大流速到达时间比表层平均提前 0.3 h。日潮流最大流速到达时间的垂向变化趋势与半日潮流相似，由于日潮流的流速较小，垂向变化较大。

3.4 余流及其季节变化

余流是从实测海流中剔除周期性潮流以后的水体流动，通常由风场、海水的温盐和各种流动相互作用的非线性效应等因素引起，包括风海流、密度流、地转流等。余流是海水水体定向输送的主要动力因子，量值虽不大，但相对定常，通常是泥沙运移和污染物扩散的方向，分析余流的变化规律对研究冲淤演变和环境保护等具有重要的意义。本节根据海州湾近岸海域夏冬季多站同步连续实测潮流资料，分析不同季节、不同潮周期余流变化特征，以期深入了解该海区的余流及其季节变化特征。

3.4.1 资料与方法

海州湾近岸海域余流的分析站位、观测方法同潮流动力分析。余流是根据准调和分析原理（方国洪，

1986；国家质量监督局，2007），采用引入差比数的方法，对实测海流资料进行准调和分析，计算各站6个分层的余流大小和方向。

3.4.2　余流特征

3.4.2.1　夏季余流大小

表3－7为各站分层的夏季余流，大潮期间，港口北部海域余流变化范围为1.3～12.4 cm/s，最大余流值为1号站位的表层余流。1号、5号站余流从表层至底层逐渐变小。2号、3号站中层余流最大，表底层余流相对较小，与此相反，4号站表、底层余流大，中层余流较小。港口南部海域余流变化范围为1.3～56.5 cm/s，最大余流值为河口附近11号站位的表层余流。6号、7号、10号、11号、12号站余流从表层向底层变小。8号站余流表层较大，从中层向底层逐渐增大。9号、13号站余流从表层向底层逐渐变小，至底层增大。

中潮期间，港口北部海域余流变化范围为1.1～12.7 cm/s，最大余流值为3号站位的表层余流。1号、2号、3号、5号站余流由表层至底层逐渐变小，其中1号、3号站底层余流变大。4号站余流符合大潮余流趋势，表底层余流大，中层余流小。港口南部海域余流变化范围为1.0～62.7 cm/s，最大余流值为河口附近11号站位的表层余流。6号、7号、10号、11号、14号站余流从表层向底层逐渐变小。8号、12号站余流表底层较大，中层偏小。9号站0.4*H*层余流最大，表底层相对小。13号、15号站余流从表层至底层逐渐变小，至底层增大。

3.4.2.2　夏季余流方向

大潮期间，港口北部海域，1号站表层余流为东南向，底层流向为西南。2号站余流上下层流向基本一致，稳定地向西北方向。3号站表层余流的方向为东北，0.6*H*至底层余流的方向为西北。4号、5号站表层余流为西北向，底层余流为东北向。港口南部海域，6号站上层余流为东南向，下层为西北向。7号站上层余流为西南向，底层为东南向。8号站上层余流为西北向，底层为西南向。9号站余流表层为东南向，底层为西南向。10号站余流表层为西南向，底层为西北向。11号站受河流影响，余流为东北向。12号、13号站余流上下层均为西南向。

中潮期间，港口北部海域，1号、3号站上层余流为东南向，0.8*H*以下为西北向。2号站上层余流为西北向，底层为东南向。4号站余流方向上下层均为东北向。5号站上层余流为东北向，0.8*H*以下为西北向。港口南部海域，6号站表层余流为西南向，底层为东南向。7号、10号站上层余流向东南，底层余流向西南。8号、9号站表层为东北向，底层为东南向。11号站余流为东北向。12号表层余流为东北向，中层、底层由东南转西南向。13号站上层余流为东北向，下层余流为西北向。14号站表层余流为西南，底层为西北。15号站余流总体上为西南向。由此可见，夏季余流方向比较复杂。

表3－7　海州湾近岸海域夏季大、中潮各站分层余流［大小：cm/s；方向：(°)］

站位		夏季大潮						夏季中潮					
		表层	0.2*H*	0.4*H*	0.6*H*	0.8*H*	底层	表层	0.2*H*	0.4*H*	0.6*H*	0.8*H*	底层
1号	大小	12.4	7.6	5.6	4.5	1.5	1.3	3.5	3.7	3.2	1.4	1.2	2.0
	方向	164.4	131.0	136.0	123.3	80.9	256.2	129.6	130.0	151.1	116.1	311.9	314.9
2号	大小		2.6		5.8	5.3			6.2		2.9	1.9	
	方向		347.5		345.3	335.1			331.7		303.1	268.5	
3号	大小	2.6	3.5	4.7	5.0	4.4	4.0	12.7	10.9	7.5	4.8	4.3	6.0
	方向	89.6	34.7	12.0	353.5	339.6	327.1	183.3	196.1	227.4	229.7	286.1	276.6

续表

站位		夏季大潮						夏季中潮					
		表层	0.2*H*	0.4*H*	0.6*H*	0.8*H*	底层	表层	0.2*H*	0.4*H*	0.6*H*	0.8*H*	底层
4号	大小		4.6		3.2	4.9			2.5		1.9	5.1	
	方向		254.1		346.8	8.8			314.0		188.7	199.6	
5号	大小	10.8	9.4	3.9	4.8	4.9	4.4	12.2	10.9	5.5	2.6	1.1	1.1
	方向	322.6	323.5	14.9	43.7	41.2	14.8	46.1	62.8	66.0	36.1	318.4	343.3
6号	大小	37.0	24.9	6.5	7.1	6.7	4.3	16.0	11.1	6.2	3.2	4.5	3.5
	方向	148.7	138.7	171.2	328.5	305.7	272.4	130.1	126.5	133.5	218.5	261.6	257.4
7号	大小		14.6		2.6	1.9			16.5		2.1	1.8	
	方向		209.2		184.9	139.0			213.2		182.5	136.0	
8号	大小		1.8		5.2	6.1		10.9	6.9	4.8	7.3	8.3	8.7
	方向		354.1		260.2	252.5		45.8	81	129.7	149.6	153.5	146.6
9号	大小	4.4	1.6	2.5	2.1	1.3	3.2	1.8	1.5	5.1	3.1	3.1	3.9
	方向	144.0	111.6	118.3	128.3	156.8	225.6	40.8	152.9	159.5	173.0	154.9	187.4
10号	大小	11.5	6.2	2.4	2.0	2.9	1.3	6.8	7.2	4.7	1.4	0.7	0.8
	方向	145.4	156.0	177.1	351.9	297.0	312.4	165.7	141.2	126.5	125.9	156.9	213.2
11号	大小	56.5	54.1	42.8	27.3	13.3	6.8	62.7	57.4	49.8	39.4	23.7	16.6
	方向	47.5	44.2	42.7	40.9	16.4	9.9	27.5	27.0	22.4	10.3	353.2	1.4
12号	大小	27.1	28.9	28.9	23.2	17.9	14.6	5.3	7.5	2.0	4.6	6.2	8.0
	方向	220.6	212.5	216.3	223.5	228.1	229.1	59.8	54.3	130.0	189.7	235.1	234.8
13号	大小	22.2	19.3	21.7	19.0	16.0	13.2	6.1	2.5	2.5	1.1	1.0	1.4
	方向	243.4	247.6	239.3	238.2	238.1	237.7	69.5	34.4	357.9	355.4	314.4	295.6
14号	大小								9.6		7.5	2.4	
	方向								225.7		299.1	344.6	
15号	大小							25.6	20.7	9.4	1.6	1.5	3.1
	方向							194.8	200.3	197.8	114.8	332.5	279.0

3.4.2.3 冬季余流大小

表3-8为冬季余流计算结果，大潮期间，港口北部海域余流变化范围为0.3~9.6 cm/s，最大余流值为2号站位的表层余流。1号、3号、4号、16号站余流表底层大，中间较小。2号、5号站余流从表层至底层逐渐变小，2号站至底层变大。港口南部海域余流变化范围为0.4~22.5 cm/s，最大余流值为河口附近11号站的表层余流。17号、19号站余流由表层至底层逐渐增大。18号站余流表底层相对较小，中层较大。其余站余流从表层向底层变小，其中11号、14号站余流至底层变大。

中潮期间，港口北部海域余流变化范围为0.7~7.1 cm/s，最大余流值为5号站位的表层余流。1号站余流表底层大，中间较小。2号、4号、5号、16号站余流从表层向底层逐渐变小，其中2号、5号站底部余流增大。3号站上层余流偏小，下层余流较大。港口南部海域余流变化范围为0.1~21.4 cm/s，最大余流值为河口附近11号站的表层余流。11号、13号站余流表底层较大，中层余流偏小。15号、17号站余流从表层到底层逐渐增大，表层余流略大。19号站余流中间大，表底层偏小。其余站余流从表层至底层变小，其中10号站底层余流偏大。

3.4.2.4 冬季余流方向

大潮期间，港口北部海域，1号、2号、3号、4号站表层余流为东南向，底层余流为西南向。5号站上部余流向东南，下部余流向东北。港口南部海域，6号、10号、18号站表层余流为东南向，底层为西南向。7号、8号、9号站余流为东南向。11号、12号、15号站余流为东北向。13号站余流表层为西北向，底层为东北向。14号站表层为西南向，底层为西北向。17号站表层余流为东北向，底层为东南向。19号表层余流为东北向，底层为西北向。

中潮期间，港口北部海域，1号、2号、5号站表层余流为东南，底层余流为西南。3号站表层余流为东北向，其余层为西南向。4号站表层余流为东南向，下层余流为西北向。港口南部海域，6号、10号站表层余流为东南向，底层为西南向。7号、8号、9号站余流为东南向。11号站余流上层为西北向，底层为东南向。12号、15号、18号站余流总体向东北。13号站表层余流向东南，底层向东北。14号站表层余流向西南，底层余流向西北。17号站表层余流向东北，其余层向东南。19号站余流总体向西北。

表3-8 海州湾近岸海域冬季大、中潮各站分层余流 [大小：cm/s；方向：(°)]

站位		冬季大潮						冬季中潮					
		表层	0.2H	0.4H	0.6H	0.8H	底层	表层	0.2H	0.4H	0.6H	0.8H	底层
1号	大小		4.4		0.3	1.2			2.6		0.7	1.3	
	方向		101.4		134.6	248.3			90.2		228.7	287	
2号	大小	9.6	8.1	4.9	2.1	1.4	3.2	4.9	3.7	3.2	3.5	1.2	1.3
	方向	115.8	112.5	111.5	123.3	170.0	197.1	108.5	123.6	148.8	169.0	155.0	184.7
3号	大小	3.6	2.1	2.4	3.1	2.8	3.1	1.5	0.9	1.9	2.3		2.7
	方向	124.2	125.5	158.7	165.5	195.3	203.1	74.8	217.5	244.5	266.8		247.8
4号	大小		7.9		1.3	1.5			6.9		2.2	1.9	
	方向		95.2		122.6	207.8			110.3		22.2	308.3	
5号	大小	8.8	5.6	4.1	2.6	0.8	0.8	7.1	4.8	2.8	1.2	3.4	1.5
	方向	114.8	103.8	87.7	64.1	131.3	18.7	109.6	97.4	105.2	168.2	193.5	227.7
6号	大小	10.9	9.0	7.4	5.8	5.1	5.0	9.3	10.8	7.4	5.6	3.4	2.1
	方向	158.4	177.2	192.9	193.3	205.8	218.1	174.9	183.9	194.7	198.8	205.9	230.2
7号	大小		3.1		1.3	0.4		9.1	9.3	4.8	2.7	1.5	1.2
	方向		113.6		120.2	110.5		148.4	194.5	177.3	115	82.7	134.2
8号	大小		7.1		6.1	5.6			5.6		4.3	3.4	
	方向		116		137.7	138.9			135.3		143.0	145.6	
9号	大小	10.9	7.2	7.0	5.4	5.0	3.7	11.9	9.3	7.6	3.8	2.8	1.9
	方向	131.6	136.5	158.8	145.4	159.7	131.1	111.8	123.5	110.5	100.3	113.3	103.6
10号	大小	14.6	12.1	10.2	7.8	6.6	4.1	12.7	10.9	5.9	1.4	1.7	2.5
	方向	163.6	164.2	170.9	171.5	178.1	184.9	146.9	151.5	158.9	162.8	272.3	262.6
11号	大小		22.5		11.8	13.6			21.4		3.4	9.8	
	方向		30.8		64.5	95.9			341.2		137.9	147.8	
12号	大小	6.1	5.5	5.6	4.8	4.5	2.9	12.2	11.0	8.3	4.2	2.2	2.5
	方向	67.2	61.0	49.7	63.2	65.6	60.3	57.0	49.2	43.2	51.6	49.9	67.6
13号	大小	6.6	5.9	4.9	1.5	1.5	0.6	2.1	0.1	1.4	2.6	1.7	2.5
	方向	349.6	355.0	22.7	99.0	117.4	13.8	111.8	88.2	19.6	44.8	3.4	67.9

续表

站位		冬季大潮						冬季中潮					
		表层	0.2*H*	0.4*H*	0.6*H*	0.8*H*	底层	表层	0.2*H*	0.4*H*	0.6*H*	0.8*H*	底层
14 号	大小		1.4		2.6	3.1			6.7		2.8	2.2	
	方向		222.2		291.2	285.0			211.4		251.6	307.8	
15 号	大小	8.5	8.8	8.1	7.8	6.6	5.5	3.6	2.0	3.1	5.7	6.2	7.4
	方向	64.1	36.5	28.8	19.6	16.0	12.9	79.2	26.9	26.1	26.7	23.9	22.2
16 号	大小	9.3	3.9	1.7	3.0	3.2	5.4	7.2	5.3	5.0	3.3	3.2	1.2
	方向	111.6	128.9	152.2	190.7	202.4	181.7	85.6	137.5	147.5	195.8	222.9	210.6
17 号	大小		0.8		2.6	3.1		3.5	1.5	3.6	6.2	8.1	8.0
	方向		57.2		108.2	114.6		41.9	161.0	127.1	159.2	152.1	156.3
18 号	大小	7.7	5.0	8.4	9.2	11.5	6.9	12.6	11.3	11.7	12.2	11.8	11.0
	方向	158.4	205.8	259.2	267.3	265.8	289.0	86.1	69.9	41.1	42.4	47.3	46.6
19 号	大小		1.2		5.5	6.0			4.6		6.7	5.8	
	方向		28.1		344.0	344.3			283.7		328.1	336.8	

3.4.3 余流的区域变化

表3-7和表3-8各站余流的变化具有一定的区域性差异。从大小上看，余流总体偏小，这同该海域位于南黄海旋转潮波的波腹区有关，最强余流区位于港口南部海域，最大表层余流为靠近河口的11号站，最弱余流区为港口北部海域，由北往南呈逐渐增大趋势。从方向上看，港口北部海域余流主要为西南向，有的测站表底层余流向相反。港口南部海域余流的规律性较差，受地形和径流影响，表层余流向比较复杂，多呈东南向。

余流的区域变化与潮位的区域变化具有一致性。夏、冬两季观测期间，潮波由北向南逆时针旋转传播，潮位由北向南逐渐减小，最北面的1号站高潮位时间比中间6号站高潮时间早半小时，比最南面的11号站高潮时间早1 h。在水位从北向南传播中，海面倾斜产生压强梯度力，因而海水流向东南，由于灌河口附近海域受径流影响，潮位最高，余流向受到影响。此外，港口南部海域分布有深水潭和浅滩地形（陈君等，2006；肖玉仲等，1997），导致余流向发生变化。

3.4.4 余流的垂向变化

从大小来看，夏、冬两季大、中潮观测期间余流的垂直分布比较复杂，大致表现为4种形式：一是由表层至底层余流逐渐变小；二是中层余流最大，表、底层余流相对较小；三是表、底层余流大，中间余流相对较小；四是余流从表层向底层逐渐增大。

从方向来看，夏、冬两季大、中潮观测期间余流的垂向变化表现为2种形式：一是从表层至底层，各层余流方向基本一致，这种现象冬季最显著，近岸又较远岸明显，这与冬季海水层化现象不明显有关。二是表、底层余流方向相反，余流向在中层发生逆转，出现垂向环余流。典型站位如1号站，其表层余流向为东南，底层余流向为西北，表层余流与底层余流流向大体相反。余流的旋转可能同涨落潮流历时有关，表3-9为3个典型站位涨落潮流历时。由于涨落潮历时不等，落潮历时大于涨潮历时，表层海水变化响应快，底层海水因受海底摩擦影响，转流慢，导致表层海水与底层海水运动产生相位差，出现余流方向表底层不一致。

表3-9 典型站位涨、落潮历时

站位	夏季		冬季	
	涨潮历时	落潮历时	涨潮历时	落潮历时
1号	5 h 6 min ~ 5 h 48 min	6 h 18 min ~ 7 h 6 min	4 h 57 min ~ 6 h 6 min	6 h 6 min ~ 7 h 18 min
6号	5 h 11 min ~ 5 h 40 min	6 h 29 min ~ 7 h 18 min	4 h 57 min ~ 6 h 6 min	6 h 6 min ~ 7 h 18 min
11号	4 h 54 min ~ 5 h 54 min	6 h 24 min ~ 7 h 36 min	4 h 0 min ~ 5 h 30 min	6 h 40 min ~ 8 h 50 min

3.4.5 余流的季节变化

由表3-7和表3-8还可以看出，海州湾近岸海域余流具有季节性差异，主要表现为如下两个显著特征：一是余流在不同的季节、不同的潮周期流速大小不同，部分站位差异较大。这表明，余流的变化与不同观测期间有关，冬季余流速受风力影响较大，因而其风生余流较夏季大，以东南向为主。另一个显著的特征是在垂向分布上，冬季上层余流与下层余流之差较夏季小，部分站位余流大小在垂向上相当均匀，各层之间流速、流向近乎一致，这与冬季多风，垂向混合强烈有关。

3.5 小结

海州湾近岸海域是一个开敞型海湾，受地形影响，近岸潮流基本为往复式的半日潮流。在港口北部海域，涨潮流向西南，落潮流向东北。在港口南部海域，近岸多为往复流，涨潮流向东南，落潮流向西北，随离岸增加，潮流逐渐变为旋转流。各站涨、落潮平均流速具有一定的差异。夏季观测期间，港口北部海域垂线涨潮平均流速为30~55 cm/s，落潮平均流速为31~45 cm/s；港口南部海域垂线涨潮平均流速为49~67 cm/s，落潮平均流速为37~51 cm/s。冬季观测期间，港口北部海域垂线涨潮平均流速为38~68 cm/s，落潮平均流速为30~45 cm/s；港口南部海域垂线涨潮平均流速为36~87 cm/s，落潮平均流速为38~84 cm/s。总体上看，涨、落潮流速不等，涨潮流速大于落潮流速，平均流速由北向南逐渐增大。

海州湾近岸海域垂向流速分量变化不规则，不同水层往往表现为上升和下降两种情况，呈团块状分布，通常上层垂向流速分量最大，中、下层次之，经常出现上、下层流速剪切现象。经验模态分解表明海州湾湾顶浅海区垂向流速分量存在不同的垂向模态，各模态对整个波动的贡献差异明显，第一模态的贡献最大、频率最高、振幅最为显著，随着模态序号的增大，振幅和频率逐渐变小，垂向各层模态中心频率构成具有变频特征。垂向流速分量与水平分量两者低频模态和趋势项相关性强，表明垂向流速分量与水平流速分量具有一定的联系。

实测各层潮流在垂向上和季节上具有一定的差异，通常表层潮流最强，底层潮流较弱，夏季表底层大小差异比冬季明显。随水深增加潮流性质发生变化，夏季潮流类型 F 值表底层相差较大，冬季表底层潮流类型 F 值相对均匀。潮流垂向结构较为复杂，最大流速大小随深度增加而递减，其方向呈逆时针逐渐旋转，这种变化夏季比冬季明显；最大流速发生时间随深度增加而提前，由底层向上逐渐转流，日潮流比半日潮流变化大。

海州湾近岸海域余流受多种因素影响，表现为一定的差异性。在区域上，余流大小由北向南呈逐渐增大趋势，港口北部海域余流主要为西南向，港口南部海域余流的方向受地形和径流影响，规律性较差。在垂向上，余流大小变化表现为4种形式，方向变化表现为2种形式。在季节上，夏季上层余流大小、方向与近底层存在明显的差别，冬季余流在垂向上分布相对均匀。

4 波浪动力环境

波浪是海州湾近岸海域重要的动力要素之一，波浪掀沙，潮流输沙是海州湾近岸海域泥沙运动的重要特点，水体中含沙量的高低通常决定于波浪的作用，因此，研究波浪动力具有重要的意义。本章根据连云港海洋站1998—2007年10年人工观测数据以及2005—2007年3年的仪器观测数据对海州湾近岸海域波浪的波高、周期、波型、波向进行统计分析，研究波高、周期、风浪、涌浪和混合浪这些波浪参数。其中人工观测数据主要记录白天的波浪特征，每隔3 h观测1次，仪器测量数据为全天候，但缺少风浪涌浪等波型参数。

4.1 波高

波高是指相邻的波谷与波峰之间的垂直距离，通常以 H 表示，常用代表性的波高有最大波高、平均波高、有效波高、均方根波高等。平均波高是波高的平均状态，理论工作及海洋水文站工作中常使用此波高，并且用它作为各种波高换算的媒介。根据1998—2007年10年观测波浪数据统计结果（表4－1），历年平均波高为0.42 m，年最大平均波高为0.56 m，年最小平均波高为0.32 m，历年平均波高的变幅近0.24 m。最大波高为观测中出现的最大波高值，以 H_{max} 表示。10年间实测最大波高为6.0 m，累年各月最大波高差别较大，各年最大波高变化于2.7～6.0 m之间。通常最大波高的出现与当时气象状况有关。

表4－2为1998—2007年各月波高统计，11月平均波高最大，为0.54 m，6月平均波高最小，为0.21 m，各月变化幅度为0.33 m。月平均波高的最大值可能是由于秋季台风登陆引起。各月最大波高为4.4 m，出现在11月份，最小波高为2.0 m，出现在6月份，与月平均波高最大值最小值一致，月变幅为2.4 m。各月 $H_{1/10}$ 波波高的变化范围在0.41～1.0 m之间，11月份出现最大值，$H_{1/10}$ 波高为1.0 m，6月份出现最小值。各月有效波波高（$H_{1/3}$）变化范围在0.33～0.83 m之间，最大值与 $H_{1/10}$ 波高一样出现在11月份，最小值出现在6月份。

表4－1　1998—2007年各年平均波高（m）

波高	年份									
	1998	1999	2000	2001	2002	2003	2004	2005	2006	2007
平均波高	0.51	0.51	0.56	0.44	0.39	0.38	0.32	0.34	0.36	0.38
H_{max}	6.0	4.0	4.4	3.8	2.7	3.5	2.7	2.8	2.9	5.0

表4－2　1998—2007年各月平均波高（m）

波高	月份											
	1	2	3	4	5	6	7	8	9	10	11	12
平均波高	0.33	0.38	0.33	0.31	0.26	0.21	0.27	0.26	0.28	0.28	0.54	0.33
H_{max}	3.6	4.1	3.3	2.9	2.2	2.0	2.5	2.3	2.8	2.9	4.4	3.6
$H_{1/10}$	0.64	0.72	0.62	0.58	0.48	0.41	0.52	0.48	0.51	0.53	1.0	0.62
$H_{1/3}$	0.51	0.59	0.50	0.47	0.39	0.33	0.42	0.38	0.41	0.42	0.83	0.50

4.2 周期

波浪周期指水中的一点经历两个波谷或波峰所使用的时间。平均周期是某时间段内所观测周期的平均值，最大周期是指某观测时段内周期的最大值。根据连云港海洋站1998—2007年波浪周期统计（表4-3），实测最小周期变化范围为1.5~1.9 s，历年平均最小周期为1.7 s，实测最大周期范围为6.7~8.5 s。历年平均周期变化范围为3.5~4.1 s，累年平均周期为3.8 s。

表4-3 1998—2007年各年周期（s）统计

周期	年份									
	1998	1999	2000	2001	2002	2003	2004	2005	2006	2007
最小周期	1.7	1.9	1.7	1.8	1.5	1.5	1.6	1.8	1.7	1.8
最大周期	8.5	7.0	7.9	7.0	8.1	6.7	6.6	7.0	6.7	6.8
平均周期	4.1	4.1	3.9	3.6	3.5	3.6	3.5	3.8	3.9	3.9

4.3 波型

波浪按波型可分为风浪和涌浪，分别记作F、U。若两者同时存在且具备原有的外貌与特征，又可分为3类：风浪、涌浪波高相差不多时记FU；风浪波高大于涌浪时记F/U；风浪波高小于涌浪时记U/F（侍茂崇等，2008）。

目前，风浪涌浪的划分依据可以分为3类，一是根据波型，二是波谱分析，三是波要素。根据波型划分：风浪背风面与迎风面两侧不对称，前者比后者陡，波峰线短周期较小，波顶常有浪花；涌浪两侧对称波面平缓，周期大且波峰线长，波顶无浪花，规律较风浪显著。

根据方位与度数关系（表4-4）统计分析1998—2007年10年波浪数据中风浪F和涌浪U各年所占比例，结果如表4-5所示。由表4-5可以看出，风浪明显大于涌浪，波向中SE、SSE、S、SSW、SW、WSW方向的风浪和涌浪所占百分比基本为0；无论是风浪还是涌浪N、NNE、NE、ENE 4个方向所占百分比较大。混合浪的出现频率与涌浪频率基本一致。

表4-4 方位与度数关系表

方位	度数	方位	度数
N	348.9°~11.3°	S	168.9°~191.3°
NNE	11.4°~33.8°	SSW	191.4°~213.8°
NE	33.9°~56.3°	SW	213.9°~281.3°
ENE	56.4°~78.8°	WSW	236.4°~258.8°
E	78.9°~101.3°	W	258.9°~281.3°
ESE	101.4°~123.8°	WNW	281.4°~303.8°
SE	123.9°~146.3°	NW	303.9°~326.3°
SSE	146.4°~168.8°	NNW	326.4°~348.8°

表4-5 1998—2007年波浪类型统计表

年份	类型	方向																
		N	NNE	NE	ENE	E	ESE	SE	SSE	S	SSW	SW	WSW	W	WNW	NW	NNW	C
1998	F/(%)	51.3	8.3	7.9	4.2	9.5	2.2	0.0	0.0	0.0	0.0	0.0	0.0	7.7	1.8	1.5	2.5	3.0
	U/(%)	64.6	5.3	22.5	3.8	0.6	0.0	0.0	0.0	0.0	0.0	0.0	0.0	0.0	0.0	0.0	0.0	3.1
1999	F/(%)	8.4	6.0	6.2	6.2	11.5	2.5	0.0	0.0	0.0	0.0	0.0	0.0	5.8	2.5	1.7	2.1	47.0
	U/(%)	0.8	4.0	21.2	5.3	1.0	0.0	0.0	0.0	0.0	0.0	0.0	0.0	0.0	0.0	0.0	0.0	67.7
2000	F/(%)	22.5	9.2	8.3	8.2	11.0	2.0	0.0	0.0	0.0	0.0	0.0	0.4	6.6	2.4	1.3	2.0	26.0
	U/(%)	23.7	3.3	25.3	3.4	0.5	0.0	0.0	0.0	0.0	0.0	0.0	0.0	0.0	0.0	0.0	0.0	43.7
2001	F/(%)	6.0	12.3	9.2	6.4	7.7	0.6	0.0	0.0	0.0	0.0	0.0	0.0	6.2	1.7	1.2	1.9	46.4
	U/(%)	0.5	3.2	17.5	1.2	0.1	0.0	0.0	0.0	0.0	0.0	0.0	0.0	0.0	0.0	0.0	0.0	77.3
2002	F/(%)	6.4	10.1	6.0	6.1	14.0	0.5	0.0	0.0	0.0	0.0	0.0	0.0	7.3	1.8	1.3	1.0	45.3
	U/(%)	1.2	6.2	15.4	0.8	0.4	0.0	0.0	0.0	0.0	0.0	0.0	0.0	0.0	0.0	0.0	0.0	76.0
2003	F/(%)	5.8	8.4	6.1	4.4	17.9	0.7	0.0	0.0	0.0	0.0	0.0	0.0	5.2	1.4	1.0	2.3	46.8
	U/(%)	0.9	4.9	22.2	2.1	0.3	0.0	0.0	0.0	0.0	0.0	0.0	0.0	0.0	0.0	0.0	0.0	69.6
2004	F/(%)	6.8	6.9	4.2	3.4	13.3	1.1	0.0	0.0	0.0	0.0	0.0	0.0	8.8	1.2	1.6	1.4	51.2
	U/(%)	0.5	8.8	13.7	0.8	0.2	0.0	0.0	0.0	0.0	0.0	0.0	0.0	0.0	0.0	0.0	0.0	76.0
2005	F/(%)	5.5	6.6	3.4	3.3	15.8	0.6	0.0	0.0	0.0	0.0	0.0	0.0	9.9	1.2	1.6	1.5	50.6
	U/(%)	1.6	6.6	13.2	2.1	1.6	0.0	0.0	0.0	0.0	0.0	0.0	0.0	0.0	0.0	0.0	0.0	74.8
2006	F/(%)	4.7	5.7	4.9	4.0	15.0	0.6	0.0	0.0	0.0	0.0	0.0	0.0	8.0	1.8	1.1	1.2	52.9
	U/(%)	0.8	5.3	22.1	1.4	1.8	0.0	0.0	0.0	0.0	0.0	0.0	0.0	0.0	0.0	0.0	0.0	68.5
2007	F/(%)	7.5	7.3	4.2	3.0	14.4	0.0	0.0	0.0	0.0	0.0	0.0	0.0	7.3	2.0	1.8	1.0	51.3
	U/(%)	1.5	9.9	20.8	4.0	0.8	0.0	0.0	0.0	0.0	0.0	0.0	0.0	0.0	0.0	0.0	0.0	62.9

4.4 波向

表4-6是2006年3月至2007年2月观测的波浪参数统计，由表4-6可看出，无论是春、夏季，还是秋、冬季，SE、SSE、S、SSW、SW、WSW 6个方向的波浪都很少。春季NNE向最大波高、平均波高均为最大；夏季NNE向最大波高、平均波高也均为最大；秋季N向最大波高、平均波高均为最大；冬季N向与NE向最大波高、NE向平均波高为最大。春季、夏季NNE向波浪周期最大，秋季N向波浪周期最大，冬季NE向波浪周期最大。

图4-1和图4-2为春、夏、秋、冬四季波高和各向风浪频率玫瑰图，由图4-1和图4-2可以看出，春季常浪向为E向，频率为18.5%，次常浪向为W向，频率为13.9%。春季最大波高与平均波高变化趋势基本一致，NNE向最大波高与平均波高均为最大，其次为N向、NE向、NNW向。夏季常浪向为E向，频率为25.1%，次常浪向为NE向，频率为5.1%。夏季与春季不同的是，N向的最大波高与平均波高有一个急速下降，两者变化趋势强度小于春季，其中NNE向为最大值，其次是NNW、ENE、NE向。秋季常浪向为E向，频率为12.3%，次常浪向为NNE向，频率为7.7%。秋季波高值均较大，NNW、N、NNE、NE、ENE向最大波高与平均波高变化幅度不大，介于1~1.5 m。冬季常浪向为N向，频率为11.2%，次常浪向为W向，频率为9.0%。冬季波浪玫瑰图近似一个对称图形，以N向为轴，左右两侧的NW向与NE向近于对称，三向的值均为1~1.5 m，最大波高与平均波高变化趋势基本一致。

表 4-6 2006 年 3 月至 2007 年 2 月波浪统计表

季节	要素	方向															
		N	NNE	NE	ENE	E	ESE	SE	SSE	S	SSW	SW	WSW	W	WNW	NW	NNW
春	H_{max}/m	1.2	1.4	0.9	0.8	0.7	0.4	0.0	0.0	0.0	0.0	0.0	0.0	0.5	0.5	0.5	0.8
	H_{mea}/m	0.9	1.1	0.8	0.6	0.5	0.3	0.0	0.0	0.0	0.0	0.0	0.0	0.4	0.4	0.4	0.6
	T_{mea}/m	4.5	4.6	3.9	3.8	3.3	2.1	0.0	0.0	0.0	0.0	0.0	0.0	2.7	2.6	2.7	3.7
	F/（%）	3.3	3.3	2.4	5.4	18.5	0.8	0.0	0.0	0.0	0.0	0.0	0.0	13.9	3.0	0.5	1.1
夏	H_{max}/m	0.4	1.2	0.7	0.7	0.6	0.6	0.0	0.0	0.0	0.0	0.0	0.0	0.4	0.5	0.4	0.9
	H_{mea}/m	0.3	1.0	0.5	0.5	0.4	0.5	0.0	0.0	0.0	0.0	0.0	0.0	0.3	0.4	0.3	0.7
	T_{mea}/m	2.4	4.6	3.4	3.1	3.0	3.5	0.0	0.0	0.0	0.0	0.0	0.0	2.8	3.8	2.4	4.4
	F/（%）	0.2	4.4	5.2	4.4	25.1	1.4	0.0	0.0	0.0	0.0	0.0	0.0	3.8	0.5	0.3	0.5
秋	H_{max}/m	1.3	1.2	1.1	1.2	0.6	0.4	0.0	0.0	0.0	0.0	0.0	0.0	0.4	0.7	0.7	1.2
	H_{mea}/m	1.0	0.9	0.9	0.9	0.5	0.3	0.0	0.0	0.0	0.0	0.0	0.0	0.3	0.5	0.5	0.9
	T_{mea}/m	4.7	4.3	3.9	4.5	3.5	2.5	0.0	0.0	0.0	0.0	0.0	0.0	2.4	4.8	5.2	5.3
	F/（%）	6.3	7.7	4.7	4.4	12.3	0.3	0.0	0.0	0.0	0.0	0.0	0.0	6.1	1.9	1.4	0.8
冬	H_{max}/m	1.2	1.0	1.2	0.9	0.7	0.0	0.0	0.0	0.0	0.0	0.0	0.0	0.5	0.8	1.1	0.9
	H_{mea}/m	0.9	0.8	1.0	0.7	0.5	0.0	0.0	0.0	0.0	0.0	0.0	0.0	0.4	0.6	0.9	0.7
	T_{mea}/m	4.7	4.1	4.8	3.8	3.1	0.0	0.0	0.0	0.0	0.0	0.0	0.0	2.7	3.9	4.6	4.4
	F/（%）	11.2	4.2	2.0	2.0	8.7	0.0	0.0	0.0	0.0	0.0	0.0	0.0	9.0	2.2	2.8	2.5

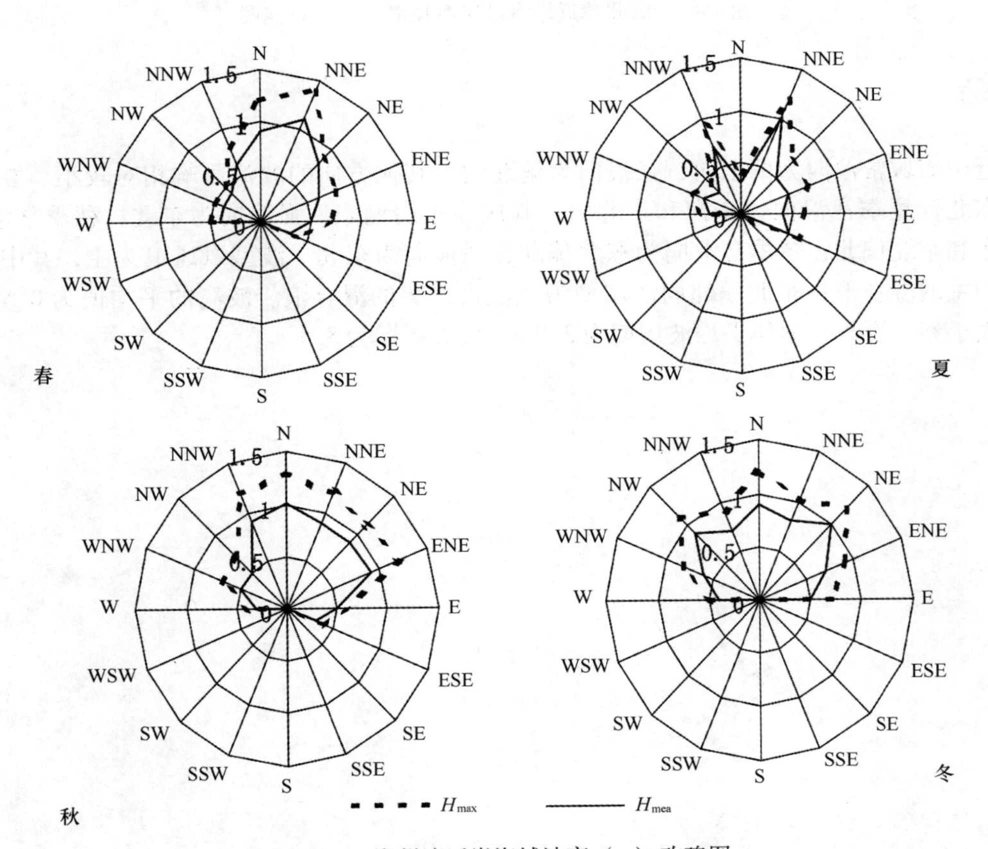

图 4-1 海州湾近岸海域波高（m）玫瑰图

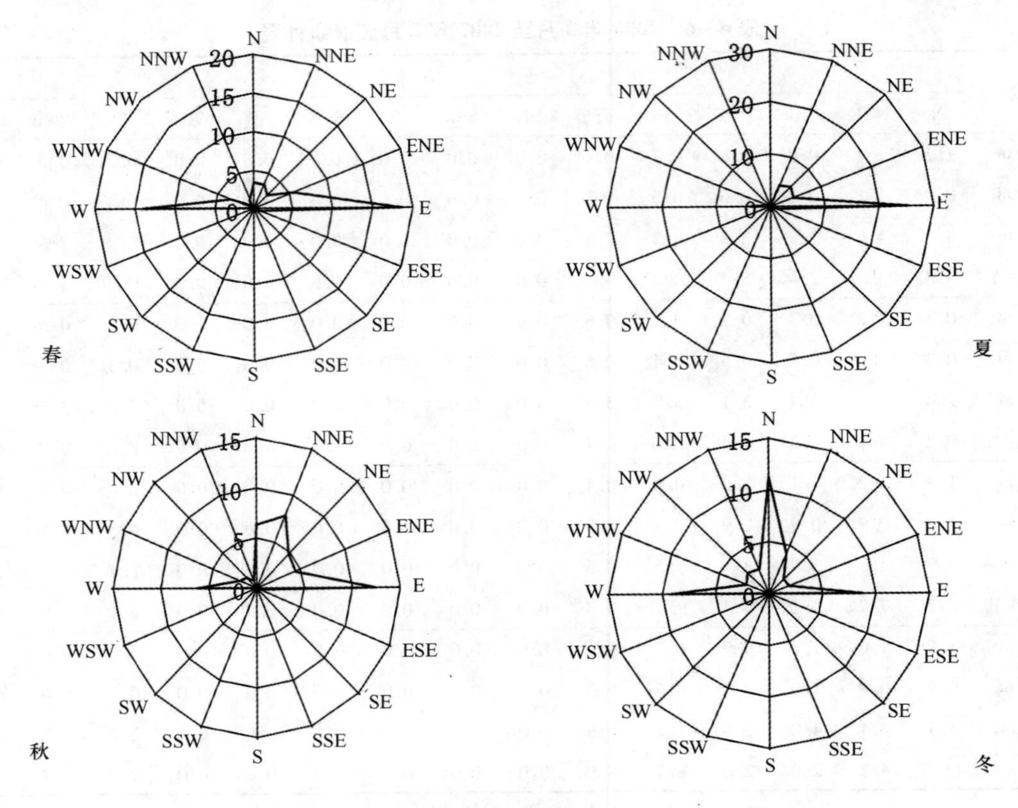

图4-2 海州湾近岸海域风浪频率（%）玫瑰图

4.5 小结

海州湾近岸海域常浪向为偏东向，强浪向为偏北向，其他方向的波浪影响相对较小。春季常浪向和强浪向均为东北；夏季常浪向为东向和东北向，其次为东南偏东，强浪向为东北；秋季常浪向为东北，强浪向为偏东和东北偏北；冬季常浪向为东北偏北，强浪向为东北。波型以风浪为主，其中东北向的波型为以涌浪为主的混合浪；东北偏北向的波型为风浪占优势的混合浪。波高的平均值为0.5 m，一般是秋、冬季略大于春、夏季。累年平均波周期为3.8 s，最大周期为8.5 s。

5 表层沉积物

海洋沉积物是海洋沉积作用所形成的各种海底沉积物，是海洋沉积环境的重要组成部分。粒度是沉积物的主要特性之一，是沉积物物源、水动力能量、搬运距离等综合作用的结果，与沉积物形成的环境关系极为密切，包含了水动力条件和物源的信息，是沉积物分类的定量指标，同时还可以利用其特点追溯沉积物形成时的力学性质、物质来源、输送介质和沉积环境等。本章通过研究表层沉积物粒度特征分析影响沉积物粒度变化的环境因素，特别是沉积场所水动力条件和物源，进而对其成因进行分析。

5.1 材料与方法

2005 年 9 月长江下游水文水资源勘测局在海州湾近岸海域利用抓斗式采样器采集大面积表层沉积物样品，具体站位见图 5 - 1，受水深和养殖的限制，部分站位偏离设计。沉积物样品采用 SFY - A 型音波震动式全自动筛分仪和粒径计与消光法结合进行粒度分析。粒级统一使用 Udden - Wentworth（Udden，1914；Wentworth，1922）粒级标准，采用矩法（McManus，1988）计算平均粒径、分选系数、偏态、峰态粒度参数。依据沉积物不同粒级组分的组成对沉积物进行划分，沉积物分类命名按海洋调查规范（GB/T 13909—92）规定的谢帕德三角图（Shepard，1954）分类命名。

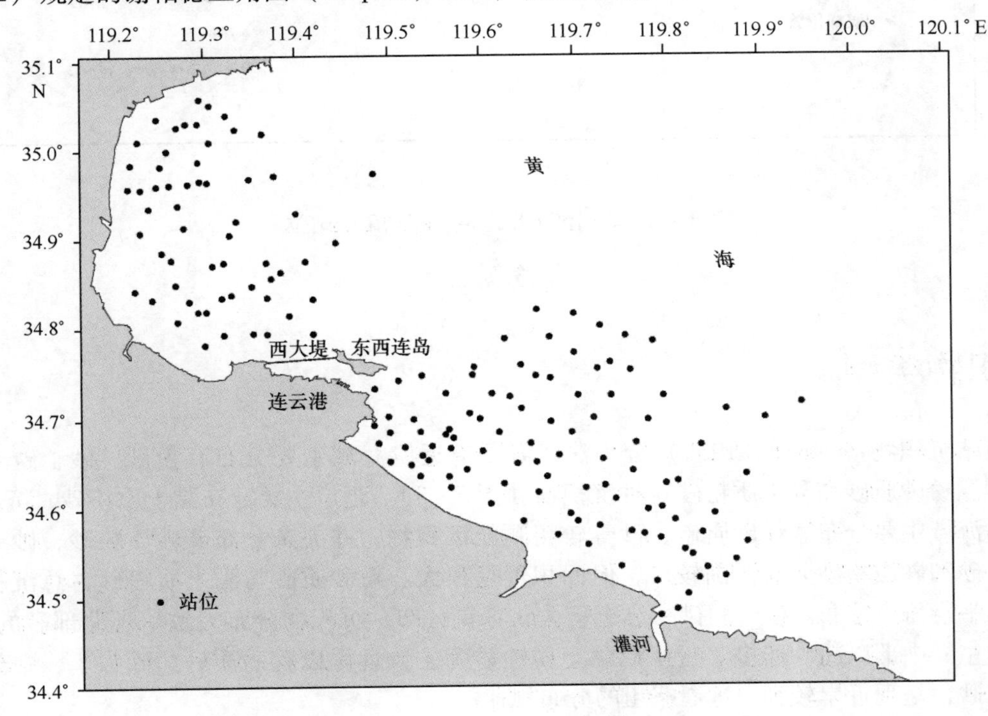

图 5 - 1　海州湾近岸海域沉积物大面采样站位

在大面站表层沉积物采样基础上，为了具体分析沉积环境的变化，2005 年 10 月中国海洋大学课题组利用抓斗式采样器采集 28 个表层沉积物样品（图 5 - 2），结合水域类型、水文、环境等自然特征把海州湾近岸海域分为港口北部海域、港口海域和港口南部海域 3 个区域，其中在港口北部海域采集 13 个样品，港口海域采集6个样品，港口南部海域采集9个样品。沉积物样品采用英国马尔文公司生产的 Mastersizer2000 激光粒度仪进行粒度测定。粒级标准采用 Udden - Wentworth（Udden，1914；Wentworth，1922）等比制 ϕ 值粒级标准。由于激光粒度仪测量范围宽，分辨率高，为突出主要组分的粒度特征和便于与前人研究进行比较（贾建军等，2002；徐兴永，2010），采用福克和沃德（Folk，Ward，1957）粒度参数公式计算平均粒径、分选系数、偏态、峰态粒度参数。沉积物分类命名同大面站分类命名。

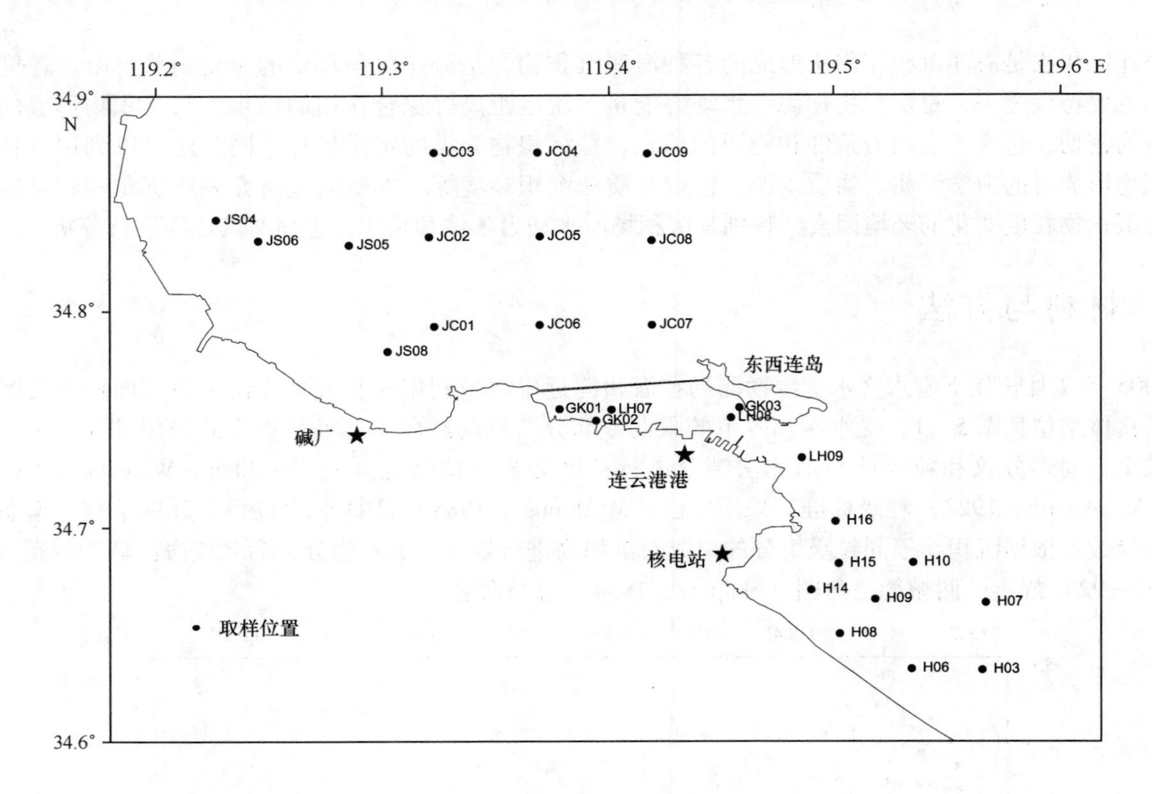

图5-2 海州湾近岸海域沉积物采样站位

5.2 沉积物类型

根据大面站沉积物 Shepard（1954）分类法，海州湾近岸海域主要分布有粉砂、砂、砂-粉砂-黏土、砂质粉砂、粉砂质砂和黏土质粉砂6种沉积物（图5-3）。近岸主要分布黏土质粉砂，沉积物粒径相对较细；远岸海域主要分布着粉砂质砂、砂等较粗颗粒沉积物，并夹杂分布着砂质粉砂、砂-粉砂-黏土等沉积物。砂和砂质粉砂分布范围较广，但面积不是很大。粉砂质砂与黏土质粉砂占总沉积物的绝大部分，呈带状平行海岸分布。砂-粉砂-黏土呈块状零星分布。沉积物分布大致呈现北部砂的含量较高、南部以黏土为主、中部以粉砂居多。近岸以黏土质粉砂为主，远岸以粉砂质砂、砂为主，中部间断地出现砂质粉砂或砂，呈现近岸较细、远岸略粗的分布规律。

从28个表层沉积物分类结果（表5-1至表5-3）看，除港口北部海域离岸最远的JC09站和JC04站的样品为砂质粉砂以及港口海域靠近东西连岛西岸的GK03站的样品是粉砂质砂外，其余样品全为黏土质粉砂，呈灰、浅黄色，半流动—流动状，黏性较强，均一，各粒级含量变化幅度不大，与大面站分析结果一致。

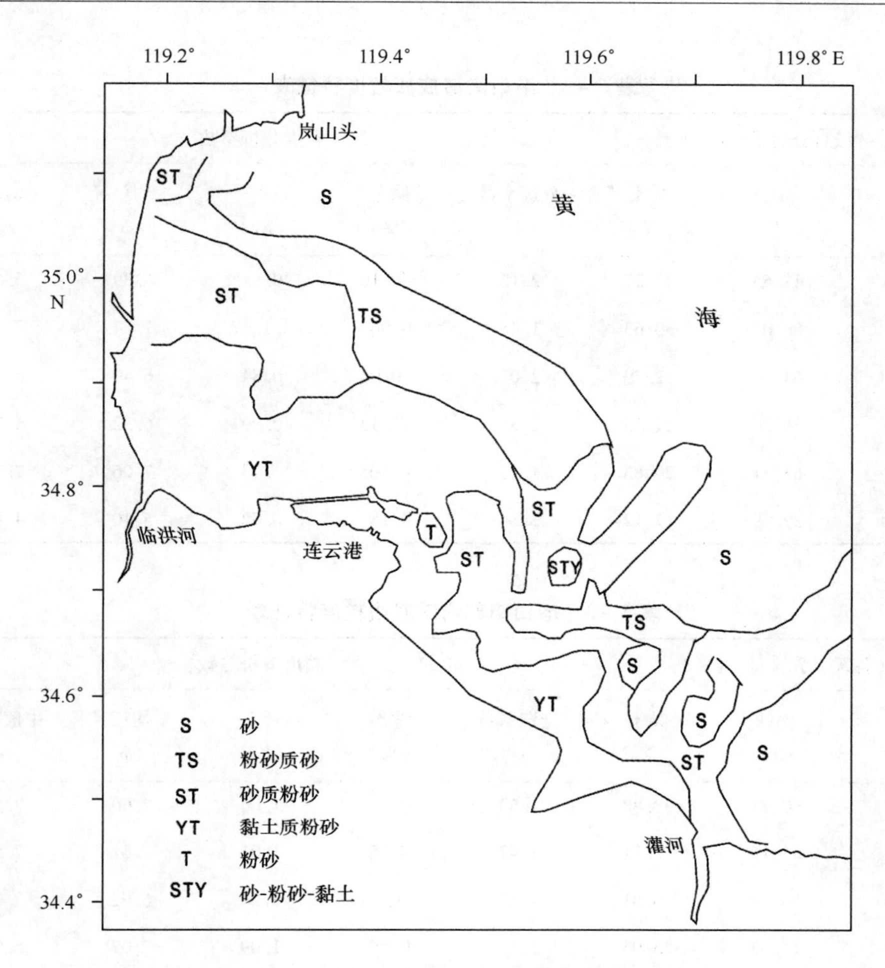

图 5－3 海州湾近岸海域底质类型分布

表 5－1 港口北部海域底质粒度特征表

样品编号	各级百分含量/（%）			粒度分析参数					样品定名
	砂（S）	粉砂（T）	黏土（Y）	分选系数（σ）	偏态（Sk）	峰态（Kg）	平均粒径/ϕ	中值粒径/ϕ	
JC01	1.91	71.15	26.94	1.42	0.07	1.14	7.21	7.28	黏土质粉砂
JC02	4.96	71.12	23.92	1.81	0.03	0.97	6.71	6.74	黏土质粉砂
JC03	15.57	61.97	22.46	2.12	－0.08	0.89	6.34	6.55	黏土质粉砂
JC04	32.58	49.77	17.65	2.24	0.10	0.73	5.67	5.62	砂质粉砂
JC05	6.47	70.77	22.77	1.75	－0.04	1.12	6.77	6.83	黏土质粉砂
JC06	0.42	69.68	29.90	1.46	0.14	1.06	7.32	7.22	黏土质粉砂
JC07	0.65	70.36	28.99	1.39	0.08	1.11	7.31	7.27	黏土质粉砂
JC08	15.85	63.07	21.08	2.12	－0.12	1.00	6.31	6.58	黏土质粉砂
JC09	21.57	57.72	20.70	2.19	－0.08	0.79	6.13	6.38	砂质粉砂
JS04	2.78	68.89	28.33	1.56	0.05	1.12	7.19	7.15	黏土质粉砂
JS05	2.35	72.81	24.84	1.58	0.04	1.08	6.98	6.99	黏土质粉砂
JS06	1.39	70.63	27.98	1.54	0.07	1.07	7.16	7.14	黏土质粉砂
JS08	0.20	68.43	31.38	1.29	0.15	1.10	7.47	7.41	黏土质粉砂

表 5-2 港口海域底质粒度特征表

样品编号	各级百分含量/（%）			粒度分析参数					样品定名
	砂（S）	粉砂（T）	黏土（Y）	分选系数（σ）	偏态（Sk）	峰态（Kg）	平均粒径 /ϕ	中值粒径 /ϕ	
LH07	15.18	61.55	23.27	2.12	-0.10	0.88	6.39	6.65	黏土质粉砂
LH08	1.34	68.03	30.63	1.48	0.06	-1.07	7.34	7.30	黏土质粉砂
LH09	13.20	64.02	22.79	2.05	-0.04	0.84	6.40	6.57	黏土质粉砂
GK01	16.18	56.26	27.55	2.35	-0.13	0.99	6.52	6.77	黏土质粉砂
GK02	6.36	63.81	29.83	1.87	-0.05	1.13	7.06	7.11	黏土质粉砂
GK03	43.59	39.29	17.12	2.64	0.18	0.72	5.10	4.82	粉砂质砂

表 5-3 港口南部海域底质粒度特征表

样品编号	各级百分含量/（%）			粒度分析参数					样品定名
	砂（S）	粉砂（T）	黏土（Y）	分选系数（σ）	偏态（Sk）	峰态（Kg）	平均粒径 /ϕ	中值粒径 /ϕ	
H03	1.36	60.77	37.88	1.53	0.06	1.06	7.60	7.53	黏土质粉砂
H06	0.14	63.15	36.71	1.42	0.15	1.01	7.61	7.50	黏土质粉砂
H07	7.40	66.59	26.01	1.82	-0.07	1.20	6.92	7.00	黏土质粉砂
H08	2.69	71.38	25.93	1.57	0.10	1.09	7.07	6.99	黏土质粉砂
H09	3.51	70.21	26.29	1.69	0.00	1.09	6.98	7.02	黏土质粉砂
H10	7.85	69.27	22.88	1.87	-0.05	0.96	6.60	6.75	黏土质粉砂
H14	1.08	68.99	29.93	1.59	0.09	1.06	7.24	7.17	黏土质粉砂
H15	3.79	67.64	28.57	1.66	0.01	1.14	7.15	7.13	黏土质粉砂
H16	1.80	68.36	29.84	1.49	0.08	1.12	7.31	7.25	黏土质粉砂

5.3 沉积物粒度特征

5.3.1 粒度参数分类

粒度分析中经常使用的参数主要有平均粒径、分选系数、偏态和峰态，其中平均粒径反映了沉积物粒度的平均值，代表了粒度分布的集中趋势，在总体上反映水动力的平均搬运能量，可以了解物质来源及沉积环境的变化。分选系数反映了在水动力作用下沉积物的粗细均匀程度，即不同粒径颗粒的分散和集中状态，分选系数越大，表示其分选程度越差，反映了较强的水动力条件。偏态表示频率曲线的对称性，即与正态分布曲线相比较时，频率曲线主峰的位置，反映了沉积物中粗细颗粒占有的比例，并表明平均粒径与中值粒径的相对位置，按其对称形态可分为三类：对称、正偏态和负偏态。对称分两种情况：单峰对称和双峰对称，单峰对称曲线只有一个主要粒级，呈单峰，居于中央，峰两侧粗细粒级的百分含量互相对应地逐渐减小，分选好；双峰对称曲线有两个粒级的百分含量相当，呈双峰，两种组分等量混合，分选最差；正偏态曲线，主峰偏于粗粒一侧，细粒一侧有一低的尾部，沉积物以粗组分为主，只含少量细组分；负偏态曲线，主峰偏于细粒一侧，粗粒一侧有一低的尾部，沉积物以细组分为主，只含少量粗组分。峰态用来说明与正态频率曲线相比时，曲线的尖锐或钝圆程度，用以度量粒度分布的中部和尾部展形之比，即衡量分布曲线的峰凸程度，反映颗粒粒径分布的集中程度。若沉积物中出现峰态值极高或极低时，说明该沉积物中某些组分早先沉积环境的分选能力很强，后期沉积环境的分选能力很弱，该沉积物中的某些组分已经在早先分选能力较强的沉积环境中得到了很好的分选，当环境改变时，新环境的水动力条件较弱，分选效能下降，这两种环境中形成的两组沉积物就会各自保留自己原来的粒度特点，以致混合沉积物频率曲线呈现明显的双峰性质并具有极端的峰态值。一般情况下，单峰式窄性曲线代表沉积物的组成比较集中或单一，往往有较好的分选性；而宽峰或多峰曲线则代表表层沉积物比较混杂，环境对它的改造不充分，表明了双向水流的存在。平均粒度、偏态、峰态等粒度参数反映了沉积物粒度特征和环境水动力特征，它们既可以单独反映沉积物的沉积环境，也可以组合起来反映沉积物的沉积环境。

5.3.2　粒度参数特征

根据大面站粒度分析结果，海州湾近岸海域各站位的粒度参数在空间分布上呈现一定的差异性（图5－4）。平均粒径总体上从近岸区到远岸区由细变粗，表现出近岸细、远岸粗的空间分布规律。近岸主要为大于5ϕ的黏土质粉砂，远岸为小于3ϕ的细砂，中间为粉砂质砂和砂质粉砂，南部海域局部出现细砂粗粒层。由近岸至远岸，分选系数变小，在近岸区呈正偏，在远岸区呈负偏。峰态在近岸海域为单峰，较窄；在远岸海域为双峰或多峰，主峰值位于粗粒部分；在中间为单峰与双峰的过渡态，表现为单峰，但峰态明显变宽，并有向粗粒径方向移动的趋势，在细粒径部分略微上凸。

从28个表层沉积物粒度结果（表5－1至表5－3）看，港口北部海域平均粒径和中值粒径基本相当，总体上看，平均粒径和中值粒径从近岸区到远岸区由细变粗，分选系数表现出水动力条件近岸强于远岸，偏态是近岸区呈正偏，远岸区呈负偏态。近岸区峰态为单峰，较窄，说明物源比较单一或水动力条件比较一致；离岸较远的峰态也为单峰，但峰态明显变宽，并有向粗粒径方向移动的趋势，在细粒径部分略微上凸；远岸区为双峰或多峰，峰态曲线向粗粒径方向移动，主峰值位于粗粒径部分，反映了物源多源化或水动力对远岸区的改造作用增强。

港口海域沉积物的规律性不强，平均粒径和中值粒径均表现为从东西连岛西岸和西大堤向陆岸由粗变细，并且从口门到港口内部粒径由粗变细接着又由细变粗，不同程度地反映了沉积物受到后期改造作用和西大堤工程后水动力能量的变化。分选系数也表明上述变化。偏态从东西连岛到陆岸由正态变为负态，表现为从粗到细的变化。峰态近岸区为单峰，较窄。其余站位均为双峰或多峰，主峰值向粗粒径方向偏移，表明沉积物受到强烈的后期改造，为港口建设和西大堤工程改变了沉积环境所致。

港口南部海域平均粒径和中值粒径从近岸区到远岸区由细变粗。近岸分选强于远岸。近岸区呈正偏，远岸区呈负偏，反应水动力强度在远海区强，近岸区较弱，同沉积物的粒径粗细变化相一致。近岸区峰态为单峰，较窄，说明物源比较单一或水动力条件比较一致。远岸区表现为双峰或多峰，峰态向粗粒径方向偏移，说明水动力对远岸区的改造作用也强。

5.3.3　粒度频率曲线特征

大面站粒度频率曲线表明，海州湾近岸海域粒度频率曲线呈单峰和多峰以及这两者之间的过渡态3种，站位不同，曲线形态变化具有一定的规律性：近岸海域频率曲线为单峰，远岸海域频率曲线为多峰，中间为过渡态，随着离岸渐远，主峰值和次峰值均逐渐向粗粒径方向偏移，并且主峰值越来越大。由于激光粒度仪测量范围宽，分辨率高，能够获得完整的粒度分布曲线，下面分别介绍3个海域的粒度频率曲线。

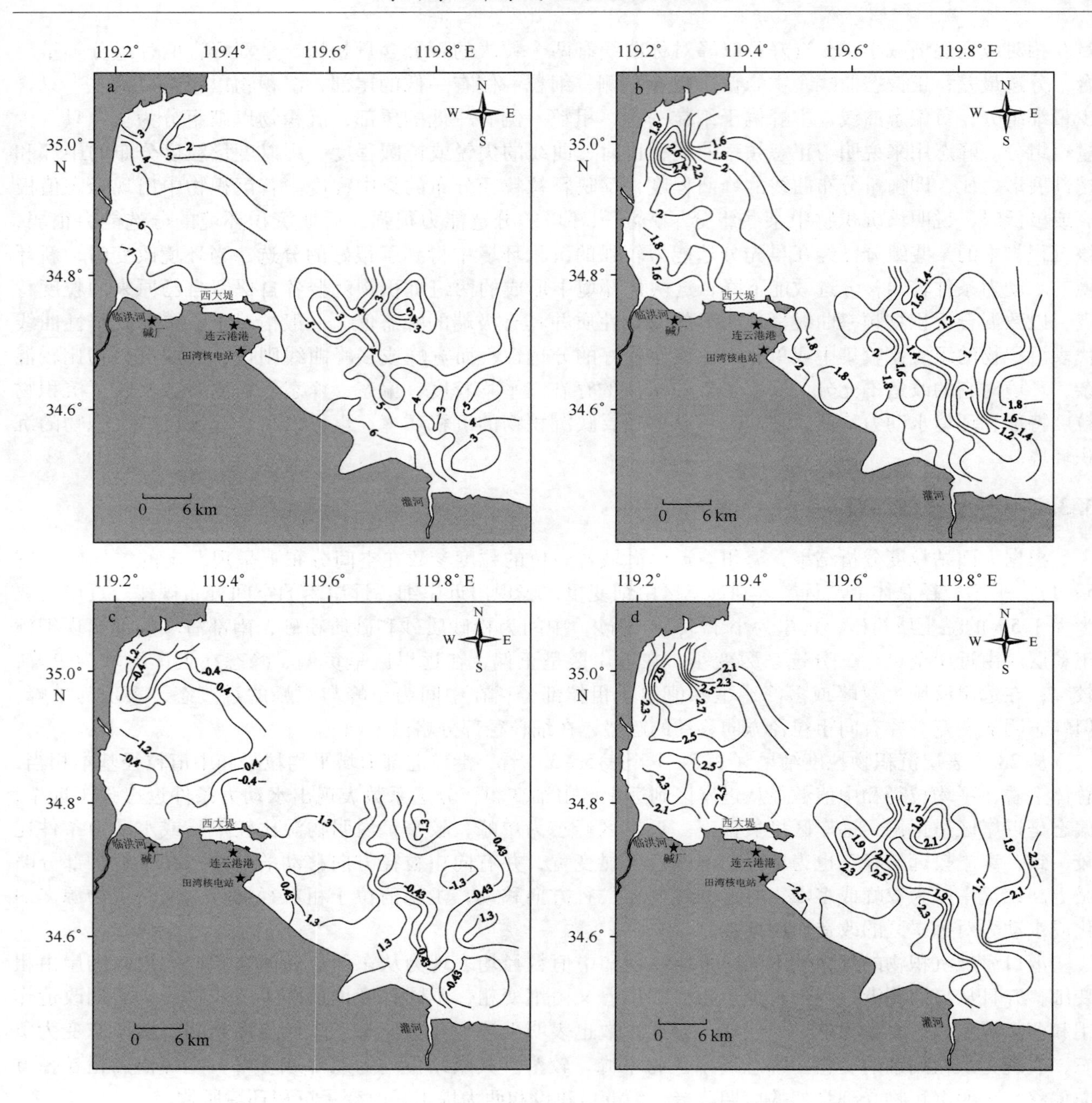

图 5-4　海州湾近岸海域表层沉积物粒度参数分布

a. 平均粒径；b. 分选；c. 偏态；d. 峰态

5.3.3.1　港口北部海域

港口北部海域频率曲线分为单峰和多峰以及两者之间的过渡态 3 种（图 5-5），粒径范围 1.8 ~ 12ϕ。单峰表明沉积物成分单一，为相对稳定的低能条件下形成，双峰表明沉积物有两种主要成分组成，在沉积过程中有其他组分参加进来。根据站位的不同位置，曲线形态变化具有一定的规律性。

近岸 JS04、JS05、JS06、JS08、JC01、JC06、JC07 站位样品的频率曲线为单峰，在细粒方向尾部略有变化，近于正态分布，全部正偏，主峰值介于 6.8 ~ 7.3ϕ 之间，于 10.3ϕ 处向上隆起并逐渐回落。离岸较远的 JC02、JC05 站位的频率曲线相似，曲线逐渐偏离对称，向粒径较粗的方向偏移，但峰值仍位于 6.8 ~ 7.3ϕ 之间。离岸最远的 JC03、JC04、JC08、JC09 站位的样品频率曲线为多峰，随着离岸渐远，主峰值和次峰值均逐渐向粗粒径方向偏移，并且主峰值越来越大。由岸及远频率曲线的这一规律表明水动力逐渐增强，沉积物的组成也发生了相应的变化，远岸的沉积物表现为多源性。

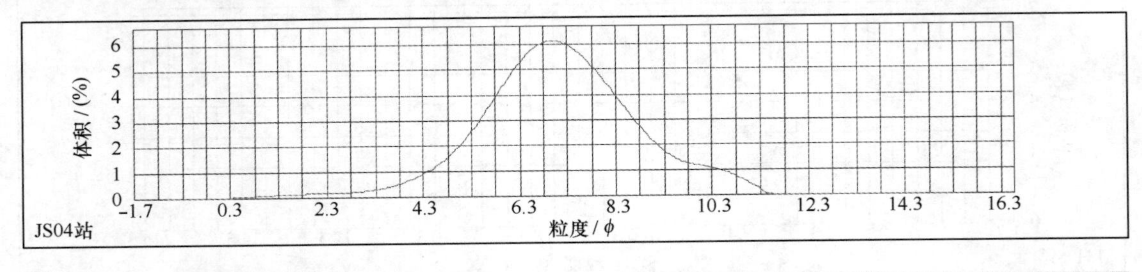

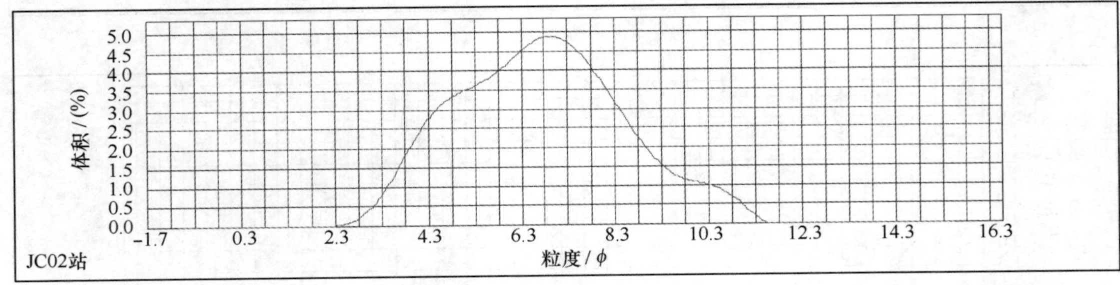

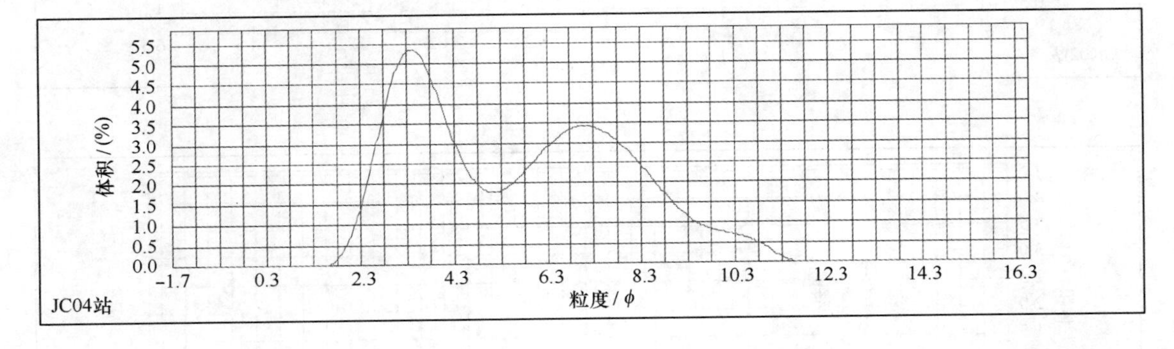

图5－5 港口北部海域典型频率曲线分布图

5.3.3.2 港口海域

港口海域频率曲线如图5－6所示，东西连岛西岸LH08站和陆岸GK02站为单峰，近于正态分布。LH08站位峰值为7.2ϕ，在尾部10.3ϕ略微变化，表现出沉积物的组分受到水动力的改造，有细粒组分的加入和粗粒组分的带出。GK02站主峰值为7.2ϕ，同LH08站相似，不同之处为在1.2ϕ处形成一次峰，表明有粗粒组分和细粒组分的交换。其余站位均为双峰或多峰，总的趋势是向粗粒方向偏移，偏移的幅度和峰值逐渐变大，说明沉积物的组分受到的改造逐渐增加，组分交换的幅度也增大。

5.3.3.3 港口南部海域

港口南部海域频率曲线分为单峰和双峰两种类型（图5－7）。近岸H16、H15、H14、H09、H08、H06、H03站位样品频率曲线为单峰，变化较一致，峰值粒径介于6～7ϕ之间，峰值体积百分含量略有变化。远岸海域H10、H07站位为双峰曲线，H10站位的主峰值为7ϕ，次峰值为4.4ϕ，在细粒部分有一略微的隆起变化，H07站位的频率曲线主峰值为7ϕ，次峰值为1ϕ，粗粒和细粒部分分别有隆起，最高峰值含量低于60%。由岸及远频率曲线主峰向粗粒方向偏移，表明远岸沉积物受到多源沉积物的改造，水动力增强。

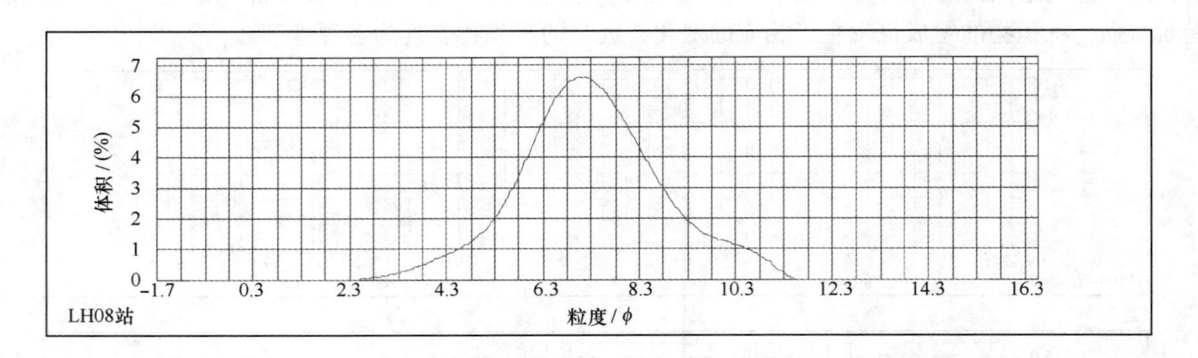

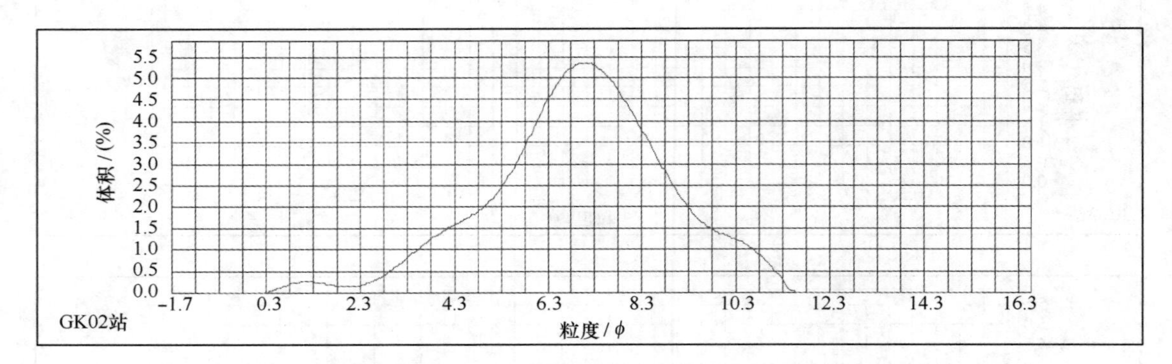

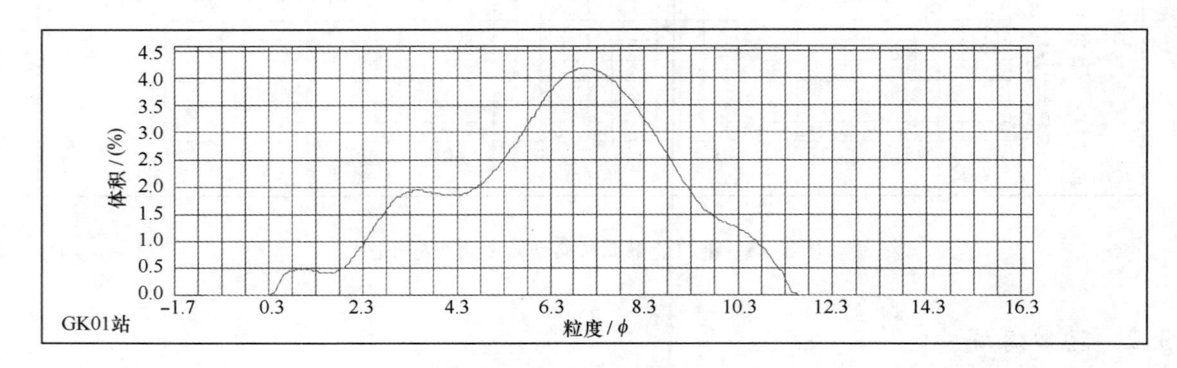

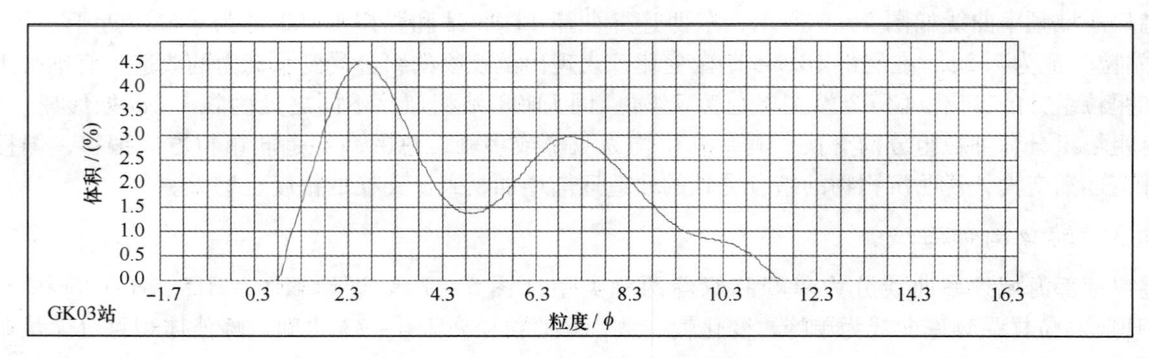

图 5－6　港口海域典型频率曲线图

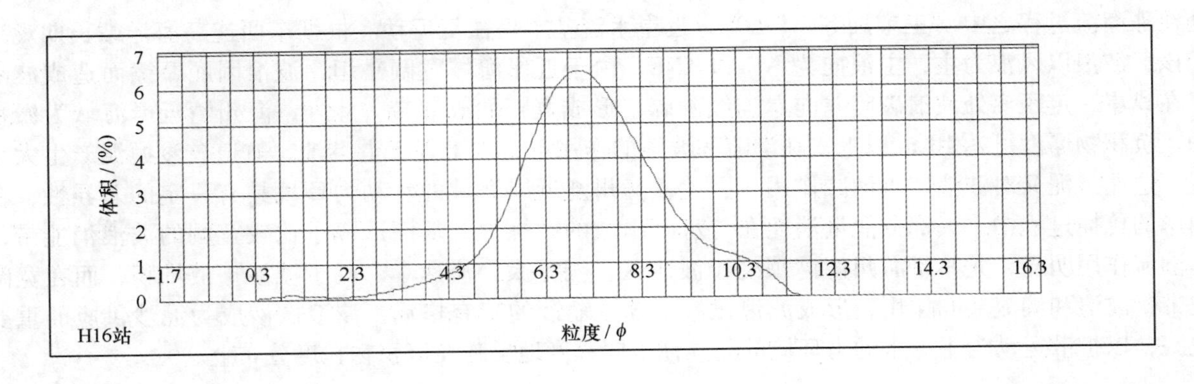

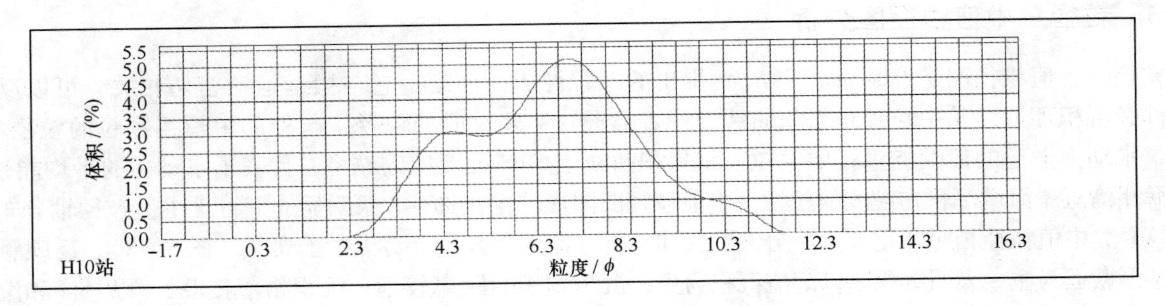

图5-7 港口南部海域典型频率曲线图

5.4 沉积物粒度分布成因分析

沉积学研究表明，沉积物来源、水动力强度是控制沉积物粒度分布的主要因素，不同的沉积物粒度参数代表着不同的水动力作用和物源影响，一般情况下沉积物粒度大小与水动力强度相适应，粒度分布可以反映水动力强弱、物质来源以及沉积环境的变化。

5.4.1 物源

根据地质历史背景，海州湾近岸海域表层沉积物主要是1855年以前黄河输沙在潮流作用下沿岸长途输移扩散沉积物覆盖在残留沙平原上［中国海湾编纂委员会，中国海湾志（第四分册），1993］。由于地势平坦，水深较浅，远岸波浪由于地形和岸线的改变而发生变形，加之浮泥导致波浪的能量消减，使近岸的沉积动力变弱，以潮流作用为主，底部沉积物以原地物质的再悬浮、再搬运为主，从而形成了分布较广的以黏土质粉砂和粉砂质黏土为主的沉积区，物源相对单一，沉积物再悬浮是本区悬沙浓度的主要来源。远岸海域为典型的残留砂，以细砂为主。中间为现代沉积与残留沉积的过渡地带，物源开始多样化，粒径也变粗。

自黄河北徙从山东入渤海后，海州湾近岸海域河流输沙较少，除灌河是一条最大的入海河流，也是江苏沿海唯一的一条尚未在河口建闸的入海河流，年输沙量 70×10^{4} t外，其余河流均建有挡潮闸，多数还建有水库，因此，河流泥沙对整个区域贡献较少。

5.4.2 水动力环境

海州湾近岸海域的水动力主要是波浪和潮流，由于湾口开阔，水深较浅，低潮线以下多为水下岸坡，平均比降在 0.37×10^{-3} 左右，水深和地形的影响使水动力复杂。受黄海驻波的影响，海州湾为潮波波腹区，潮差较大，加之水深较浅，潮波发生浅水变形，涨落潮历时不等，在湾顶已转为落潮流时，湾口处仍处在涨潮流过程之中（王宝灿等，1980），近岸水流基本呈往复运动。根据东西连岛海洋站长期观测资料，该区波浪以风浪为主，主浪向为 NE 和 NNE，由于近岸海域宽阔平坦，波浪因底摩擦而造成波高衰减，在离岸一定距离处波浪破碎并向岸连续破碎，形成宽阔的破波带。此外，海州湾近岸海域为淤积质沉积，沉积物厚度可达 10 m 以上，在潮流和波浪的作用下，加上连云港港池、航道疏浚抛泥产生大量的浮泥，这些浮泥又对波浪产生消减作用。因此，海州湾近岸海域的水动力环境具有一定的差异性，在波浪向岸的传播过程中，大部分能量消耗在与水下岸波的摩擦上，从而形成了比较宽阔的波浪消能带，使近岸潮流作用明显，尤其是海州湾湾顶处于波腹区，潮差大，流速小，利于泥沙扩散堆积，而在宽阔的破波带，波浪和潮流共同作用，形成波浪掀沙，潮流输沙的特有格局，波浪掀沙成为泥沙供应的重要来源之一，以扩散运动为主。水动力环境的差异性不同程度地反映在沉积物粒度分布上。

5.4.3 粒径 – 中值粒径图分析

粒径 – 中值粒径图是 Passega（1957）提出的综合性成因图解，它与搬运运动密切相关，可以反映动力条件和沉积环境，其中粒径是累积曲线上颗粒含量 1% 处对应的粒径，与样品中最粗颗粒的粒径相当，代表了水动力搬运的最大能量；中值粒径是累积曲线上 50% 处对应的粒径，代表了水动力的平均能量。

海州湾近岸海域沉积物粒度的粒径 – 中值粒径图图形较宽，具有 3 条明显的平行于中值粒径轴分布的形态，粒径、中值粒径相对变化较大，分布在Ⅰ、Ⅱ、Ⅲ、Ⅶ 4 个区，主要集中于Ⅶ区（图 5 – 8），反映颗粒以均匀悬浮搬运为主，表明沉积物以潮流沉积为主，沉积物搬运距离较远；沉积物落在Ⅱ区，以悬浮和滚动为主，表明水动力作用逐渐增强；沉积物落在Ⅰ区，以滚动和悬浮为主，反映水动力作用较强。据此，可以将海州湾近岸海域沉积物粒度对应的沉积环境分为：潮流沉积、潮流 – 波浪混合沉积和波浪沉积。

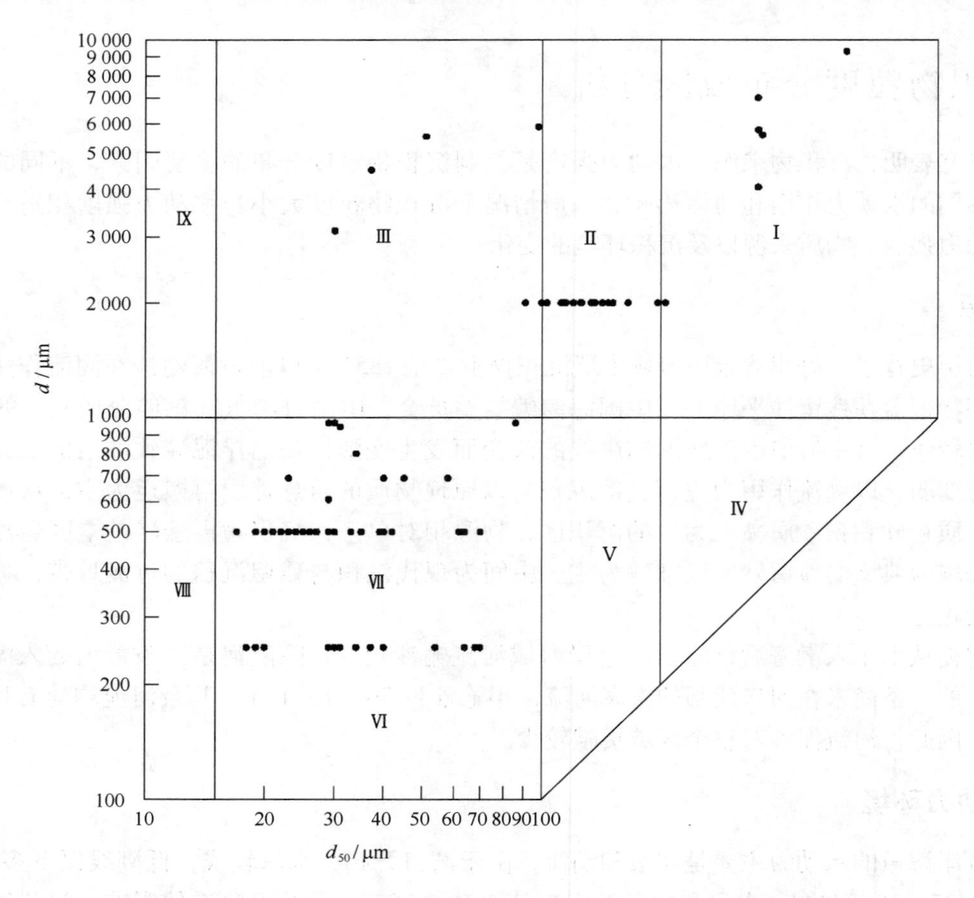

图 5 – 8　海州湾近岸海域沉积物粒径（d）– 中值粒径（d_{50}）图

5.5　小结

海州湾近岸海域各站位的粒度参数在空间分布上呈现一定的差异。总体上从近岸区到远岸区由细变粗，沉积物粒度表现出“近岸细、远岸粗”的空间分布规律。近岸主要为大于5ϕ的黏土质粉砂，远岸为小于3ϕ的细砂，中间为粉砂质砂和砂质粉砂，南部海域局部出现细砂粗粒层。由近岸至远岸，分选系数变小，在近岸区呈正偏，在远岸区呈负偏。峰态在近岸海域为单峰，较窄；在远岸海域为双峰或多峰，主峰值位于粗粒部分；在中间为单峰与双峰的过渡态，表现为单峰，但峰态明显变宽，并有向粗粒径方向移动的趋势，在细粒径部分略微上凸。

海州湾近岸海域沉积物粒度频率曲线由岸及远呈单峰、过渡态、多峰变化的规律性，单峰表明物源比较单一，水动力条件比较一致，过渡态虽然表现为单峰，但峰态明显变宽，曲线向粗粒径方向移动，在细粒径部分表现为略微上鼓，使尾部发生变化，远岸区表现为双峰或多峰，多峰态可能是同一物源在不同沉积动力过程作用下的不等比率混合，或不同物源和不同沉积动力综合的结果，主峰值位于粗粒径部分，随着离岸渐远，主峰值和次峰值均逐渐向粗粒径方向偏移，并且主峰值越来越大，物源开始多元化。

6 垂向沉积物

6.1 材料与方法

利用柱状取样器在海州湾近岸海域采取4个柱状样（图6-1），每个样品长度在50~100 cm。采集的样品以原始状态保存在塑料管中，在实验室对每个柱状样按3 cm间隔分样。采用英国马尔文公司生产的Mastersizer2000型激光粒度仪进行粒度分析，粒级标准采用Udden-Wentworth（Udden，1914；Wentworth，1922）等比制ϕ值粒级标准。采用福克和沃德（Folk，Ward，1957）粒度参数公式计算平均粒径、分选系数、偏态、峰态粒度参数。沉积物分类命名按海洋调查规范（GB/T 13909—92）谢帕德（Shepard，1954）三角图分类命名。

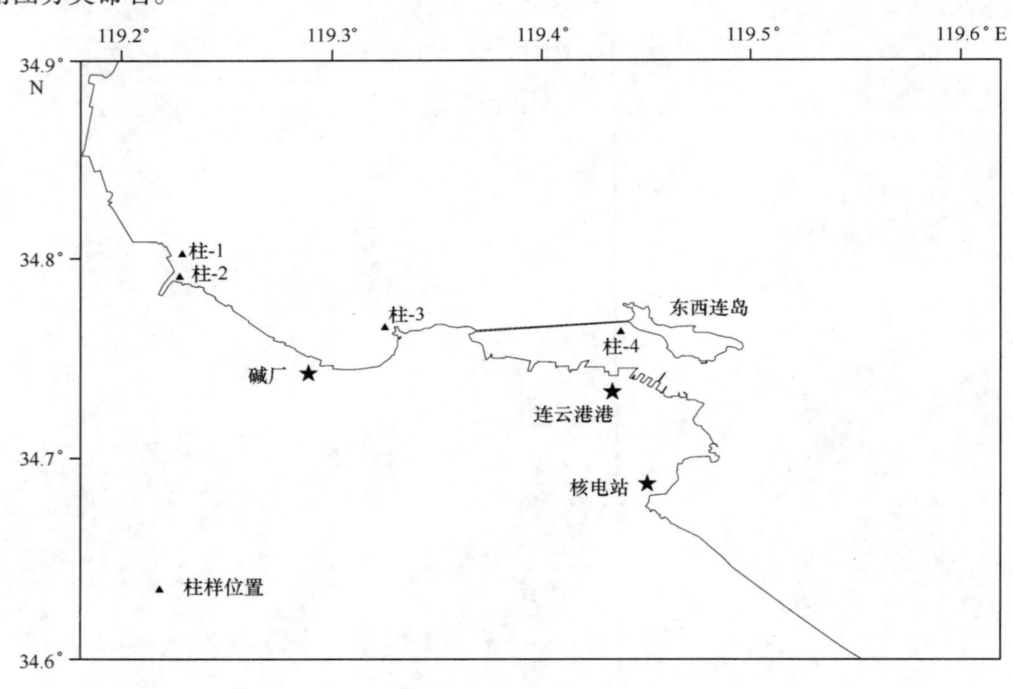

图6-1　海州湾近岸海域沉积物柱样取样位置

6.2 柱状样粒度特征

6.2.1 柱-1孔粒度特征

柱-1孔粒度特征见表6-1和图6-2，该孔岩心长度为57 cm，0~3 cm为黏土质粉砂，3~9 cm为砂质粉砂，9~12 cm为黏土质粉砂，12~21 cm为砂质粉砂，21~24 cm为黏土质粉砂，24~30 cm为砂质粉砂，30~57 cm为黏土质粉砂，岩心上部呈现明显的黏土质粉砂与砂质粉砂的韵律互层，其下部全为黏土质粉砂。上部沉积物颜色为黄褐色，呈半流动，弱黏性，含少量贝壳碎片，向下渐变为灰色至灰褐色，下部岩心较硬，呈软塑，黏性强。

柱状样的垂向粒度参数显示，整个岩心结构不太均匀，平均粒径、分选系数、偏态、峰态等参数垂向上呈现一定的波动，从粒度成分看，粉砂的含量大致稳定，砂的含量从上向下含量逐渐减少，黏土的含量逐渐增大，两者呈明显的互补性，并表现出一定的波动。中值粒径在岩性界面处波动明显，在砂质粉砂处中值粒径变小，平均粒径也呈相应变化。整体分选性差到很差，偏态与峰态变化幅度较大。值得注意的是在整个岩心中24～30 cm处的各参数变化幅度大，表现出明显的分界性。

表6－1 柱－1孔粒度特征表

样品编号	各级百分含量/（%）			粒度分析参数					样品定名
	砂（S）	粉砂（T）	黏土（Y）	分选系数（σ）	偏态（Sk）	峰态（Kg）	平均粒径/ϕ	中值粒径/ϕ	
柱1－1	9.70	66.32	23.97	2.00	0.03	0.85	6.48	6.48	黏土质粉砂
柱1－2	24.71	58.87	16.42	2.21	0.32	0.93	5.56	5.09	砂质粉砂
柱1－3	38.89	50.20	10.91	2.32	0.24	1.25	4.81	4.44	砂质粉砂
柱1－4	12.72	60.35	26.93	2.17	－0.06	0.85	6.55	6.73	黏土质粉砂
柱1－5	24.35	56.72	18.93	2.40	0.20	0.96	5.70	5.29	砂质粉砂
柱1－6	21.18	58.34	20.48	2.25	0.10	0.85	5.96	5.81	砂质粉砂
柱1－7	26.41	56.40	17.19	2.26	0.34	0.92	5.55	4.97	砂质粉砂
柱1－8	16.92	61.25	21.83	2.21	0.28	0.86	6.03	5.65	黏土质粉砂
柱1－9	22.88	69.95	7.17	1.33	0.40	1.75	4.77	4.60	砂质粉砂
柱1－10	34.67	58.79	6.54	1.27	0.38	1.98	4.41	4.31	砂质粉砂
柱1－11	10.83	65.84	23.34	2.06	0.27	0.80	6.25	5.91	黏土质粉砂
柱1－12	11.46	64.78	23.76	2.08	0.18	0.80	6.33	6.15	黏土质粉砂
柱1－13	3.86	65.10	31.04	1.95	0.04	0.86	6.95	6.94	黏土质粉砂
柱1－14	12.65	63.93	23.42	2.11	0.15	0.84	6.32	6.15	黏土质粉砂
柱1－15	17.96	62.49	19.56	2.13	0.32	0.87	5.93	5.49	黏土质粉砂
柱1－16	6.55	65.07	28.38	2.02	0.06	0.79	6.68	6.66	黏土质粉砂
柱1－17	9.93	66.01	24.06	2.07	0.23	0.82	6.35	6.05	黏土质粉砂
柱1－18	4.11	60.50	35.40	1.87	－0.03	1.01	7.28	7.31	黏土质粉砂
柱1－19	4.11	61.26	34.63	1.92	－0.05	0.97	7.18	7.28	黏土质粉砂

6.2.2 柱－2孔粒度特征

柱－2孔粒度特征见表6－2和图6－3，该岩心长度为51 cm，全为黏土质粉砂。上部沉积物颜色为灰色，呈半流动，弱黏性，含少量贝壳碎片，发现含有底栖生物，向下渐变为深灰褐色，下部岩心较硬，呈软塑，黏性较强。

整个岩心没有出现明显的分层，结构均匀。从柱状样的粒度成分看，砂的含量很少，粉砂和黏土含量相对稳定，呈现一定的互补性，粉砂含量一般在65%左右，黏土含量约为25%，砂的含量低于5%。

从柱状样的粒度参数看，中值粒径和平均粒径的变化较明显，在岩心的39～48 cm之间发生较大的波动，其他部位的岩心粒度参数变化幅度相对较小，整个岩心的分选差，偏态和峰态相对较稳定。整个柱状样除上下端部外，全为正偏。

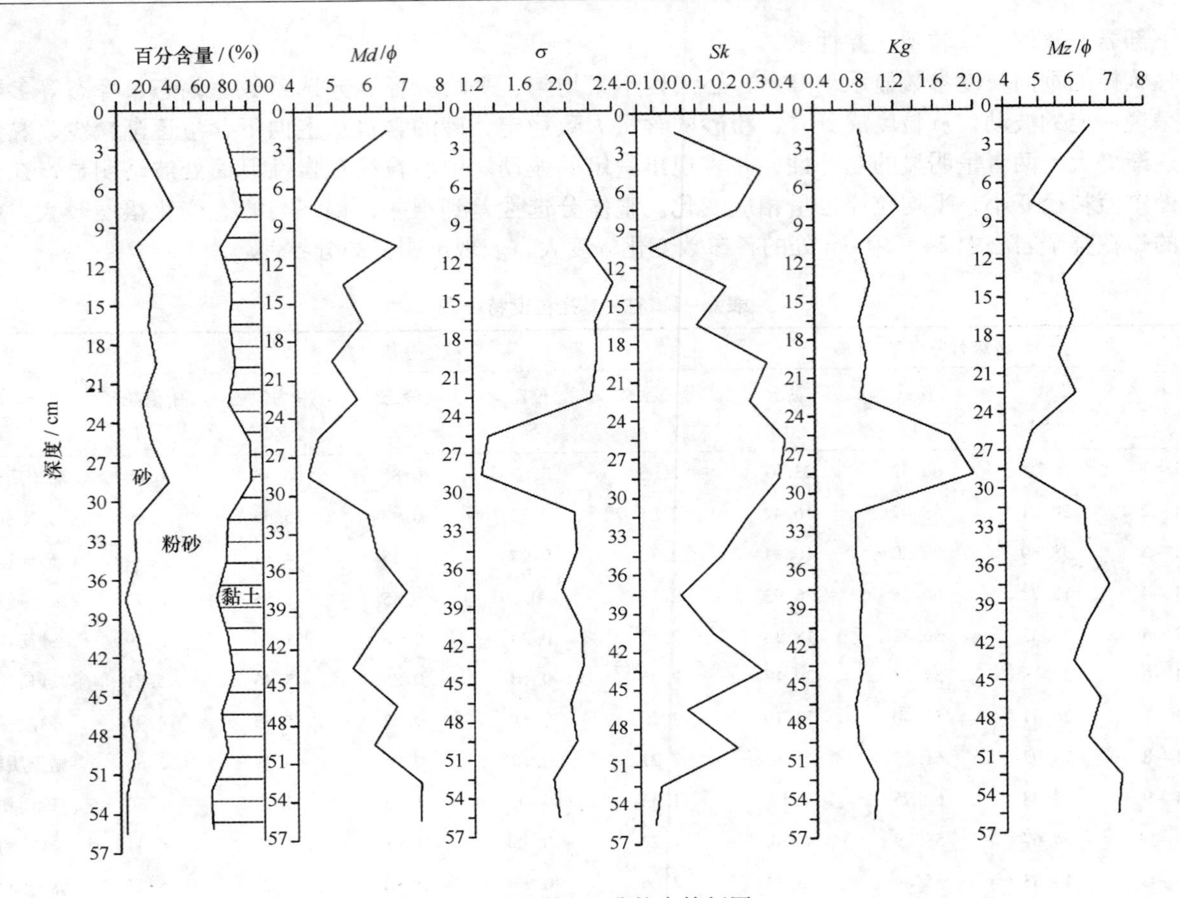

图6-2　柱-1孔粒度特征图

表6-2　柱-2孔粒度特征表

样品编号	各级百分含量/（%）			粒度分析参数					样品定名
	砂（S）	粉砂（T）	黏土（Y）	分选系数（σ）	偏态（Sk）	峰态（Kg）	平均粒径/φ	中值粒径/φ	
柱2-1	3.07	68.70	28.24	1.68	-0.01	1.06	7.06	7.10	黏土质粉砂
柱2-2	0.26	65.21	34.52	1.43	0.10	1.04	7.50	7.42	黏土质粉砂
柱2-3	0.75	66.83	32.42	1.55	0.06	1.04	7.34	7.30	黏土质粉砂
柱2-4	0.34	63.45	36.21	1.39	0.11	1.05	7.59	7.50	黏土质粉砂
柱2-5	3.60	69.46	26.94	1.84	0.07	0.91	6.82	6.79	黏土质粉砂
柱2-6	1.86	67.94	30.20	1.68	0.02	1.01	7.14	7.15	黏土质粉砂
柱2-7	0.70	68.50	30.80	1.57	0.06	1.03	7.25	7.22	黏土质粉砂
柱2-8	3.39	76.66	19.95	1.77	0.32	0.90	6.33	5.97	黏土质粉砂
柱2-09	2.50	73.57	23.93	1.78	0.19	0.88	6.64	6.47	黏土质粉砂
柱2-10	2.95	72.22	24.83	1.81	0.10	0.89	6.71	6.66	黏土质粉砂
柱2-11	0.77	67.06	32.18	1.61	0.06	1.04	7.30	7.27	黏土质粉砂
柱2-12	2.65	69.66	27.69	1.82	0.04	0.90	6.87	6.89	黏土质粉砂
柱2-13	0.98	68.05	30.98	1.53	0.04	1.07	7.29	7.26	黏土质粉砂
柱2-14	2.30	68.17	29.54	1.70	0.01	1.01	7.09	7.12	黏土质粉砂
柱2-15	2.79	65.68	31.53	0.21	1.15	0.76	7.18	7.21	黏土质粉砂
柱2-16	0.23	55.12	44.66	1.39	0.10	1.02	7.89	7.81	黏土质粉砂
柱2-17	4.86	56.09	39.06	1.84	-0.05	1.13	7.52	7.55	黏土质粉砂

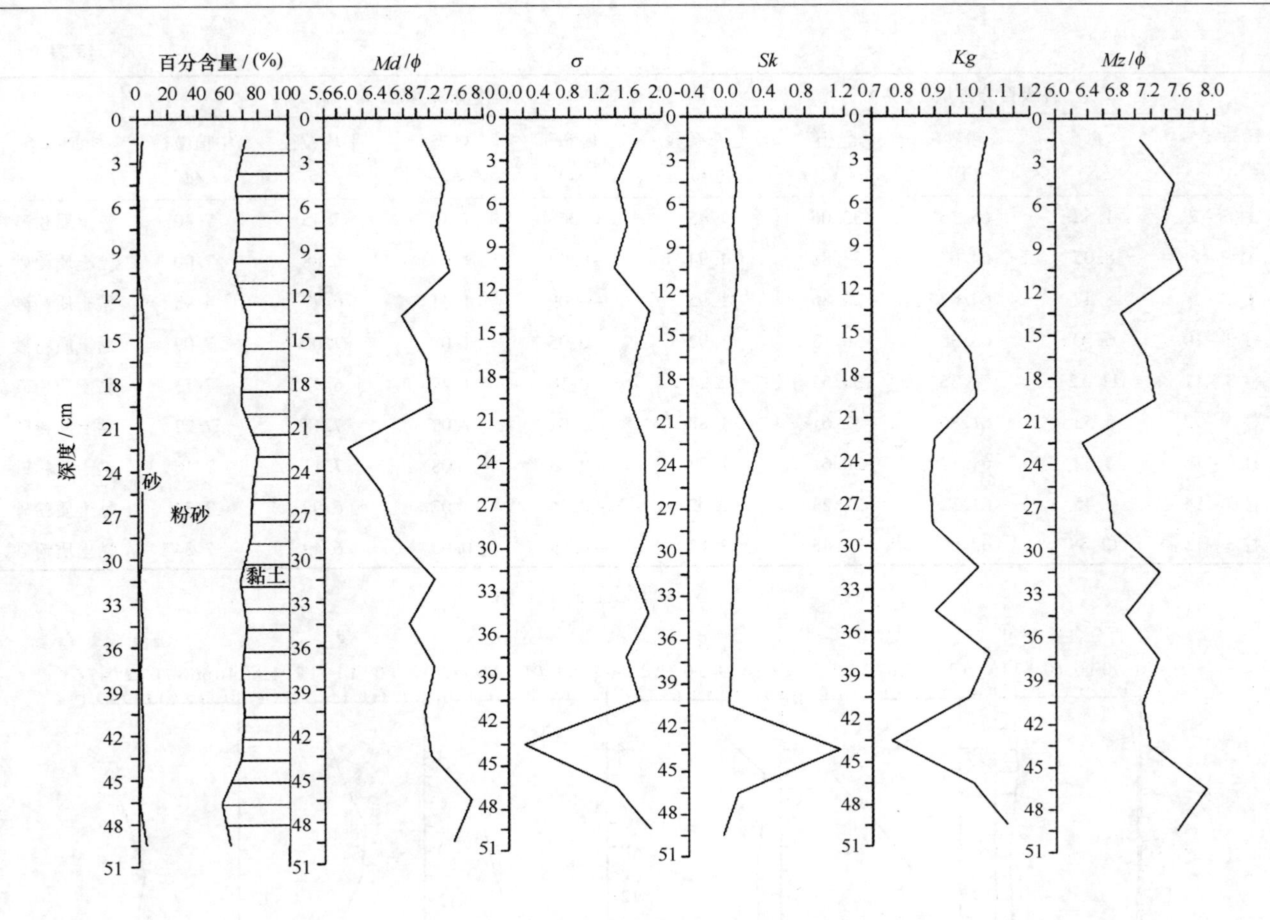

图6-3 柱-2孔粒度特征图

6.2.3 柱-3孔粒度特征

柱-3孔粒度特征见表6-3和图6-4，该岩心长度为45 cm，全为黏土质粉砂，上部沉积物颜色为浅黄色，呈半流动，弱黏性，含少量贝壳碎片，向下渐变为深灰色，岩心较硬，呈软塑，黏性较强，弱臭。整个岩心没有明显的分层，结构均匀。从粒度成分上看，砂的含量少，低于13%，但由上到下含量有增大的趋势，粉砂含量相对较稳定，一般在65%左右，黏土含量有少量的变化，约为30%。从柱状样的粒度参数看，整个岩心参数变化幅度较大，分选差。

表6-3 柱-3孔粒度特征表

样品编号	各级百分含量/(%)			粒度分析参数					样品定名
	砂(S)	粉砂(T)	黏土(Y)	分选系数(σ)	偏态(Sk)	峰态(Kg)	平均粒径/φ	中值粒径/φ	
柱3-1	6.67	63.06	30.27	1.87	-0.05	1.16	7.10	7.13	黏土质粉砂
柱3-2	1.95	65.75	32.30	1.51	0.05	1.11	7.38	7.33	黏土质粉砂
柱3-3	1.42	68.95	29.63	1.53	0.12	1.05	7.26	7.19	黏土质粉砂
柱3-4	2.01	70.16	27.83	1.57	0.09	1.06	7.14	7.06	黏土质粉砂
柱3-5	2.94	68.18	28.88	1.56	0.05	1.12	7.21	7.18	黏土质粉砂
柱3-6	6.07	62.99	30.94	1.84	-0.05	1.16	7.15	7.21	黏土质粉砂

续表

样品编号	各级百分含量/（%）			粒度分析参数					样品定名
	砂（S）	粉砂（T）	黏土（Y）	分选系数（σ）	偏态（Sk）	峰态（Kg）	平均粒径/φ	中值粒径/φ	
柱3-7	1.58	65.36	33.06	1.45	0.06	1.12	7.45	7.40	黏土质粉砂
柱3-8	8.05	64.07	27.88	1.94	-0.07	1.09	6.88	7.00	黏土质粉砂
柱3-9	8.47	64.67	26.86	1.95	-0.09	1.01	6.77	6.95	黏土质粉砂
柱3-10	6.50	63.38	30.13	1.92	-0.05	1.07	7.02	7.09	黏土质粉砂
柱3-11	11.12	58.35	30.53	2.24	-0.18	1.29	6.92	7.13	黏土质粉砂
柱3-12	5.53	61.86	32.61	1.88	-0.04	1.09	7.18	7.22	黏土质粉砂
柱3-13	4.62	64.77	30.61	1.79	-0.03	1.08	7.11	7.16	黏土质粉砂
柱3-14	7.45	61.32	31.23	2.02	-0.06	1.02	6.99	7.34	黏土质粉砂
柱3-15	12.89	62.66	24.45	2.12	-0.09	0.93	6.49	7.34	黏土质粉砂

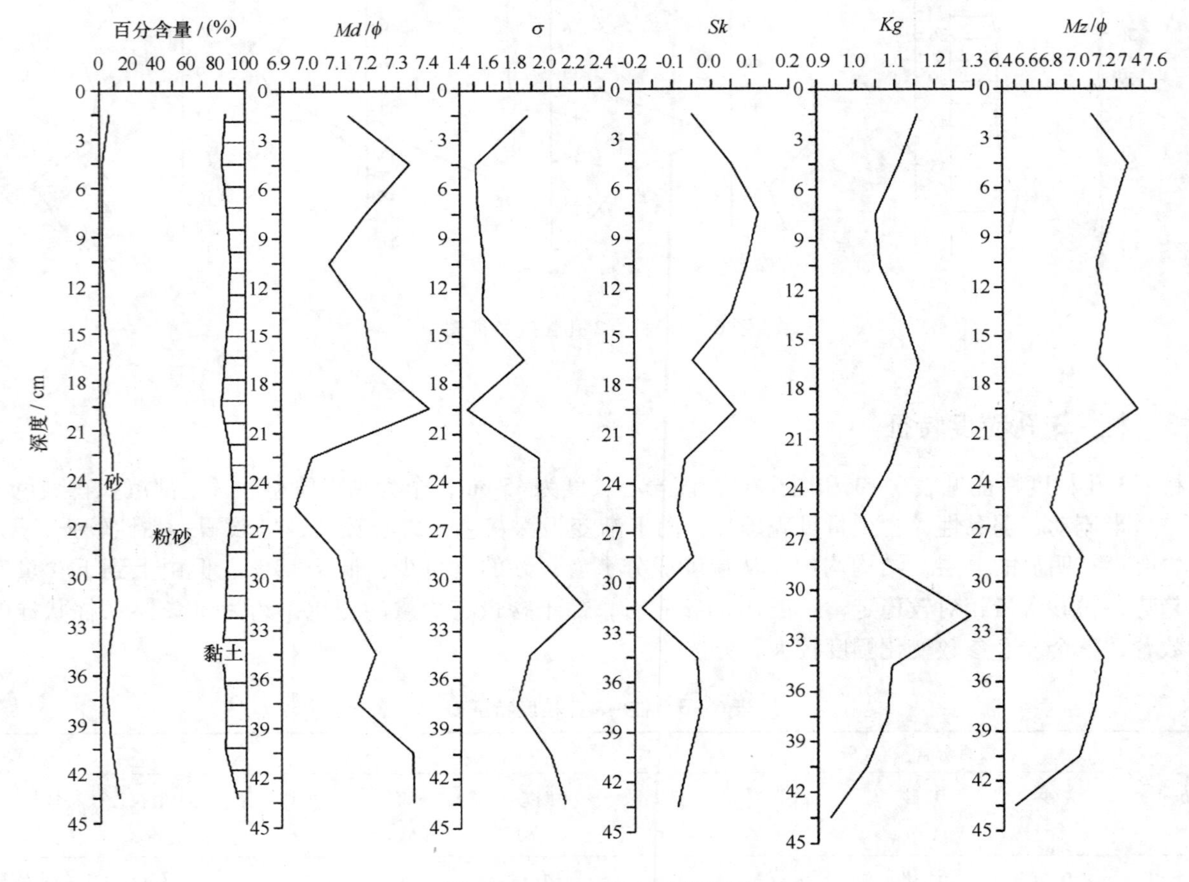

图6-4　柱-3孔粒度特征图

6.2.4　柱-4孔粒度特征

柱-4孔粒度特征如表6-4和图6-5所示，岩心长度为63 cm，全为黏土质粉砂，上部为灰色，呈半流动，黏性，向下渐变为深灰色，较硬，软塑，黏性较强。整个岩心没有明显的分层，结构均匀。从粒度成分看，砂的含量少，低于12%，粉砂含量相对稳定，一般在64%左右，黏土含量有少量的变化，约为30%。

表 6-4 柱-4 孔粒度特征表

样品编号	各级百分含量/(%)			粒度分析参数					样品定名
	砂(S)	粉砂(T)	黏土(Y)	分选系数(σ)	偏态(*Sk*)	峰态(*Kg*)	平均粒径/ϕ	中值粒径/ϕ	
柱4-1	4.31	67.91	27.78	1.76	0.01	1.07	7.01	7.02	黏土质粉砂
柱4-2	10.68	66.21	23.12	1.99	-0.05	0.97	6.54	6.68	黏土质粉砂
柱4-3	6.31	65.13	28.57	1.90	-0.04	1.05	6.94	7.02	黏土质粉砂
柱4-4	3.04	64.28	32.68	1.65	0.03	1.12	7.35	7.30	黏土质粉砂
柱4-5	4.08	67.07	28.84	1.76	0.03	1.07	7.07	7.04	黏土质粉砂
柱4-6	1.86	64.65	33.49	1.61	0.05	1.09	7.39	7.34	黏土质粉砂
柱4-7	2.17	65.20	32.62	1.66	0.02	1.08	7.31	7.28	黏土质粉砂
柱4-8	9.28	61.90	28.82	2.03	-0.08	1.05	6.86	7.00	黏土质粉砂
柱4-9	2.39	64.42	33.19	1.63	0.06	1.07	7.36	7.30	黏土质粉砂
柱4-10	1.75	63.64	34.61	1.60	0.04	1.07	7.43	7.39	黏土质粉砂
柱4-11	2.25	66.97	30.78	1.68	0.05	1.04	7.21	7.16	黏土质粉砂
柱4-12	5.29	59.58	35.13	1.86	-0.03	1.14	7.35	7.41	黏土质粉砂
柱4-13	6.86	64.69	28.45	1.90	-0.04	1.05	6.93	6.98	黏土质粉砂
柱4-14	11.24	58.50	30.26	2.25	-0.12	1.20	6.90	7.00	黏土质粉砂
柱4-15	10.82	58.09	31.09	2.23	-0.13	1.22	6.96	7.07	黏土质粉砂
柱4-16	3.03	63.33	33.64	1.64	0.05	1.09	7.39	7.32	黏土质粉砂
柱4-17	5.93	68.01	26.06	1.83	0.06	1.07	6.88	6.79	黏土质粉砂
柱4-18	0.15	62.82	37.03	1.45	0.13	1.01	7.61	7.51	黏土质粉砂
柱4-19	1.42	63.95	34.64	1.52	0.08	1.07	7.48	7.41	黏土质粉砂
柱4-20	2.71	64.25	33.05	1.66	0.05	1.08	7.35	7.29	黏土质粉砂
柱4-21	1.34	64.58	34.08	1.60	0.08	1.04	7.42	7.35	黏土质粉砂

从柱状样的垂向粒度参数看，平均粒径、分选系数、偏态、峰态等参数垂向上出现一定的波动，从粒度成分上看，砂、粉砂、黏土的含量大致稳定，砂的含量小于12%，粉砂含量63%左右，黏土含量约为32%。中值粒径与平均粒径呈锯齿状波动。整体分选性差到很差，分选系数为1.60~2.25，在岩心为0~33 cm时偏态与峰态大致同步变化，33~63 cm时偏态与峰态近乎呈镜像关系。

6.3 柱状样粒度频率曲线

6.3.1 柱-1 孔粒度频率曲线

根据柱-1孔粒度频率曲线（图6-6）可以把柱-1分为如下几段：0~3 cm为双峰，主峰值为4.5ϕ，次峰值为7.3ϕ，粒度分布在砂和粉砂区，在粗粒端有一微的次峰，在细粒端有略微的隆起。3~6 cm为多峰，但与0~3 cm段不同的是，该段只有1个主峰，峰值为4.3ϕ，其余峰值与主峰相比较低，分别为1ϕ、7.3ϕ，在细粒端仍呈略微的隆起。6~12 cm为双峰，同0~3 cm段相似，所不同的是主峰值变为7.5ϕ，次峰值变为4.5ϕ，粒度仍分布在砂和粉砂区，在粗粒端有一不明显的上凸，在细粒端呈微小的隆起。12~24 cm为多峰，同3~6 cm段相似，主峰值在4~4.5ϕ，次峰值在1~1.3ϕ和7.3~7.8ϕ之间，在细粒段有微小的隆起。24~30 cm为单峰，峰值为4~4.3ϕ，在细粒段有很长的隆起。30~36 cm

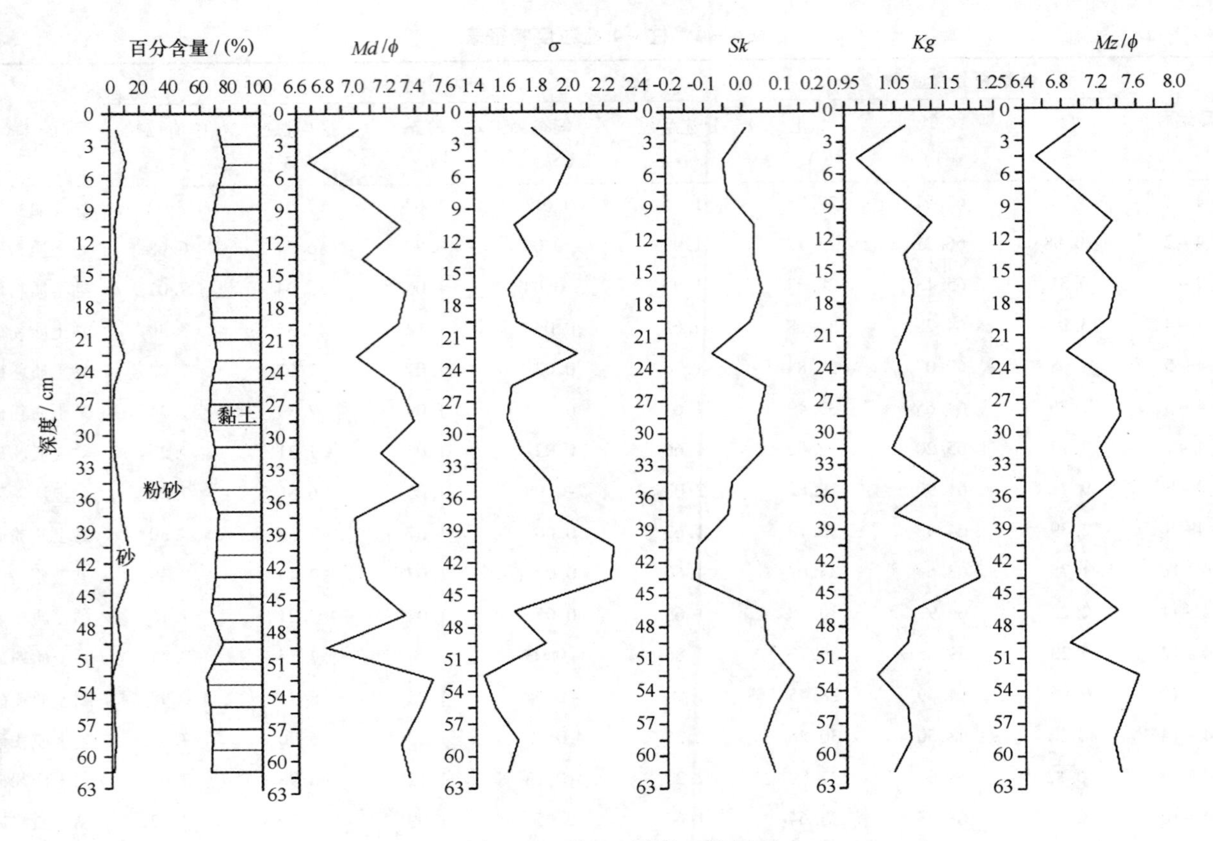

图6-5 柱-4孔粒度特征图

为双峰，主峰值为4.3～4.5ϕ，次峰值为7～7.8ϕ，在细粒段呈略微的隆起。36～39 cm为不明显的双峰，主峰值7.3ϕ，次峰值5ϕ，在细粒段呈不明显的隆起。39～42 cm为多峰，主峰值为4.5ϕ，次峰值为1ϕ，在细粒段呈较大的隆起上凸。42～45 cm为单峰，峰值为4.3ϕ，在细粒段呈较大的隆起上凸。45～51 cm为双峰，主峰值为4.5ϕ，次峰值为7.8ϕ，在细粒段呈略微的隆起。51～57 cm为单峰，峰值为7.3～7.5ϕ，在粗细两段均有略微的隆起。由此可见，柱-1孔在沉积过程经历了多个旋回，但每个旋回在沉积物粒径上却截然不同，沉积物粒度频率曲线同时表明柱-1孔上部沉积环境较下部沉积环境波动较大，说明在后期水动力强度逐渐增大。

6.3.2 柱-2孔粒度频率曲线

根据柱-2孔粒度频率曲线（图6-7）可以把柱-2分为如下几段：0～12 cm为单峰，峰值为7～7.5ϕ，在细粒端呈微小的隆起。12～15 cm为不明显的双峰，主峰值7.3ϕ，次峰值5.3ϕ，在细粒段呈微小的隆起。15～21 cm为单峰，峰值为7～7.3ϕ，在细粒段呈略微的隆起。21～27 cm为不明显的双峰，主峰值5～5.3ϕ，次峰值7.8ϕ，在细粒段呈略微的隆起。27～30 cm为单峰，峰值为7.3ϕ，在细粒段有略微的隆起。30～33 cm为不明显的双峰，主峰值7.3ϕ，次峰值5ϕ，在细粒段呈略微的隆起。33～51 cm为单峰，峰值为7～7.5ϕ，在粗细两段均有略微的隆起。由此可见，柱-2孔在沉积过程中水动力强度经历了多个波动。在21～27 cm间曾趋向粗粒方向，但随后的沉积又趋于稳定，整个柱状孔沉积环境基本稳定。

6.3.3 柱-3孔粒度频率曲线

根据柱-3孔粒度频率曲线（图6-8）可分为如下几段：0～21 cm为单峰，峰值为6.8～7.3ϕ，粗

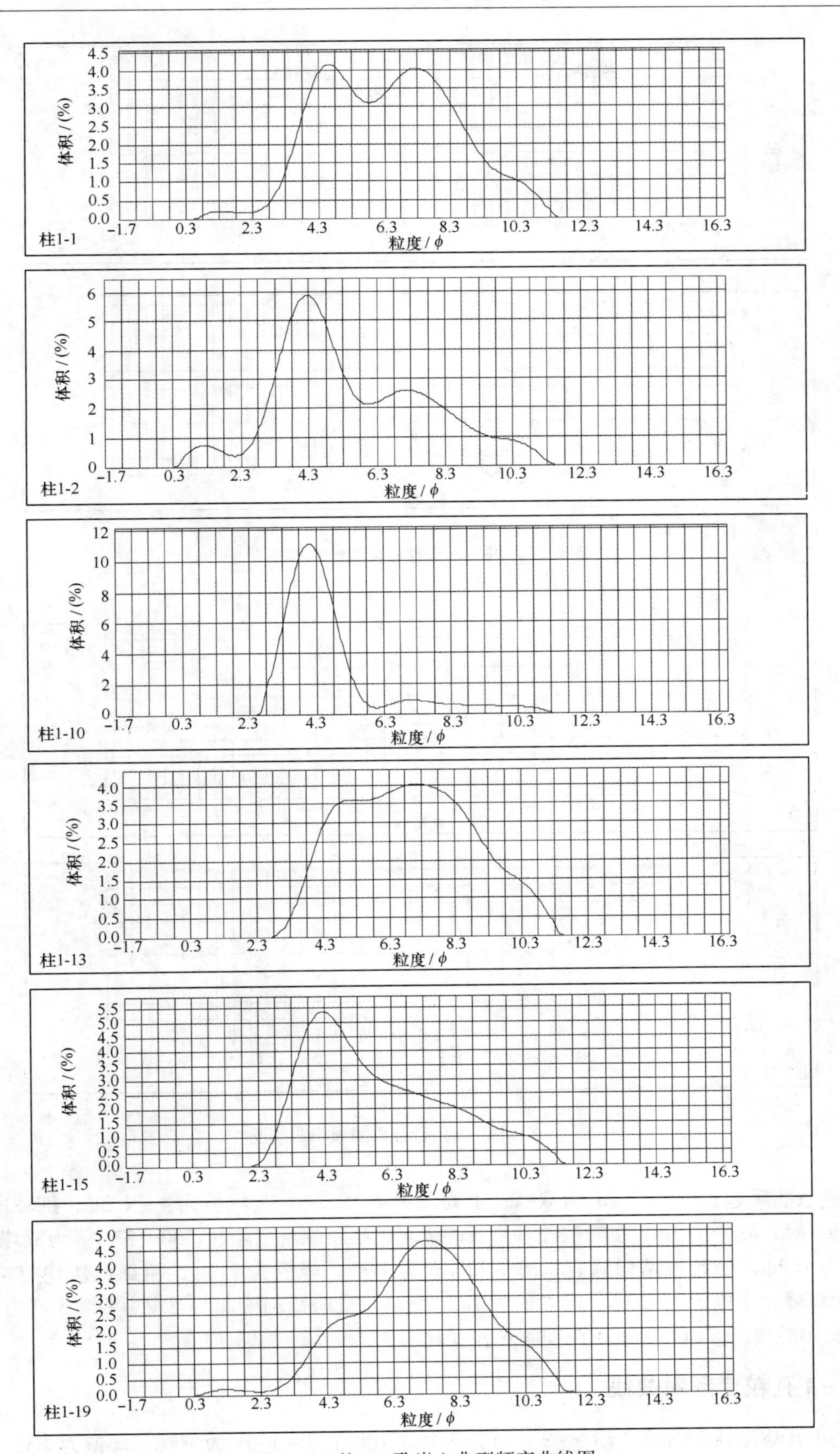

图6-6　柱-1孔岩心典型频率曲线图

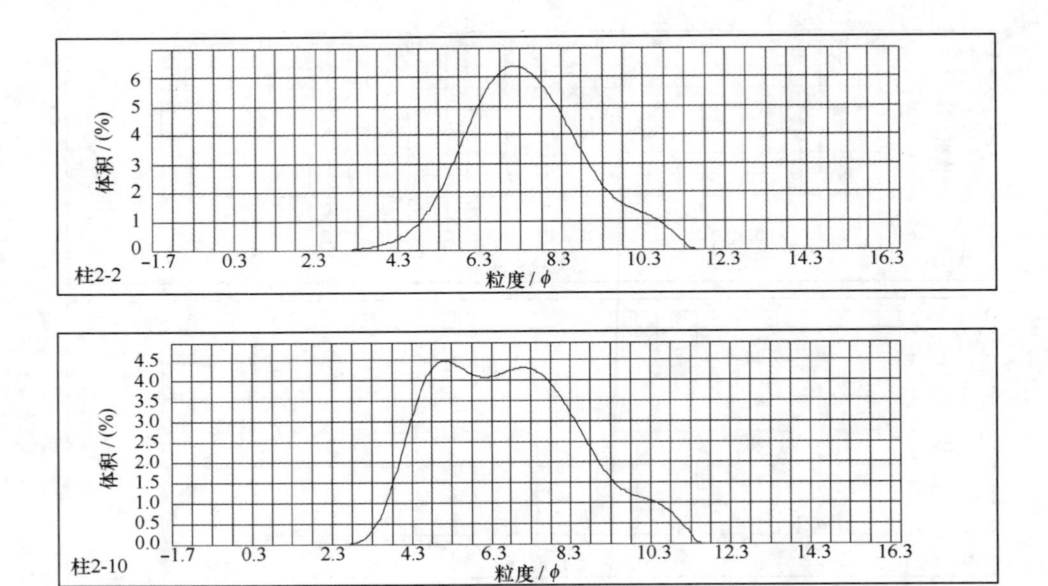

图 6-7　柱-2 孔岩心典型频率曲线图

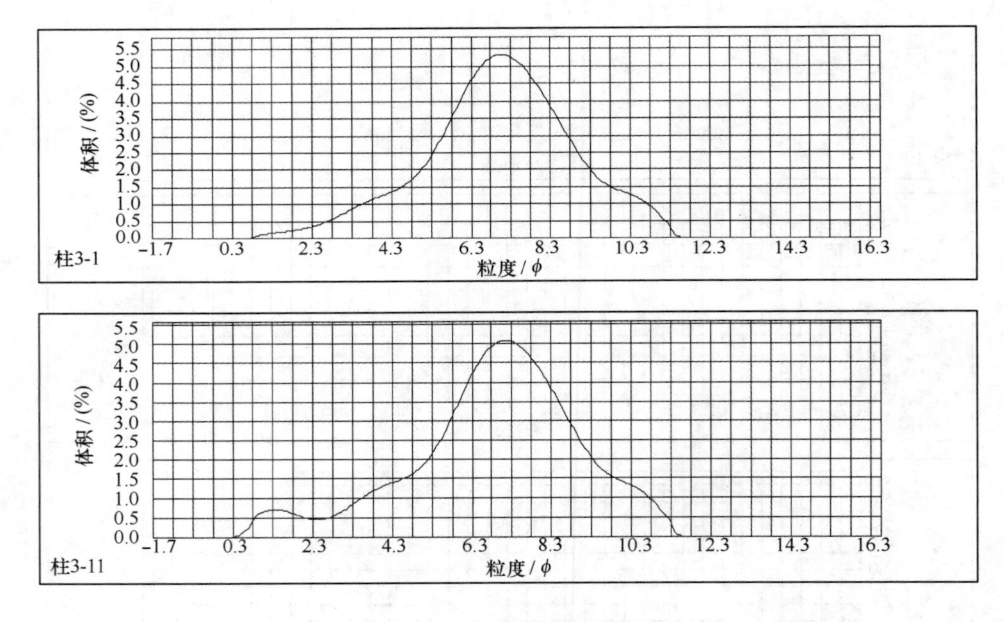

图 6-8　柱-3 孔岩心典型频率曲线图

细两段均有略微的隆起；21～27 cm 为双峰，主峰值为 7～7.3ϕ，次峰值为 4～4.3ϕ，细粒段略微隆起；27～30 cm 为单峰，峰值为 7ϕ，在粗粒段有很长的隆起，细粒端略微隆起；30～33 cm 为双峰，主峰值为 7ϕ，次峰值为 1.3ϕ，细粒段略微隆起；33～42 cm 为单峰，峰值为 7.3ϕ，粗细两段均有略微的隆起；42～45 cm 为双峰，主峰值为 7.3ϕ，次峰值为 1ϕ，细粒段呈略微的隆起。可见，柱-3 孔在沉积过程经历了多个有韵律的旋回，但每个旋回沉积物粒径变化不大。

6.3.4　柱-4 孔粒度频率曲线

根据柱-4 孔粒度频率曲线（图 6-9）可分为如下几段：0～3 cm 为单峰，峰值为 7ϕ，细粒段有微小的隆起；3～6 cm 为双峰，主峰值为 7ϕ，主峰在粗粒段发生较大的凸起，次峰值为 1ϕ，细粒段呈微小的隆起；6～39 cm 为单峰，峰值为 7～7.3ϕ，粗细两段均有较长的隆起；39～42 cm 为双峰，主峰值为 7ϕ，次峰值为 1ϕ，细粒段有略微的隆起；42～63 cm 为单峰，峰值为 6.3～7ϕ，粗细两段均有略微的隆起。柱－4 孔在沉积过程虽经历了多个有韵律的旋回，但与其他柱状样相比，马鞍状双峰曲线不明显，次峰仅在粗粒段发生轻微的隆起，每个旋回在沉积物粒径上变化不大。

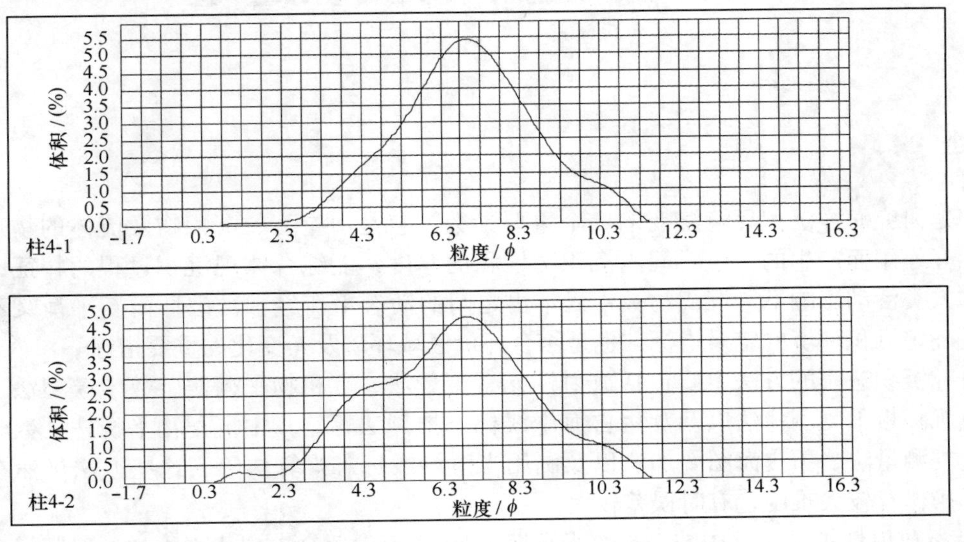

图 6－9　柱－4 孔岩心典型频率曲线图

6.4　小结

柱－1 岩心沉积物下部为黏土质粉砂，上部从下至上经历了至少 3 个黏土质粉砂与砂质粉砂互层的旋回，频率曲线从下到上也为单峰与双峰的交替旋回，粒径从较细的单峰经旋回向粗粒径方向偏移，物质组分也逐渐加大混合，最后变成马鞍状双峰，说明沉积环境经历了从相对较稳定到不稳定又到稳定的变化过程。

柱－2 岩心沉积物全为黏土质粉砂，下部粒度特征表明沉积环境极其不稳定，发生了快速的堆积，上部沉积环境总体较为稳定，这可能同临洪河建闸防潮有关。

柱－3 岩心沉积物全为黏土质粉砂，垂向分布特征表明沉积环境发生了 3 次变化，经历了不稳定到相对稳定的状态，这同拦海西大堤封堵了大片水域，使沉积环境趋于相对稳定有关。

柱－4 岩心沉积物全为黏土质粉砂，整个岩心没有明显的分层，结构均匀，砂、粉砂、黏土的含量大致稳定，平均粒径、分选系数、偏态、峰态等参数垂向上出现一定的波动，频率曲线表明沉积过程经历了多个有韵律的旋回，每个旋回在粒径上变化不大。

7 沉积速率与沉积通量

7.1 概述

沉积速率是研究海洋沉积环境演变的一个重要参数，它是由重力、沉积物及流体的物理、化学特性与动力环境相互作用而产生的单位时间内沉积物堆积的厚度，能综合体现沉积过程的特征，反映了在区域自然环境和人类活动影响下，沉积物被带入带出之间的动态平衡经常被破坏而新平衡又不断被建立的复杂过程，是确定沉积环境的定量指标，也是综合评价区域环境及其变化的重要指标。

目前，研究沉积速率的方法主要包括放射性元素测量法、沉积物平衡法、数学模型法、历史海图叠加法、断面或沉降板重复测量法以及利用古海岸线标志推算法等。其中沉积物平衡法、数学模型法、断面或沉降板重复测量法、历史海图叠加法以及利用古海岸线标志推算法等，这些方法虽然在原理上较为简单，但实际操作有较大难度，有时误差较大。

^{210}Pb 是天然放射性铀系元素中的一员，半衰期为22.3年，适合于现代人类活动时间尺度环境过程的示踪，此法为 Goldberg 和 Koide（1963）所开创。海洋沉积物中^{210}Pb 的富集、分布特征受海区水动力条件和沉积物粒级的制约，在不受外部沉积环境及人为活动的影响下，现代沉积的^{210}Pb 的放射性活度随岩心深度明显衰减，到一定深度后基本稳定。由于物质供应、水动力、生物活动等条件的差异和变化，^{210}Pb 的垂向分布将会出现一定的差异。因此，可以通过沉积物中^{210}Pb 活度的垂向分布来反演环境的变化，探讨环境演化的规律。由于^{210}Pb 测年技术是通过计算获得年代数据，提供了一种经济快速且精度较高的方法，使河口海岸现代沉积速率的计算定量化。因此，国外学者把放射性同位素^{210}Pb 广泛应用于湖泊、河口湾、潮间带和海岸盐沼等区域的研究中。（Robbins，Edgington，1975；Andrew，Christopher，2005；Orson，1998；Kato，et al.，2003；Armentano，Woodwell，1975；Thorbjorn，et al.，2000）。

20世纪80年代以来，^{210}Pb 测年方法开始在我国兴起，先后建立起多个^{210}Pb 实验室。近年随着^{210}Pb 测年技术的日益成熟，大部分河口海岸都有用^{210}Pb 法计算其沉积速率。一些学者还通过检测人工核素^{137}Cs 的峰值来检验^{210}Pb 法测得的结果，发现^{210}Pb 法测定沉积速率数据比较可靠，相同样品国内测定结果与美国测定结果曾作过对比，两者吻合度令人满意。国内众多学者对辽东湾、渤海湾、莱州湾、胶州湾、深圳湾、杭州湾、香港维多利亚湾以及浙闽沿海的淤泥质海湾等海湾沉积速率和近岸淤积做过不少工作，撰写了大量沉积速率相关方面的研究文章（李凤业等，2003；李建芬等，2003；潘少明等，2000；冯应俊，李炎，1993）。然而对海州湾沉积速率和沉积环境的研究并不多，尤其是海州湾近岸海域的沉积速率和沉积通量，相关文献几乎空白。本章通过4个柱状岩心研究海州湾近岸海域沉积速率的变化，探讨在区域自然因素和人类活动影响下海州湾近岸海域沉积环境以及沉积物的堆积过程和变化规律，了解自然过程及人类活动对环境变化的影响以及现代沉积环境的演变趋势。

7.2 材料与方法

7.2.1 ^{210}Pb 测年原理

^{210}Pb 是^{238}U 系列的中间产物^{226}Ra 的子体，衰变方式如下：

^{222}Rn 是惰性气体，从地球表面的土壤和岩石中进入大气圈，平均扩散速度为42原子/（$cm^2 \cdot s$）。在

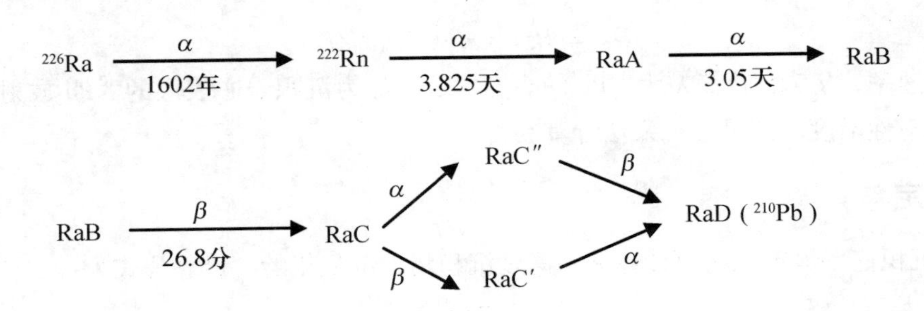

大气圈中的^{222}Rn以它固有的半衰变期衰变成具有较短半衰变期的子体，并很快形成了RaD（^{210}Pb）。^{210}Pb的半衰期相对较长（22.3年），又继续衰变：

$$^{210}Pb \xrightarrow[22.3年]{\beta} {}^{210}Bi \xrightarrow[5.0天]{\beta} {}^{210}Po \xrightarrow[138天]{\alpha} {}^{206}Pb\text{（稳定）}$$

^{210}Pb随着大气沉积物又返回地球表面，沉降在雪、冰的表层，沉落在海水、河水、湖水与空气交接面上。之后，与水体中溶解^{222}Rn衰变形成的^{210}Pb一起，吸附在微小颗粒的悬浮物上，逐渐沉积在底部，构成了^{210}Pb过剩。另一方面沉积物本身同样含有铀系子体^{226}Ra衰变形成的^{210}Pb，并且处于与母体平衡状态。这样，^{210}Pb过剩可以从测试^{210}Pb总强度（dpm/g）减去沉积物中^{226}Ra衰变形成的^{210}Pb：

$$^{210}Pb_{过剩} = {}^{210}Pb_{总}\ (dpm/g) - {}^{226}Ra_{沉}\ (dpm/g)$$

不难看出，^{210}Pb沿柱状样深度的分布应呈指数衰减关系，其斜率表示沉积速率，即：

$$\ln {}^{210}Pb_{过剩}\ (h) = -\lambda h/v + \ln {}^{210}Pb_{过剩}\ (o)$$

式中，$^{210}Pb_{过剩}(h)$和$^{210}Pb_{过剩}(o)$分别表示柱状样深度为h和表层的强度（dpm/g），λ为^{210}Pb衰变常数，等于ln 2/22.3年，v为沉积速度。考虑到沉积物中的含水量，沉积通量v'可用下式表达：

$$v' = v \cdot \rho' = v \cdot \rho_k (1 - \phi)$$

式中，ρ'是未含水固体平均密度，ρ_k为密度，一般采用2.5 g/cm³，ϕ为空隙度（%），v'则以g/（cm² · a）表示。

7.2.2 测年

在海州湾近岸海域用柱状取样器采取4个柱状样，采样位置参见垂向沉积物部分。在实验室以3 cm间隔进行切割分样，取10 g左右称湿重，在105℃下烘干后求含水率，计算沉积物干密度。将备制的^{210}Pb样品自然风干后，用玛瑙研钵研磨至小于100目，把碎石颗粒挑出弃去，每个样品准确称取约5 g并加入已知浓度的^{208}Po示踪剂；除尽硝酸，加入HCl和H_2O_2及固体柠檬酸，在低温电炉加热2 h，离心，残样再淋取一次，清液合并；蒸至近干，加入适量抗坏血酸，放入银片自镀；恒温75～80℃，自镀钋3 h；采用Octete® PLUS 8 - unit Alpha Spectrometer测量，测试时间20 h以上；根据^{208}Po和^{210}Po α谱峰的总计数计算^{210}Po强度。由于沉积物中^{210}Pb很快与子体^{210}Po达到放射性平衡，^{210}Po实际上代表^{210}Pb。

7.2.3 沉积速率的计算

根据海洋沉积物中^{210}Pb放射性衰变的规律，^{210}Pb的含量因衰变而呈指数减少，用公式表示为：

$$I_S = I_0 e^{-\lambda t}$$

式中，I_0为^{210}Pb的初始放射性，I_S为经过时间t后^{210}Pb的放射性，即埋藏在H深度处沉积物的^{210}Pb经过时间t衰变后还剩下的^{210}Pb放射性比度，λ = 0.031 1，是^{210}Pb的衰变常数，t为^{210}Pb的放射性比度从I_0衰变为I_S所经历的时间。由于沉积物按顺序堆积，^{210}Pb的放射性强度将随沉积物埋藏深度的增加而呈指数减少。因此，沉积速率可表示为：

$$D_R = H/t = H\lambda/\ln(I_0/I_S)$$

式中，D_R 为沉积速率，H 为深度，λ 为 ^{210}Pb 的衰变常数，I_0 为沉积岩心表层的 ^{210}Pb 放射性活度，I_S 为深度 H 处的 ^{210}Pb 放射性活度，用最小二乘法计算获得。

7.2.4 沉积物定年

假设沉积物沉积速率恒定，则可计算某一深度沉积物的沉积年龄。计算公式为：

$$t = H/S$$

式中，t 为年龄，H 为岩心深度，S 为沉积速率。

7.2.5 沉积通量的计算

沉积通量是扣除每层沉积物中的含水量来表示的沉积速率，其计算公式为：

$$F = S \times \rho_{dry}$$

式中，F 为沉积通量，ρ_{dry} 为沉积物干密度。

7.3 Pb 活度垂向分布特征

海州湾近岸海域4个柱状岩心中共分析了56个样品，其中柱-1分析了14个样品，柱-2分析了15个样品，柱-3分析了13个样品，柱-4分析了14个样品，柱-2有几个异常点，分别发生在27~30 cm、36~39 cm和39~42 cm处。

柱-1岩心采自临洪河口北。^{210}Pb 的放射性活度在0~12 cm深度随岩心深度逐渐衰减（图7-1），在深度12~15 cm处出现明显的增加，粒度特征表明该处岩心由黏土质粉砂变为砂质粉砂，沉积物粒径变粗。其后又开始逐渐衰减，形成另一个衰变区，衰减到36 cm深度其放射性活度基本达到恒定值，上部斜线段为 ^{210}Pb 的衰变段，下部垂直线为与 ^{210}Pb 母体 ^{226}Ra 的平衡段或本底段。^{210}Pb 放射性活度随岩心深度衰减出现两阶衰变层现象，这种分布表明在12~15 cm处发生了沉积环境的变化，产生的原因可能与该岩心取自临洪河口附近，水动力条件复杂，沉积物粒径变粗有关。对照岩心的粒度特征和 ^{210}Pb 放射性可以发现，在砂含量较高的层位，^{210}Pb 活度明显偏低，其原因为积蓄在沉积物 ^{210}Pb 主要被细颗粒的黏土所吸附，沉积物越细，含有的黏土组分越多，^{210}Pb 的放射性也相对越高。

柱-2岩心采自临洪河闸附近。岩心样品在0~6 cm深度间，^{210}Pb 的放射性活度随岩心深度增加衰减的较慢（图7-2），其后开始近乎有规律的交替增减，在深度为21~27 cm深度间，^{210}Pb 的放射性活度随深度基本没有变化，表明在该段时间沉积环境极其不稳定，发生了快速的堆积，这可能同河流建闸，导致了淤积有关。柱-2岩心 ^{210}Pb 的放射性活度多阶衰变层的组合分布表明该岩心所在位置沉积速率的多次突变，反映了较强的水动力条件。

柱-3岩心采自海州湾西墅附近海域，其 ^{210}Pb 活度的垂向分布特征如图7-3所示，在0~18 cm的深度间，^{210}Pb 的放射性活度随深度的增加衰减缓慢，在18~27 cm的深度间衰减增加，在33~36 cm的深度间又发生明显的增加，衰减出现波动，^{210}Pb 放射性活度的这种分布规律表明了该岩心位置处发生了沉积环境的不稳定，其后沉积环境、物质来源和沉积作用都处于稳定状态。

柱-4岩心采自拦海西大堤的内侧，其 ^{210}Pb 活度的垂向分布特征如图7-4所示，从图中可以看到该岩心位置 ^{210}Pb 活度随岩心深度从表层到底层分布没有规律性，呈现均一值，无衰变层，这种分布模式反映了该采样点沉积物沉积时间短暂，沉积较快，这与柱-4岩心所取位置相吻合，柱-4岩心位置在西大堤建成前为海峡，拦海西大堤建成后，由于改变了水动力条件和泥沙的运移路径，导致大量的泥沙快速淤积。

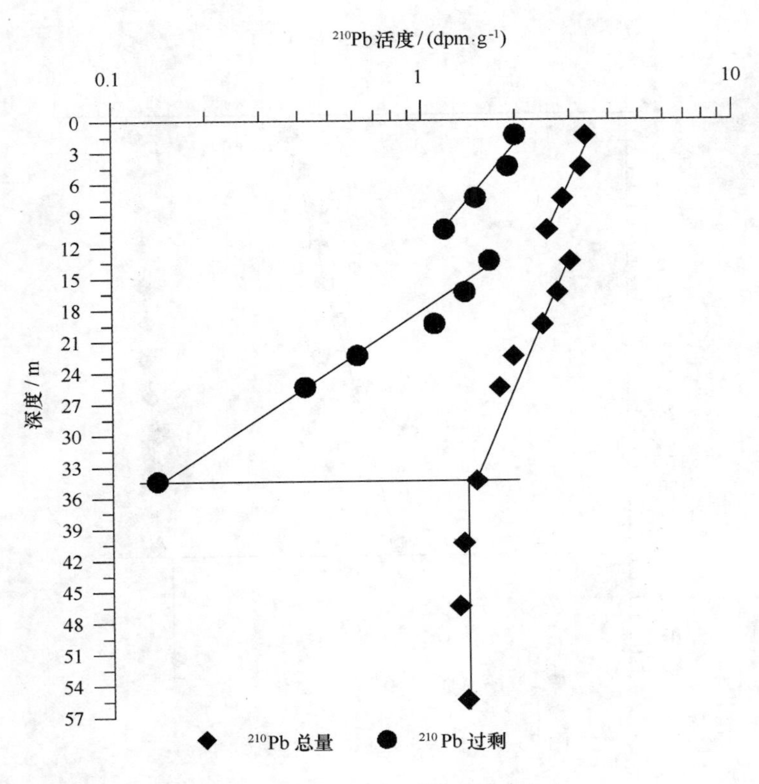

图7－1　柱－1岩心^{210}Pb垂直分布

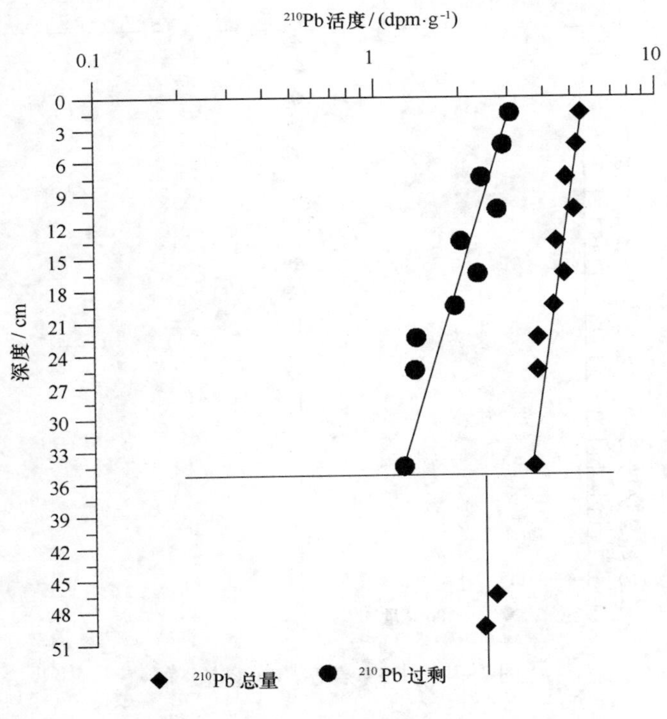

图7－2　柱－2岩心^{210}Pb垂直分布

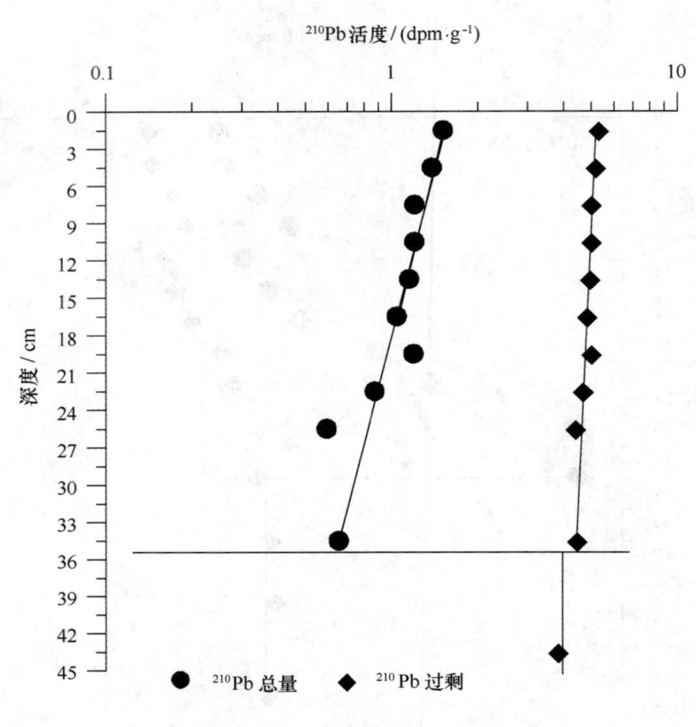

图7－3　柱－3岩心^{210}Pb垂直分布

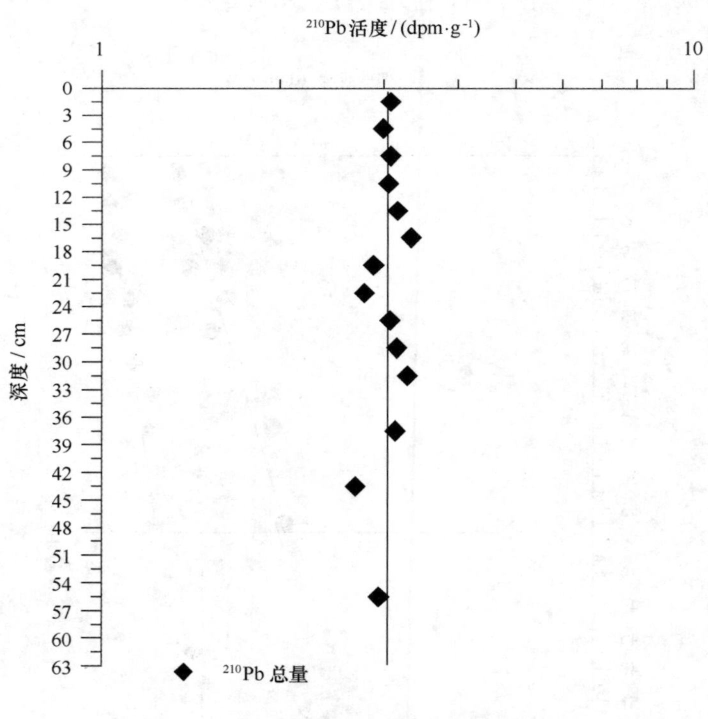

图7－4　柱－4岩心^{210}Pb垂直分布

7.4 沉积速率及沉积通量

柱－1岩心位置沉积速率和沉积通量总体上相对较小（表7－1），平均沉积速率1～12 cm为0.51 cm/a，12～57 cm为0.18 cm/a，平均含水量为58.93%，沉积物平均干密度是1.08 g/cm^3，垂向沉积通量为0.37 g/（cm^2·a）。但在垂向上却又明显表现为两个沉积阶段，结合沉积物岩心^{210}Pb测年和^{210}Pb活度垂向变化特征来看，这两个阶段的分界线恰在改革开放前后，说明了沉积环境受人类活动的影响较为显著。人类开发活动改变了水动力条件，使沉积物底质类型发生了相应的变化，相应地表现在粒径上。由于水动力条件变化较为复杂，大量泥沙物质很难沉积下来，故表现出较低的沉积速率。

柱－2岩心处沉积速率较快，沉积通量大（表7－2）。平均沉积速率为0.64 cm/a，平均含水量是85.49%，沉积物平均干密度是0.83 g/cm^3，垂向沉积通量为0.53 g/(cm^2·a)。结合沉积物岩心^{210}Pb测年和^{210}Pb活度垂向变化特征，柱－2岩心^{210}Pb的放射性活度多阶衰变层的组合也发生在改革开放和20世纪90年代后为主，反映了人类活动的影响。

柱－3岩心位置沉积速率快，沉积通量大（表7－3）。平均沉积速率为0.67 cm/a，平均含水量是102%，沉积物平均干密度为0.73 g/cm^3，垂向沉积通量是0.49 g/(cm^2·a)。结合沉积物岩心^{210}Pb测年和^{210}Pb活度垂向变化特征，在改革开放后，该处^{210}Pb活度衰减较大，沉积物的物源以沿岸泥沙淤积为主。

表7－1 柱－1及邻近海区的沉积速率和沉积通量

深度/cm	含水量/(%)	平均沉积速率/($cm \cdot a^{-1}$)	沉积物干密度/($g \cdot cm^{-3}$)	沉积通量/($g \cdot cm^{-2} \cdot a^{-1}$)
0～3	67.70		0.96	0.49
3～6	66.85		0.96	0.49
6～9	57.18	0.51	1.06	0.54
9～12	69.54		0.94	0.48
12～15	66.59		0.97	0.17
15～18	71.43		0.92	0.16
18～21	143.60		0.56	0.10
21～24	54.15	0.18	1.10	0.20
24～27	35.17		1.37	0.25
27～30	43.71		1.23	0.22
30～33	47.54		1.18	0.21
33～36	45.67		1.20	0.22
36～39	63.56		1.00	0.18
39～42	45.58		1.21	0.22
42～45	39.11		1.31	0.24
45～48	36.72		1.35	0.24
48～51	50.94		1.13	0.20
51～54	58.16		1.05	0.20
54～57	56.55		1.07	0.19
平均值	58.93		1.08	0.37

表 7-2　柱-2 及邻近海区的沉积速率和沉积通量

深度 /cm	含水量 /（%）	平均沉积速率 /（$cm \cdot a^{-1}$）	沉积物干密度 /（$g \cdot cm^{-3}$）	沉积通量/（$g \cdot cm^{-2} \cdot a^{-1}$）
0~3	103.15		0.72	0.46
3~6	99.10		0.74	0.47
6~9	85.83		0.82	0.52
9~12	105.95		0.71	0.45
12~15	76.84		0.88	0.56
15~18	81.71		0.85	0.54
18~21	95.46		0.76	0.49
21~24	59.08		1.04	0.67
24~27	60.19	0.64	1.03	0.66
27~30	79.93		0.86	0.55
30~33	100.99		0.73	0.47
33~36	91.19		0.78	0.50
36~39	101.31		0.73	0.47
39~42	83.01		0.84	0.54
42~45	77.37		0.88	0.56
45~48	84.79		0.83	0.53
48~51	67.42		0.96	0.61
平均值	85.49		0.83	0.53

表 7-3　柱-3 及邻近海区的沉积速率和沉积通量

深度 /cm	含水量 /（%）	平均沉积速率 /（$cm \cdot a^{-1}$）	沉积物干密度 /（$g \cdot cm^{-3}$）	沉积通量/（$g \cdot cm^{-2} \cdot a^{-1}$）
0~3	125.10		0.62	0.42
3~6	114.83		0.66	0.45
6~9	103.81		0.72	0.48
9~12	105.31		0.71	0.47
12~15	113.18		0.67	0.45
15~18	120.36	0.67	0.64	0.43
18~21	115.77		0.66	0.44
21~24	102.99		0.72	0.48
24~27	100.55		0.73	0.49
27~30	93.70		0.77	0.52
30~33	86.75		0.81	0.54
33~36	89.18		0.80	0.53
36~39	86.79		0.81	0.54
39~42	86.07		0.82	0.55
42~45	85.57		0.82	0.55
平均值	102.00		0.73	0.49

从海州湾近岸海域不同部位的柱样分析来看，现代沉积速率具有一定的差异，在空间分布上反映出一定的规律性，根据上述各站的沉积速率和沉积通量，沉积强度由北向南逐渐增大，造成这种空间分布规律的主要因素是沉积环境和物质来源，其次可能同海域位置、沉积物组分特征、海底地形有关。

从沉积环境分析，海州湾近岸海域受地形影响，波浪传入海州湾后，经浅水区消能，波能减小，同时，海州湾又是弱潮流区，各种动力能量从北向南逐渐减弱，因此是一个相对稳定的沉积环境。1994 年西大堤建成后，使南北贯通的海峡变为半封闭的人工海湾，不但改变了泥沙的运移路径，而且使涨落潮受湾内地形和大堤的影响，不断产生反射而变形，海域自然条件的这种变化促使海岸不断向海淤长，形成大片淤泥质滩涂，表现出人类活动对自然环境的干扰。

从物质来源分析，海州湾近岸海域沉积物主要来源于沿岸风浪掀起的滩地泥沙，其次是南部废黄河的泥沙经波浪掀沙，潮流沿岸长途输沙和搬运后在湾顶沉积，另外还有少量来自山东基岩海岸的泥沙流（王宝灿等，1980），特别是岚山头至海头岸段明显侵蚀后退，这段海岸向海州湾南部输送一定量的泥沙，物质来源的方向也决定了海州湾的沉积速率从北向南逐渐增大。

此外，沉积速率还可能同柱样海域位置、沉积物组分特征以及海底地形有关。从海域位置分析，3 个柱样中，柱 - 1 位于海州湾两个最大的临洪河和沙旺河之间，河流均从上游带来一定数量的泥沙进入海中，构成海州湾泥沙来源之一，但由于上游修建了一些水库以及河流挡潮闸的建设，入海泥沙大为减少，仅洪季泄洪有数量较多泥沙入海，可能是造成柱 - 1 岩性上部为黏土质粉砂与沙质粉砂互层的重要原因。另一个可能原因是由于海州湾底床地形自西北向东南缓慢倾斜，在地质构造上，位于苏鲁隆起与苏北之南黄海拗陷的过渡地带，沿岸北部相对稳定，新生代晚期呈断块式升降运动，使断块隆起和断块陷落相间分布，西侧隆起为山地，而海州湾本身陷落为盆地，由于供沙条件、水动力条件和岸坡形态的不同，海湾地貌特征和冲淤动态也因而各异。

7.5　沉积物定年

根据已计算得到的岩心平均沉积速率，计算了柱状样不同深度的沉积年代，获得的沉积深度所对应的沉积年代如图 7 - 5 所示。

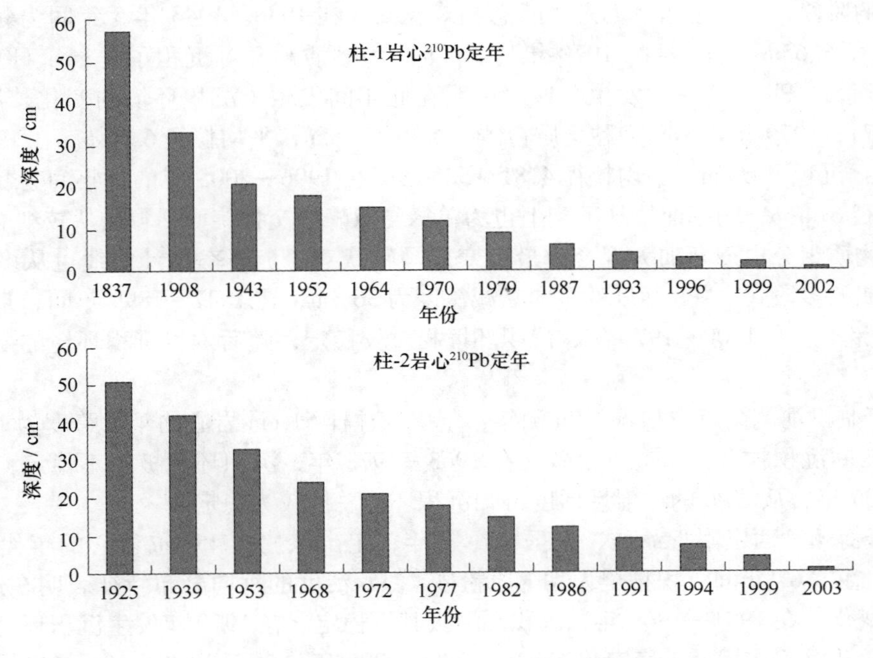

图 7 - 5（a）　柱状岩心 ^{210}Pb 定年

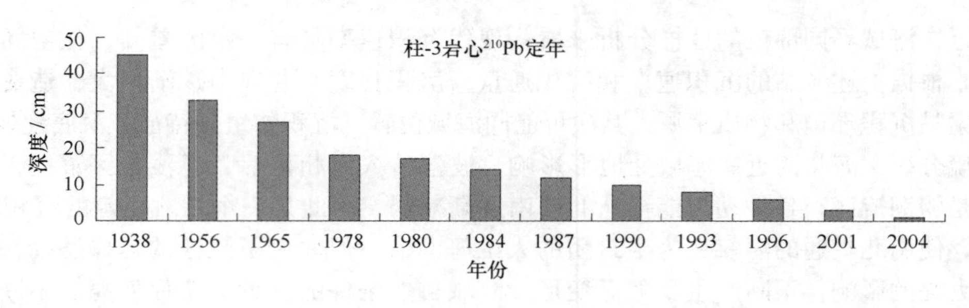

图 7-5(b)　柱状岩心^{210}Pb 定年

7.6　沉积环境演变

在沉积物粒度部分已探讨了海州湾近岸海域表层沉积物中粒度的平面分布特征，阐明了沉积物粒度演变分布的机理及其环境意义，本节将根据沉积物柱状样中各组分粒度纵向变化特征，借助柱状样^{210}Pb 测年和沉积速率探讨粒度特征在垂向上的演变及其环境意义，揭示环境演变的历史及其变化特征。

根据柱状样的取样位置及其沉积速率的计算可以知道，海州湾近岸海域的沉积速率从南往北逐渐减小，造成这种现象的一个可能原因是由于海州湾近岸海域底床地形自西北向东南缓慢倾斜，另一个可能原因是从废黄河口经波浪掀沙，潮流沿岸长途输沙，致使沿程的泥沙逐渐沉积，形成了宽阔的淤泥质海湾，是自然环境条件时间和空间变化的结果。柱 -4 取自拦海西大堤的内侧，由于西大堤使南北贯通的海峡变为半封闭的人工海湾，改变了泥沙的运移路径，导致大堤内侧发生严重的淤积，沉积速率快，且沉积环境极不稳定，未能测出柱 -4 的沉积速率，是人类活动对自然环境干扰的结果。

柱 -1 岩心取自临洪河口北，根据^{210}Pb 测年，定出该柱样 57 cm 岩心的年代跨度为 1837—2005 年共 168 年，在这 168 年间沉积物粒度特征从下到上经历了至少 3 个旋回，在 1837—1917 年的 80 年间为黏土质粉砂沉积，沉积了 27 cm，平均粒径 5.93 ~ 7.28ϕ，除分选系数、峰态较平缓外，中值粒径和偏态均呈锯齿状变化。在 1918—1937 年 19 年间为砂质粉砂沉积，沉积了 6 cm，平均粒径为 4.41 ~ 4.77ϕ，分选为整个岩心相对较好的阶段，粒径较粗，偏态、峰态相对较高。在 1938—1943 年 5 年间为黏土质粉砂，沉积了 3 cm，平均粒径 5.65ϕ，在 1944—1970 年的 26 年间为砂质粉砂，沉积了 9 cm，平均粒径 5.55 ~ 5.70ϕ，粒径变粗显著，^{210}Pb 活度在此发生分段，说明在此年间发生了沉积环境的变化，河流作用明显，水动力增强。在 1971—1979 年 8 年间为黏土质粉砂，沉积了 3 cm，平均粒径 6.55ϕ。在 1980—1996 年的 16 年间为砂质粉砂，沉积了 6 cm，平均粒径 4.81 ~ 5.56ϕ。在 1996—2005 年的 9 年间为黏土质粉砂，沉积了 3 cm，平均粒径 6.48ϕ，频率曲线从下到上也为单峰与双峰的交替旋回，粒径从较细的单峰经旋回向粗粒径方向偏移，物质组分也逐渐加大混合，最后变成马鞍状双峰。概率累计曲线也从多段式到陡跳跃悬浮式变到略微下凹的多段式。^{210}Pb 活度的垂向衰减深度为 36 cm，在 1837—1899 年间，来自大气和降雨的过剩^{210}Pb 已衰减完毕。在 1900—1970 年，沉积环境相对较稳定，随后发生沉积环境的变化，接着沉积环境又趋于稳定。

柱 -2 岩心位于临洪河闸附近，根据^{210}Pb 测年，定出该柱样 51 cm 岩心的年代跨度为 1925—2005 年，共 80 年，在这 80 年间沉积物全为黏土质粉砂，在 1963—1972 年，沉积环境极其不稳定，发生了快速的堆积。在 1972—2005 年，从^{210}Pb 的放射性活度可知沉积环境总体较为稳定。

柱 -3 岩心位于海州湾西墅附近海域，根据^{210}Pb 测年，定出该柱样 45 cm 岩心的年代跨度为 1938—2005 年，共 67 年，在这 67 年间沉积物全为黏土质粉砂，^{210}Pb 活度的垂向分布特征表明在这 67 年间发生了 3 次沉积环境的变化，在 1951—1969 年，沉积环境极其不稳定。在 1970 年发生沉积环境的变化，随后沉积环境、物质来源和沉积作用处于稳定状态。在 1979—2005 年，由于 20 世纪 80 年代后期海州湾近岸工程的建设使沉积环境相对变化，沉积速率略微增加。1994 年拦海西大堤的建成封堵了大片水域，改变了海域的潮流场，使沉积环境又趋于相对稳定。

柱－4 岩心位于拦海西大堤的内侧。为 1994 年拦海西大堤工程后的快速淤积所形成，未能求出沉积速率。由于湾内潮流由前进波型变为驻波型，水动力条件变得复杂，其粒度特征也发生了明显的变化，通过比较西大堤工程前 1990 年海岛资源调查时在港内钻孔岩心粒度特征可得西大堤工程前，港口海域柱状岩心除了表层为黏土质粉砂外，其余全为黏土，中值粒径在 10ϕ 左右，分选很好，偏态均为负偏，除表层沉积物较粗，分选中等外，整个岩心沉积物无论是中值粒经、分选程度，由上到下几乎没有多大的变化，表明在西大堤工程前沉积环境是很稳定的。而工程后，由于西大堤工程、港口扩建工程以及泥沙疏浚导致底质粒径发生一定的变化。

7.7 小结

根据^{210}Pb 活度垂向分布图，海州湾近岸各站柱样^{210}Pb 活度分布随深度增加基本呈指数规律衰减，表明现代沉积环境是相对稳定的，根据各站的沉积速率和沉积通量，海州湾近岸海域为淤长性海湾。

柱样的取样位置及其沉积速率的计算表明海州湾近岸的沉积速率从北往南逐渐增大，造成这种空间分布规律的主要因素是沉积环境和物质来源，其次可能同海域位置、沉积物组分特征、海底地形有关。

海州湾近岸海域现代沉积速率也间接反映了泥沙来源和运移路径，沉积物质主要来自本地的波浪掀沙、潮流输沙，其次是南部废黄河的泥沙经长途搬运后在湾顶沉积，另外还有少量来自山东基岩海岸的泥沙流。

8 沉积物粒径趋势分析

8.1 概述

海洋沉积物粒度的空间变化蕴含着沉积物运移趋势的信息，在输运方向上，某种粒径趋势出现的概率远高于其在别的方向上出现的概率（Gao, et al., 1994）。一些研究者将沉积物粒度参数的这种空间变化与其运移趋势联系起来，据此来推断沉积物的净运移方向。McLaren 和 Boeles（1985）提出了一维沉积物粒径趋势模型来判断沉积物净搬运方向。Gao 和 Collins（1992）把粒径的趋势信息转化为二维沉积物粒径趋势分析模型。此后，粒径趋势分析技术不断被改进，目前主流的有 3 种方法，即 McLaren 法（McLaren, Boeles, 1985）、Gao - Collins 法（Gao, Collins, 1992）及 Le Roux 法（Le Roux, 1994），其核心是从沉积物粒度参数的空间分布、变化规律中提取沉积物净输运方向的信息。

McLaren 法是对一维方向上的若干采样点的粒度参数进行两两对比，然后得出代表净输运方向的粒径趋势类型在两个方向上的出现频率，最后把出现频率充分大的方向定为净输运方向。这种方法的缺陷是混淆了不同的空间尺度，而且预先设定的采样断面走向未必与输运方向平行，因而在实际应用中容易出现较大误差（高抒，2009）。虽然这种粒径趋势分析法有着许多缺陷，但这种方法仍然得到广泛使用，特别是对于定量分析较为复杂的开阔海洋环境（王元磊，2008）。

Gao 和 Collins 在充分肯定了 McLaren 模型的基础上，突出强调了它的一维本质上存在的问题，发展了二维的“STA”方法（王元磊，2008），即利用粒度参数的平面分布反演沉积物净搬运方向。Gao - Collins 法是把沉积物趋势矢量的平面分布图看成为一幅同时包含信息和噪声的图像，从而用图像处理技术来提取平面二维沉积物趋势矢量图像中所含的沉积物运移信息（高抒，2009）。其技术路线是：首先，将每个采样点的粒度参数与周围相邻采样点的粒度参数进行一一比较，确定各采样点的趋势矢量；然后，对每个采样点得到的矢量进行合成，得到该采样点在平面上的运移趋势矢量；消除噪声，得到沉积物二维运移趋势。这种方法得到了现场观测证据的支持，被广泛应用于海湾、河口、潮流沙脊、潮汐汊道、潮滩、陆架区等环境，其结果比较吻合示踪沙实验、流场观测和床面形态及地貌特征显示的沉积物运移状况（于谦，高抒，2008）。

Le Roux 修改了计算矢量的方式，提出了一种建立在加权粒度参数基础上的方法来确定合成矢量。Le Roux 认为采样点的位置很难形成一个规则的网格，并通过实验证明了采样位置的变化对结果有着重要的影响。Le Roux 法假设沉积物的净输运方向与粒度参数的最大梯度方向相重合，但这并没有依据。实际上，沉积物净输运方向并非必与粒度参数的最大梯度方向一致，粒度参数的最大梯度方向很可能仅仅代表水动力作用方式差异的最大方向，因此最大梯度的假设是不符合观察事实的，而且它对于粒度趋势分析也是多余的（高抒，2009）。

在这 3 种沉积物运移趋势分析方法中，McLaren 法主要用于像河流、海滩等沉积物只发生单向运移的系统。Gao - Collins 法在开阔海洋环境中最为适用。Asselman（1999）提出了不规则采样网格的解决办法。他按照 Gao - Collins 法的步骤，在粒度参数插值处理后采用了 kriging 栅格法。用内插值替换的图像是通过平均粒径、分选系数和偏态系数获得的。每一个栅格网格与其邻近的栅格网格进行比较，只要提供趋势，就能得到趋势矢量。最后，趋势矢量通过一个个的栅格网格比较最终生成一幅平均矢量图。2006 年，Poizot 等（2006）利用地统计学概念和工具通过研究粒度参数的半方差来确定特征距离，他们将非规则采样点的参数进行地统计学插值处理后，采用规则网格，进而进行沉积物趋势分析。2010 年 Poizot 和 Mear

（2010）借助 GIS 开发了 Gisedtrend 粒径趋势分析模型，该模型考虑了周围环境信息，弥补了粒径趋势分析模型很少考虑自然或人工边界，如岸线、岛屿、大坝等导致自然沉积过程中粒径参数发生变化的不足。

海州湾近岸海域是一个开敞型海湾，岸线类型较多，是基岩海岸、砂质海岸和淤泥质海岸的交汇地带，并且有西大堤人工岸线。沉积物主要是原地沉积物与古黄河携带的大量泥沙以及废黄河三角洲遭受侵蚀再悬浮泥沙经长途搬运而来的沉积物。在波浪和潮流的作用下，沉积物经历着再悬浮、输运和堆积的改造过程，波浪掀沙，潮流输沙是沉积物运移的主要方式。前人对该海域的物质来源、沉积物分布、冲淤变化、水动力、沉积环境等进行了大量研究（王宝灿等，1980；范恩梅等，2009；张存勇，冯秀丽，2009；陈祥锋等，2001），但对大范围表层沉积物运移规律的研究相对较少。本章选取 2005 年 9 月和 2006 年 1 月海州湾近岸海域大面积表层沉积物粒度分析结果，采用最新开发的 Gisedtrend 研究海州湾近岸海域沉积物运移趋势，探讨趋势分析的影响因素。

8.2　材料与方法

8.2.1　粒径趋势分析

粒径趋势分析是指利用沉积物粒度参数平面分布的变化趋势来反推沉积物净运移方向。对于点 A 和点 B，从点 A 到点 B，用平均粒径（μ）、分选系数（σ）和偏态（Sk）可构成 8 种类型的粒度趋势（表 8－1），表中任何类型的粒径趋势都可用一个方向从点 A 指向点 B 的矢量来表示，这样的矢量称为粒度趋势矢量。McLaren 和 Boeles（1985）发现，在同一沉积环境内，沿净搬运方向，以下两种类型的粒径趋势出现的概率最大：①平均粒径变细、分选更好，且更加负偏；②平均粒径变粗、分选更好，且更加正偏。在特征距离内通过比较相邻采样点平均粒径、分选系数、偏态 3 个粒度参数之间的相互大小，如出现上述两种粒径趋势之一，即定义一个无量纲的单位粒径趋势矢量。在采样点网格上对每两个相邻的采样点进行比较，找出所有的粒径趋势矢量。然后对每个站及其相邻站的单位方向矢量求和得到该点在平面上的一个合矢量。再进行矢量平滑合成消除噪声，最后得到沉积物净运移趋势矢量分布图。

表 8－1　沉积物粒度趋势

类型	平均粒径	分选系数	偏态
类型 1	$\mu_A < \mu_B$	$\sigma_A < \sigma_B$	$Sk_A < Sk_B$
类型 2	$\mu_A < \mu_B$	$\sigma_A < \sigma_B$	$Sk_A > Sk_B$
类型 3	$\mu_A < \mu_B$	$\sigma_A > \sigma_B$	$Sk_A < Sk_B$
类型 4	$\mu_A < \mu_B$	$\sigma_A > \sigma_B$	$Sk_A > Sk_B$
类型 5	$\mu_A > \mu_B$	$\sigma_A < \sigma_B$	$Sk_A < Sk_B$
类型 6	$\mu_A > \mu_B$	$\sigma_A < \sigma_B$	$Sk_A > Sk_B$
类型 7	$\mu_A > \mu_B$	$\sigma_A > \sigma_B$	$Sk_A < Sk_B$
类型 8	$\mu_A > \mu_B$	$\sigma_A > \sigma_B$	$Sk_A > Sk_B$

8.2.2　粒度数据

2005 年 9 月和 2006 年 1 月长江下游水文水资源勘测局在海州湾近岸海域利用抓斗式采样器采集大面积表层沉积物样品，具体站位如图 8－1 所示，受水深和养殖的限制，部分站位偏离设计。2005 年夏季采集的沉积物粒度样品采用 SFY－A 型音波震动式全自动筛分仪和粒径计与消光法结合进行粒度分析。2006 年冬季采集的沉积物粒度样品采用 Mastersizer 2000 激光粒度仪进行测定。粒级统一使用 Udden－Wentworth（Udden，1914；Wentworth，1922）粒级标准，采用矩法（McManus，1988）计算平均粒径、分选系数、偏态、峰态粒度参数。

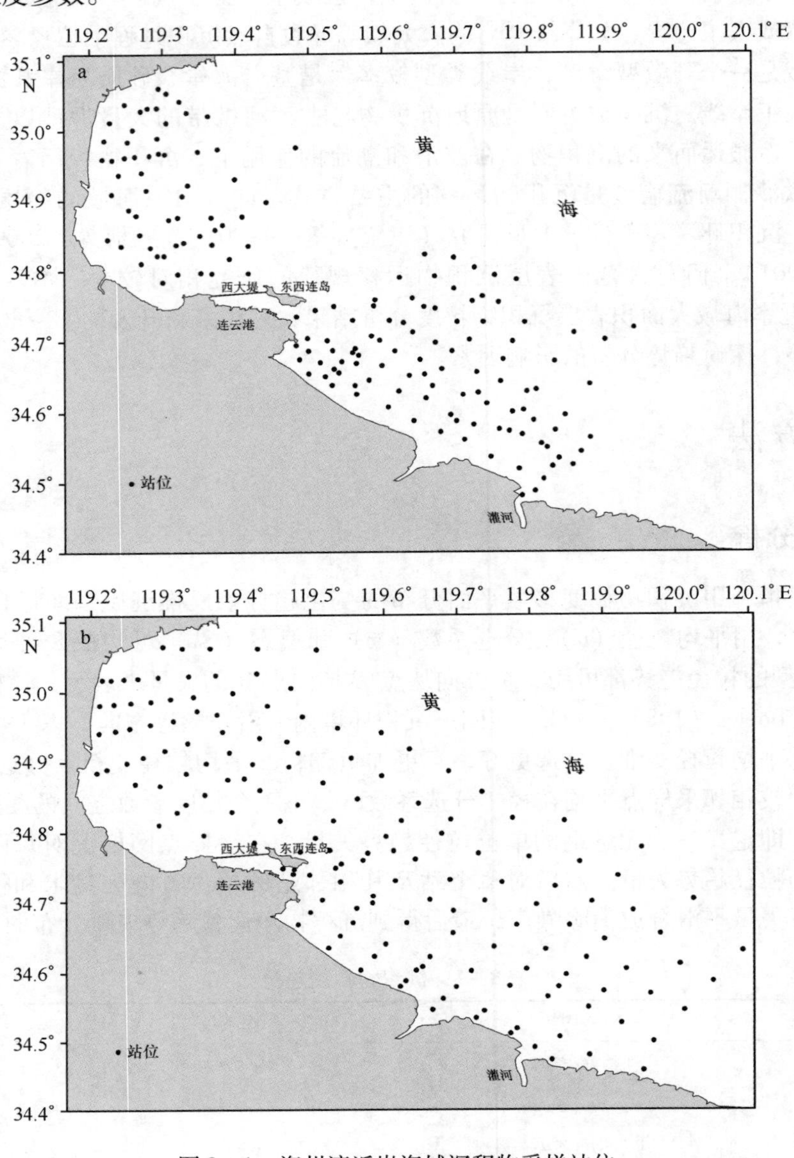

图 8－1　海州湾近岸海域沉积物采样站位

a. 夏季；b. 冬季

8.3　特征距离与采样网格对粒径趋势分析影响

粒径趋势分析是将某一采样点与周围相邻各点进行粒度参数的比较，以找出其可能的净输运方向。在操作中一个关键参数是特征距离的确定，对不同的特征距离，参与计算的相邻点数不同，其粒径趋势分析的结果也不尽相同。因此，特征距离对粒径趋势分析影响较大。如果取值小于特征距离，由于参与比较并矢量合成的相邻点较少，容易造成信息的丢失，趋势矢量的规律性得不到充分表现，往往部分粒径趋势矢量为零。如果取值大于特征距离，超出样品空间自相关性，容易引入噪声，影响趋势矢量的真实性。研究表明地统计学方法是确定特征距离比较科学有效的方法（Poizot et al.，2006；Ma，2010）。

地理参数间的相关性受到其空间分布的影响，距离越近，则相关性越强。反映了某一变量值随样本间距缩小而变得更相似或更不同。若无任何空间上的依赖关系，则为空间不相关或者空间随机性。对于粒度参数，可根据半变异函数和半方差图研究其空间相关性：

$$\gamma_h = \frac{1}{2N(h)} \sum_{i=1}^{N(h)} [Z(x_i) - Z(x_i + h)]^2$$

式中：h 为步长；N（h）是相距 h 的样本点的数目；Z（x_i）是 x_i 点的参数值，Z（$x_i + h$）是与 x_i 相距 h 点处的参数值，两者随 h 变化；γ_h 为半方差值。随着 h 从小到大，γ_h 取不同值。用球状、指数、高斯等模型拟合 γ_h 相对于 h 的散点图即可得出半方差图。从半方差图中可获得块金值、基台值、变程 3 个重要参数。块金值与基台值的比越小，其空间相关性就越强。

随着 h 的继续增加，各样本点粒度参数间的相关性越来越不显著。当 h 增大到某一定值（变程值）时，γ_h 达到一个相对稳定的常数（基台值），可认为超过该距离的各样本点粒度参数间不再具有相关性。对于沉积物运移趋势模型来说，选取的特征距离要求在该距离范围内样本点与样本点间存在着连续的运移关系（即有空间相关性），而半方差图的变程值正好能满足此要求，因而可将粒度参数的变程值作为特征距离。图 8 – 2 为利用地统计软件 GS + v9 对海州湾近岸海域平均粒径球状模型拟合确定的特征距离。

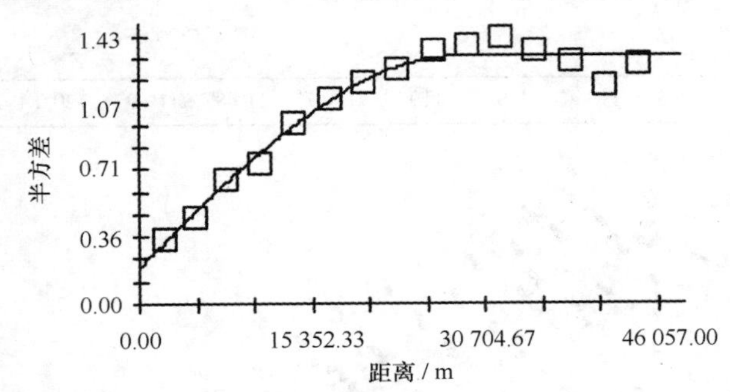

球形模型（C_0=0.195；C_0+C=1.321；A_0=28 480；r^2=0.972；RSS=0.048）

图 8 – 2　平均粒径半方差函数图

图 8 – 3 为利用特征距离计算后得出的海州湾近岸海域夏、冬季沉积物运移趋势图。从图中可以看出，由于夏冬季采样网格不同，对一确定的特征距离，参与计算的相邻点也不同。因此，采样网格对粒径趋势分析也有影响，由于冬季采样网格相对夏季规则，因此冬季粒径趋势矢量规律性比夏季明显。高密度规则网格是粒径趋势分析的理想条件，但实践中进行高密度规则采样有一定的困难，不少学者尝试利用插值进行研究。由于原始采样网格不规则，本章对相对规则的冬季沉积物取样进行了正方形网格差值计算（贾建军等，2004），结果如图 8 – 3c 所示。从图中可以看出，插值后的运移趋势矢量图与差值前相比，整体运移趋势基本一致，但差值使运移趋势矢量的分布变得均匀，显著改善了沉积物净输运的细节特征，有利于对局部的分析。

8.4　周围环境对沉积物粒径趋势分析影响

粒径趋势分析中，对于采样网格最边缘上的点，由于外侧缺乏相邻的点，因而不能全面反映所有可能的运移方向，造成净输运趋势在矢量判别与合成过程中产生误差，出现所谓边缘效应（高抒等，1998）。很多研究者在分析时对位于边缘上的点作特殊考虑，通常采用避免使用边缘点上的矢量。实际的海洋环境中，沉积物粒径趋势分析除边缘效应外，还常常受到周围环境的影响，比如岸线、岛屿、人工边界等对沉积物粒径运移趋势的影响，以往的粒径趋势分析对此很少考虑。事实上，许多情况下特征距离内的部分采样点可能受到岸线、海岛等自然障碍物和堤坝等人工障碍物的阻隔而不能参与某些方向的矢量判断与合成，不对此加以考虑，真正的净输运方向可能得不到反映。为了弥补粒径趋势分析的这个缺陷，Poizot 和 Mear（2010）借助 GIS 开发了 Gisedtrend 粒径趋势分析模型，该模型考虑了周围环境信

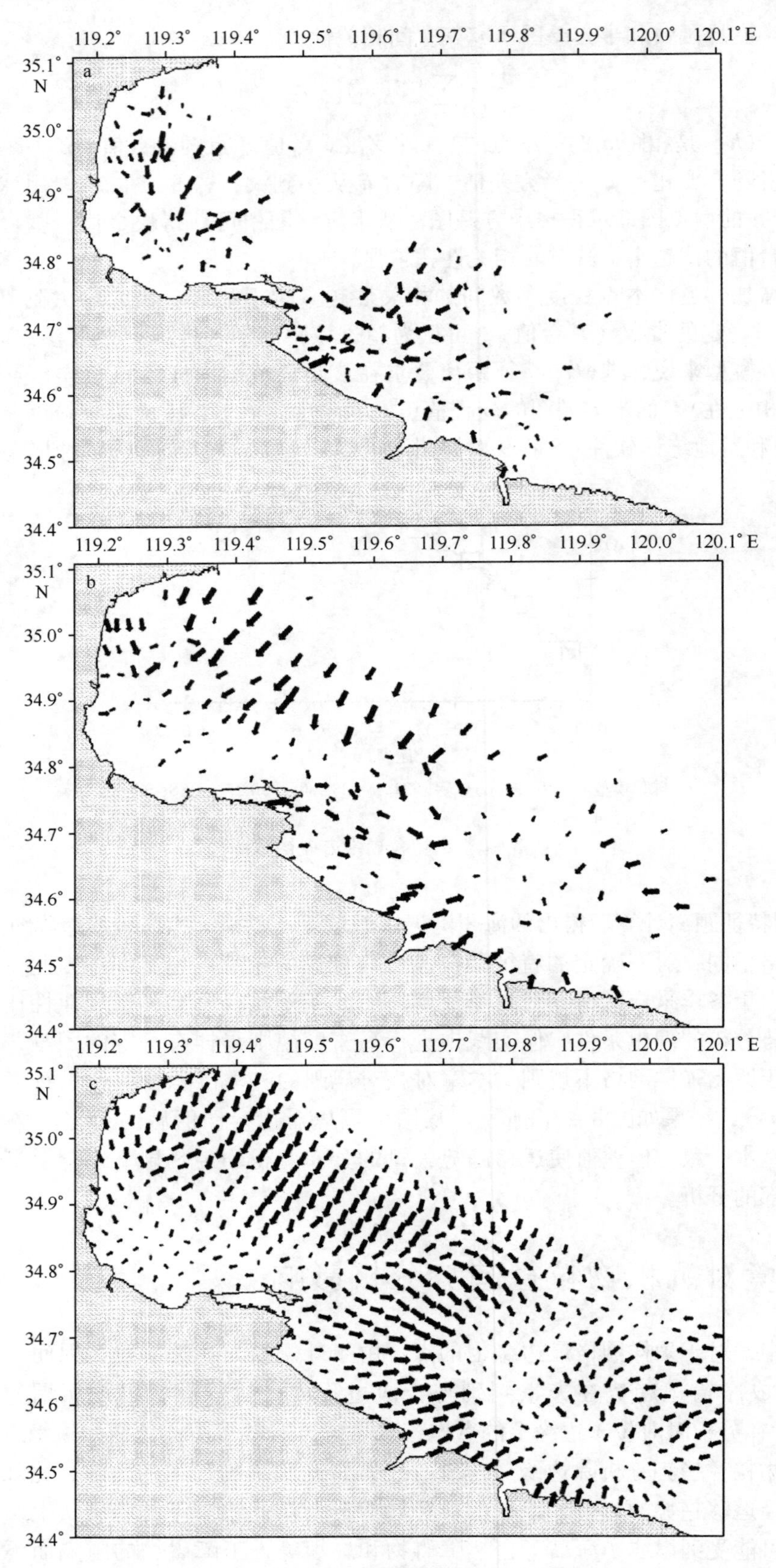

图 8－3 海州湾近岸海域沉积物运移趋势图

a. 夏季运移趋势图；b. 冬季运移趋势图；c. 冬季插值后运移趋势图

息，弥补了以往粒径趋势分析模型很少考虑岸线、岛屿、大坝等导致自然沉积过程中粒径参数发生变化的不足。图8－4为考虑岸线等作为障碍物的海州湾近岸海域冬季沉积物运移趋势图。可以看出，与不考虑岸线等障碍物的沉积物粒径运移趋势图（图8－3b）相比，岸线附近的某些采样点受岸线、岛屿和人工边界等的阻隔，特征距离内的部分采样点未被纳入矢量判别与合成过程中而使沉积物净输运方向发生了改变，这种变化在西大堤和连岛附近较多，结果更加合理，但由于空间尺度比较大，这种差异不是很显著。

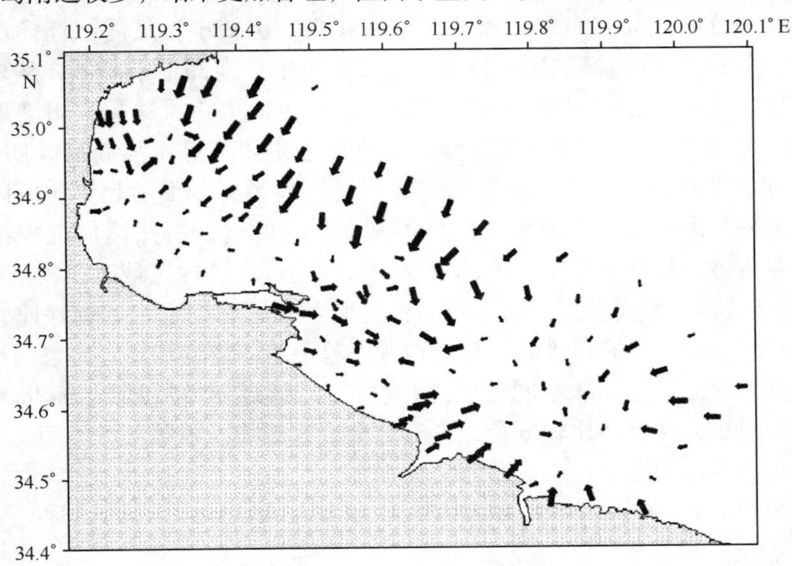

图8－4　考虑障碍物影响的冬季沉积物运移趋势图

8.5　沉积物运移趋势分析

从海州湾近岸海域冬季沉积物运移趋势图（图8－4）可以看出，该海域沉积物输运趋势较为显著。整个外部区域，沉积物的运移趋势基本都由外向内运移，且有逆时针旋转的趋势，这与该区域主要受南黄海旋转潮流有关。需要说明的是，图中箭头方向表示沉积物沿此方向真实净输运方向的概率最大，矢量大小表示粒径趋势的显著性。总体上看，外海的沉积物基本垂直岸线向近岸输运。港口北部海域沉积物向湾顶方向运移，指示物源主要来自再悬浮泥沙的纵向运移，山东半岛沿岸和地方小河流对沉积物运移趋势有一定物源贡献，这与湾顶淤涨相一致。港口南部海域沉积物运移呈现出明显汇聚区，北部、外海、南部以及海岸泥沙向2～10 m等深线输运，水深图显示等深线在汇聚区形成一个凸向外海的舌状部位，水深淤浅。灌河口外汇聚区位置与口门外拦门沙位置相吻合。5 m等深线以外的沉积物大致呈逆时针向西北方向运移。

值得注意的是，北部近岸沉积物有个别向外运移的趋势，可能是沉积组分在往复流影响下的结果。因为此区域的沉积物主要类型为砂－粉砂－黏土，其粒度组分差异比较大，很容易受到水动力作用的影响而发生运移，而且此区域主要受往复流的影响。近岸海域主要河口沉积物的运移都有不同程度向外运移的趋势，这是由于受到径流的影响。中部区域沉积物有向南运移且逆时针偏转的趋势，这是近岸流在逆时针潮流作用下的结果。南部区域沉积物有向北运移的趋势，这主要是受废黄河泥沙流的影响。

综合来看，粒径运移趋势与海州湾近岸海域波浪掀沙，潮流输沙的沉积物净输运格局大体一致。研究表明海州湾近岸海域沉积物近岸细，远岸粗（张存勇，2009）。近岸沉积物主要为黏土质粉砂，远岸为细砂，中间为粉砂质砂和砂质粉砂，港口南部海域局部出现细砂粗粒层。沉积物由岸及远的这种分布特点体现了水动力作用下的物理混合、选择性搬运、分选以及重新分布。以破波带为界，近岸海域，由于潮流由海向岸变小，向上部搬运的泥沙粒径越来越小，因此泥沙颗粒较细。远岸海域，由于潮流、波浪作用较强，使得海底沉积物活动性得到增强，细粒组分被带走，相对粗粒组分就留在原位，造成远岸区域有进一步粗化的趋势（范恩梅等，2009）。沉积物输运的这种信息可以从不同类型粒径趋势得到明显反映。

根据沉积学理论，在多种沉积物趋势类型中，粒径变粗、分选变好、更加正偏（即 CB +）和粒径变细、分选变好、更加负偏（即 FB –）这两种趋势类型在净输运方向上出现的概率远高于其他类型出现的概率。据此分别生成趋势类型 CB + 和 FB – 的沉积物趋势矢量图（图 8 –5 和图 8 –6）。图中模量较大的矢量反映了该趋势类型的分布及其方向，而模量较小的其概率也较小，只需把握模量较大的矢量就可以了解该趋势类型的大体分布。可以发现 CB + 趋势类型主要集中在南部近岸海域，从外部向中心沉积物有粒径变粗的趋势，所以该区域中心沉积物粒径较其周围区域应该更粗。这与海州湾近岸海域沉积物类型图较为一致，汇聚中心的沉积物主要为粉砂质砂，而其周边主要为黏土质粉砂，明显比中心区域的细。FB – 趋势类型主要分布在北部近岸海域，从外海向海州湾内粒径有变细的趋势，所以湾内的沉积物与外部相比应该较细。此结果与海州湾近岸海域沉积物类型图比较吻合，海州湾内沉积物类型主要为黏土质粉砂，岚山头附近主要为砂 – 粉砂 – 黏土，外部主要为粉砂质砂，湾内区域沉积物更细。图 8 –7 是 CB + 和 FB – 趋势类型的组合运移趋势类型图，与单一趋势类型生成的趋势图相比较好地叠加了单一类型趋势概率，即为同时考虑 CB + 和 FB – 的趋势图，与分别考虑单一趋势类型相比，考虑两种趋势类型的联合概率效果更接近真实趋势。综上所述，从不同类型沉积物粒径运移趋势可以看出海州湾近岸海域的细粒沉积物向岸运移，粗粒沉积物运移趋势比较复杂，具有汇聚运移趋势。单独考虑类型 1 和类型 2 能够明显地分辨出粗细沉积物运移的趋势和概率。

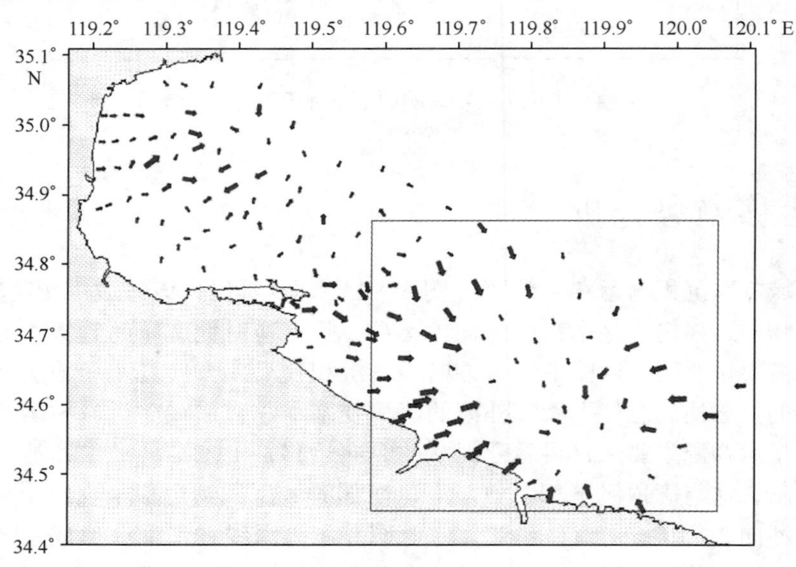

图 8 – 5　以 CB + 作为趋势类型生成的运移趋势图

8.6　夏、冬季沉积物运移趋势比较

海州湾近岸海域悬沙浓度较高，波浪掀沙，潮流输沙是泥沙运动的主要形式，沉积物主要为本地泥沙再悬浮，夏、冬季表层沉积物活动层变化明显，抓斗式采样器采集的是表层沉积物，所以样品能够代表夏冬季活动泥沙。与冬季沉积物粒径运移趋势相比，由于时间尺度不大，夏季沉积物粒径运移趋势（图8 – 3a）与冬季沉积物净输运趋势（图 8 – 3b）空间格局基本一致。由于波浪和风等动力条件的季节性变化，在细节上表现出一定的差异。从矢量方向上看，夏季趋势矢量比冬季趋势矢量普遍偏左。这种现象可能同风向和波浪方向有关，海州湾近岸海域夏季盛行东风和东南风，冬季盛行东北风；夏季常浪向主要为东向和东北向，冬季常浪向主要为东北向，两者的影响可能导致粒径趋势矢量偏转。从矢量大小

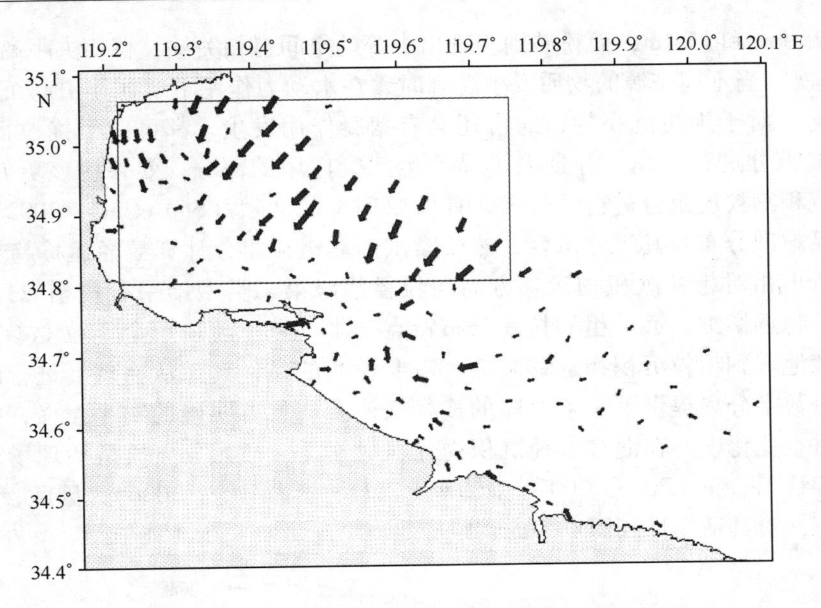

图 8－6　以 FB－作为趋势类型生成的运移趋势图

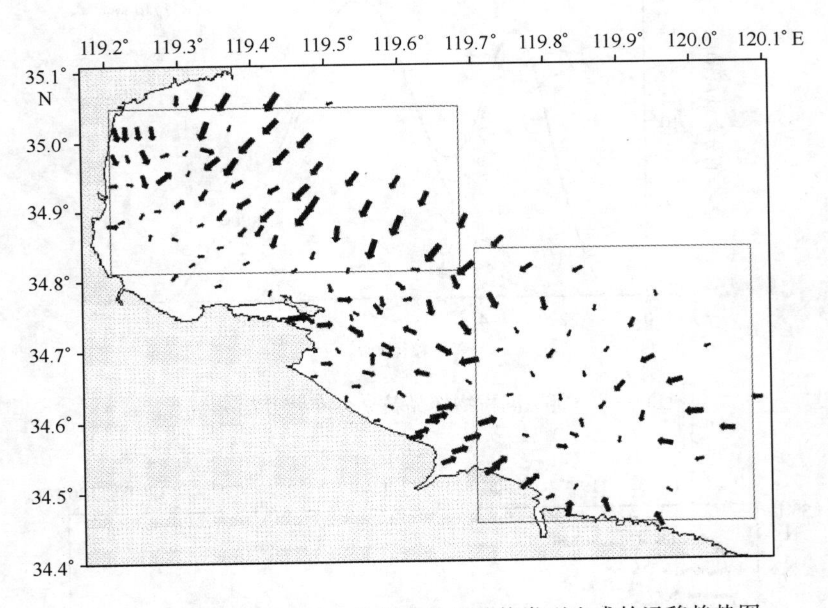

图 8－7　以 CB＋和 FB－的组合作为趋势类型生成的运移趋势图

来看，冬季粒径趋势矢量多大于夏季粒径趋势矢量，表明冬季沉积物发生净输运的概率要比夏季明显。这可能与冬季风浪多，再悬浮输运比夏季明显有关。此外，由于夏、冬季沉积物粒度的分析方法不同，测试结果存在一定的差异。激光粒度仪测定的平均粒径偏粗，分选偏差，细粒径范围较宽，较细的组分更容易产生显著的分选系数空间梯度（贾建军等，2005），粒径参数的这些差异可能影响冬季粒径趋势矢量。

8.7　基于动力组分的粒径趋势分析

海洋环境中的沉积物往往是多种物源或沉积动力过程的混合，不同粒度组分对同一水动力过程有其独特的响应特征，而粒径趋势分析采用全样粒度参数有可能影响计算结果。研究表明，不同的粒度组分其空间自相关性不同，海州湾近岸海域沉积物中黏粒组分和砂粒组分均具有较强的空间自相关性，其自相关距离分别达到 28 km 和 15 km，而粉砂则表现出中等的空间自相关性，自相关距离在 12 km 左右（刘付程等，2010）。其次，当不同来源的物质发生混合时，在水动力作用下，往往引起沉积物重新分布，粒度组成相应发生变化。对于细粒沉积物，通常还会有絮凝作用发生，都可能干扰粒径趋势分析。因此，如果能对沉积物粒度组分进行分离，并选取不易产生絮凝作用的部分，效果应该更好。基于这种思想，对海州湾近岸海域沉积物粒度组分进行了分离，具体原理参照文献（Sun et al.，2002），图 8 - 8 为混合源区典型沉积物样品粒度分布及其组分拟合，然后尝试选取粗粒组分计算粒径运移趋势，结果如图 8 - 9 所示。从图中可以看出相对粗粒沉积物运移方向与粒径趋势第二类型结果有些相似，为离岸运移趋势，这与连云港海域沉积物近岸细，远岸粗的粒度分布特点基本一致。与采用全样粒度参数计算的粒径运移趋势相比，能够清楚地看到粗粒沉积物运移趋势。需要说明的是，真正从物理上进行沉积物分离是不现实的，多源粒度组分数字分离提供了一个可能的途径，该方法具有明确的物理意义，能够合理解释一些沉积物粒度分布的时空变化，并在混合粒径沉积物分粒级输运、端元分离模型和现场观测中得到成功应用（Wu，Yang，2004；Weltje，Prins，2007；刘涛等，2011；李占海等，2006），因此，可以尝试用于多源沉积物运移趋势分析，对其适用性还需更多的实践检验。

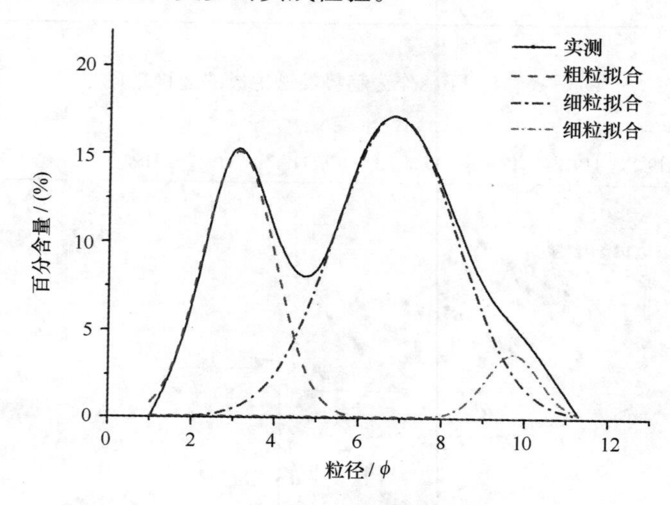

图 8 - 8　典型沉积物样品粒度分布及其组分拟合

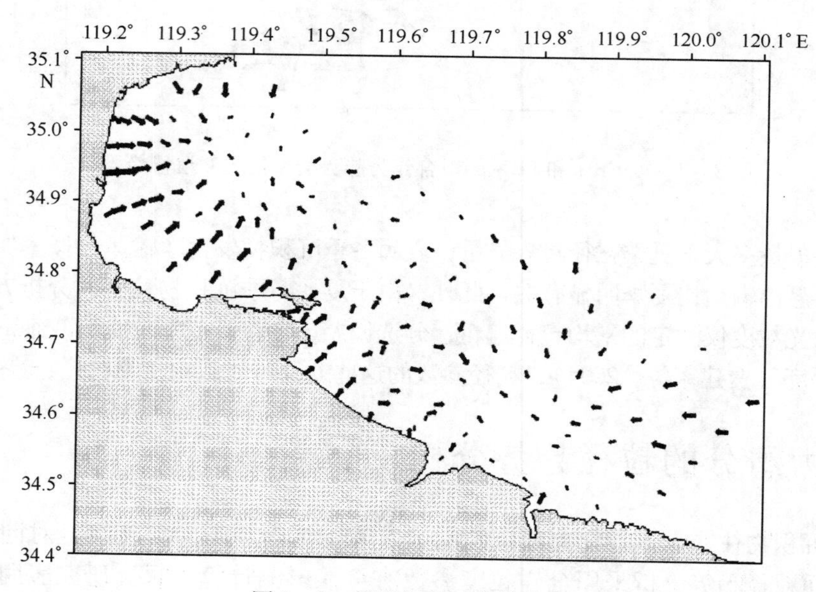

图 8 - 9　粗粒组分运移趋势图

8.8　小结

海州湾近岸海域夏、冬季沉积物净输运趋势较为显著，港口北部海域沉积物运移趋势为西南向，显示为湾顶淤积，港口南部海域沉积物输运方向表现为汇聚的趋势。粒径趋势分析与波浪掀沙，潮流输沙的沉积物净输运格局基本一致，显示了沉积动力环境对物质净输运的影响。

特征距离、采样网格、周围环境、粒度组分影响粒径趋势分析结果。考虑岸线、岛屿、人工边界等自然环境能够提高粒径趋势分析结果的合理性。

沉积物粒度组分分离技术是多源沉积物粒径趋势分析改善的一个途径，可以弥补采用全样粒度参数对粒径趋势分析的影响。

9 沉积物粒径谱与多源组分分离

9.1 概述

海洋沉积物中的不同粒度组分反映了不同的搬运方式和沉积过程，并保存了这些过程的信息，所以对沉积物粒度组分的分析可以推演沉积环境的变化（Sun et al.，2002）。长期以来，沉积物的粒度组分分布特征被广泛地用于物质来源、搬运介质、搬运方式以及沉积环境等方面的研究（安福元等，2012；孙东怀等，2001；何华春等，2005），并取得了很大进展。

随着激光粒度分析系统的应用，能将沉积物粒度分成上百个粒级，可以对粒径分布进行更加细致的研究，因而引入了粒径谱的概念（周晶晶等，2012）。粒径谱最先由 Sheldon 和 Parsons（1967）提出并运用于生物领域，主要用于反映各粒级大小的生物量的分布。沉积物粒径谱是基于现代分析技术上的粒度频率曲线，但与传统的粒度频率曲线相比，粒径划分细，对应的频率曲线更加平滑，直观地显示了沉积物各个粒级的含量、众数粒径以及沉积物粗细部分的相对大小等粒度组分信息。然而，自然界的沉积物往往是多种物源或沉积动力过程的混合，其粒径谱往往表现为相互叠加的多峰分布，仅依靠粒度仪测得的原始粒径谱，很难区分沉积物各个组分的份额，如何从多峰的频谱分布中分离出单一粒度组分的研究已在海洋、黄土和河流沉积物中得到了广泛探索（孙东怀等，2001；李冬梅等，2005；殷志强等，2009）。事实上，要从物理上分离沉积物不同成因组分几乎是不可能的，但对沉积物粒度组分的数学分离方法取得了很大的进展，主要方法包括函数拟合法（Sun et al.，2002）、端元模型法（Weltje，1997）、粒级-标准偏差法（孙有斌等，2003；肖尚斌等，2005）以及神经网络专家系统（曲政，2001）。

海州湾近岸海域沉积物的来源和水动力改造比较复杂，呈现近岸细，远岸粗的粒度分布格局，波浪掀沙，潮流输沙是沉积物运移的主要方式（张存勇，2013）。本章通过分析海州湾近岸海域沉积物粒径谱，借助数字分离方法求解不同组分的相对含量，进而研究各组分对应的物质来源、搬运方式以及所代表的环境意义，以期为充分利用粒度信息推断沉积环境的演化提供科学依据。

9.2 材料与方法

9.2.1 样品与分析

2006 年 1 月长江下游水文水资源勘测局在海州湾近岸海域利用抓斗式采样器进行了大面积表层沉积物采样，从这些样品中选取 140 个样品分为 20 个剖面进行沉积物粒径谱分析，选取的原则是采样站位尽量分布均匀，具体站位如图 9-1 所示，其中带“#”者为定点水文观测站位。样品采用英国 Mastersiz 2000 激光粒度仪进行粒度测量，该仪器测量范围为 0.02～2 000 μm，粒级分辨率为 0.01ϕ，重复测量的相对误差小于 3%，测试精度高、间隔划分细，能够全面分析粒度的细微特征。

垂向沉积物粒径谱分析样品和方法参见第 6 章垂向沉积物部分。

9.2.2 组分数字分离

自然界中沉积物的粒度是一种离散的随机分布，物源、搬运介质的动力大小和搬运方式是决定粒度组成的基本因子，对同一搬运方式而言，它所搬运的沉积物粒度总体上是单一因子控制的单组分分布，

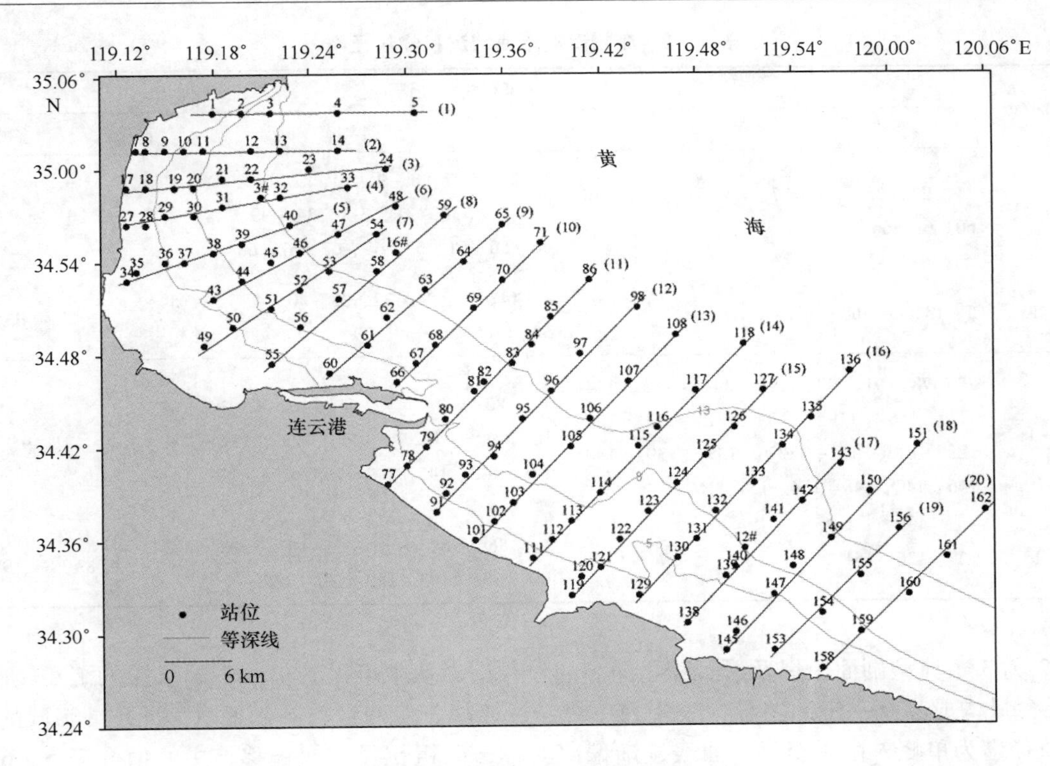

图 9－1　海州湾近岸海域沉积物采样位置

其数字特征服从自然界的某种分布函数（孙东怀等，2001），在粒径谱上表现为不同曲线形态的单峰光滑连续曲线。常见的自然粒度分布函数有高斯分布、T 分布、γ 分布、F 分布、X^2 分布、Poisson 分布和 Weibull 分布。其中，γ 分布、F 分布、X^2 分布和 T 分布为单偏态非对称分布，正态分布和 Weibull 分布是粒度分布函数中常用的两个类型。

通常，沉积物粒度的混合分布模型为（Sun et al.，2002）：

$$F(p_i,a_i,b_i) = p_1f_1(a_1,b_1) + p_2f_2(a_2,b_2) + \cdots + (1 - p_1 - p_2 - \cdots - p_{n-1})f_n(a_n,b_n)$$

式中，i 代表总体分布中组分数目，f_i 代表第 i 个组分的分布函数，a_i、b_i 代表函数参数，p_i 为比重系数，代表该组分在总体分布中的比重，由于全样总量为 100%，即总体分布密度积分为 1，所以 n 个组分样品的分布函数中有 $n-1$ 个比重系数。

采用 Sun（2002）方法，根据粒径谱特征确定组分数，以正态分布为函数，以粒度分布特征为依据设定函数参数，对实测数据以各粒级的粒径为自变量，以粒级的百分含量为分布函数值，以拟合误差最小为目标对样品进行函数拟合，通过拟合计算从粒径谱中分离出单一粒度组分及其百分含量。

9.3　表层沉积物粒径谱特征

海州湾近岸海域沉积物粒径谱有单峰、多峰以及两者之间的过渡态 3 种（表 9－1），表现为多组分分布特征，站位不同，粒径谱形态变化在空间分布上具有一定的规律性，近岸海域粒径谱多为单峰，远岸海域粒径谱为双峰或多峰，主峰值位于粗粒部分，中间为过渡态，表现为单峰，但峰态明显变宽，并有向粗粒径方向移动的趋势，随着离岸渐远，主峰值和次峰值均逐渐向粗粒径方向偏移，并且主峰值越来越大，呈现近岸细、远岸粗的分布特征。

表 9－1　海州湾近岸海域沉积物粒径谱

站位	水深/m	沉积物粒径谱形态		
		单峰	过渡态	多峰
港口北部海域	0～13	11、27、35、36、37、43、49、55、56、60、61、66	1、2、3、7、8、9、10、12、17、18、19、28、29、30、31、3 #、34、39、44、45、46、50、51、52、57、62、67、68	20、21、22、38
	>13	5、13、48、64、65、71	4、14、23、24、32、33、40、47、53、54、58、16#、59、69、70	63
港口南部海域	0～13	77、78、91、92、101、111、112、114、115、116、119、120、121、123、124、125、130、131、132、133、139、140、146、147、148、154、159、160	79、80、82、93、94、102、103、104、105、113、122、126、129、134、138、141、142、145、149、153、155、12#	81、95、158
	>13	127、136、151	85、86、96、98、106、107、108、117、118、135、143、150、161、162	83、84、97、156

图 9－2 为 3 个典型剖面由岸及远沉积物样品的粒径谱，从中可以看出，不同水深的沉积物粒度组分变化范围、含量构成具有一定的差异，表现为单峰、过渡峰、双峰分布。剖面（7）近岸海域的 49 号和 50 号样品粒径谱为单峰，由岸至远，曲线逐渐偏离对称，向粗粒径方向偏移，主峰值介于 5～6ϕ，在细粒方向尾部略有变化，51 号样品粒径谱为单峰，近于正态分布，52 号样品粒径谱为双峰，主峰值为 3ϕ，次峰较宽，随着离岸渐远，主峰值变大，次峰逐渐变小。值得注意的是，在每一样品粒径谱右边均出现一不太明显的低峰，且不随空间位置变化，可能为仪器系统误差。剖面（12）近岸海域的 91 号样品粒径谱为单峰，近于正态分布，92 号样品粒径谱也为单峰，近于正态分布，但主峰位置略微偏粗，93 号样品粒径谱粗部开始出现明显的隆起，94 号样品粒径谱主峰已偏移到 6ϕ，至 95 号样品粒径谱已成为双峰，96～97 号样品粒径谱粗峰位置回落，98 号样品粗峰已形成。剖面（18）近岸海域 145～151 号样品粒径谱为单峰，较窄，主峰位于 3～4ϕ，近于正态分布，在细粒侧有一低的尾部。由岸及远峰值由粗变细，再由细变粗，细粒部分具有明显的尾部。

粒径谱由岸及远这一规律表明，沉积物的组成发生了变化，反映了近岸海域动力过程的能量分配、颗粒输运、动力改造等沉积信息，它们可能是来自同一物源但在不同沉积动力过程作用下最终按不同比例混合而成，也可能是由不同的物源和不同的沉积动力条件综合作用的结果。因此，只有从多组分混合沉积物中分离出每一单组分的含量，才有可能更深入地探讨每一粒度组分所对应的沉积动力过程。

9.4　表层沉积物粒径谱解析

采用拟合法对 140 个沉积物样品各组分拟合并进行数字分离，图 9－2 为典型剖面粒径谱组分分离。分离结果统计表明，海州湾近岸海域沉积物粒度分布具有两个基本组分，分别为细粒组分（组分 1）和粗粒组分（组分 2）。两者在粒径谱上具有显著的不同，细粒组分为宽缓的单峰，众数粒径为 6～8ϕ，主要分布在近岸海域，尤其是港口北部海域湾顶。粗粒组分为较窄的单峰，众数粒径为 2～3ϕ，主要分布在港口南部海域以及海州湾的中部。结合沉积物的形成历史和沉积环境（王宝灿等，1980），两个粒度基本组分分别代表不同能量环境下形成的沉积物：潮流沉积和波浪沉积，对应于前三角洲沉积物和原地海滩沉积物，其余为两个基本组分的动力改造组分，以致粒径谱变形，呈现宽峰、马鞍状双峰或者双峰谱形等，主峰出现在细粒组分或者粗粒组分，对应于潮流－波浪混合沉积。

图 9－2 剖面（7）样品由 5 种粒径组分组成，其峰位置范围分别为：5.5ϕ、5ϕ、6.5ϕ、3ϕ、7ϕ，对

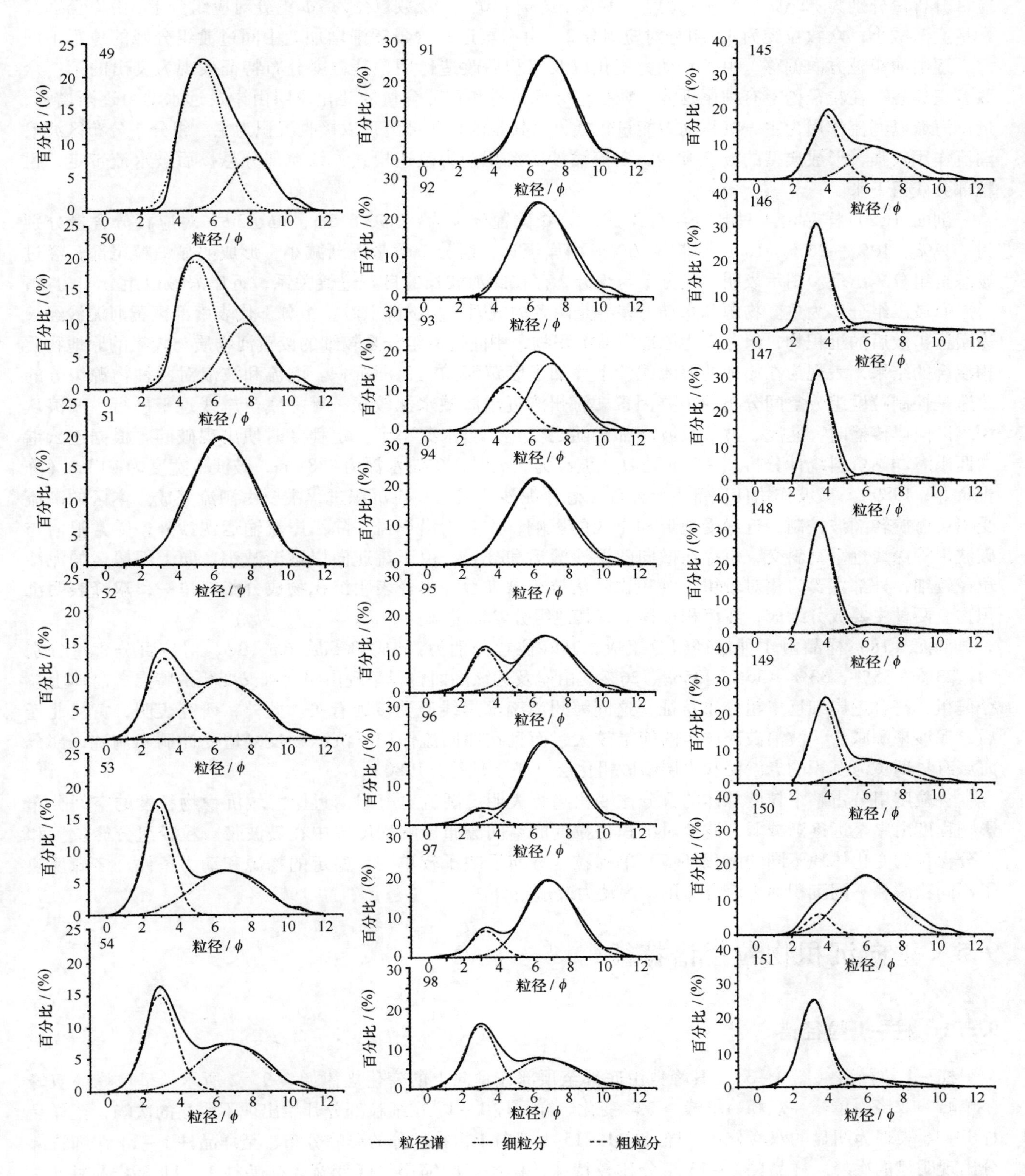

图 9-2　典型剖面粒径谱及组分分离

左：剖面（7）；中：剖面（12）；右：剖面（18）

应百分含量分别为：23%、22%、20%、14%、7%~10%。众数粒径为7ϕ组分对应组分1，由岸至远其含量逐渐减小；众数粒径为3ϕ组分对应组分2，由岸至远其含量逐渐增加。中间过渡组分峰的位置不固定，逐渐向粗粒方向偏移。由于水动力变化以及沉积后改造作用，其粒度分布特征表现为突出的第一众数、正偏态，在粒径谱上有细尾延伸。粒径组分峰位置和百分含量的变化说明由岸及远水动力逐渐增强，近岸海域以潮流作用为主，沉积动力能量较低，尤其是港口北部湾顶以接收沉积为主。组分2分布区波浪潮流作用较强，形成典型的波浪掀沙、潮流输沙的沉积动力改造模式，细粒部分悬扬后被水流带走，粗粒部分残留下来。

剖面（12）样品由4种粒径组分组成，其峰位置分别为：7ϕ、6.5ϕ、4ϕ、3ϕ，对应百分含量分别为：27%、10%~26%、10%、4%~16%。由岸至远，组分1含量逐渐减小，形成明显细粒尾部，经过渡态至组分2出现。图示表明，组分1与组分2存在此消彼长的良好过渡关系，近岸海域以组分1为主，远岸海域以组分2为主。物源和水动力差异是两者的成因。从物源上看，组分1代表南部废黄河泥沙经长途搬运扩散后的沉积物，组分2为原地海滩沉积物，中间过渡组分是较细的废黄河物质与较粗的原地物质相混合的结果，表现为在原地的海滩泥沙上叠加了废黄河前三角洲沉积。潮流和波浪对两种物源组分的改造是控制粒度组分空间分布的主要因素。海州湾近岸海域水深较浅，等深线与岸线近于平行，波浪从深水区向岸传播时，速度、波长及波高都会随之变化，当水深小到一定程度时便出现破碎。根据连云港大西山海洋站资料统计分析，-5 m处$H_{1/10}$波高为5 m时，破波水深为8.85 m，破波带宽度为10 km（陈吉余等，1989）。破波作用使底部泥沙悬浮，悬浮泥沙的搬运和再沉积过程主要由潮流完成。本区的潮流受南黄海旋转潮波控制，近岸受地形和岸线的影响，主要为沿岸流。除沿岸流输运泥沙外，受常浪向与破波带等深线近垂直斜交，也存在横向的泥沙搬运和分异。由于流速向岸逐渐减小，向上部搬运的泥沙粒径较细，外部主要为相对较粗的沉积物。从粒径谱来看，单峰表明沉积物成分相对单一，双峰表明沉积物有两种主要成分组成，在沉积过程中有其他组分参加进来。

剖面（18）样品由4种粒径组分组成，其峰位置分别为：4ϕ、3.5ϕ、6ϕ、3ϕ，对应百分含量分别为：23%~35%、33%~36%、35%、26%。由岸及远该剖面粒径呈现由粗变细又变粗的特点，总体上粒径偏粗，符合近岸细远岸粗分布特征，这同海州湾南部岸线遭受侵蚀有关。此外，研究表明，黄河北迁后，泥沙来源减少，波浪破碎产生的能量较大，而且在冲回流作用下沉积物反复遭受冲刷和淘洗，部分海域有早期黄河沉积的老淤泥和表层细砂粗化层（王宝灿等，1980）。

各粒度组分占整个粒度总体的百分比变化趋势表明，潮流对海州湾近岸海域沉积物粒度的空间分布影响程度由岸至远逐渐减弱，波浪对沉积物粒度的空间分布影响程度集中在破波带。粒径组分峰位置和百分含量的变化体现不同的沉积环境，单峰粒度分布反映了较单一、稳定的物源和动力条件，多峰反映了不同物源和不同沉积动力综合作用，为动力改造组分。

9.5 垂向沉积物粒径谱特征

9.5.1 柱-1粒径谱

柱-1粒径谱（图9-3），其峰数由底部至顶部在垂向上的变化规律如表9-2所示，呈单峰→双峰→单峰→双峰→单峰→双峰→单峰→双峰变化。样品柱1-17在细粒部分开始出现不明显的次峰，至样品柱1-16表现为明显的双峰分布。样品柱1-15为偏向于粗粒部分的单峰分布，至样品柱1-14在细粒部分出现明显的次峰。样品柱1-13组分比较特殊，粒径范围缩小，峰变宽。样品柱1-11至样品柱1-10，由双峰变为单峰，细粒组分含量大幅减少，样品柱1-7和样品柱1-8又趋向于样品柱1-11。样品柱1-6与样品柱1-7相比，粗粒部分含量减少，细粒部分含量增加。样品柱1-4细粒部分含量首次超过粗粒部分含量，到样品柱1-3粗粒部分重新回到主导地位，至顶部粗细粒径组分含量相当。

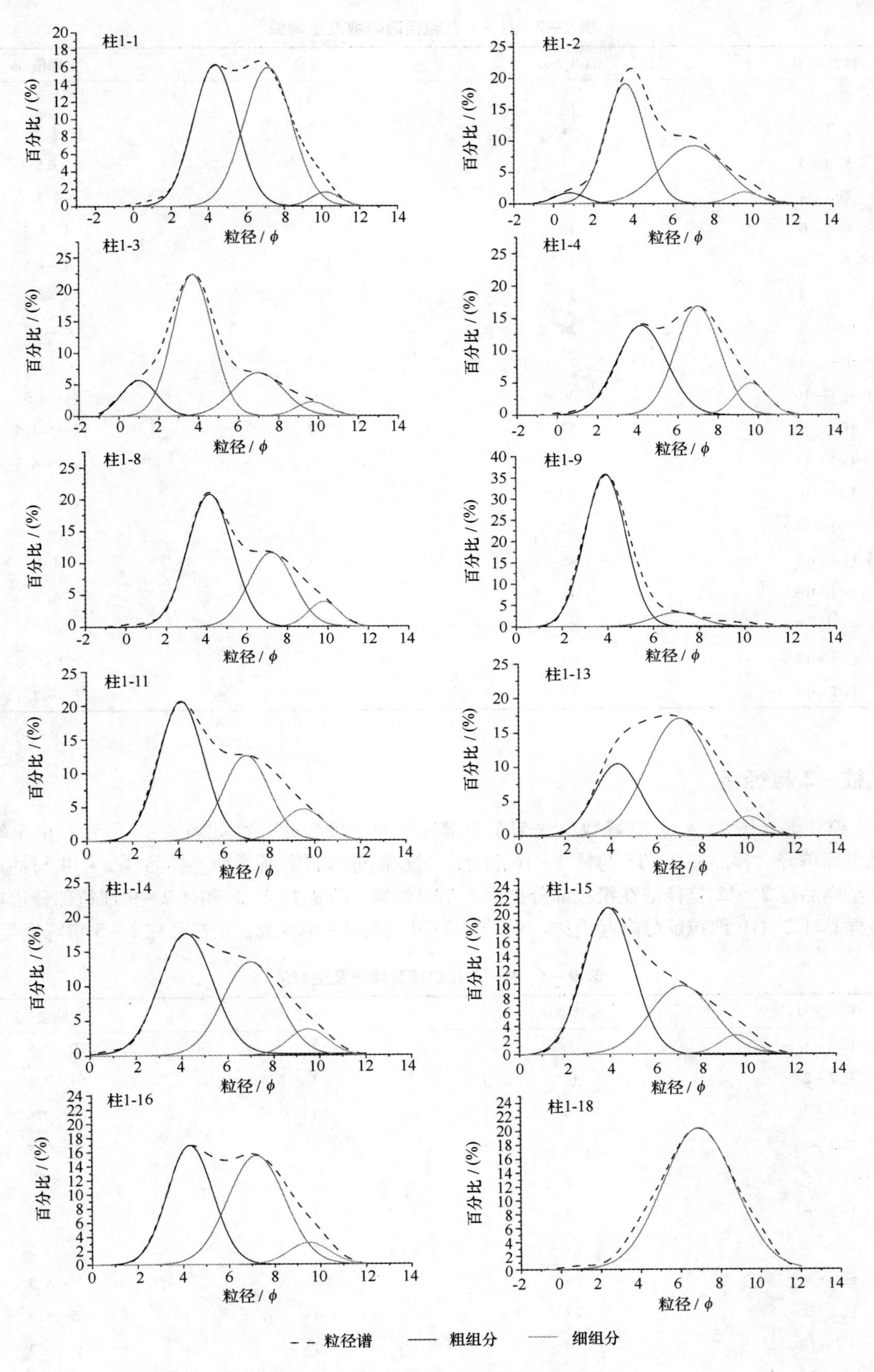

图9-3 柱-1样品典型粒径谱及组分分离

表 9 - 2　柱 - 1 孔粒径谱峰数及主峰值

样品编号	深度/cm	峰数	主峰值/ϕ
柱 1 - 1	3	2	4.5
柱 1 - 2	6	2	4.3
柱 1 - 3	9	2	7.5
柱 1 - 4	12	2	7.5
柱 1 - 5	15	2	4 ~ 4.5
柱 1 - 6	18	2	4 ~ 4.5
柱 1 - 7	21	2	4 ~ 4.5
柱 1 - 8	24	2	4 ~ 4.5
柱 1 - 9	27	1	4 ~ 4.3
柱 1 - 10	30	1	4 ~ 4.3
柱 1 - 11	33	2	4.3 ~ 4.5
柱 1 - 12	36	2	4.3 ~ 4.5
柱 1 - 13	39	1	7.3
柱 1 - 14	42	2	4.3
柱 1 - 15	45	1	4.3
柱 1 - 16	48	2	4.5
柱 1 - 17	51	2	4.5
柱 1 - 18	54	1	7.3 ~ 7.5
柱 1 - 19	57	1	7.3 ~ 7.5

9.5.2　柱 - 2 粒径谱

柱 - 2 粒径谱（图 9 - 4），其峰数由底部至顶部在垂向上的变化规律如表 9 - 3 所示，由单峰到不明显的双峰再到单峰。样品柱 2 - 15 与柱 2 - 16 相比，粗粒部分含量有所增加。样品柱 2 - 14 与柱 2 - 13 变化不大，至样品柱 2 - 12 粒径谱在粗粒部分出现不明显的峰。样品柱 2 - 8 和柱 2 - 9 细粒部分出现微弱的隆起，至样品柱 2 - 10 细粒部分隆起消失。样品柱 2 - 7 与柱 2 - 6 相似，至样品柱 2 - 5 谱峰宽度变大。

表 9 - 3　柱 - 2 孔粒径谱峰数及主峰值

样品编号	深度/cm	峰数	主峰值/ϕ
柱 2 - 1	3	1	7 ~ 7.5
柱 2 - 2	6	1	7 ~ 7.5
柱 2 - 3	9	1	7 ~ 7.5
柱 2 - 4	12	1	7 ~ 7.5
柱 2 - 5	15	1	7.3
柱 2 - 6	18	1	7 ~ 7.3
柱 2 - 7	21	1	7 ~ 7.3
柱 2 - 8	24	2	5 ~ 5.3
柱 2 - 9	27	1	5 ~ 5.3
柱 2 - 10	30	1	5 ~ 5.3
柱 2 - 11	33	1	7.3

续表

样品编号	深度/cm	峰数	主峰值/φ
柱2－12	36	1	7～7.5
柱2－13	39	1	7～7.5
柱2－14	42	1	7～7.5
柱2－15	45	1	7～7.5
柱2－16	48	1	7～7.5
柱2－17	51	1	7～7.5

9.5.3　柱－3粒径谱

柱－3粒径谱（图9－5），其峰数由底部至顶部在垂向上的变化规律如表9－4所示，呈双峰→单峰→双峰→单峰→双峰→单峰。样品柱3－15与柱3－14相比，粗粒部分有隆起，主峰含量减少。样品柱3－11与柱3－12为双峰分布，粗粒部分隆起明显。样品柱3－8至柱3－10，在粗粒部分有略微的凸起。样品柱3－1至柱3－7粒径谱相似，变化不明显。

表9－4　柱－3孔粒径谱峰数及主峰值

样品编号	深度/cm	峰数	主峰值/φ
柱3－1	3	1	6.8～7.3
柱3－2	6	1	6.8～7.3
柱3－3	9	1	6.8～7.3
柱3－4	12	1	6.8～7.3
柱3－5	15	1	6.8～7.3
柱3－6	18	1	6.8～7.3
柱3－7	21	1	6.8～7.3
柱3－8	24	2	7
柱3－9	27	2	7
柱3－10	30	1	7
柱3－11	33	2	7
柱3－12	36	1	7.3
柱3－13	39	1	7.3
柱3－14	42	1	7.3
柱3－15	45	2	7.3

9.5.4　柱－4粒径谱

柱－4粒径谱（图9－6），其峰数由底部至顶部在垂向上的变化规律如表9－5所示，呈单峰→双峰→单峰变化。样品柱4－15粗粒部分含量有所增加，到样品柱4－14在粗粒部分出现次峰。样品柱4－13峰宽增大。样品柱4－9到柱4－12谱峰相似。样品柱4－8和柱4－2在粗粒部分出现不明显的隆起。样品柱4－7至柱4－4谱峰相似，组分含量略有不同。样品柱4－3在粗粒段有微小的隆起。

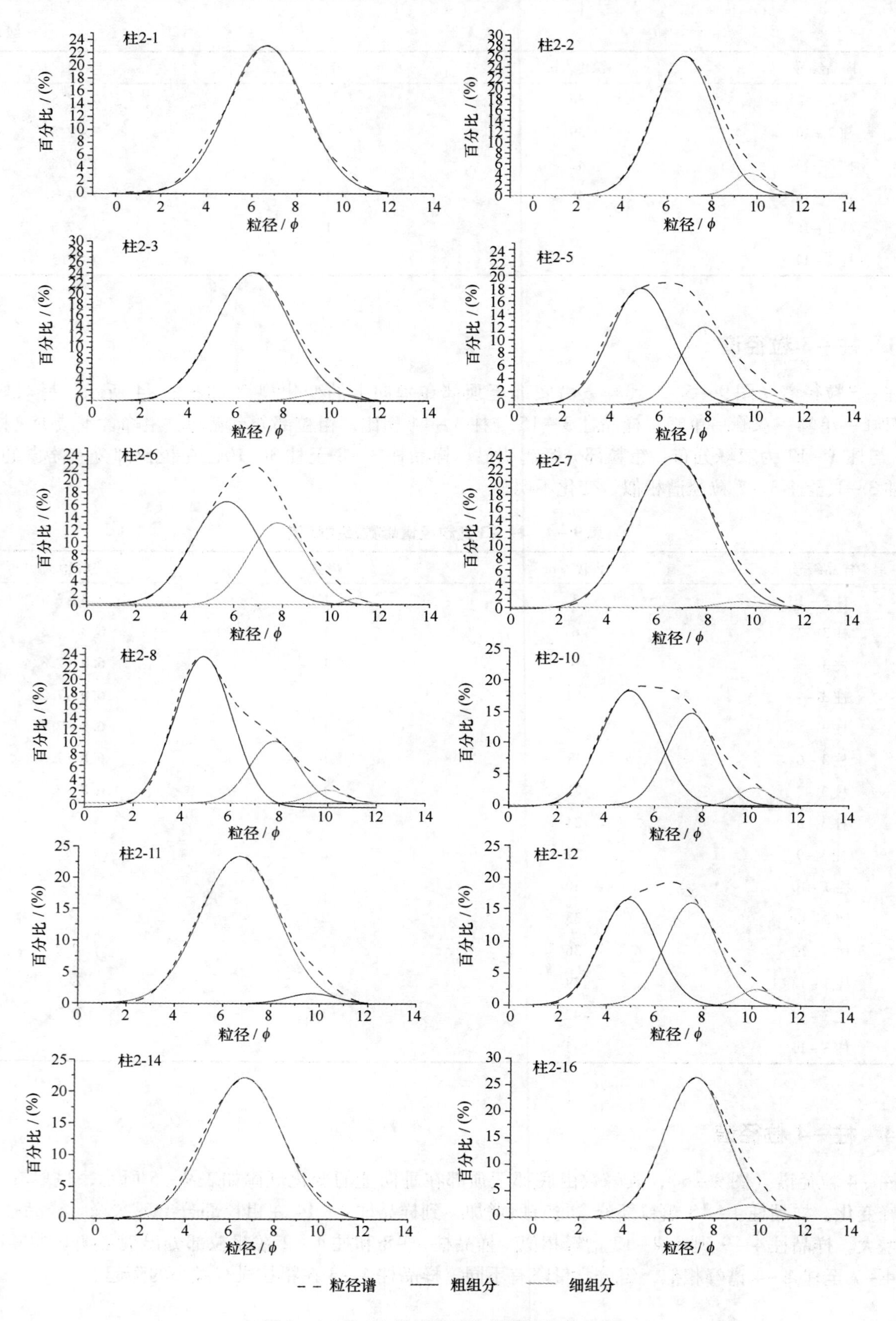

图9－4　柱－2样品典型粒径谱及组分分离

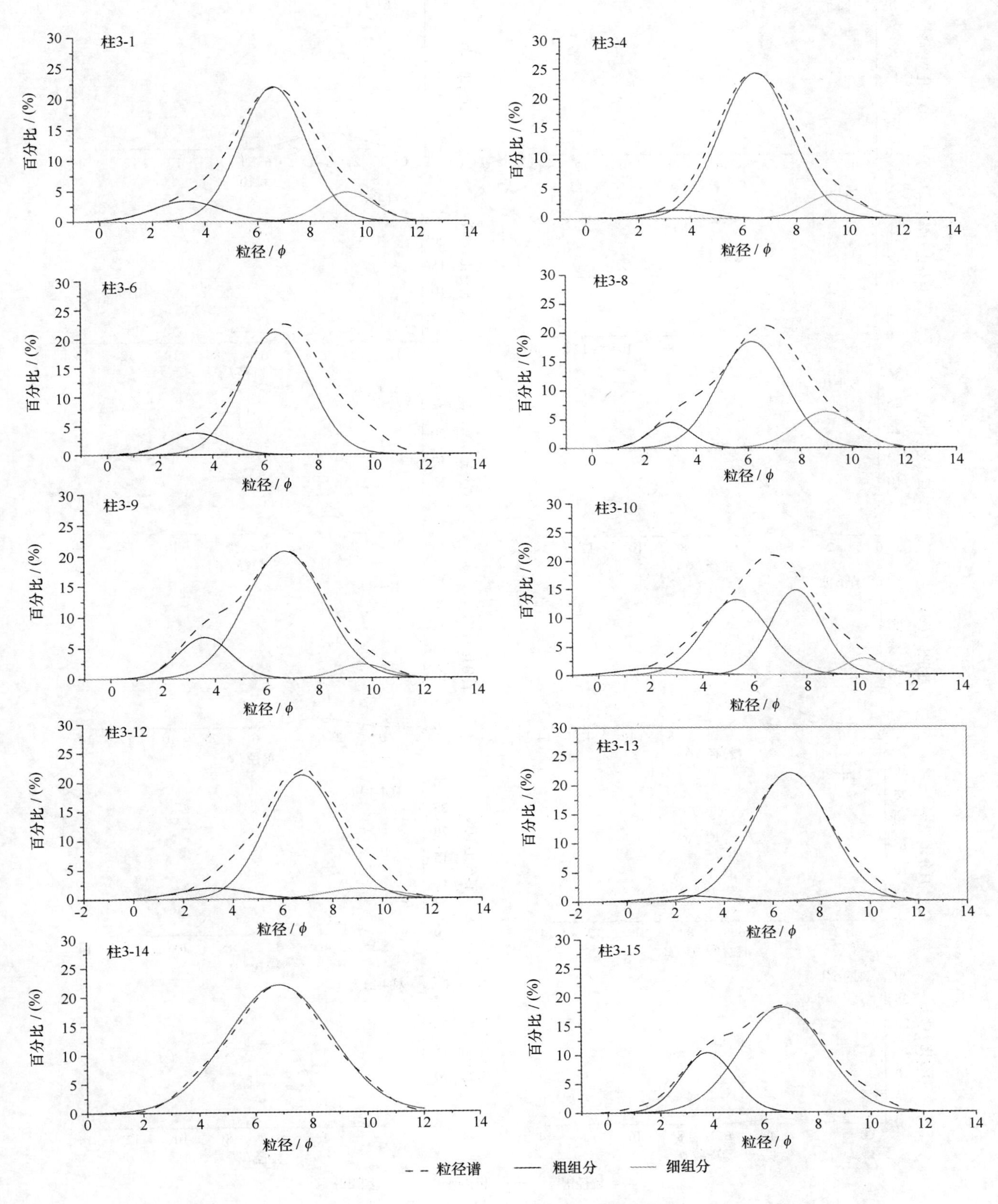

图9－5　柱－3样品典型粒径谱及组分分离

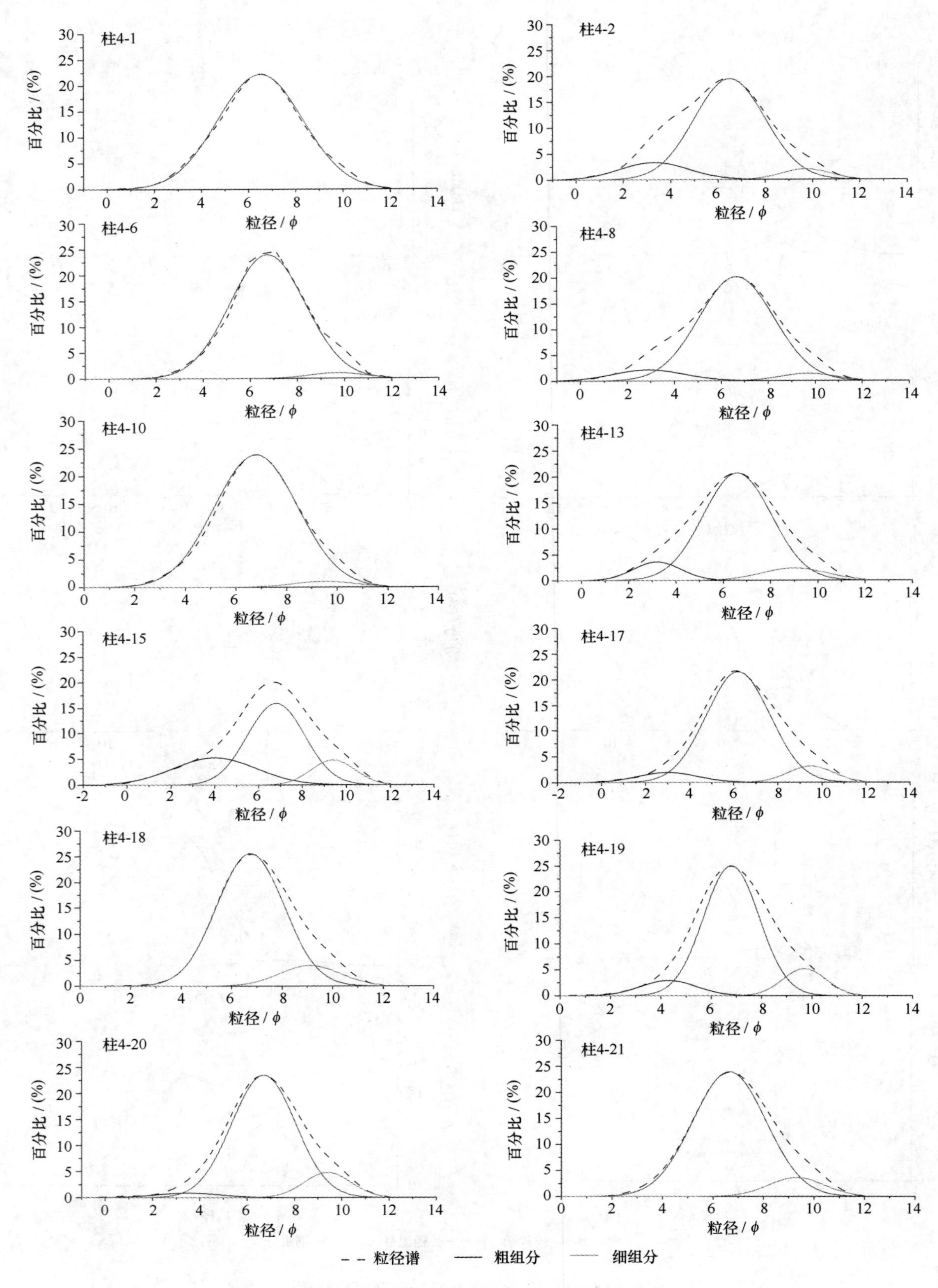

图9-6 柱-4样品典型粒径谱及组分分离

表 9-5　柱-4 孔粒径谱峰数及主峰值

样品编号	深度/cm	峰数	主峰值/ϕ
柱 4-1	3	1	7
柱 4-2	6	1	7
柱 4-3	9	1	7~7.3
柱 4-4	12	1	7~7.3
柱 4-5	15	1	7~7.3
柱 4-6	18	1	7~7.3
柱 4-7	21	1	7~7.3
柱 4-8	24	1	7
柱 4-9	27	1	7.2
柱 4-10	30	1	7.2
柱 4-11	33	1	7.2
柱 4-12	36	1	7.2
柱 4-13	39	1	7.3
柱 4-14	42	2	7
柱 4-15	45	1	7
柱 4-16	48	1	7
柱 4-17	51	1	7
柱 4-18	54	1	7
柱 4-19	57	1	7
柱 4-20	60	1	7
柱 4-21	63	1	6.8

9.6　垂向沉积物粒径谱解析

柱-1 沉积物粒径谱由 3~4 个组分构成（图 9-3），粗粒组分的含量呈先增加后减少再增加的趋势。粗粒组分在粒径谱份额较大且组分峰的位置稳定，主要集中在 1ϕ、4.3~4.5ϕ、7~7.8ϕ、9.5~10ϕ，第 4 组分的含量占整体谱的 10% 左右，其余组分占 90%。细粒组分在粒径谱上百分含量较小且变化较小，不同深度组分峰位置变化范围为 0~1.5ϕ。其中第 1 组分峰位置大多位于 3.2ϕ，第 2 组分峰位置基本位于 7.8ϕ，第 3 组分峰位置与第 1、2 组分相比，变化较大，第 4 组分峰仅在 0~21 cm 出现，峰位置在 10ϕ 左右变动。

柱-2 沉积物粒径谱由 1~3 个组分构成（图 9-4），由底部至顶部多组分基本呈交替变化，最终变为 1 个组分。粗粒组分含量的变化呈现出先减少后增加又减少的趋势。细粒组分的百分含量相当，其组分峰的位置也相对固定，大多分布在 7ϕ 和 10.2ϕ，第 3 组分的含量为 5%，其余 2 个峰组分含量为 95%。粗粒组分峰位置的变化范围为 0~1ϕ。第 1 组分和第 2 组分基本在各个层位均有出现，第 3 组分仅出现在部分层位。

柱-3 沉积物粒径谱由 3~4 个峰构成（图 9-5），由底部至顶部粗粒组分有增长趋势。砂和粉砂组分在粒径谱份额最大且组分峰的位置集中在 3ϕ、6ϕ、9ϕ，这 3 个组分含量占 80%，细粒组分含量较小。第 2 组分峰位置相对固定，其余组分峰均有较大变动。第 3 组分峰位置波动较大且出现在大多数层位中，第 1 组分和第 4 组分峰仅在部分层位出现。

柱－4沉积物粒径谱由2～3个峰构成（图9－6），由底部至顶部多组分基本呈交替分布。砂和粉砂组分在粒径谱份额最大，组分峰的位置分别集中在2ϕ和7ϕ，这2个组分含量占90%。第2组和第3组分峰位置相对固定，第1组分仅在部分层位出现。

9.7 小结

海州湾近岸海域沉积物粒径谱由岸及远呈现单峰、过渡态、多峰的变化规律，主峰值向粗粒方向偏移，物源开始多元化，体现由于水动力环境的不同造成粒径组分的差异。

粒度组分数字分离表明海州湾近岸海域沉积物具有2个基本粒度组分，对应组分1的沉积物为低能弱流环境下的产物，代表前三角洲沉积物，为历史上南部废黄河的沉积物经长途搬运而来。对应组分2的沉积物为高能环境下的产物，代表较多的原地海滩泥沙沉积物。中间为动力改造组分，为能量逐渐增强下的产物，代表近岸海域沉积物经过强烈的波浪掀沙和潮流输沙，沉积物开始粗化，反映了波浪和潮流对沉积物的进一步冲刷改造。沉积物多组分数字分离有利于进一步研究沉积物粒度变化的物源、水动力能量、搬运距离等环境因素，特别是沉积场所水动力条件和物源。

垂向上沉积物粒径谱由底部至顶部峰态曲线呈多组分变化，空间上具有一定的差异性。

10　沉积物粒度端元模型分析

10.1　概述

海洋沉积物粒度分布曲线往往同时具有多个峰，而且同一类型沉积物因时间和空间上的不同其粒度分布曲线峰的位置也不同（张晓东等，2006）。沉积物粒度分布多峰的特征包含了水动力条件和物源的信息，因而可以通过一定时间内沉积物粒度特征的变化来反演沉积物形成时的物质来源和沉积环境等。为了获得沉积物粒度中所蕴含的这些信息，人们早期采用多元变量分析方法对粒度数据进行分析，主要包括因子分析、主成分分析以及聚类分析等，并取得了许多成果，其中因子分析可以解析数据集合，主要是设法降低变量维数，同时将变量变为独立变量，分析多个变量间的关系，其目的在于对大量观测数据用较少有代表性的因子来说明众多变量所提取的主要信息，以便更好地说明多变量之间的关系。后来许多研究者提出参数化分解粒度分布曲线的方法，把多峰的粒度频率分布曲线分解为多个单峰的具有特定分布的端元，进而通过解释每一个端元对应的实际物理过程对沉积环境进行理解（张晓东等，2006）。

Weltje（1997）对粒度数据分析方法进行了总结并根据前人的经验，结合沉积物粒度数据特点，总结出端元分析模型，并借此对沉积物粒度数据进行反演。该模型成功地对许多沉积类型的沉积物粒度数据进行了反演，包括浊流沉积、冰川沉积、平流沉积、风成沉积、近海沉积等，分离出了风力、海流、冰川等对沉积物输运与沉降的影响。此后，端元分析模型成为地质学领域中用来反演多组分沉积物粒度数据的工具，一些学者和专家利用该模型对不同的地区进行了粒度反演。

海州湾近岸海域的沉积格局为“波浪掀沙，潮流输沙”（王宝灿等，1980；李永祥，李伟，2000），沉积物明显地受到南部废黄河的泥沙、地形以及水动力条件等因素的影响，造成同一沉积环境中沉积物往往由不同组分组成，在利用粒度数据进行海洋沉积环境研究时，必须进行子体粒度组分的分离（肖尚斌，李安春，2005），因此，利用端元模型分析研究海州湾近岸海域沉积物粒度对进一步研究该区沉积环境具有重要意义。

10.2　材料与方法

10.2.1　端元模型

Weltje 和 Maarten（2003）对粒度数据分析方法进行了总结并提出动力组分的概念，这种概念认为海洋沉积物的粒度分布是由不同物源或不同的运移机制所决定的，而上述每一种过程都具有分选性，都会优选出具有某一特征的粒级组合——动力组分。根据动力组分概念，沉积物的粒度数据 $\boldsymbol{X}$ 可表示为多个动力组分 B 的组合：$\boldsymbol{X}=\boldsymbol{MB}$，式中，$\boldsymbol{X}$（$n \times p$）为沉积物粒度矩阵，$n$ 为样品总数，p 为粒级总数，$\boldsymbol{M}$（$n \times q$）为相对含量矩阵，q 为动力组分总数，$\boldsymbol{B}$（$q \times p$）为动力组分矩阵。

由于每个样品中各粒级相对含量总和为 100%，而且每个动力组分中各粒级相对含量总和也为 100%，另外每个样品数据由几个动力组分混合而成，每个样品中各动力组分相对含量总和也为 100%，因此沉积物粒度矩阵、相对含量矩阵和动力组分矩阵满足以下的约束条件（张晓东等，2006）：

$$\sum_{j=1}^{p} \boldsymbol{X}_{i,j}=1;\sum_{k=1}^{q} \boldsymbol{M}_{i,k}=1;\sum_{j=1}^{p} \boldsymbol{B}_{i,j}=1$$

10.2.2 因子分析

因子分析是处理多变量数据的一种统计方法，它利用降维的思想，由研究原始变量相关矩阵内部的依赖关系出发，从众多的可观测变量中概括和综合出少数几个因子，用较少的因子变量来最大限度地概括和解释原有的观测信息，揭示出事物之间本质的联系。通常分为 R 型因子分析和 Q 型因子分析，R 型因子分析是针对变量所做的因子分析，通过对变量的相关系数矩阵内部结构的研究，找出能够控制所有变量的少数几个随机变量去描述多个变量之间的相关关系。Q 型因子分析是针对样品所做的因子分析，与 R 型因子分析相同。

10.2.3 样品与分析

2005 年 9 月在海州湾近岸海域利用抓斗式采样器进行了大面积表层沉积物采样，共采取 173 个底质样品。选取 108 个样品的沉积物粒度进行端元模型分析，选取的原则是采样站位尽量分布均匀（图 10－1）。样品采用 SFY－A 型音波震动式全自动筛分仪和粒径计与消光法结合进行粒度分析。参照 Weltje（1997），Weltje 和 Prins（2007）中的方法，对这 108 个底质样品粒度分析结果按照 1ϕ 的间隔把 －3～8ϕ 粒径分为 14 个粒级，并根据端元分析模型进行反演，为了对端元分析模型的结果进行对比，同时把这 108 个样品按照 14 个粒级进行 Q 型因子分析。

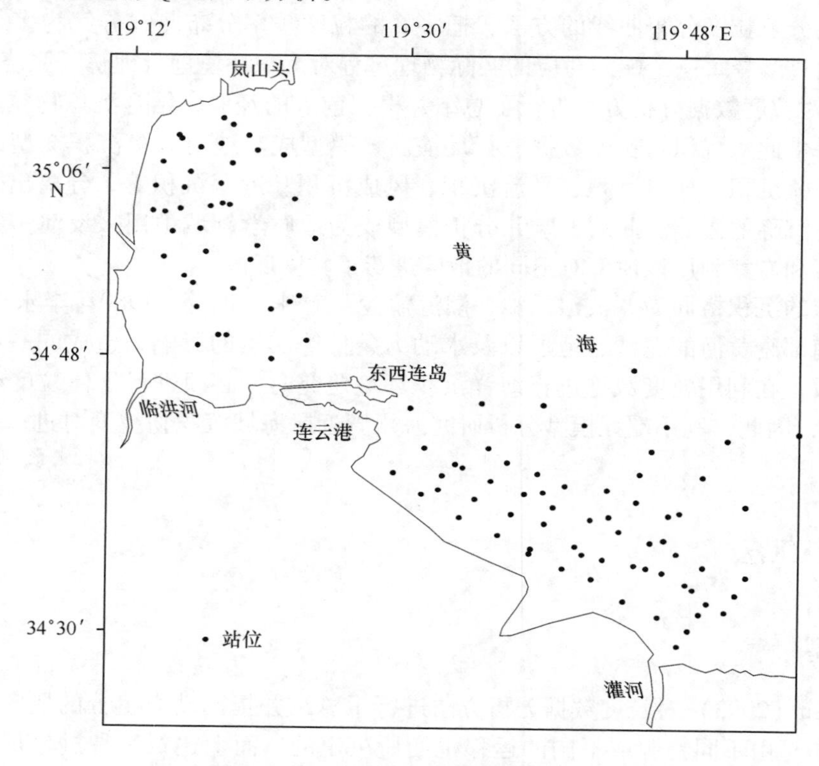

图 10－1　海州湾近岸海域底质取样位置

10.3 端元分析

根据 Weltje 的端元分析模型，按照端元分解算法对海州湾近岸海域的沉积物各成分数据进行计算，利用复相关系数确定粒度实测数据被端元拟合的程度，复相关系数表示粒度实测数据被端元拟合的程度。为了能得出较好拟合粒度数据的最小端元数，采用端元分析模型中常用的方法，在假设端元数为 2，3，

4，5 的情况下，考察每一粒级的复相关系数和各端元数的拟合程度，当端元数为 2 时，复相关系数的平均值为 0.74，当端元数为 3 时，复相关系数的平均值为 0.83，当端元数为 4 时，复相关系数的平均值为 0.88，当端元数为 5 时，复相关系数的平均值为 0.92，端元数为 2，3，4 时拟和程度总体相似，但端元数为 3 较端元数为 2 时相比于端元数为 4 较端元数为 3 时改善幅度大，根据端元分析方法选取端元数量应尽量少的原则（Weltje，1997），选取 3 个端元对该组粒度数据进行拟合，这 3 个端元较好地拟合了大部分粒级，能够刻画总体粒度分布曲线，根据这 3 个端元分析出其典型站位各端元相对含量平面等值线如图 10－2 所示。

对端元分析模型中沉积物各成分数据应用多变量分析中的因子分析方法得出的前 3 个因子的特征值平方和累计百分数已达 88.58%（表 10－1），说明取因子 1，2，3 已能充分代表总体粒度特征，经进一步数学处理后得到经方差极大旋转后的 3 个因子的载荷矩阵，各因子分布趋势与因子载荷平面分布图（图 10－2）。

选取各因子载荷绝对值最大者作为各因子的代表样品，与端元模型分析得出的 3 个端元所对应的占优势的典型站位样品相当吻合，可以看出，尽管应用了 2 种不同的方法，但是得出的结果在总体上却是相当一致的，所不同的是端元分析需要编程进行计算，而多变量分析可以借助软件进行分析，2 种方法均需要大量的样本。这些端元（因子）样品代表物源或者水动力对沉积物的分选过程。为了便于分析这些端元或因子代表的含义，分别绘制出其频率分布曲线和概率累积曲线（图 10－3）。

表 10－1　因子特征值总方差解释

因子	总方差	方差贡献/（%）	累计方差贡献/（%）
1	69.284	64.152	64.15
2	20.213	18.715	82.87
3	6.165	5.708	88.58

端元 1（因子 1）沉积物粒度频率曲线为单峰，近于正态分布，粒度分布范围跨度较宽，样品峰值分布为 3.5～7.0ϕ，在粗粒侧有一低的尾部。概率累计曲线由跳跃段和悬浮段组成，呈下凹上凸形，为高悬浮三段式，悬浮段总量平均大于 70%，其中第一悬浮段含量平均为 40%，斜率平均为 60°；第二悬浮段含量平均为 30%，斜率平均为 30°，跳跃段含量平均为 30%，斜率平均为 30°。

端元 1（因子 1）的分布区域主要集中在海州湾近岸海域的陆岸区域（图 10－2），尤其在海州湾湾顶。从端元 1（因子 1）的沉积环境看，其分布海域地势平坦，水深较浅，破波带离岸较远，以潮流作用为主，沉积环境能量较低，尤其是海州湾湾顶以接受沉积为主，这些沉积物在潮流改造以及人类活动的影响下被悬浮和搬运，引起沉积物的重新分布。研究表明端元 1（因子 1）沉积物中的黏土矿物成分与废黄河口的一致，以伊利石为主，其余为绿泥石、高岭土和少量蒙脱石（张国安，虞志英，2001）。推断端元 1（因子 1）代表南部的废黄河泥沙经长途搬运扩散后的沉积物。历史上在黄河夺淮前，云台山尚是耸立海中的岛屿，南部平原亦未浮露成陆，当时北部岸滩为基岩砂质海岸。1128—1855 年，黄河夺淮从苏北入海期间，巨量入海泥沙除在江苏北部直接塑造废黄河三角洲以外，海州湾受泥沙扩散影响堆积淤浅，海峡成陆，海中云台山岛屿与陆地相连（陈祥锋等，2000），为海州湾淤泥质海岸的形成奠定了基础。

端元 2（因子 2）沉积物粒度频率曲线峰为极高的窄性单峰对称，表明沉积物的组成比较集中或单一，有较好的分选性。概率累计曲线为滚跳悬三段式，以具有含量极高（大于 90%）、斜率极大（大于 70°）的单跳跃为特征，表明水动力明显增强。

端元 2（因子 2）主要分布在海州湾近岸海域南部海岸宽阔的浅海内以及海州湾的中部（图 10－2），与端元 1（因子 1）的分布基本呈相反关系，即端元 1（因子 1）的高值区为端元 2（因子 2）的低值区，反之亦然，表明端元 1（因子 1）与端元 2（因子 2）有成因方面的差异。

从端元 2（因子 2）的沉积环境看，端元 2（因子 2）的分布区域处在经常性的破波作用下，波浪作

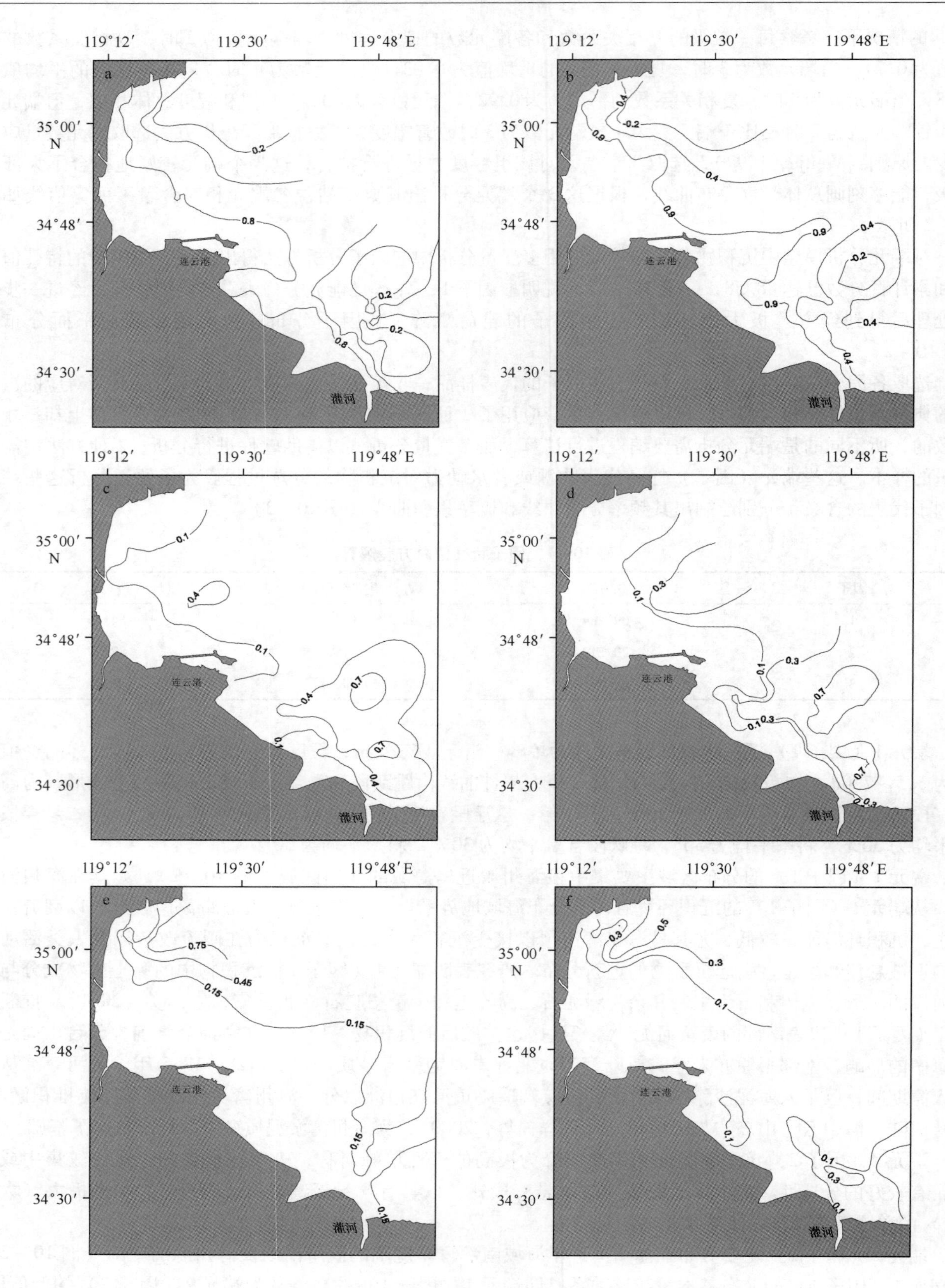

图 10-2　海州湾近岸海域沉积物端元相对含量与因子载荷平面分布

a. 端元 1；b. 因子 1；c. 端元 2；d. 因子 2；e. 端元 3；f. 因子 3

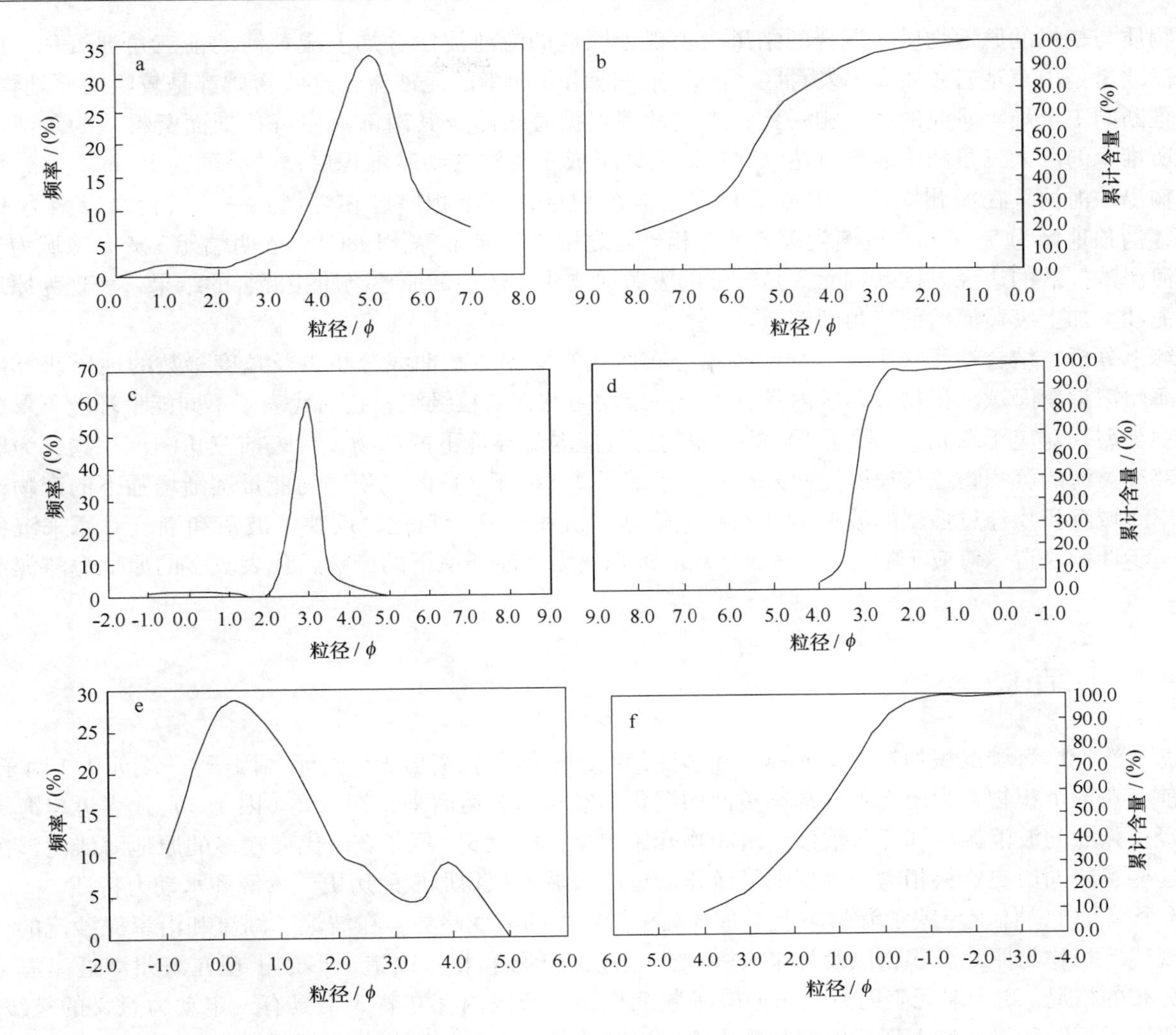

图 10－3 海州湾近岸海域沉积物端元（因子）频率和累计曲线图

a. 端元 1 频率；b. 端元 1 累计；c. 端元 2 频率；d. 端元 2 累计；e. 端元 3 频率；f. 端元 3 累计

用增强，与潮流一起成为端元 2（因子 2）分布区域的主要动力，形成典型的波浪掀沙、潮流输沙沉积动力改造模式，细粒部分悬扬后被水流带走，粗粒部分残留下来。黄河北迁后，泥沙来源减少，波浪破碎产生的能量较大，且在冲回流作用下，使沉积物反复冲刷和淘洗，在部分海域有早期黄河沉积的老淤泥和表层细砂粗化层（张国安，虞志英，2001；樊社军等，1997）。研究表明灌河口外是废黄河水下三角洲的北部边缘，随着海岸的侵蚀后退，在深水部分沉积物经过长时间的搅动悬浮作用，细物质随潮流向西北方向运送，使老黄河水下三角洲的物质逐渐粗化（高良等，1982）。推断端元 2（因子 2）代表南部废黄河的前三角洲沉积物经波浪、潮流的冲蚀和改造后形成的相对较粗的沉积物。

端元 3（因子 3）沉积物粒度频率曲线为正偏态曲线，主峰偏于粗粒一侧，细粒侧尾部有一小的次峰，沉积物以粗组分为主，含少量细组分，表明端元 3（因子 3）沉积物叠加了少量的细粒沉积物，两种环境中形成的组分还各自保留自己原来的粒度特点，以致混合沉积物频率曲线呈现明显的双峰性质，但两种组分有明显的含量差异。概率累计曲线为跳悬两段式，以跳跃段为主，斜率平均为 60°，反映水动力条件较强。

端元 3（因子 3）分布在海州湾近岸海域的北部岚山头附近（图 10－2），向海州湾湾顶方向逐渐减少，根据端元 3 的相对含量等直线分布图和因子 3 的因子载荷平面图，推断端元 3（因子 3）是较细的废黄河物质与较粗的原地物质相混合的结果，表现为原地的海滩泥沙叠加上废黄河的前三角洲沉积。此外海州湾北岸是山东基岩砂质海岸发育区，沿岸有一股由北向南的泥沙流，这些物质都是较粗的原地物质。这个推断同王宝灿等研究的结论相一致，王宝灿等根据海州湾及其南部沿岸沉积剖面资料认为黄河入海口处所堆积的巨大三角洲，北界可达灌河口以南，组成三角洲的粉砂堆积层，其厚度为 13 m 左右，而由河口输出的泥沙，在海州湾沿岸组成了粉砂淤泥沉积层，其堆积厚度在灌河口——云台山以南为 10 ~ 15 m，湾顶地区为 5 ~ 8 m，逐渐尖灭于滨海相砂层之中（王宝灿等，1980），表明端元 3 分布区域为当时废黄河泥沙扩散的边缘。推断端元 3 是较细的废黄河物质与较粗的原地物质相混合的结果，表现为原地的海滩泥沙叠加上废黄河的前三角洲沉积。

综上分析，结合端元（因子）样品频率分布曲线和概率累积曲线分析以及粒度参数的地质研究可以推断海州湾近岸海域沉积物分布区内具有 3 个一定动力意义的粒级组，它们代表了不同能量环境下形成的沉积物类型，对应于端元 1（因子 1）的沉积物为低能弱流环境下的产物，代表前三角洲沉积物，为历史上南部废黄河的沉积物经长途搬运而来；对应于端元 2（因子 2）的沉积物为能量逐渐增强下的产物，代表近岸海域沉积物经过强烈的波浪掀沙和潮流输沙，沉积物开始粗化，反映了波浪和潮流对原来沉积物的进一步冲刷改造；对应于端元 3（因子 3）的沉积物为高能环境下的产物，代表较多的原地海滩泥沙沉积物。

10.4 小结

海州湾近岸海域沉积物粒度端元模型和多变量因子分析均分离出 3 个端元（因子），端元 1（因子 1）代表前三角洲沉积物，为历史上南部废黄河的沉积物经长途搬运而来；端元 2（因子 2）代表近岸海域沉积物经过强烈的波浪掀沙和潮流输沙，沉积物开始粗化；端元 3（因子 3）代表较多的原地海滩泥沙沉积物。这些解释同历史资料相吻合，反映了海州湾近岸海域沉积物形成的历史、物源和水动力特征。

3 个端元在总体上反映了海州湾近岸海域沉积物粒度的演变趋势，在波浪、潮流和沿岸泥沙流的作用下，现代沉积物与原地沉积物以及外来沉积物经过动态迁移和相互改造，形成了现在海州湾近岸海域沉积物分布的格局。3 个端元表明海州湾近岸海域沉积物分布区内存在着 3 个具有一定动力意义的粒级组，它们代表了不同能量环境下形成的沉积物类型，对应于端元 1 的沉积物代表了低能弱流环境下的产物；对应于端元 2 的沉积物代表了能量逐渐增强下的产物，反映了波浪和潮流对原来沉积物的进一步冲刷改造；对应于端元 3 的沉积物代表了高能环境下的产物。

11 沉积物分形特性

11.1 概述

海洋沉积物通常经历了起动、搬运、沉降、再悬浮、再搬运的非线性动力过程。沉积物中不同粒度分布保存了这些过程的信息，对沉积物粒度结构的分析可以推演沉积过程的变化。长期以来，沉积物的粒度分布特征被广泛用于搬运介质、搬运方式以及沉积环境等方面的研究，并取得了很大进展（柏春广，王建，2003）。随着高精度激光粒度分析系统的应用，可以将沉积物粒度分成上百个粒级，为定量研究其结构和性质提供了大量数据，受研究方法的限制，对粒度结构的定量分析还很不足。研究表明沉积物的粒度组成是一种没有特征长度的结构图形，在功能、形态、信息方面具有统计意义上的自相似性，传统的粒度参数难以描述粒度分布的这些特征（唐建华等，2007）。国内外一些学者把分形理论引入到粒径分布研究中，尤其在土壤学领域中得到广泛应用（管孝艳等，2009；于东明等，2011），解决了一些传统方法难以解决的问题，但在海洋沉积物中的应用分析相对较少。为深入研究沉积物粒度分布中所蕴含的沉积动力环境以及动力改造信息，本章基于海州湾近岸海域表层沉积物粒度分布数据，分析了粒度结构的分维特性和粒径分布的非均匀性，尝试从粒度分形方面追寻沉积动力环境意义，以揭示海州湾近岸海域沉积物动力改造的演变过程与规律，丰富陆海相互作用的理解。

11.2 材料与方法

11.2.1 样品与分析

2006 年 1 月长江下游水文水资源勘测局在海州湾近岸海域利用抓斗式采样器进行了大面积表层沉积物采样。从这些样品中选取 140 个样品分为 20 个剖面进行沉积物粒度分形特性分析，选取的原则是采样站位尽量分布均匀（图 11－1）。样品采用英国 Mastersiz2000 激光粒度仪进行粒度分析，仪器测量范围为 0.02～2 000 μm，测试精度高、间隔划分细，能够全面分析粒度的细微特征，粒级分布数据即可用于单分形研究，也可用于多重分形研究（Montero et al.，2005）。

11.2.2 分维计算

11.2.2.1 单形分维值

分维值是分形的定量指标，表征了自然界中具有分形特性物质的自相似性，体现了物质的自组织能力和物质组成的复杂程度。按照分形定义，如果沉积物的粒度分布具有分形特征，则有关系式（Mandelbrot，1982）：

$$N(x) = Cx^{-D}$$

式中，x 表示沉积物颗粒的粒径，$N(x)$ 表示粒径为 x 的沉积物颗粒数目，C 是比例常数，D 为分维值。对上式求导可得：

$$\mathrm{d}N(x) = CDx^{-D-1}\mathrm{d}x$$

式中，$\mathrm{d}N(x)$ 表示粒径在 x 到 $x+\mathrm{d}x$ 之间颗粒的数目，称为颗粒数密度函数。设颗粒密度是常数 ρ，可

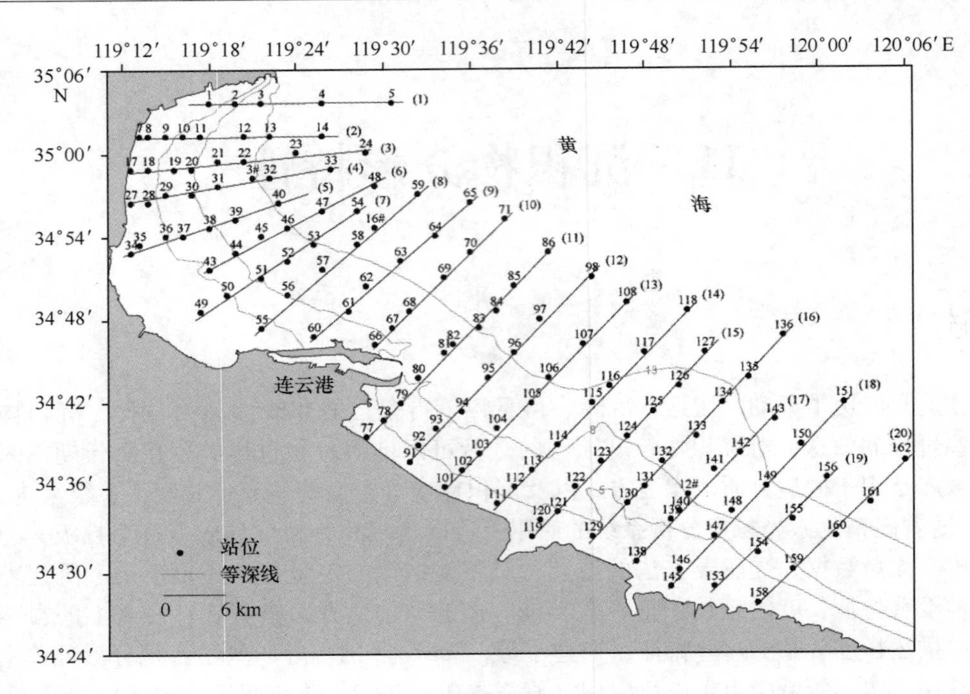

图 11－1　海州湾近岸海域沉积物采样位置

得（唐建华等，2007）：

$$\frac{M(r<x)}{M_{\mathrm{T}}}=\frac{\int_{0}^{x}\rho x^{3}\mathrm{d}N(x)}{\int_{0}^{x_{\max}}\rho x^{3}\mathrm{d}N(x)}=\left(\frac{x}{x_{\max}}\right)^{3-D}$$

式中，$M(r<x)$ 为粒径小于 x 的质量，M_{T} 为总质量，$x_{\max}$ 为粒径的上限。等式左边的分子和分母同时除以颗粒密度，则可得体积分形维数的计算公式：

$$\frac{V(r<x)}{V_{\mathrm{T}}}=\left(\frac{x}{x_{\max}}\right)^{3-D}$$

由上式取对数后可得：$\lg[V(r<x)]\propto(3-D)\lg(x)$

根据最小二乘原理，利用粒度分析数据，计算体积累积百分含量与粒径在双对数坐标图中的斜率 b 及其对应的相关系数 R，根据 $D=3-b$ 求出粒度分维值。

11.2.2.2　多重分形参数

多重分形是分形理论的进一步发展，在计算过程中需对粒径分布的区间进行不同尺度的划分，根据粒度分析结果，将全部区域分成 N 个尺度为 ε 的单元，每个单元粒级分布的概率函数为 $P_i(\varepsilon)$，利用 $P_i(\varepsilon)$构造一个配分函数族 $u_i(q,\varepsilon)$（周炜星等，2000）：

$$u_i(q,\varepsilon)=\frac{p_i(\varepsilon)^q}{\sum_{i=1}^{N}P_i(\varepsilon)^q}$$

式中，$u_i(q,\varepsilon)$ 为第 i 子区间 q 阶概率，q 为实数，$\sum_{i=1}^{N}p_i(\varepsilon)^q$ 为对所有子区间 q 阶概率求和。通过最小二乘拟合以及 $-10\leqslant q\leqslant 10$ 计算粒径分布的多重分形奇异性指数 α 及其相应的谱函数 $f(\alpha)$，计算公式如下：

$$\alpha=\lim_{\varepsilon\to 0}\frac{1}{q-1}\frac{\lg[\sum_{i-1}^{N}p_i(\varepsilon)^q]}{\lg(\varepsilon)}$$

$$f(\alpha)=\lim_{\varepsilon\to 0}\frac{\sum_{i=1}^{N}u_i(q,\varepsilon)\lg u_i(q,\varepsilon)}{\lg(\varepsilon)}$$

11.3　沉积物粒度单分形

粒度分析表明，海州湾近岸海域沉积物的粒度在 0.4 ~ 500 μm 之间，粒度的累积百分含量与粒径双对数在 0.8 ~ 62 μm 之间线性关系较强，这部分粒级占样品的质量百分比平均在 78%，表明粒度组成具有良好的分形结构特征。140 个沉积物样品的粒度分维值介于 2.21 ~ 2.41 之间（图 11 – 2），平均值为 2.31，分维值对应的相关系数为 0.88 ~ 0.99，平均值为 0.94。从空间上看，不同位置粒度分维值不同。海州湾顶可能受河流影响，分维值偏低；南部海域近岸和河口附近受海岸侵蚀和河流影响也出现低值，分维值出现低值的原因与河流带入的泥沙和海岸侵蚀形成的泥沙相对较粗，导致粗粒组分增加，分选不充分，改变了动力沉积分布有关。总体上，分维值具有随深度增加而减小的趋势，与沉积物粒度近岸细远岸粗的分布一致（张存勇，冯秀丽，2009），显示出对沉积物的来源、沉积动力环境具有一定的指示意义。

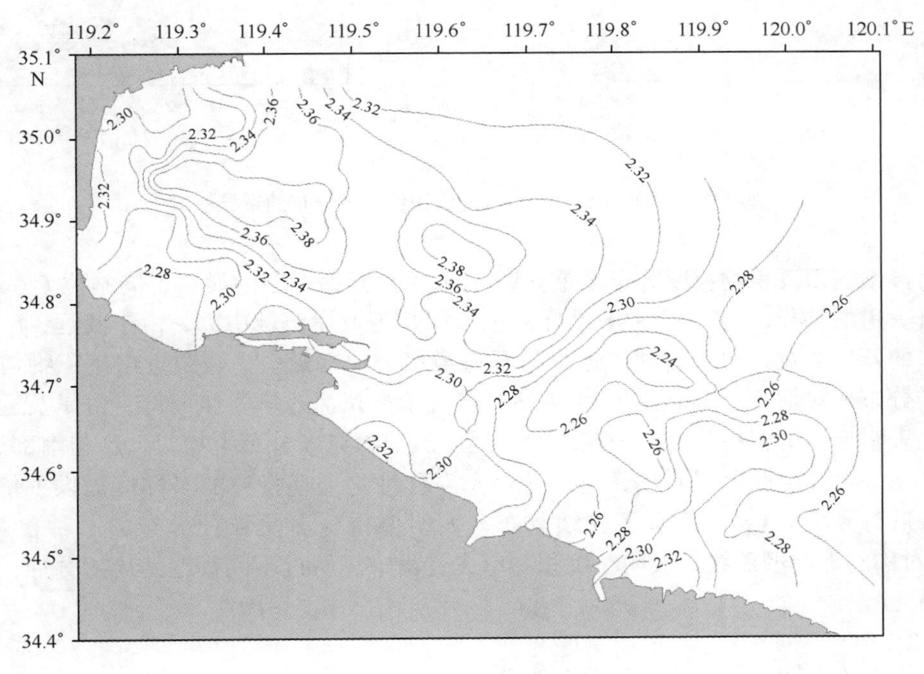

图 11 – 2　海州湾近岸海域沉积物粒度分维值

值得说明的是，为了分维值之间具有可比性，上述粒度分维值都是在相同无标度区内计算的。事实上，粒度分析表明不同样品粒级范围出现不同，分形标度范围可能具有一定的差异，同一样品无标度区选取不同得出的分维值不同。利用最小二乘拟合计算分维值时，线性拟合相关系数 R 的大小代表沉积物粒度统计自相似程度的高低，无标度区的选取不同，R 值不同，R 值越大，统计自相似程度越高（赵梅，2008）。若以全部粒径范围拟合计算，分维值所对应的相关系数平均值为 0.84，在 0.8 ~ 62 μm 之间，样品粒度分维值所对应的相关系数平均值为 0.94，说明在该范围内具有较强的线性相关性。实际计算时，应对每一个粒度样品进行无标度区确定，通过改变粒径的范围，找出拟合时最大的相关系数，并保证拟合数据包含粒度分布范围的主要部分。

11.4 沉积物粒度多重分形

单分形从整体上表征了沉积物粒径分布非均匀性特征，但对粒径分布的局部特征缺少描述。多重分形从系统的局部出发，弥补了单分形的缺陷，通过一个谱函数再现分形结构在演化过程中不同层次所导致的特殊结构行为与特征，刻画了粒度结构局部变异性和非均匀特征。

图 11－3 为典型剖面不同站位粒径分布的奇异性谱 α，从图中可以看出，各站位粒度分布的奇异谱呈非增趋势，不同权重因子（q）取值将粒径分布分成不同的层次。总体上，当 q 增大或缩小时，由岸及远奇异性指数 α 值范围由宽变窄，粒径分布不均匀性由大变小。

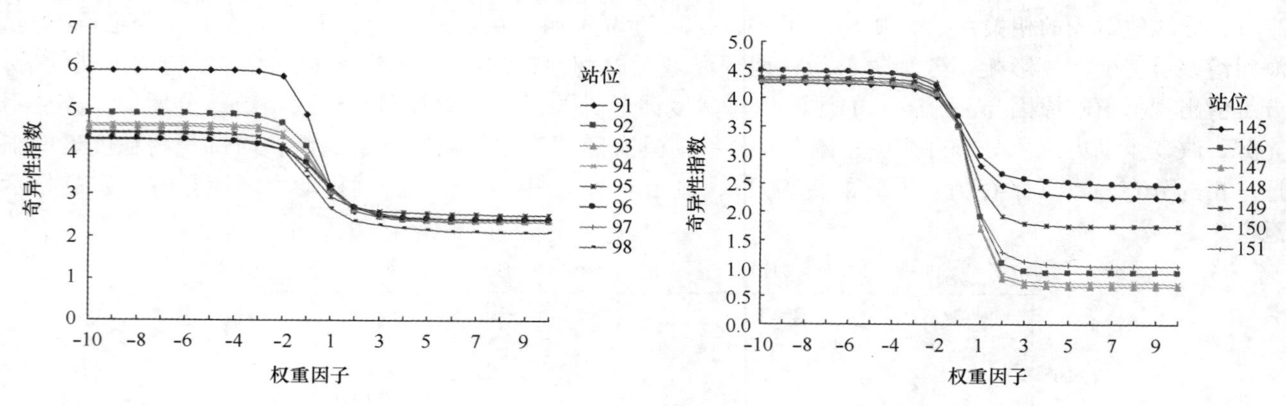

图 11－3 典型剖面不同站位沉积物粒径分布的奇异性谱

图 11－4 为典型剖面沉积物粒度分布多重分形 $f(\alpha)$ 奇异谱，图中显示不同站位 $f(\alpha)$ 谱的谱形开口和对称性具有一定的差异，剖面 91～98 站样品位于海州湾近岸海域中部，由岸及远，$f(\alpha)$ 谱的谱宽由大变小，近岸的开口最宽，顶部较圆，远岸的开口最窄，顶部最尖，表明近岸沉积物粒度不均匀程度较大，远岸粒径分布相对均匀。剖面 145～151 站样品位于海州湾近岸海域南部，由岸及远，$f(\alpha)$ 谱的开口由窄变宽，表明近岸沉积物粒度分布较均匀，远岸沉积物粒度分布不均匀，这与南部近岸遭受侵蚀，局部出现粗沙层相一致。由此可以看出，谱形开口和对称性为描述指数的多样性提供了信息。此外，粒径分布的多重分形奇异谱 $f(\alpha)$ 基本呈连续分布，表明多重分形是粒径分布的一种普遍现象，同时，$f(\alpha)$谱形为不对称的上凸型曲线，表明在沉积物形成过程中经历过不同程度的局部叠加，导致非均质特性的出现。

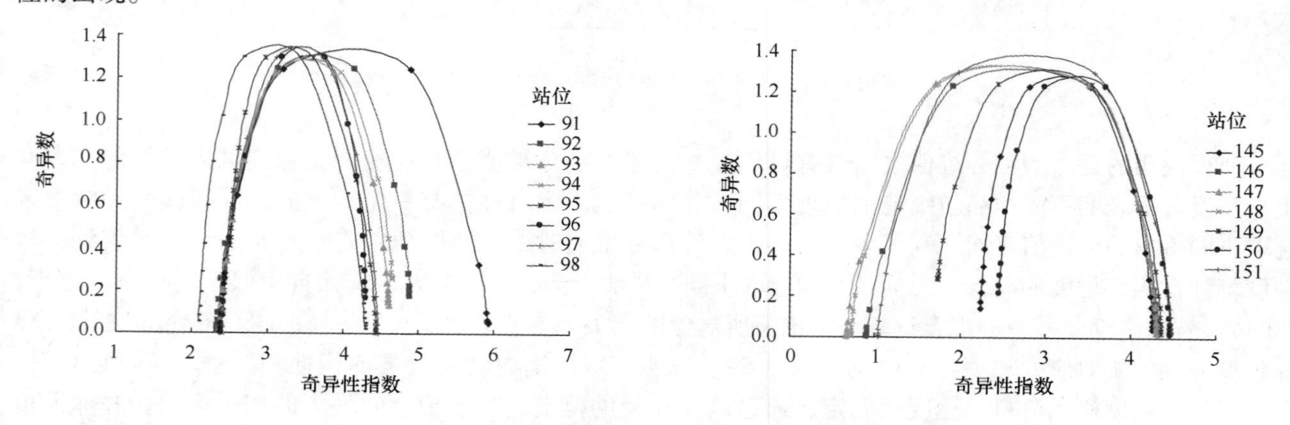

图 11－4 典型剖面不同站位沉积物粒径分布的多重分形谱

对多重分形来说，多重分形谱的谱宽 $\Delta\alpha = \alpha_{\max} - \alpha_{\min}$ 定量表征了整个分形结构上不同区域、不同层次、不同局域条件的特性，$\Delta\alpha$ 越大表示分布越不均匀。图 11－5 为海州湾近岸海域沉积物粒度 $\Delta\alpha$ 的分布，多重分形谱宽度 $\Delta\alpha$ 为 1.67～3.93，可以看出，多重分形谱的宽度 $\Delta\alpha$ 在空间上具有一定的差异，最大值出现在 154 站位，最小值出现在 14 站位。总体而言，$\Delta\alpha$ 高值多分布在近岸，表明近岸的非均质性较大。与 $\Delta\alpha$ 对应，Δf 反映了多重分形谱的形状特征，当 Δf 小于 0 时，谱形呈右钩状，反之，当 Δf 大于 0 时，谱形呈左钩状，图 11－6 为海州湾近岸海域沉积物粒度 Δf 值，大小为 0.98～1.38，均为正值，表明粒径分布的多重分形谱 f（α）近似呈左钩状，大概率的粒径占主导地位。

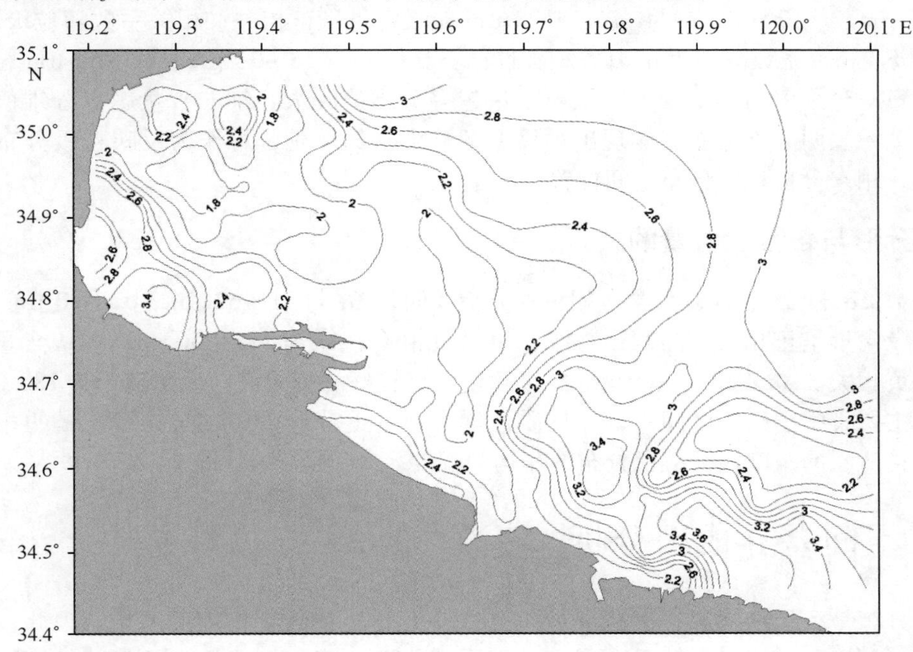

图 11－5 海州湾近岸海域沉积物粒度多重分形参数 $\Delta\alpha$

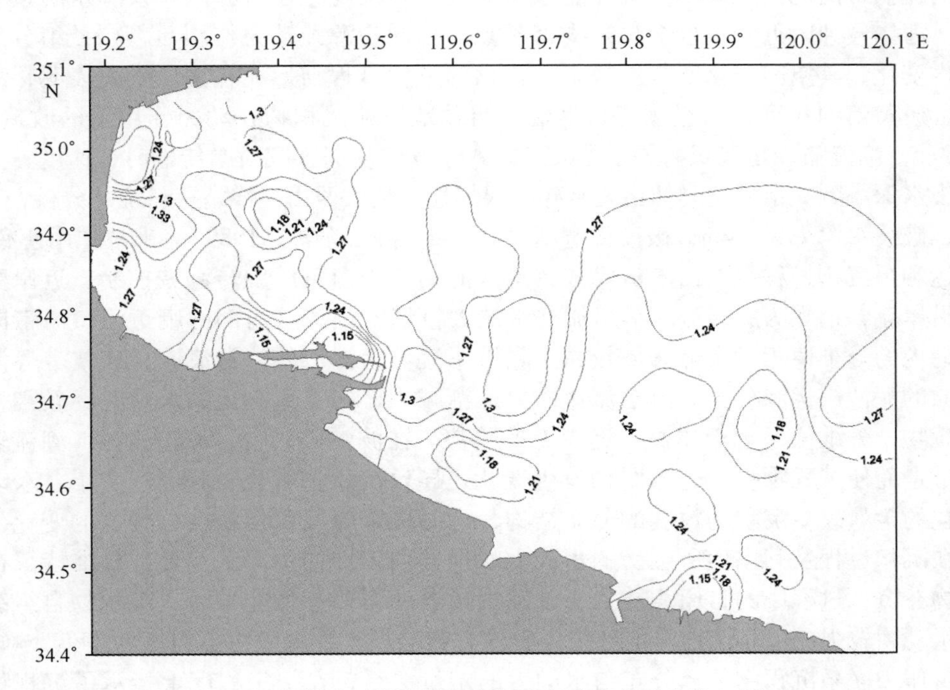

图 11－6 海州湾近岸海域沉积物粒度多重分形参数 $\triangle f$（α）

11.5 分维与各粒级含量关系

11.5.1 单分形与各粒级含量的关系

为分析分维值与各粒级含量的关系，将0.6～0.8 μm、0.8～1 μm、1～2 μm、2～4 μm、4～8 μm、8～16 μm、16～31 μm、31～62 μm共8个粒级含量与分维值做相关性分析。结果表明，分维值与0.6～0.8 μm、0.8～1 μm、1～2 μm、2～4 μm、4～8 μm粒级含量呈正相关，相关系数随粒级增大逐渐减小，至8～16 μm粒级，相关系数减小为0.01，相关性已不显著，与16～31 μm、31～62 μm粒径含量呈负相关，表明细粒含量对分维值的影响较大，细粒含量越多分维值越大，细粒含量越少分维值越小。分维值与各粒级含量的关系表明分维值能够体现出小尺度细粒含量的差别，可作为反映粒级分布在某方向变化程度的定量指标，用来分析粒径分布空间位置差异性的规律。

11.5.2 多重分形与各粒级含量的关系

多重分形参数$\Delta\alpha$和Δf与各粒级含量相关性分析表明，$\Delta\alpha$与31～62 μm、62～90 μm、90～125 μm、125～180 μm粒级含量呈正相关，与其余粒级含量呈负相关，Δf与125～500 μm粒级含量呈正相关，与其余粒级含量呈负相关。$\Delta\alpha$与31～180 μm粒级含量具有较好的相关性，说明随31～180 μm粒级含量的增大，粒级分布主要集中于某一区间内，非均质性增大。多重分形谱参数与粒级含量的相关性表明可以利用分形参数定量从不同角度表征粒径分布的非均匀程度。

11.6 分维空间差异成因分析

沉积物粒度分布是沉积物来源、沉积环境、沉积动力等多种因素作用的结果，因此，分维值具有揭示沉积作用、沉积环境和沉积动力的重要意义。不同的物源，沉积物的粒径范围一般不同，分维值具有一定的差异。河流携带的泥沙分选不充分，能够改变沉积物粒度粗粒组分，导致海州湾顶和南部海域分维值出现低值。海岸侵蚀附近海域也会出现类似现象。相同物源经动力作用后，粒径组分发生变化，分维值也随之发生变化，其空间变化通常反映了沉积物的形成过程与形成环境。研究表明，海州湾近岸海域沉积物是南部废黄河细粒沉积物经潮流长途输运与原地海滩沉积物在动力作用下的改造（王宝灿等，1980）。波浪掀沙，潮流输沙是沉积物的动力改造方式。波浪从深水区向岸传播时，速度、波长及波高都会随之变化，当水深小到一定程度时便出现破碎。根据连云港大西山海洋站资料统计分析，－5 m处$H_{1/10}$波高为5 m时，破波水深为8.85 m，破波带宽度为10 km（陈吉余等，1989）。破波作用使底部泥沙悬浮，悬浮泥沙的搬运和再沉积过程主要由潮流完成。本区的潮流受南黄海旋转潮波控制，近岸受地形和岸线的影响主要为沿岸流，远岸为旋转流。沿岸流携带的大量细粒泥沙从南部的废黄河口一带向湾内逐渐运移，因而海州湾内的分维值相对南部海域较高。除沿岸流输运泥沙外，常浪向与破波带等深线近垂直斜交，也存在横向的泥沙搬运和分异。由于流速向岸逐渐减小，向上部搬运的泥沙粒径较细，外部主要为相对较粗的沉积物，分维值呈现近岸高，远岸低的趋势。在波浪破碎带，波浪掀沙，潮流输沙，大量表层细粒物质被带走而使沉积物粒度分布结构发生变化，导致沉积物粗化，分维值变小。水动力通过改变沉积物中细颗粒的含量改变沉积物粒度的分布结构，进而决定着沉积物粒度分维值的变化，其空间变化指示了沉积物在沉积过程及其以后所经受的水动力改造作用强度的不同。此外，分维特征在物理意义上也反映了沉积物在沉积过程中的自组织能力，水动力较弱的海州湾低能环境，沉积物自组织程度高，粒度分维值高。水动力较强的港口南部高能环境，受外力影响较大，沉积物自组织程度低，粒度分维值低。因此，分维值可作为联系沉积物粒径分布与水动力的定量关系，在一定程度上指示了沉积物形成演化特征的差异，对深入了解沉积过程具有一定意义。

11.7 小结

海州湾近岸海域表层沉积物粒度结构具有分形和多重分形特性。单形分维值介于2.21~2.41之间，平均值为2.31，从整体上反映了粒径分布特征。多重分形谱参数定量表征了粒度结构局部非均匀性和奇异性程度。

粒度分维与各粒级含量具有相关性。单形分维值与0.6~0.8 μm、0.8~1 μm、1~2 μm、2~4 μm、4~8 μm粒级含量呈正相关；与8~16 μm粒级含量相关性不显著；与16~31 μm、31~62 μm粒径含量呈负相关，表明分维值的大小反映了粒径组成和分布情况，能够有效地体现出小尺度细粒含量的差别。多重分形谱参数$\Delta\alpha$与31~180 μm粒级含量呈正相关，Δf与125~500 μm粒级含量呈正相关，与其余粒级含量呈负相关，可以从不同角度定量表征粒径分布的非均匀程度。

粒度分维空间差异性与水动力具有一定的关系。低能环境沉积物自组织程度高，分维值大，动力改造作用增强，沉积物自组织程度低，分维值小。分维特性从粒度分布的内在结构反映了沉积物的形成环境以及动力改造过程，提供了从分维的角度进一步研究沉积过程的演变。

12 悬 沙

12.1 概述

悬沙是海洋水文重要要素之一，在其成为海底沉积物之前，不断经历着悬浮、落淤、再悬浮的运动。由于悬沙是研究海洋沉积和海洋环境的重要参数，在污染物的迁移和循环、海洋生物化学循环、碳循环、海水的透光强度、海岸侵蚀与淤积等方面起着重要作用，因而是多学科关注的焦点，也是当前海洋研究的热点之一，大量文献从不同角度论述过悬沙浓度的变化及其机制。

在近岸海域，悬沙运动和变化受物质来源、水动力、地形等多种因素的制约，水动力是悬沙浓度变化的重要因素，在一个涨、落潮过程中，悬沙不是向单一方向移动，而是随潮流的涨、落往复振荡，经历着多次的沉积和再悬浮的不断运动。悬沙浓度变化是这种运动过程的重要表现。海水中悬沙浓度的垂向分布在悬沙输运中起着很大的作用，是推求悬移质输沙率的重要途径，其底层浓度的变化通常是泥沙再悬浮的重要表现。再悬浮发生时，部分泥沙悬扬进入水体，必然导致悬沙浓度的变化，因此悬沙浓度的变化可以指示再悬浮作用的过程和强度。本章基于海州湾近岸海域不同季节和不同天气条件下4次大中潮悬沙浓度和水动力的多站定点连续实测数据，分析不同季节悬沙浓度的时空分布特征、潮周期内的变化过程及其动力机制，探讨悬沙浓度潮周期变化特征及其影响因素，并以悬沙浓度作为沉积物是否发生再悬浮的判定指标，以此分析沉积物再悬浮过程及其机制。

12.2 材料与方法

2005年9月4—9日和2006年1月2—8日，长江下游水文水资源勘测局分别在海州湾近岸海域进行了4次大规模水沙多船同步观测。其中2005年9月4—5日大潮布设垂线测点13个；2005年9月8—9日中潮布设垂线测点15个；2006年1月2—3日大潮和2006年1月6—8日中潮分别布设19个垂线测点，具体位置如图12－1和图12－2所示。测点站位从北到南垂直岸线由近岸至远岸布设，根据岸线、水文等自然特征，尽量均匀分布使站位具有代表性，除增设站位外，不同季节和潮周期的测点位置基本相同，以便观测结果对比。在大、中潮期间分别进行了2个潮周期的定点连续观测，观测和分析内容包括水深、流速、流向、盐度、含沙量、悬沙粒径、底质和风速风向。

流速使用SLC9－2直读式海流计每1小时观测1次，观测位置采用6点法，分别为表层、0.2*H*、0.4*H*、0.6*H*、0.8*H*、底层，*H*为当时实测水深，水深小于5 m时采用3点法。涨落急、涨落憩时段半小时加密观测一次，每个位置流速、流向连续测两组数据。观测数据中的垂线平均流速、流向先分解为北分量、东分量，按表层、0.2*H*、0.4*H*、0.6*H*、0.8*H*、底层以系数0.1，0.2，0.2，0.2，0.2和0.1进行加权，再计算垂线平均流速、流向。

与测流同步使用采水器在上述层位采集水样，容积为1 000 mL，采用过滤烘干称重法测量水样的悬沙浓度，垂线平均含沙量采用同流速相同的计算方法。采用数显盐度仪测定含盐度；采用抓斗式取样器在垂线位置采取底质；采用DEM6型风速风向仪施测风速风向；采用BT－1500型离心式沉降粒度分布仪进行悬沙粒度分析。夏季底质样品粒径分析采用SFY－A型全自动筛分仪和粒径计与消光法结合进行，冬季底质样品采用马尔文激光粒度仪进行粒度测量。各粒度参数采用矩法计算。根据海洋调查规范的分类方案划分沉积物类型。波浪要素采用连云港海洋监测站海浪观测数据。

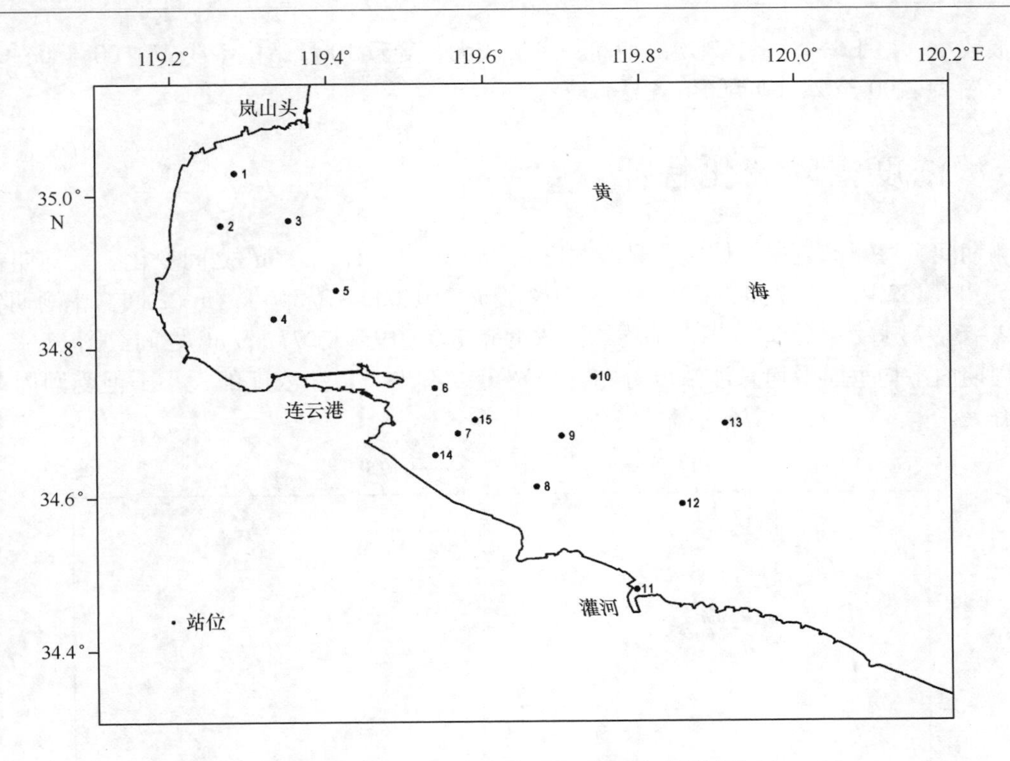

图 12 - 1 海州湾近岸海域夏季悬沙采样站位

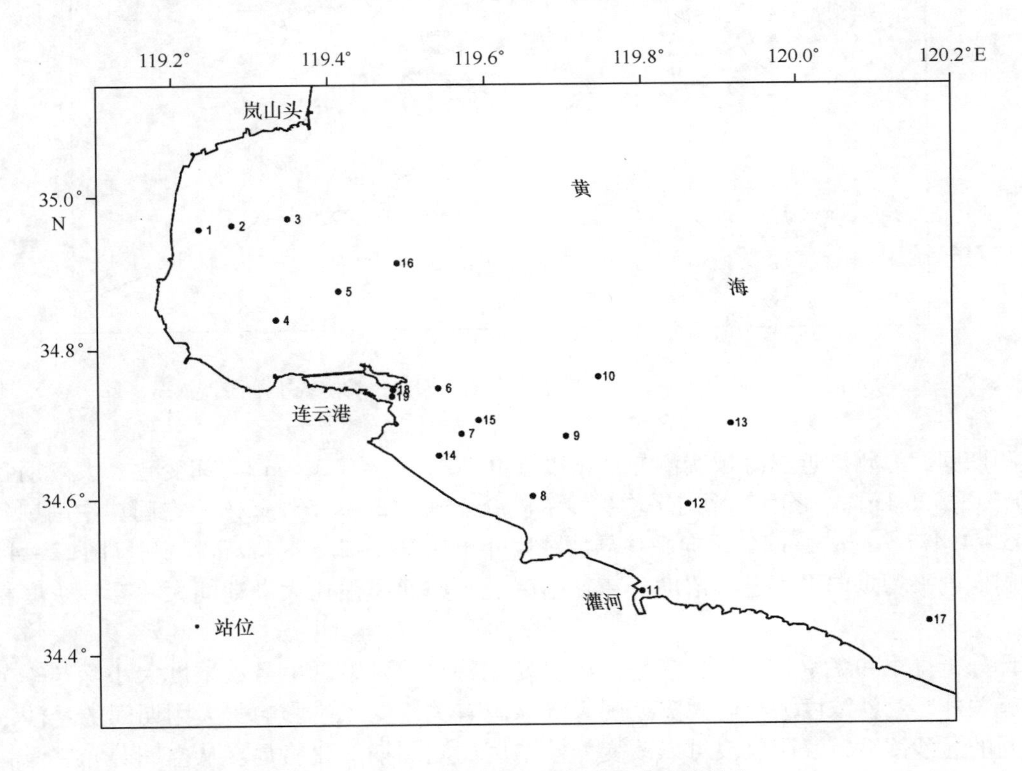

图 12 - 2 海州湾近岸海域冬季悬沙采样站位

悬沙浓度的变化与观测季节、潮周期和天气状况有关。本章调查观测时段包括不同季节、不同潮周期和不同天气状况，满足研究不同情形下悬沙浓度的变化和沉积物再悬浮。2005 年 9 月 4—5 日大潮观测期间，海面受风浪影响较大，9 月 8—9 日中潮观测期间海面基本平静。2006 年 1 月 2—3 日大潮观测期间，海面风浪较小，1 月 6—8 日中潮观测期间，风浪较大，导致 10 号站位垂线 21：00 至 0：00 4 h 和 17 号站位垂线中潮 21：00 至 2：00 共 6 h 无法取样。

12.3 悬沙浓度空间变化特征

夏季观测期间，海州湾近岸海域实测悬沙浓度在 0.002 ~ 13.153 kg/m^3 之间变化。大潮期各站悬沙浓度介于 0.005 ~ 13.153 kg/m^3 之间，垂向平均悬沙浓度介于 0.036 ~ 2.816 kg/m^3 之间。中潮期各站悬沙浓度介于 0.002 ~ 6.973 kg/m^3 之间，垂向平均悬沙浓度介于 0.019 ~ 3.273 kg/m^3 之间。图 12 - 3 为夏季大、中潮一个潮周期内平均垂向平均悬沙浓度分布。由图可以看出，悬沙浓度的大小不但受潮周期影响，还与站位位置有关。

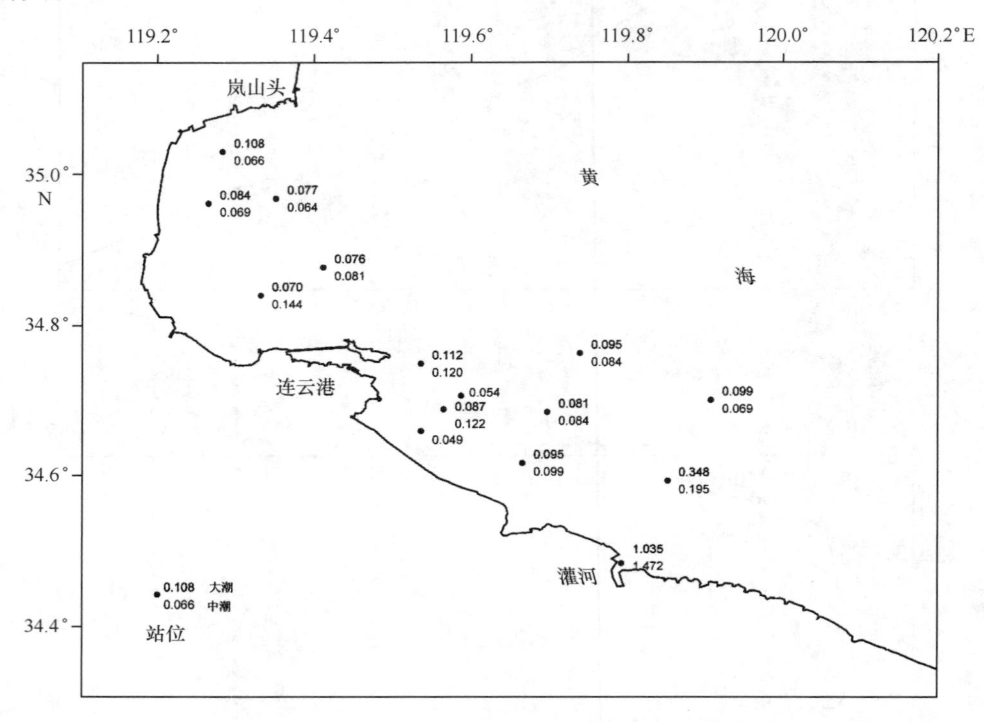

图 12 - 3　海州湾近岸海域夏季各站大、中潮 1 个潮周期内平均垂线平均悬沙浓度（kg · m^{-3}）

冬季观测期间，海州湾近岸海域实测悬沙浓度在 0.001 ~ 4.477 kg/m^3 之间变化。大潮期各站悬沙浓度介于 0.001 ~ 3.326 kg/m^3 之间，垂向平均悬沙浓度介于 0.012 ~ 2.587 kg/m^3 之间。中潮期各站悬沙浓度介于 0.005 ~ 4.477 kg/m^3 之间，垂向平均悬沙浓度介于 0.007 ~ 2.558 kg/m^3 之间。图 12 - 4 为冬季大、中潮一个潮周期内平均垂向平均悬沙浓度分布。中潮观测期间风浪比大潮期间大，悬沙浓度相对大潮也偏大。

综合统计分析夏季和冬季各站大中潮悬沙浓度变化特点，可以看出悬沙浓度大小除与季节、潮周期和站位位置有关外，悬沙浓度大小同观测期间天气状况有关，受风浪影响，大潮期间的悬沙浓度不一定大于中潮期间的悬沙浓度，表明风浪可以改变悬沙浓度的潮周期变化格局。从空间分布来看，总体上近岸垂向悬沙浓度较远岸垂向悬沙浓度大，随着离岸距离的增大，悬沙浓度有逐渐降低的趋势。靠近灌河口的 11 号站与其余各站悬沙浓度的差别幅度较大，可能与近岸陆源悬沙的加入有关。

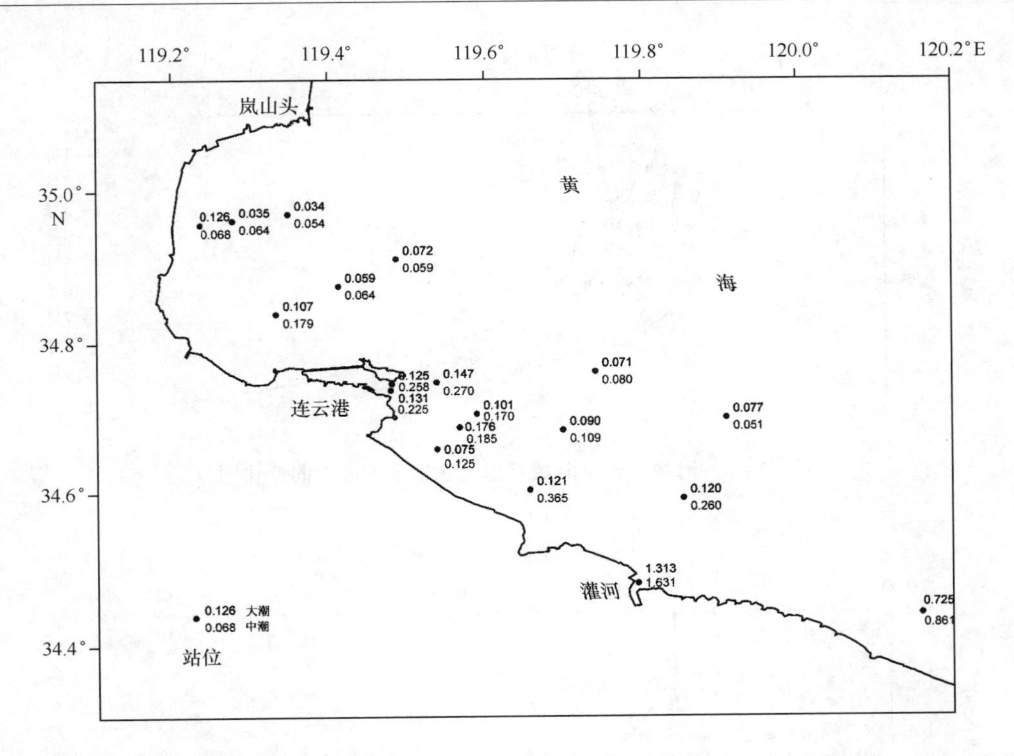

图 12-4 海州湾近岸海域冬季各站大、中潮 1 个潮周期内平均垂线平均悬沙浓度（kg·m^{-3}）

12.4 悬沙浓度垂向变化特征

悬沙浓度的垂向分布可以深化认识悬沙运动变化机理。关于悬沙浓度垂向分布规律的研究已有很多，应用较为广泛的有扩散理论、混合理论、两相流理论、随机理论、动力学以及相似理论。目前对单向水体中悬沙垂向分布研究较为成熟，恒定河流中悬沙浓度通常符合 Rouse（1937）公式。李占海等（2006）在江苏潮滩悬沙垂向分布研究中得出潮滩水体中的悬沙浓度也基本符合指数形式。由于近岸海域水动力的复杂性，悬沙的垂向分布不像恒定水体中自下而上含量由高至低按指数减小。为了从一般意义上研究海州湾近岸海域悬沙浓度垂向分布特征，本章把各站各层的观测资料做了时间上的平均。根据夏、冬季各站大、中潮垂线平均悬沙浓度分布（图 12-5 至图 12-8），可以发现各站悬沙浓度通常是随深度增加逐渐增大，大致符合准直线型、斜线型、抛物线型和混合型 4 种基本分布类型（谷国传，胡方西，1989）。由于靠近河口的 11 号、12 号以及 17 号站的悬沙浓度相对其他站位较高，为使悬沙浓度垂线变化清晰，把它们单独作图。

准直线型的特点是由表层至底层悬沙浓度变化不大，在整个水深范围内趋于均匀，以致悬沙垂向分布曲线接近直线型，属于这种类型的典型站位如夏季大潮观测期间的 2 号站，冬季大潮期间的 2 号、3 号站；斜线型的特点在垂向上变化较为均一，由表层至底层逐渐增加，属于这种类型的典型站位如夏季大潮观测期间的 13 号，中潮观测期间的 1 号、8 号，冬季中潮期间的 11 号、18 号站；抛物线型的特点是悬沙浓度垂向变化梯度较大，上层随水深增大而缓慢增大，中层增大较快，近底层迅速增大，属于这种类型的典型站位如夏季大潮观测期间的 1 号、4 号、5 号、8 号、9 号站和中潮观测期间的 6 号站；混合型的特点是悬沙垂向分布呈现为一种无规则的曲线形态，其变化的总趋势一般为表层低，底层高，接近底部时悬沙浓度迅速升高，垂向变化梯度较大，属于这种类型的典型站位如夏季大潮观测期间的 6 号、7 号、10 号站和中潮观测期间的 4 号、5 号、7 号、9 号站。

比较夏、冬季悬沙浓度垂向分布，可以看出如下特点：

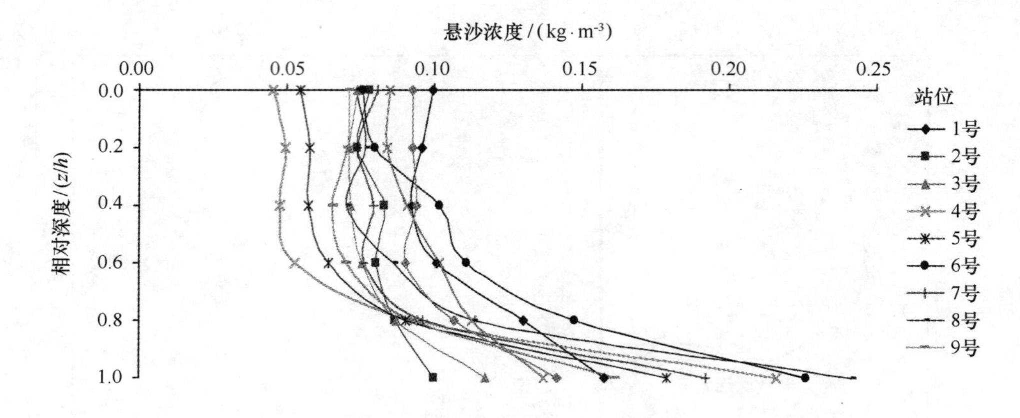

图 12－5　海州湾近岸海域夏季大潮悬沙浓度垂向变化图

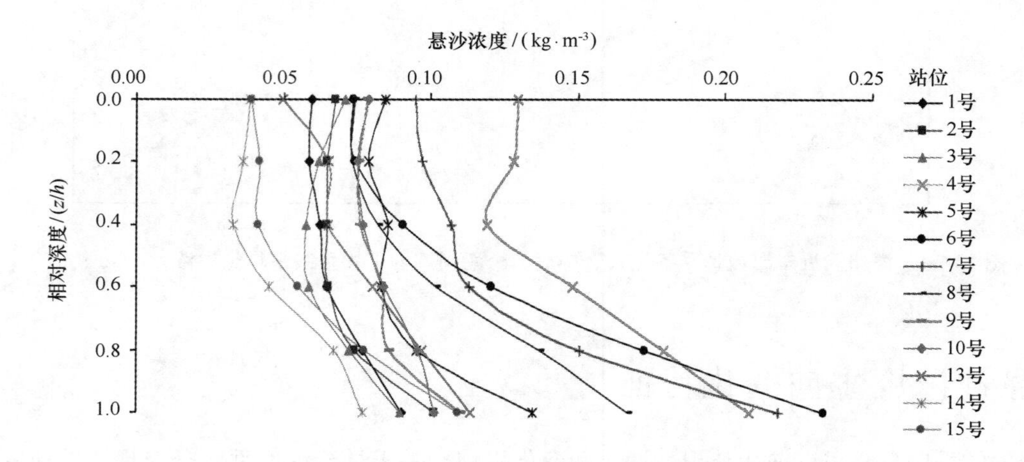

图 12－6　海州湾近岸海域夏季中潮悬沙浓度垂向变化图

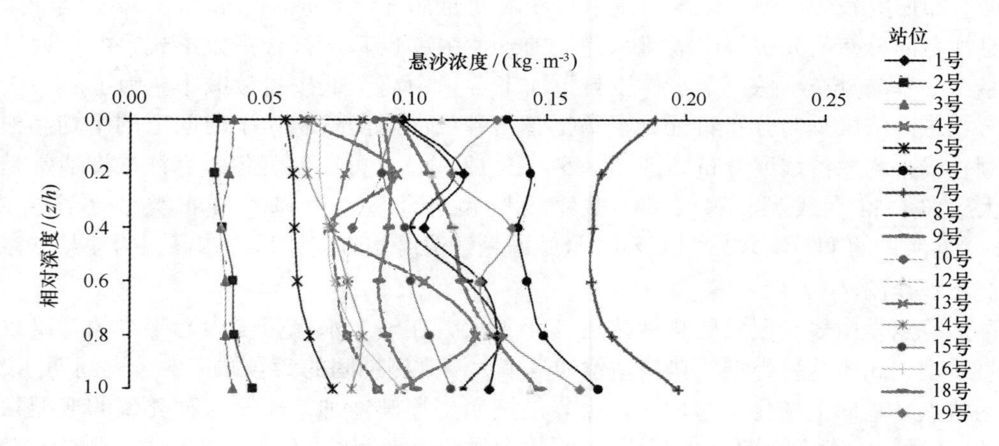

图 12－7　海州湾近岸海域冬季大潮悬沙浓度垂向变化图

（1）夏季大潮期间的底层悬沙浓度几乎都大于中潮期间的底层悬沙浓度，这可能同大潮期间底层流速较大有关，中潮期间水体上下层悬沙浓度变化梯度相对较小。冬季中潮悬沙浓度变化范围大于冬季大潮悬沙浓度变化范围，这可能同冬季中潮期间风浪较大有关。

（2）冬季悬沙浓度上下层相对于夏季均匀。夏季表底层悬沙浓度之差较大，冬季表底层悬沙浓度之

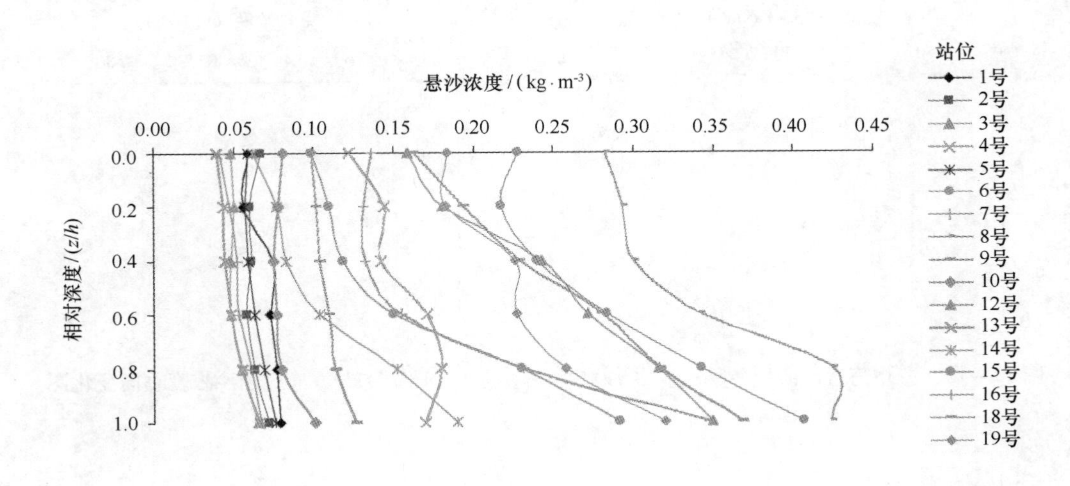

图 12－8　海州湾近岸海域冬季中潮悬沙浓度垂向变化图

差相对夏季表底层悬沙浓度之差较小。

（3）冬季中潮观测期间，风浪较大，悬沙浓度变化范围也大，但港口北部海域站位悬沙浓度变化幅度较小，集中在 0.05 kg/m³ 附近，从底层到表层几乎一致，混合较均匀，港口南部海域表底层悬沙浓度变化幅度较大，表明悬沙浓度变化不仅受动力影响显著，而且与同站位所处位置有关。最明显的是 4 号站的夏季悬沙浓度变化，大潮时表层悬沙浓度为 0.045 kg/m³，而底层浓度却增大到 0.216 kg/m³；中潮时表、底层的悬沙浓度变化幅度相对大潮变小，但表层浓度却显著大于大潮。悬沙浓度的这种变化可能同该站位于湾顶有关，由于西大堤的阻挡，该站成为涨落潮的交汇地带，表明地形对悬沙浓度变化有一定影响。

（4）在横向分布上，随离岸距离的增加，垂向悬沙浓度有变小的趋势。

此外，夏季靠近河口的 11 号站和 12 号站的悬沙浓度也具有明显的特征（图 12－9）。主要表现为：无论大潮还是中潮，这两个站位的显著特点是：表层与底层悬沙浓度相差较大，离河口最近的 11 号站表、底层都大于离河口较远的 12 号站；无论大潮还是中潮，离河口最近的 11 号站表层悬沙浓度近乎一致，底层悬沙浓度中潮大于大潮；离河口较远的 12 号站大潮表、底层悬沙浓度都显著大于中潮的表、底层悬沙浓度。冬季靠近河口的 11 号站悬沙浓度同夏季相似（图 12－10），17 号站悬沙浓度比较高，可能同其靠近废黄河三角洲有关。上述特征表明河流对 11 号站的表层悬沙具有一定的控制作用，但影响悬沙浓度变化的主要因素还是水动力。

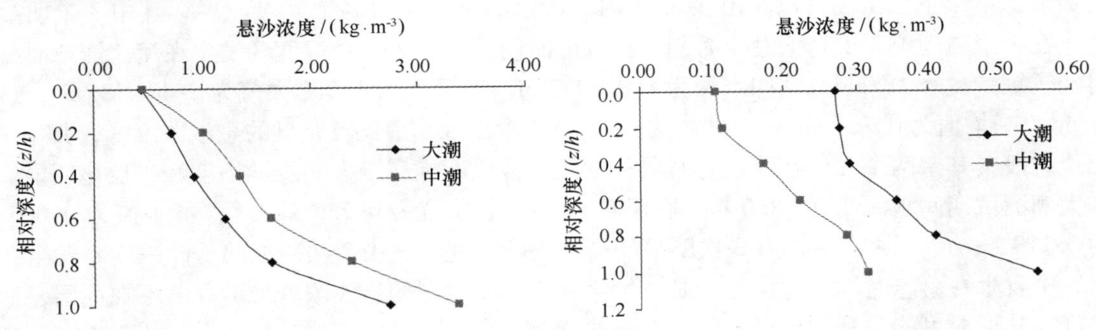

图 12－9　海州湾近岸海域夏季大、中潮 11 号站（左）和 12 号站（右）悬沙浓度垂向变化图

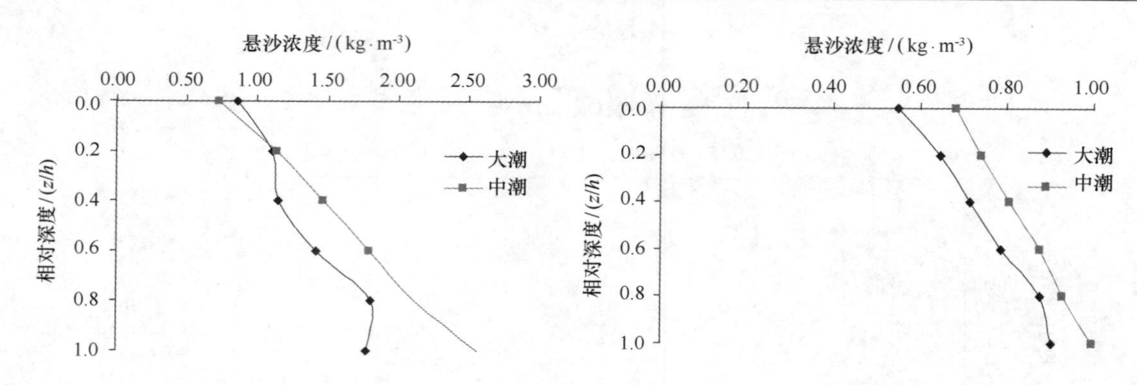

图 12－10 海州湾近岸海域冬季大、中潮 11 号站（左）和 17 号站（右）悬沙浓度垂向变化图

12.5 悬沙浓度时间变化特征

图 12－11 和图 12－12 为夏季大、中潮悬沙浓度时间系列分布图。对各测站潮周期内悬沙浓度垂向时空变化特征进行分析，可以看出悬沙浓度在时间域中具有明显的特征。底部悬沙浓度在潮周期内变化剧烈，一般在 25 h 内有多次高浓度峰出现，具有一定的周期性，并有明显分层现象。表层含沙量变化相对平缓。大中潮悬沙浓度时间系列分布相似，大潮悬沙浓度峰强于中潮悬沙浓度峰，部分站位浓度峰较高。

图 12－13 至图 12－14 为冬季大、中潮悬沙浓度时间系列分布图。从图中可以看出，冬季悬沙浓度峰较夏季高，垂向悬沙浓度波动较大，有时出现上下层相对均匀的现象，而夏季悬沙浓度峰多局限在底部一定深度内。

从悬沙浓度峰出现的时间来看，夏季大中潮悬沙浓度峰一般出现在涨落急时段，冬季大中潮悬沙浓度峰主要出现在落转涨流速较小时刻。此外，一个明显的特征是出现在水位最高或最低处。从横向分布来看，近岸站位流速峰值与悬沙浓度峰值基本在同一时刻达到，这主要是由于悬沙是本地泥沙再悬浮的结果，悬沙起动后垂向扩散距离较短，易于在水体中体现，悬沙浓度变化周期与潮流变化周期基本吻合。远岸站位，悬沙浓度与流速的变化过程也基本一致，悬沙浓度峰较高，但强度减弱。从纵向分布来看，港口北部海域悬沙浓度峰相对港口南部海域悬沙浓度峰变化幅度小。

为了进一步了解悬沙浓度变化过程，选取典型剖面 8 号、9 号、10 号站的悬沙浓度变化垂向等值线图分析悬沙浓度的变化。

8 号站于连云港港口南部近岸海域。夏季大潮测试期间水深 4.0～8.6 m。底层悬沙浓度最大值为 0.438 kg/m^3，最小值为 0.079 kg/m^3，平均值为 0.242 kg/m^3。悬沙浓度由表层到底层增大，高浓度大部分局限在 2 m 深度以下。由图可以看出在 25 h 内随潮水涨落有 4 次高浓度峰出现，其中 3 个明显的浓度峰分别发生在 2 个高潮位和 1 个低潮位时刻，持续的时间较长，另 1 个浓度峰发生在流速涨急时刻后 1 h，持续的时间较短。夏季中潮测试期间水深为 5.0～9.2 m。底层悬沙浓度最大值为 0.364 kg/m^3，最小值为 0.057 kg/m^3，平均值为 0.165 kg/m^3。悬沙浓度在 25 h 内出现 6 个比较明显的悬沙浓度峰，其中 4 个发生在高低潮位时段，其余两个发生在涨落急时段。中潮悬沙浓度峰高于大潮悬沙浓度峰，层化明显。

冬季大潮测试期间水深 3.0～8.0 m。底层悬沙浓度最大值为 0.220 kg/m^3，最小值为 0.065 kg/m^3，平均值为 0.119 kg/m^3。在 25 h 内有 3 次明显的高浓度峰出现，其中 2 次明显的悬沙浓度峰发生在低水位时段，另一次发生在落急时段。值得注意是，发生在 3：00 时刻的悬沙浓度峰最高值不在底层，而是在离底一定高度，其形成可能与悬沙落淤有关。冬季中潮测试期间水深 4.0～7.5 m。底层悬沙浓度最大值为 0.712 kg/m^3，最小值为 0.342 kg/m^3，平均值为 0.463 kg/m^3。悬沙浓度在 25 h 内出现 3 个比较明显的悬沙浓度峰，其中 1 个悬沙浓度峰发生在涨急时刻，其余 2 个悬沙浓度峰发生在低水位时段，悬沙浓度峰比较宽，历时较长，这可能同该时段流速较小，悬沙沉降有关。

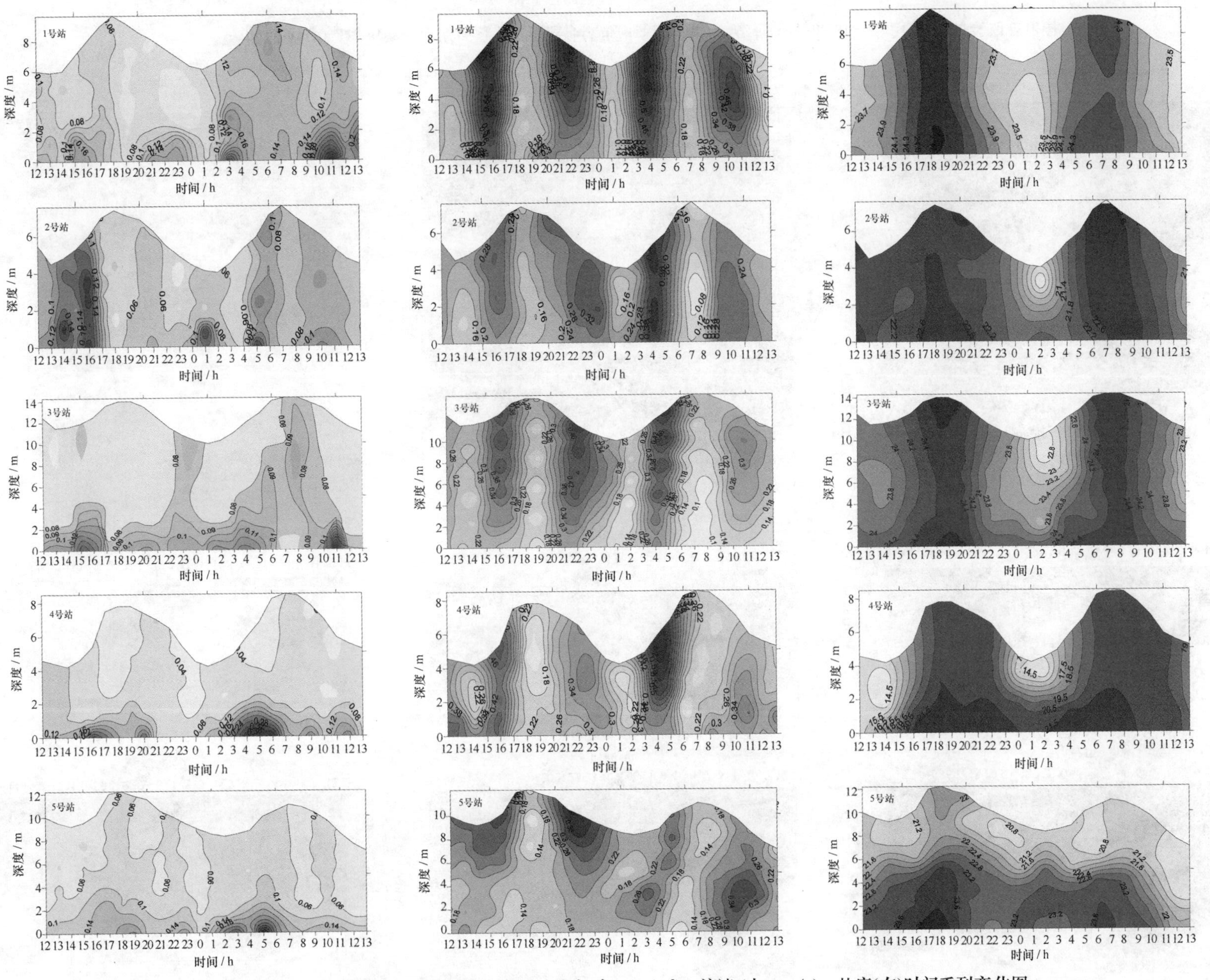

图12-11(a) 海州湾近岸海域夏季大潮悬沙浓度(左，kg/m³)、流速(中，m/s)、盐度(右)时间系列变化图

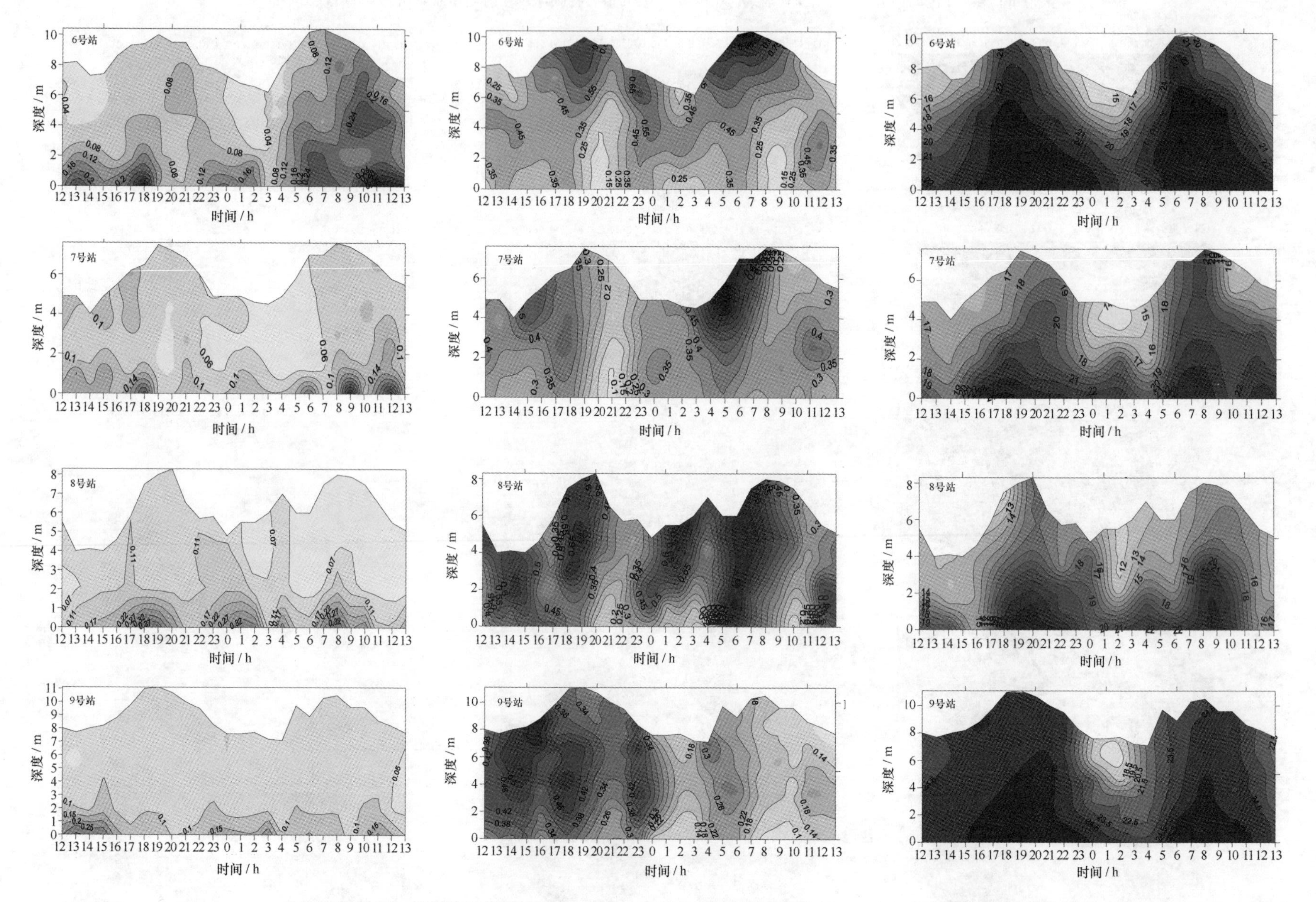

图12-11(b) 海州湾近岸海域夏季大潮悬沙浓度(左，kg/m³)、流速 (中，m/s)、盐度(右)时间系列变化图

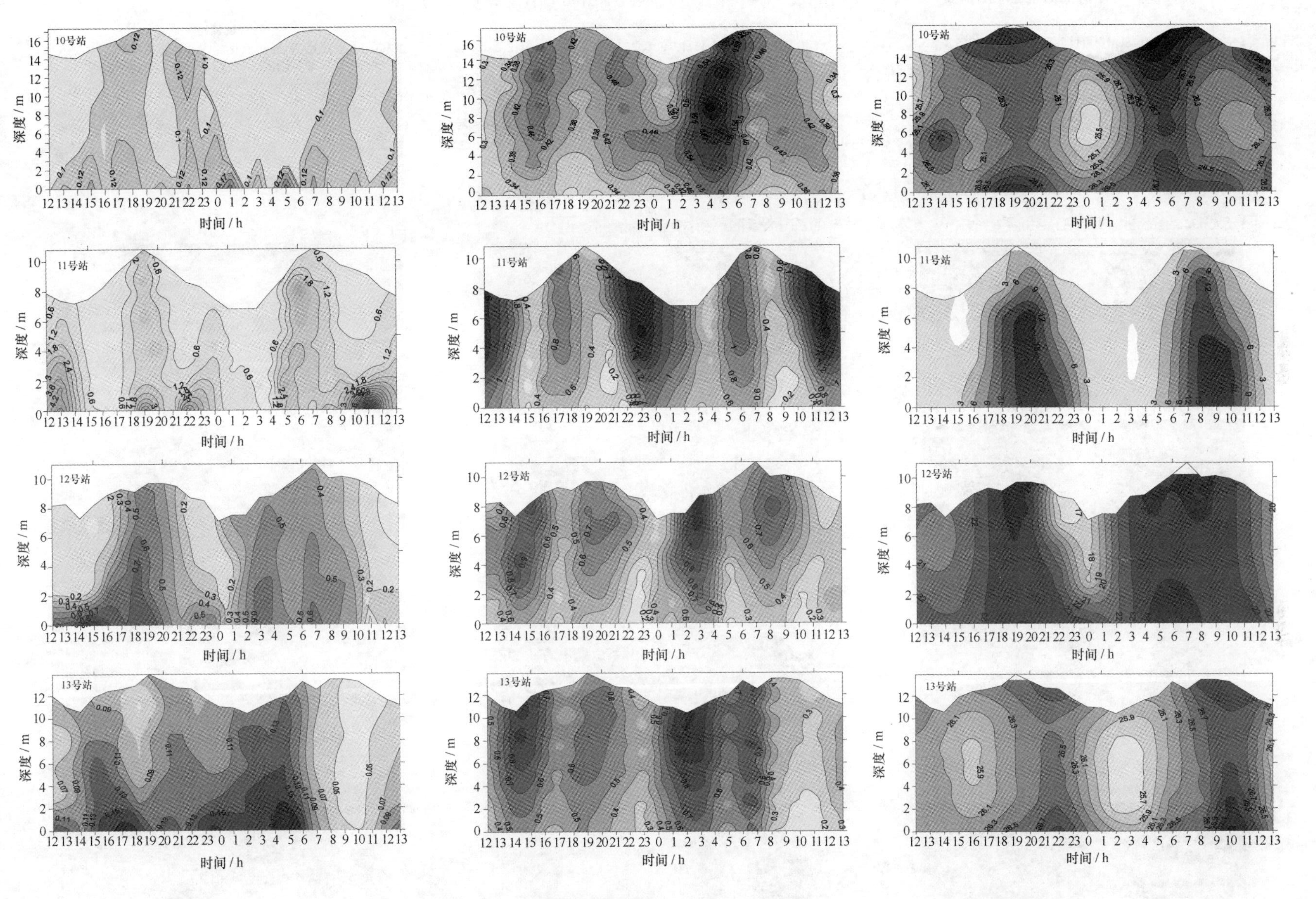

图12-11(c)　海州湾近岸海域夏季大潮悬沙浓度(左，kg/m³)、流速 (中，m/s)、盐度(右)时间系列变化图

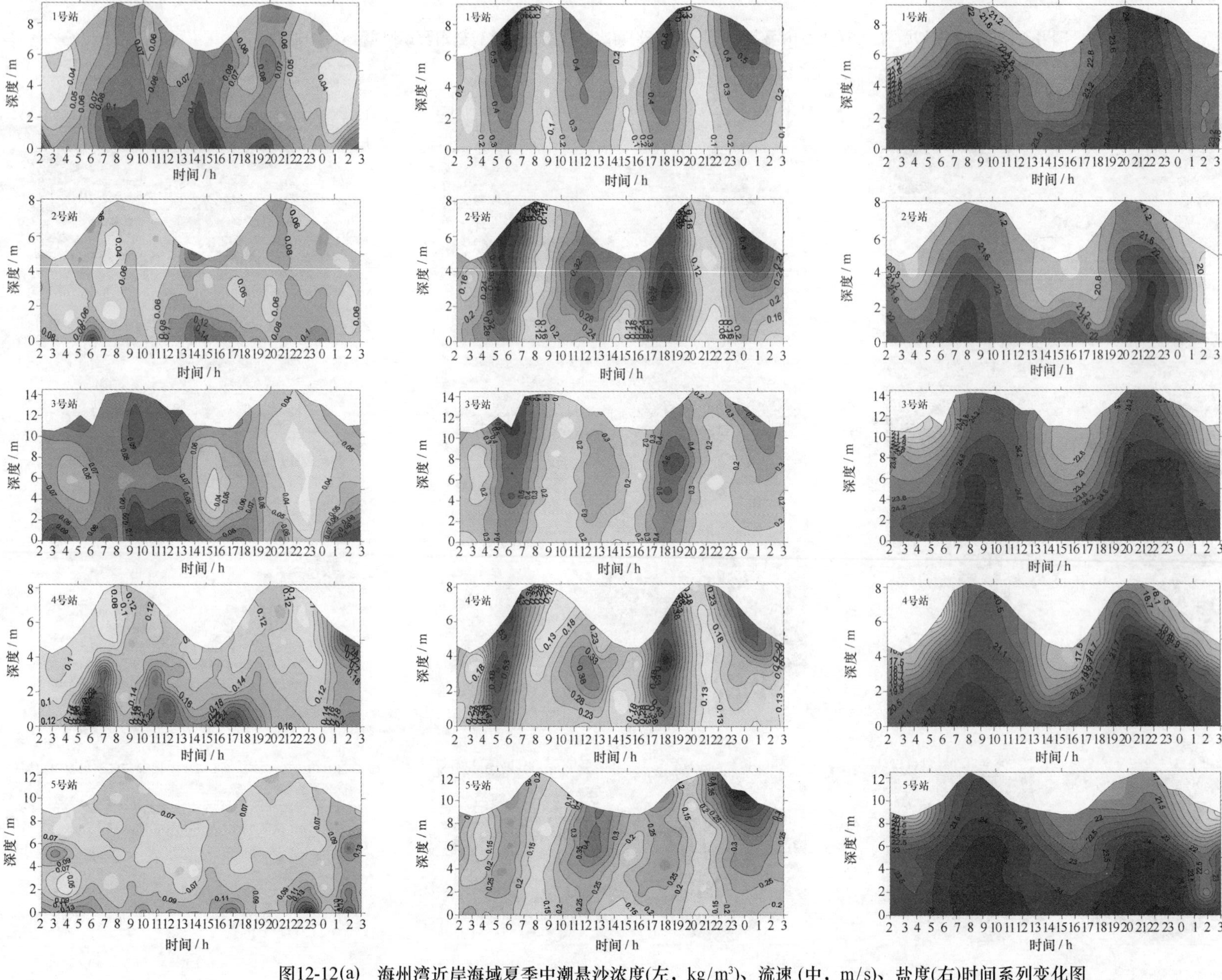

图12-12(a)　海州湾近岸海域夏季中潮悬沙浓度(左，kg/m³)、流速 (中，m/s)、盐度(右)时间系列变化图

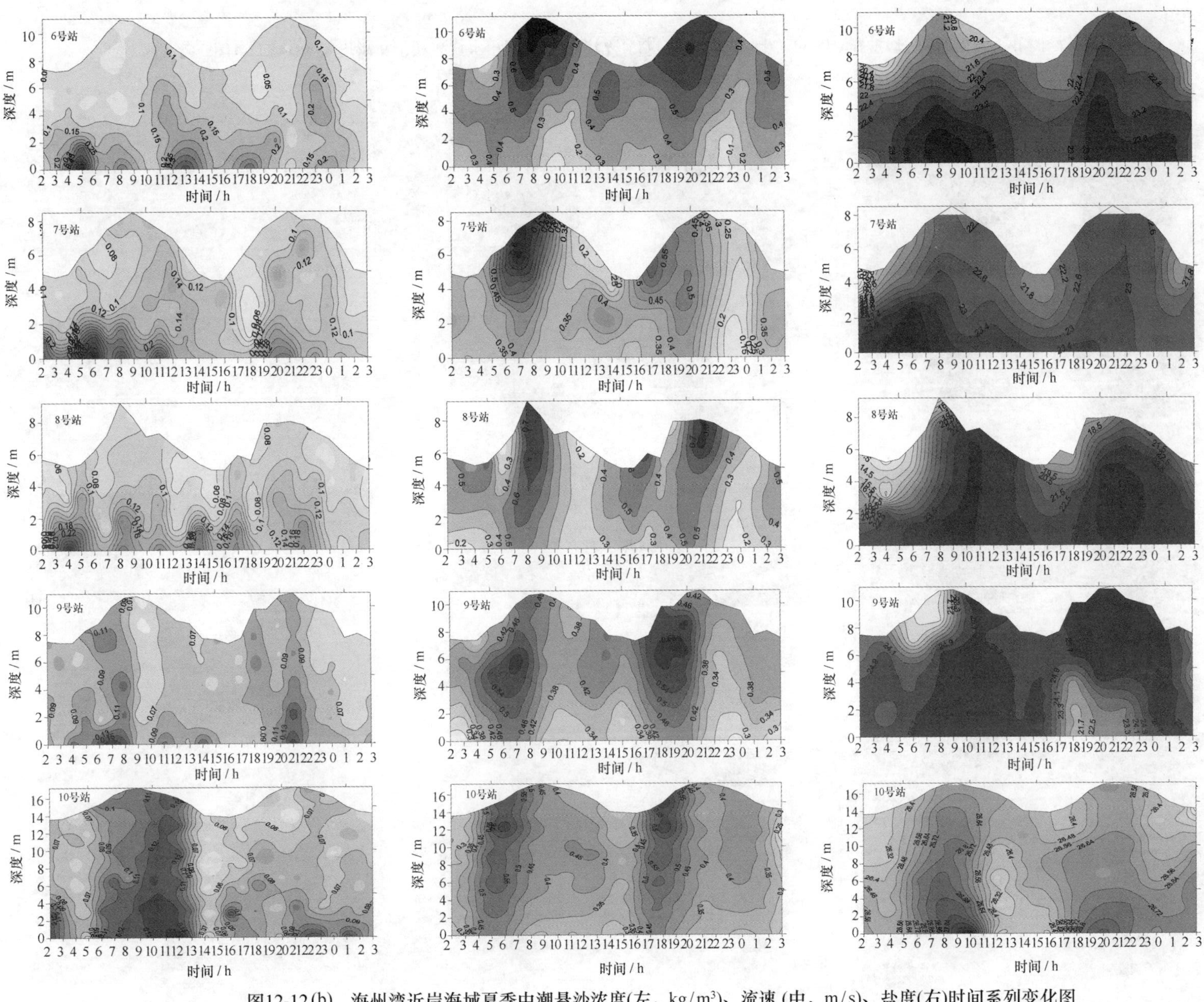

图12-12(b) 海州湾近岸海域夏季中潮悬沙浓度(左，kg/m³)、流速 (中，m/s)、盐度(右)时间系列变化图

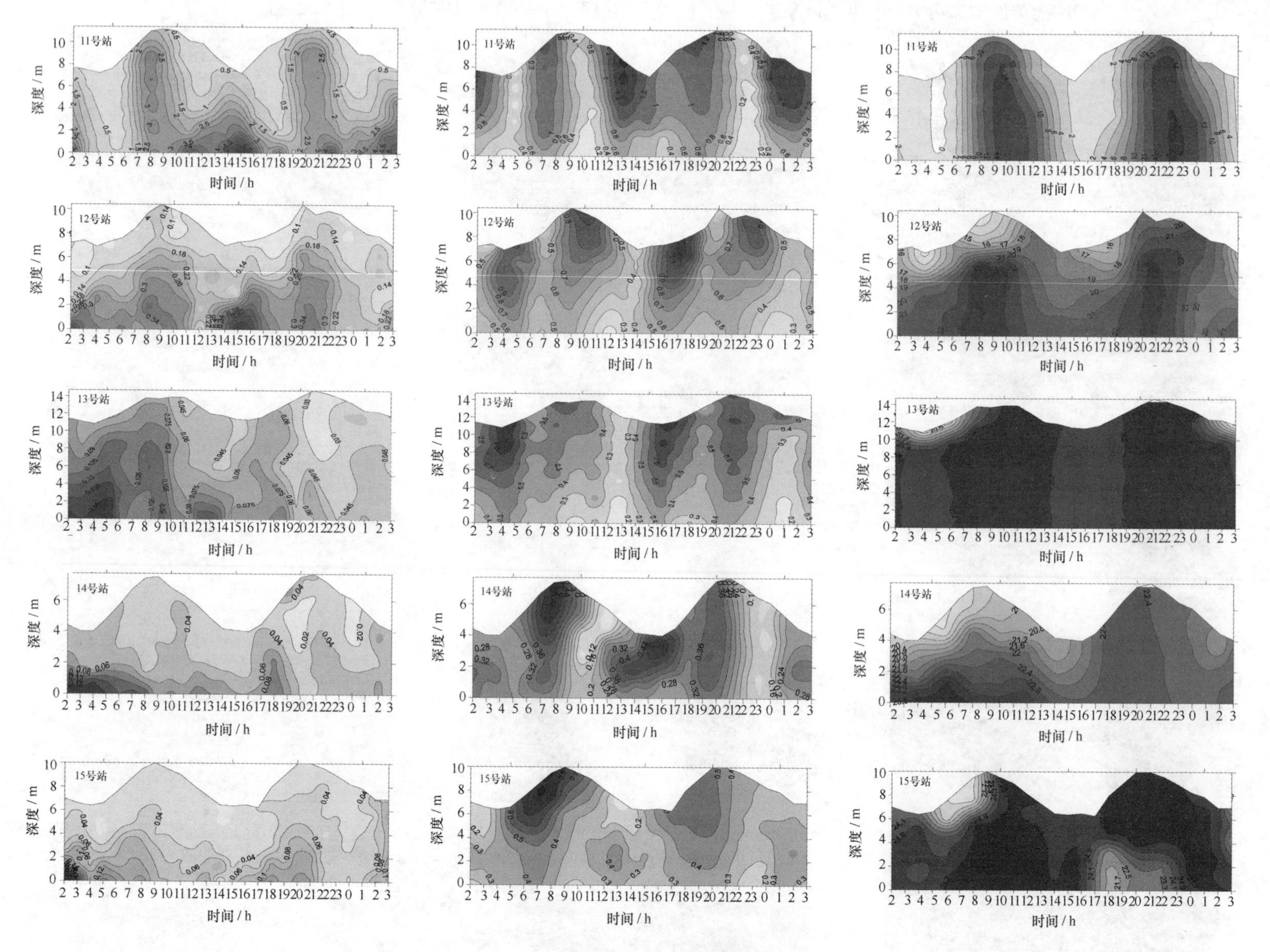

图12-12(c) 海州湾近岸海域夏季中潮悬沙浓度(左，kg/m³)、流速(中，m/s)、盐度(右)时间系列变化图

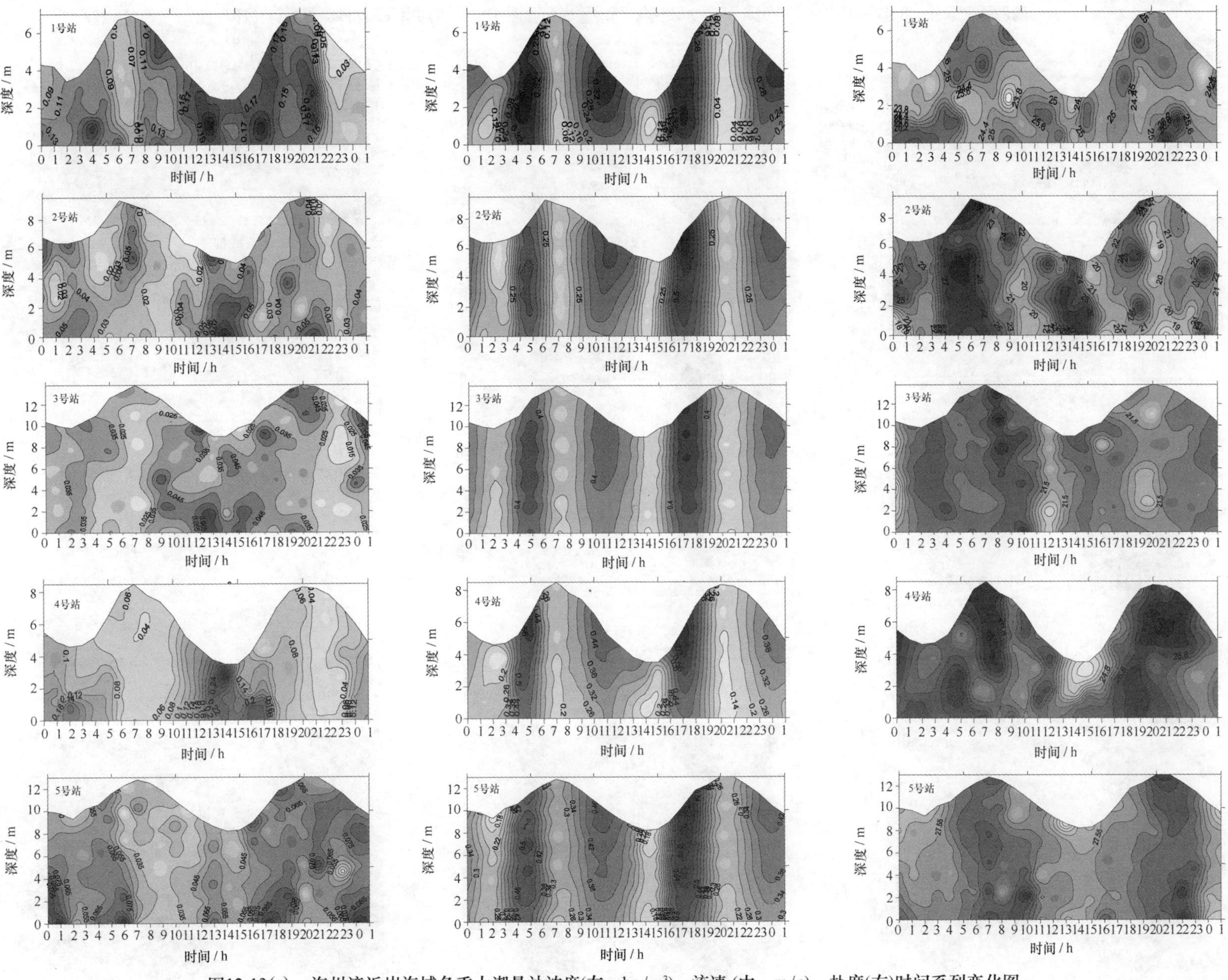

图12-13(a)　海州湾近岸海域冬季大潮悬沙浓度(左，kg/m³)、流速 (中，m/s)、盐度(右)时间系列变化图

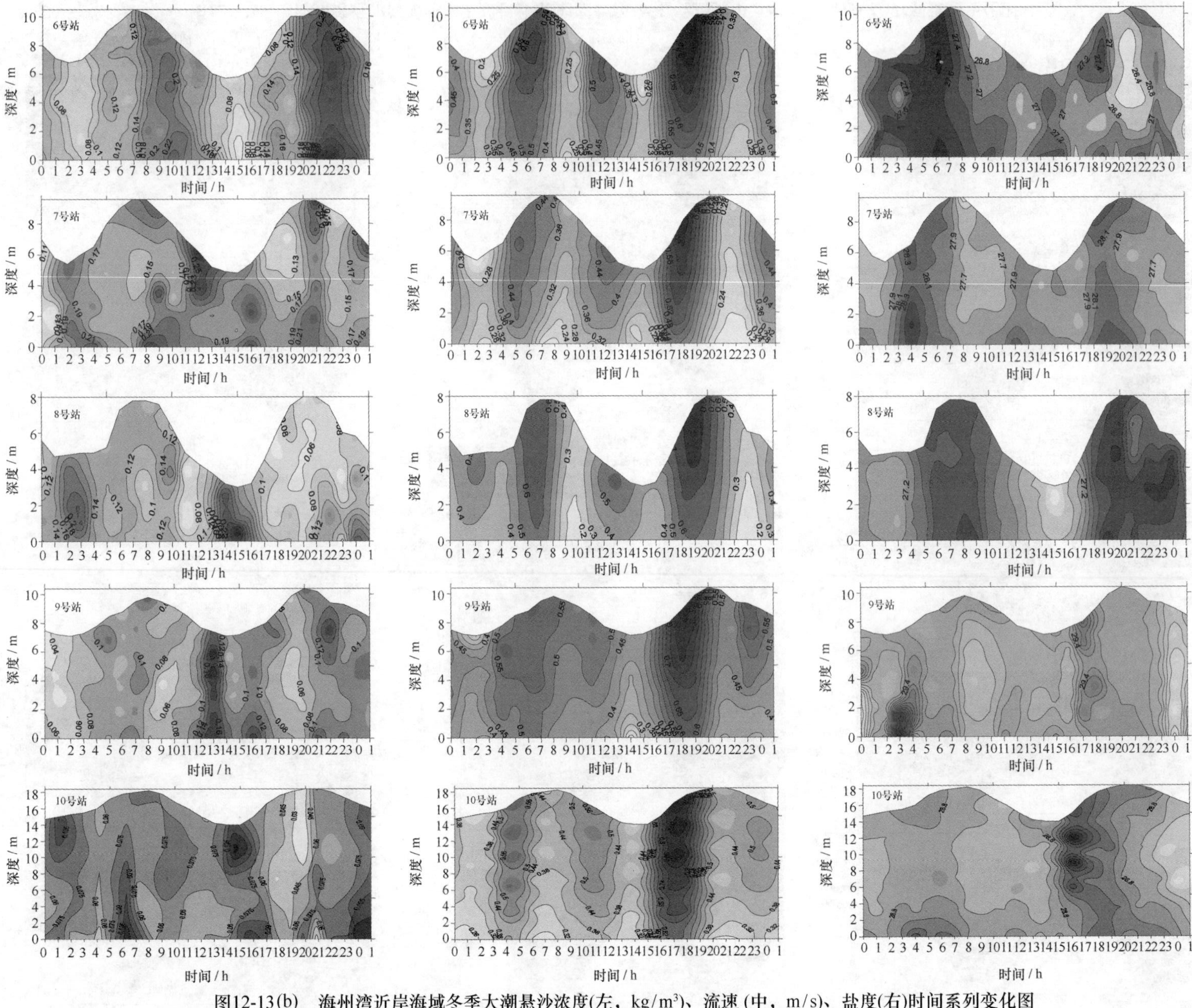

图12-13(b) 海州湾近岸海域冬季大潮悬沙浓度(左，kg/m³)、流速 (中，m/s)、盐度(右)时间系列变化图

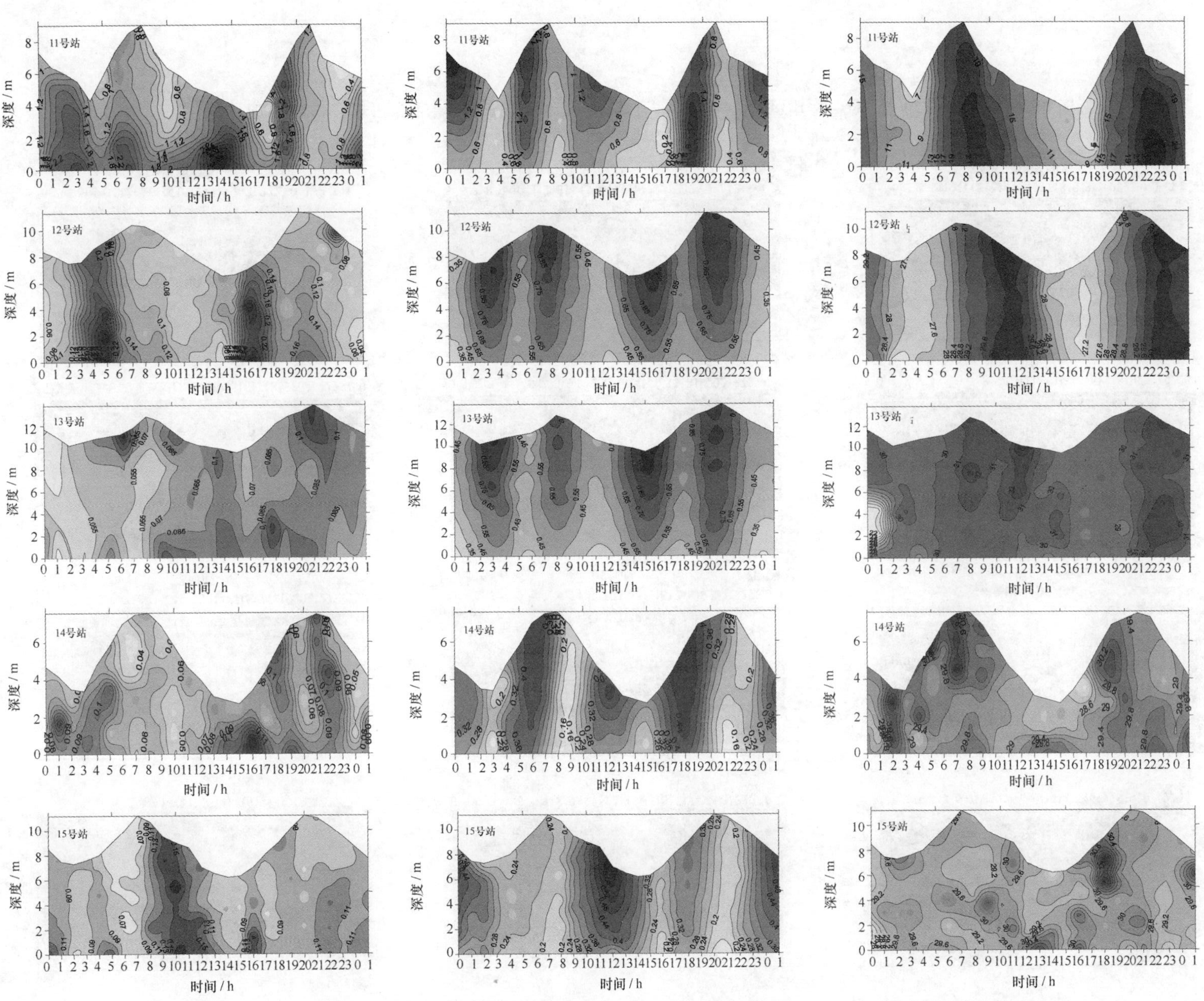

图12-13(c)　海州湾近岸海域冬季大潮悬沙浓度(左，kg/m³)、流速(中，m/s)、盐度(右)时间系列变化图

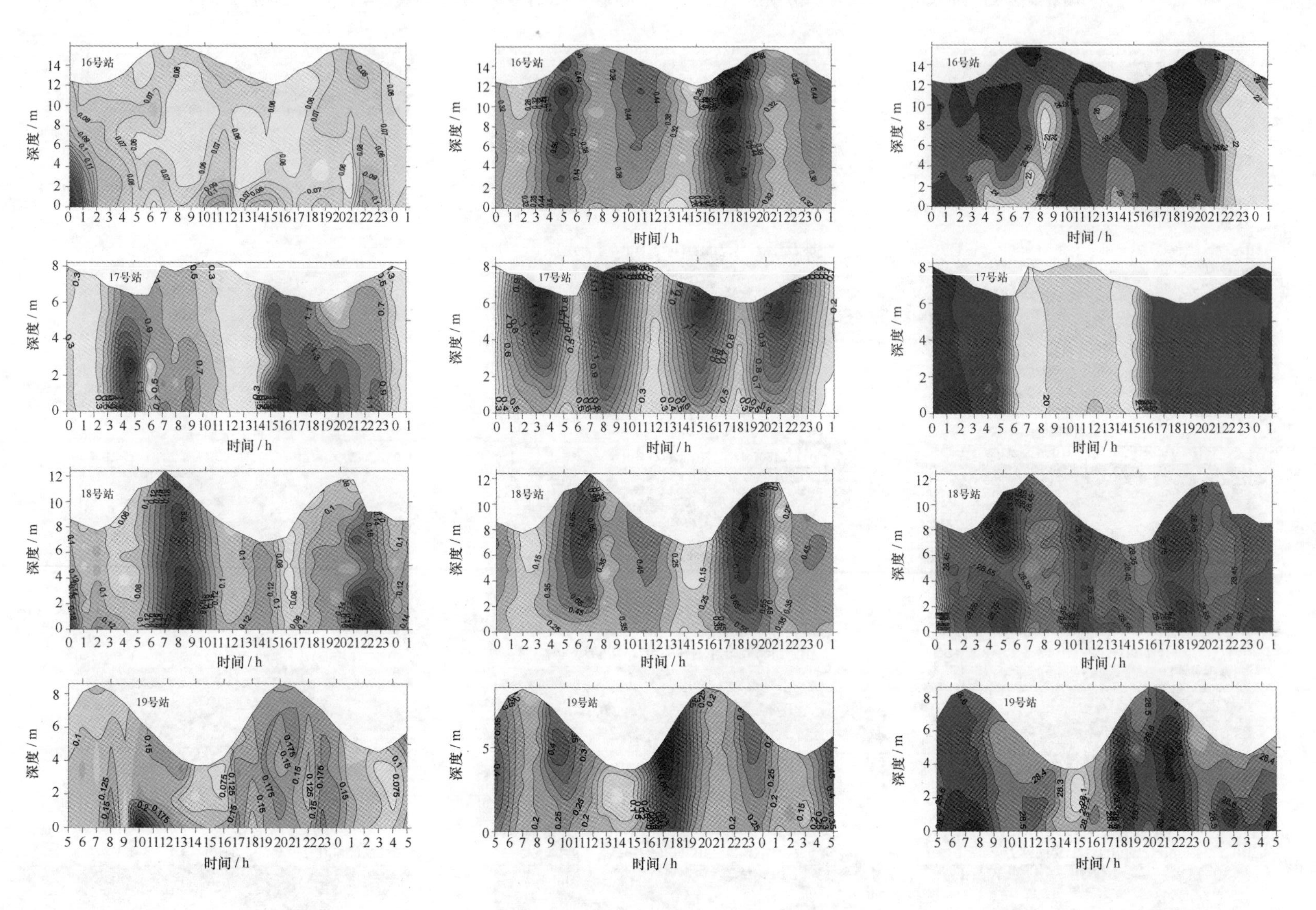

图12-13(d) 海州湾近岸海域冬季大潮悬沙浓度(左，kg/m^3)、流速 (中，m/s)、盐度(右)时间系列变化图

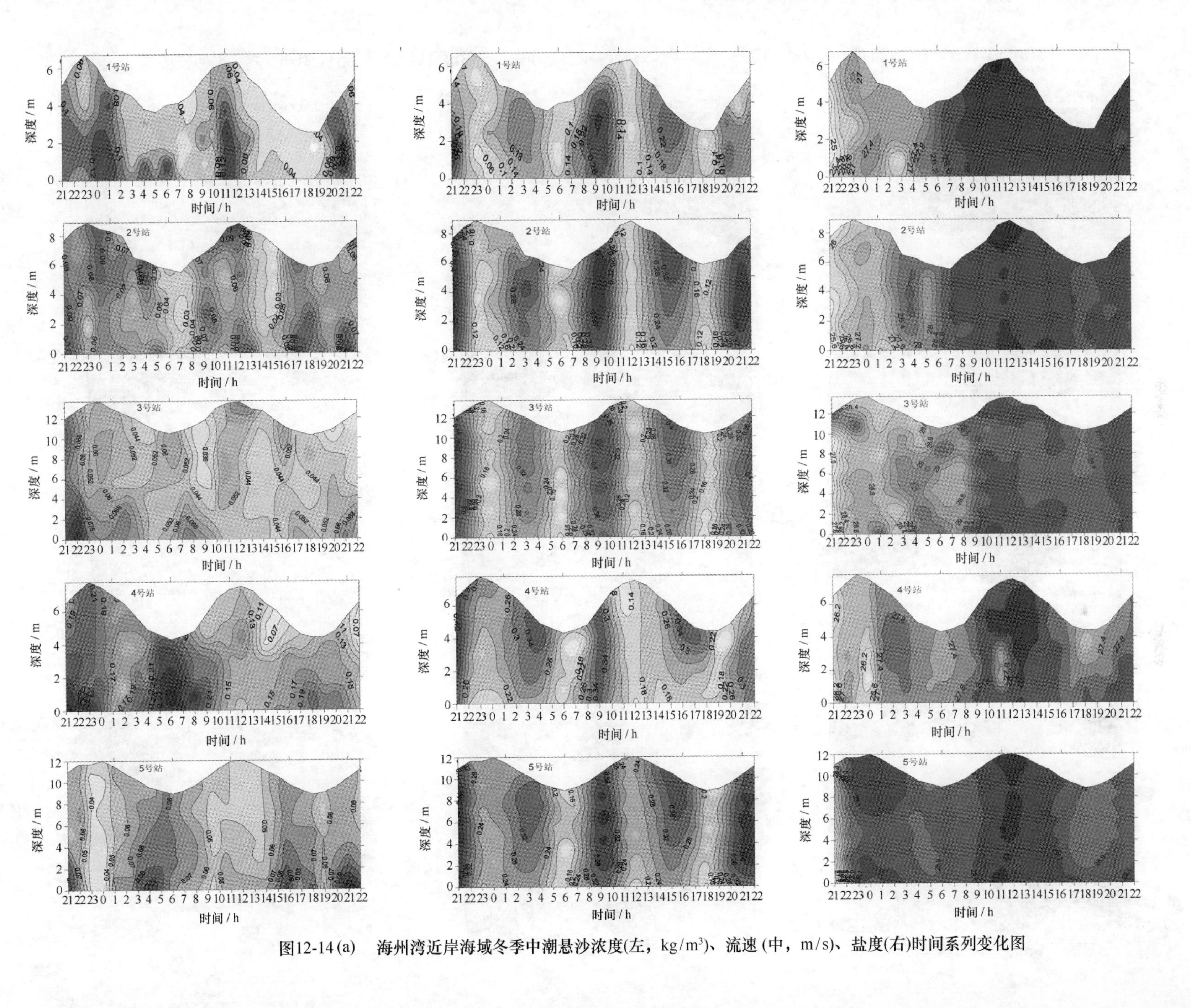

图12-14(a)　海州湾近岸海域冬季中潮悬沙浓度(左，kg/m³)、流速(中，m/s)、盐度(右)时间系列变化图

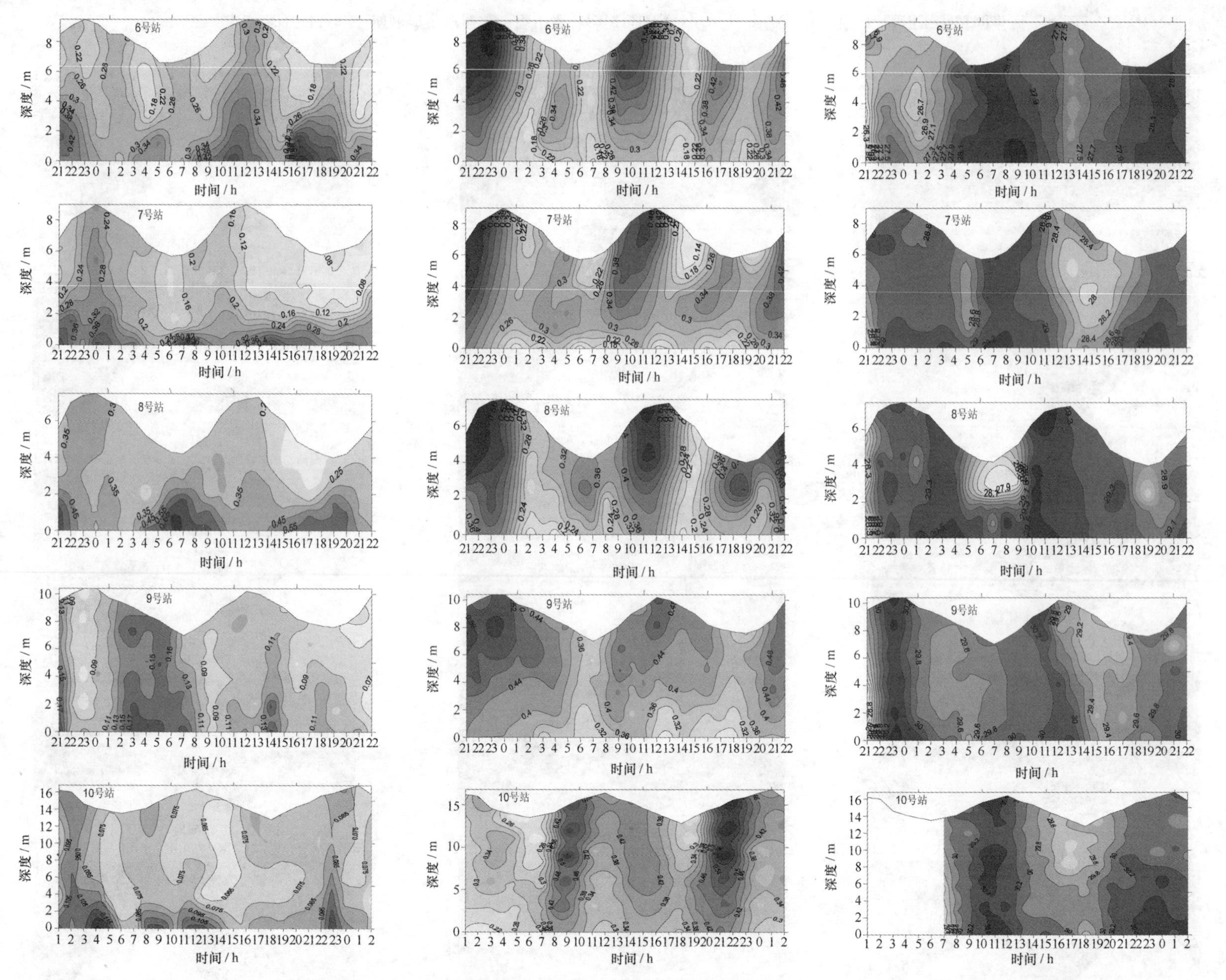

图12-14(b)　海州湾近岸海域冬季中潮悬沙浓度(左，kg/m³)、流速 (中，m/s)、盐度(右)时间系列变化图

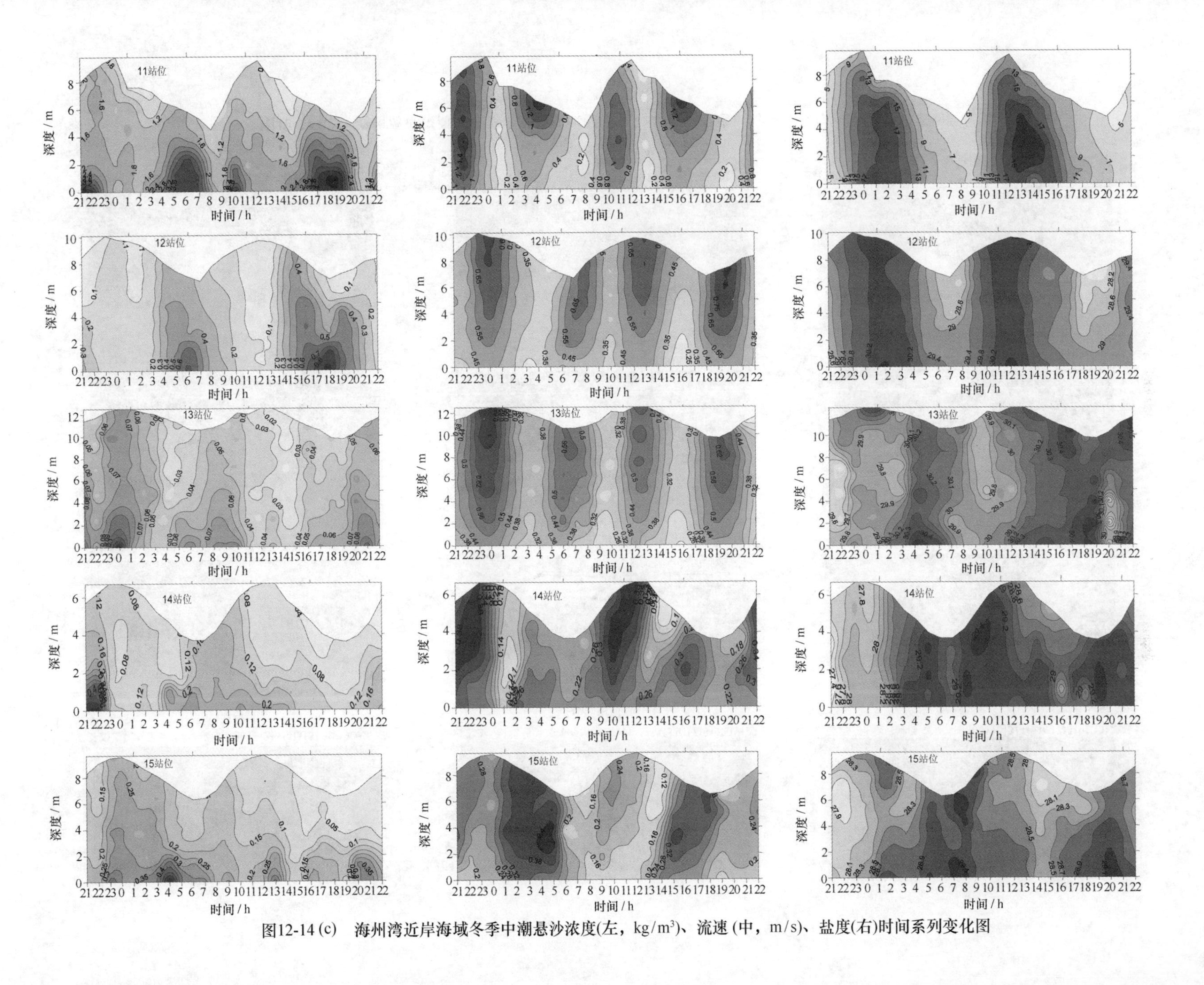

图12-14 (c) 海州湾近岸海域冬季中潮悬沙浓度(左，kg/m³)、流速 (中，m/s)、盐度(右)时间系列变化图

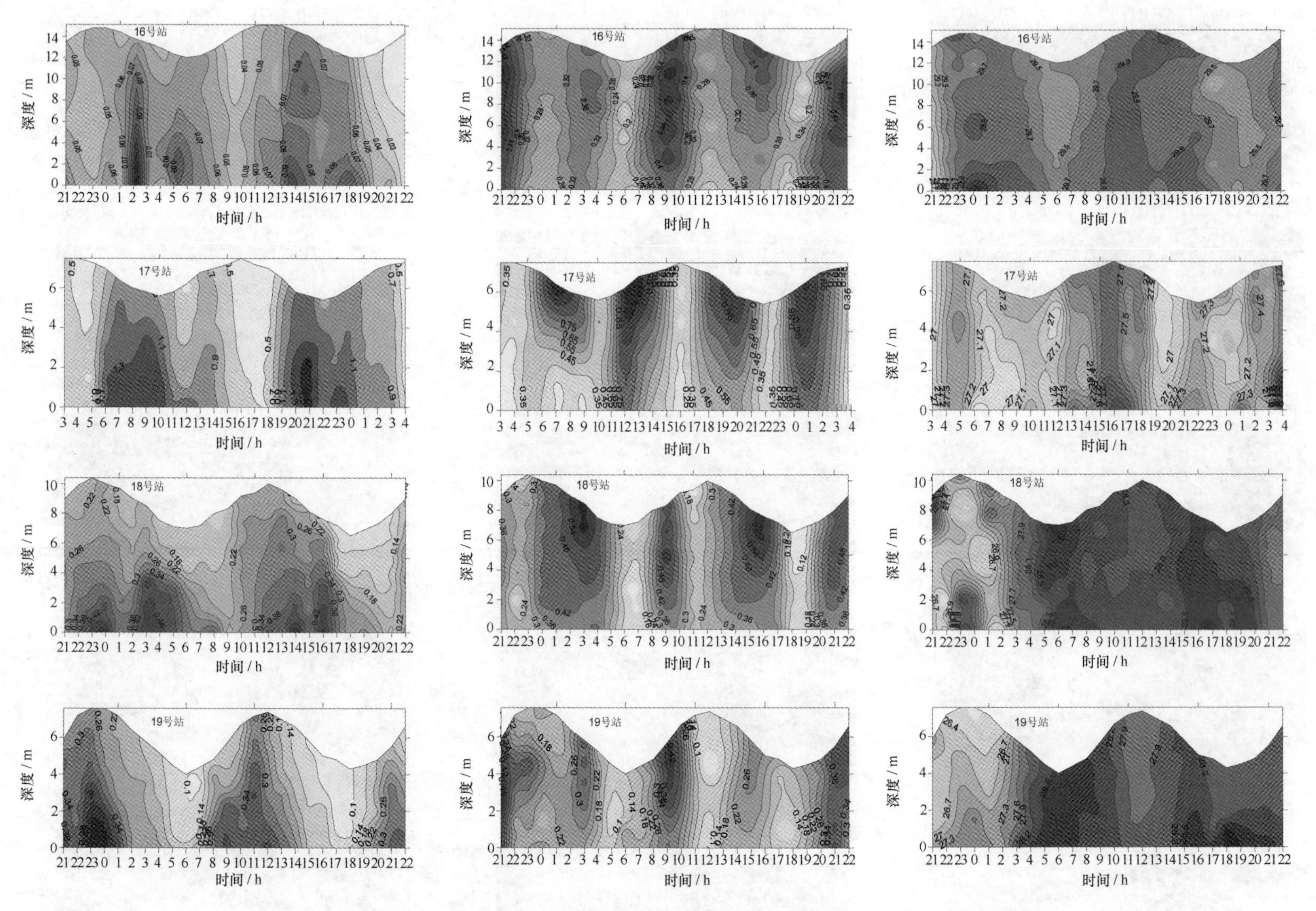

图12-14(d)　海州湾近岸海域冬季中潮悬沙浓度(左，kg/m³)、流速(中，m/s)、盐度(右)时间系列变化图

9 号站位于 8 号站和 10 号站之间。夏季大潮测试期间水深 7.1～11.1 m。底层悬沙浓度最大值为 0.336 kg/m³，最小值为 0.082 kg/m³，平均值为 0.162 kg/m³。上层悬沙浓度分布较均匀，下层悬沙浓度峰主要局限在 2 m 深度以内，与 8 号站不同的是，在时间域中悬沙浓度峰明显减弱，持续时间较长，周期性不如 8 号站显著。夏季中潮测试期间水深为 7.3～11.0 m。底层悬沙浓度最大值为 0.190 kg/m³，最小值为 0.066 kg/m³，平均值为 0.113 kg/m³。涨潮悬沙浓度高于落潮悬沙浓度。底层出现 3 个明显的悬沙浓度峰，其中 2 个发生在涨落急时刻，1 个发生在高水位时刻，涨急时刻悬沙浓度峰高于落急时刻悬沙浓度峰。

冬季大潮测试期间水深 7.10～8.50 m。底层悬沙浓度最大值为 0.183 kg/m³，最小值为 0.042 kg/m³，平均值为 0.102 kg/m³。悬沙浓度分布不均匀，上层水体出现高浓度悬沙团，底层悬沙浓度峰出现 4 次，其中发生在 13：00 时刻的悬沙浓度峰较高，垂向悬沙含量不均匀。冬季中潮测试期间水深 7.0～10.4 m。底层悬沙浓度最大值为 0.204 kg/m³，最小值为 0.079 kg/m³，平均值为 0.129 kg/m³。悬沙浓度垂向混合强烈，出现上下层均匀的现象。悬沙浓度峰出现 4 次，其中 3 次发生在涨落急时段，1 次发生在低水位时段。

10 号站离岸最远。夏季大潮测试期间水深 13.3～17.3 m。底层悬沙浓度最大值为 0.301 kg/m³，最小值为 0.074 kg/m³，平均值为 0.142 kg/m³。悬沙浓度在时间域中表现为多峰，并且向上扩散的高度也较大，出现上下层混合强烈的现象。夏季中潮测试期间水深 13.6～17.2 m。底层悬沙浓度最大值为 0.156 kg/m³，最小值为 0.043 kg/m³，平均值为 0.103 kg/m³。在 25 h 内底层出现 3 个悬沙浓度峰，其中发生在落急时刻的悬沙浓度峰最高，悬沙浓度混合强烈，出现上下层均匀的现象。

冬季大潮测试期间水深 14～18.4 m。底层悬沙浓度最大值为 0.134 kg/m³，最小值为 0.004 kg/m³，平均值为 0.079 kg/m³。悬沙浓度分布不均匀，上层水体出现高浓度悬沙团，底层悬沙浓度峰多数不明显，悬沙浓度上下层较均匀。冬季中潮测试期间水深 12.8～16.8 m。底层悬沙浓度最大值为0.139 kg/m³，最小值为 0.068 kg/m³，平均值为 0.102 kg/m³。悬沙浓度分布不均匀，上层水体出现高浓度悬沙团，底层出现 4 次比较明显的悬沙浓度峰。其中 3 次发生在涨落急时段，1 次发生在高水位时段。

根据上述由岸及远 3 个站位夏冬大中潮潮周期内悬沙浓度变化可以看出海州湾近岸海域悬沙多以浓度峰的形式出现，夏季悬沙浓度峰往往集中在某一深度范围内，底层悬沙浓度近岸大于远岸，悬沙由海底向上扩散的程度也不一样，近岸悬沙浓度峰一般在 2 m 水深内，远岸悬沙浓度峰相对较高。冬季悬沙浓度峰普遍高，有时出现上下层均匀的现象。

12.6 悬沙浓度变化影响因素

悬沙浓度的变化比较复杂，影响因素较多。对悬沙浓度峰出现的原因目前有不同的解释。于东生等（2004）在研究长江口悬沙浓度时发现在 1 个涨潮或落潮过程中，悬沙浓度峰出现在高潮位前后和涨落潮流最大前后，认为出现在高潮位前后的悬沙浓度峰是由于水深达到最大，流速最小，导致悬沙沉降，水体下层悬沙浓度急剧增加。出现在涨落潮流最大前后的悬沙浓度峰为涨落潮流流速接近最大值，导致泥沙再悬浮，出现下层水体的高悬沙浓度。通常第一种情况峰值大于第二种情况峰值。陈沈良等（2004）在研究长江口海域悬沙时认为底层泥沙浓度峰是由较强涨落潮流冲刷床面所引起的再悬浮现象，主要发生在落急、涨急附近，并存在一定的滞后性，滞后时间一般在 1～2 h。根据海州湾近岸海域悬沙浓度峰的出现与消失主要发生在底层，因此可以推断主要是沉积物再悬浮的结果，而发生在高低潮位时刻附近的浓度峰可能与悬沙的落淤有关。下面基于同步实测资料，探讨悬沙浓度与水动力、盐度、水位、悬沙粒径和物质来源的关系。

12.6.1 悬沙浓度与水动力关系

底层悬沙浓度峰的周期性出现，表明了底层悬沙浓度周期性再悬浮和沉降的过程。当水流增大到一定程度时，此时水体底部速度垂直切变增大，底层附近流体紊动强度增大，泥沙起动并悬扬进入悬浮状态，水体浓度上升，出现悬沙浓度峰。如果水动力较小，则只在底部一定范围内形成悬沙浓度峰，如果水动力较大，泥沙不断地被悬扬，水体含沙量不断增大，则悬沙浓度峰较高，直至上下水层悬沙浓度趋于均匀。当动力逐渐减弱时，悬沙开始沉降，悬沙浓度峰强度降低并趋于消失。

海州湾近岸海域夏冬季大中潮4次实测潮流时间系列图表明大中潮期间流速都有涨落过程，一般在最高潮位前出现涨潮流最大值，最高潮位后出现涨憩，以后转为落潮流；在最低潮位前出现落潮流最大值，最低潮位后出现落憩，以后又转为涨潮流，个别站位这种关系不明显。对应于潮周期内流速变化过程，悬沙浓度出现明显的峰值，但分布不均匀。悬沙浓度峰通常滞后于水深的变化和涨落急最大流速时刻，滞后于水深可能同悬沙沉降至底床或从底床向上再悬浮需要一定时间有关，而滞后于流速可能同流速从极大值开始降低，但还没有低于再悬浮的临界速度，悬沙浓度继续升高。

由海州湾近岸海域夏冬大中潮悬沙浓度与流速的时间系列图统计可知，离岸较近的浅水站位，悬沙浓度在观测的25 h内基本出现两涨两落的变化趋势，周期约为6 h。悬沙浓度的峰值有时滞后于流速峰值1 ~2 h。由岸及远，随着水深的增加，悬沙浓度峰减弱并且峰数多变，周期规律性减弱。这个变化规律同潮流变化有关，实测潮流表明近岸为往复流，涨落潮基本对称，在涨落急时刻附近悬沙浓度出现4次峰值，随着离岸较远，潮流逐渐变为旋转流，悬沙浓度峰出现的规律性变差，总体上，浓度峰出现的频率增加，但强度减弱。图12 –15为夏季大潮典型剖面8号、9号、10号站流速矢量玫瑰图。8号站具有明显的往复流特征；9号站往复性逐渐消失，旋转性明显，流速大小也减弱；10号站离岸最远，为旋转流。可见，由岸及远，潮流由往复流逐渐变为旋转流，悬沙浓度峰也相应地由近岸的4峰型逐渐变为远岸的多峰型。离岸最近的站位由于潮流的往复性明显，所以悬沙浓度峰也较明显，出现的周期约为6 h。中间站位悬沙浓度峰逐渐增多，峰值没有近岸的明显，峰宽也逐渐变大，上层悬沙混合相对均匀。离岸最远的站位悬沙混合较强，开始出现上下层浓度均一的情况，底部出现较多强弱不等的浓度峰，基本在每一个高低潮位前后和涨落流速前后都形成1个浓度峰，出现的周期约为3 h。这表明悬沙浓度峰不仅与流速大小有关，也与流速的方向有关。

总体来看，夏季大中潮悬沙浓度峰的出现与流速峰的出现相关性较好，由于涨落潮的交替和流速的更迭使悬沙浓度出现周期性变化。冬季悬沙浓度峰的周期性与流速峰的周期相关性较差，1个潮周期内的悬沙浓度峰往往与流速峰相偏离，这可能同冬季多风，浪致再悬浮非线性叠加在潮致再悬浮上，以及悬沙浓度背景较高减弱了流速与悬沙浓度变化的相关性。此外，流速方向变化、涨落潮流不对称、悬沙相对潮流运动的滞后效应、水深、地形、平流作用以及非再悬浮效应都能减弱流速与悬沙浓度变化之间的相关性。

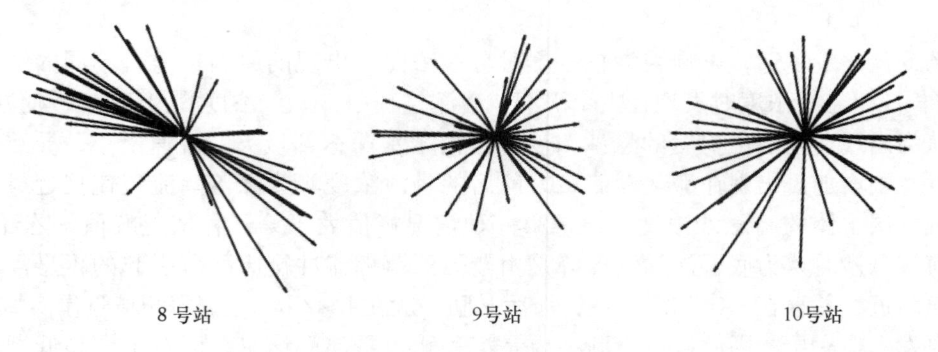

图12 –15　海州湾近岸海域流速矢量玫瑰图

12.6.2　悬沙浓度与水位关系

夏冬季大中潮4次实测资料表明，海州湾近岸海域为规则半日潮，潮流由浅水区至深水区由往复流逐渐变为逆时针旋转流，潮波呈驻波性质，转流时间发生在高低潮时，高低潮中间时刻出现最大流速。流速最小的时刻，水位最大或最低，容易引起悬沙落淤，所以高低水位处可出现悬沙浓度峰，表现为悬沙浓度峰与水位有关，而水位同时反映了地形的制约与潮汐的变化，表明悬沙浓度变化与这两者也有重要的联系。

12.6.3 悬沙浓度与盐度关系

淤泥质近岸海域悬沙运动的复杂性在于絮凝的发生。海水盐度通过影响悬沙颗粒之间絮凝作用的强弱，进而影响悬沙颗粒的大小和沉降。研究表明，在含盐量较小时，随着盐度的增大，絮凝作用增强，但当盐度增大到一定值后，盐度的增加不会进一步促进絮凝，反而有可能起到微小的絮散作用（张庆河等，2001），不同研究者得到的最佳絮凝盐度有一定的差别。

从图12－11至图12－14海州湾近岸海域夏冬季大、中潮潮周期内盐度变化过程可以看出，夏季大、中潮盐度变化过程呈多峰性，盐度峰通常出现在高水位时段。在盐度峰较低的情况下，存在显著的分层现象。大潮期间的盐度峰值略高于中潮期间的盐度峰值。在高潮位期，下层盐度较大，低潮位期，下部盐度相对较小，具有明显的涨落变化过程。冬季大中潮期间，盐度变化过程复杂，分布不均匀，规律性较差。

悬沙絮凝的发生除了适宜的盐度，还与粒径大小有关。对絮凝的临界粒径研究表明，发生絮凝作用的临界粒径约为0.032 mm，最佳絮凝粒径为0.016 mm左右，最大不超过0.064 mm（秦蕴珊等，1989）。夏季大、中潮观测期间，大潮垂线中值粒径为0.005～0.013 mm，最大粒径为0.062～0.125 mm。中潮期间垂线中值粒径为0.005～0.019 mm，最大粒径为0.031～0.125 mm。冬季大、中潮观测期间，大潮垂线中值粒径为0.005～0.013 mm，最大粒径为0.062～0.125 mm。中潮期间垂线中值粒径为0.005～0.019 mm，最大粒径为0.031～0.125 mm。悬沙粒径大小在絮凝粒径范围。

分析夏、冬季大、中潮4次多站悬沙浓度与盐度的时间系列图，可以看出悬沙浓度的变化同盐度变化的对应关系不明显。可能的原因是由于涨落潮水流内部结构的差异，絮凝团的沉降受到水流内部脉动的影响，其保持细颗粒泥沙悬浮的能力或沉降速度也就不同，机制较为复杂，影响因素较多。

12.6.4 悬沙浓度与物源关系

悬沙浓度变化既受动力因素影响，同时，悬沙来源对其也有很大制约。从泥沙来源分析，自黄河北徙从山东入渤海后，本区河流输沙较少，除11号站附近的灌河是一条最大的入海河流，也是江苏沿海唯一的一条尚未在河口建闸的入海河流，年输沙量70×10^4 t外，其余河流均建有挡潮闸（刘玮祎等，2006），多数还建有水库，因此，河流泥沙对整个区域贡献较少。根据悬沙浓度变化主要表现为浓度峰的形式，并集中在底层某一深度下，说明悬沙浓度的变化与沉积物再悬浮有关。底质分析表明该海域为典型的淤泥质，主要为历史上黄河入海泥沙淤积所形成，以黏性细颗粒泥沙为主，易于悬浮和流动，泥沙再悬浮是本区悬沙浓度的主要来源。1983年中国科学院海洋研究所和美国伍兹霍尔海洋所合作，进行了南黄海沉积动力学的调查研究。该调查对海底表层沉积物和底层海水悬浮体进行X衍射的对比分析结果表明，海底表层沉积物和底层海水中悬浮体物质成分基本相同，证明海水中悬浮体来自于表层沉积物的再悬浮（宋召军等，2006）。此外，南部废黄河三角洲遭受侵蚀再悬浮的泥沙经潮流输运贡献部分悬沙。

12.7 悬沙浓度变化周期

悬沙浓度时间系列图表明，海州湾近岸海域实测悬沙浓度在时间域中以浓度峰的形式变化，在一个潮周期内随时间变化通常出现几个悬沙浓度的峰值。离岸较近的浅水站位，悬沙浓度在观测的25 h内出现两涨两落的变化趋势，周期约为6 h。由岸及远，随着水深的增加，悬沙浓度峰减弱并且峰数多变，周期规律性减弱。悬沙浓度的这种周期性变化是由其内部动力结构决定的，为了研究悬沙浓度周期性变化的内因，以便更合理的解释悬沙浓度周期性变化的外在表现，下面采用能同时在时间与频率上对信号进行分析的小波分析方法来探讨悬沙浓度变化的周期性规律。

小波分析是时间－频率分析领域近年来迅速发展的一种新技术，具有多时间尺度、多层次和多分辨的特性，能够准确地揭示出时间序列中瞬时频率结构随时间的变化，是分析非平稳信号的有力工具，被认为是傅立叶分析方法的突破性进展。由于 Morlet 小波具有在时间系列中分析周期的优点（Wang，Ding，2003），复数小波更能真实反映时间序列各尺度周期大小及其在时域中的分布（Asok et al.，2009）。因此，本节采用复 Morlet 小波连续变换来分析夏季大潮典型断面 8 号、9 号、10 号站悬沙浓度的周期性变化。主要的数据处理和计算在 Matlab 软件上实施。8 号站因实测中水深低于 5 m 时采用 3 点法进行取样，因此只分析了数据完整的 0. 2*H*、0. 6*H* 和 0. 8*H* 层。

图 12－16 至图 12－18 是典型断面 8 号、9 号、10 号站复 Morlet 小波变换的实部系数。图中实线表示小波系数为正，实线中心为正值最大值，代表悬沙浓度的最大值；虚线表示小波系数为负，虚线中心为负值最小值，代表悬沙浓度的最小值。由图中可以清晰地看到悬沙浓度随时间周期性变化。统计结果表明，悬沙浓度的变化周期主要有 2 h、4 h、6 h、8 h 和 12 h，短周期主要出现在浅水站位和底层悬沙浓度变化中。

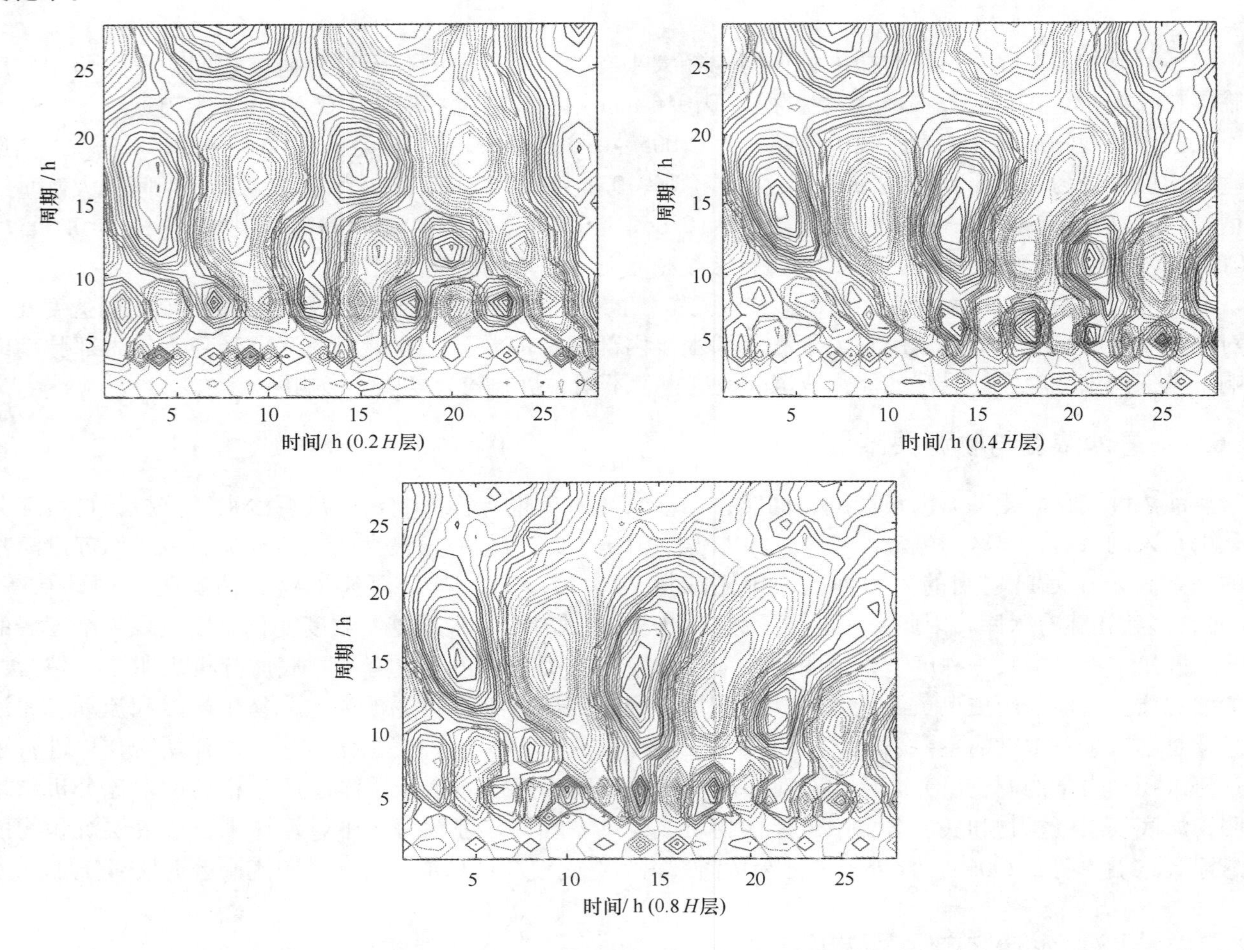

图 12－16　8 号站悬沙浓度分层小波分析实部系数

悬沙浓度的变化周期同潮流变化周期密切相关。如果不考虑潮流的方向，对实测潮流的准调和分析结果表明，海州湾近岸海域 6 个主要潮流分潮的周期大小分别为：O_1 分潮周期为 25. 81h，K_1 分潮周期为 23. 93 h，M_2 分潮周期为 12. 42 h，S_2 分潮周期为 11. 99 h，M_4 分潮周期为 6. 21 h，MS_4 分潮周期为

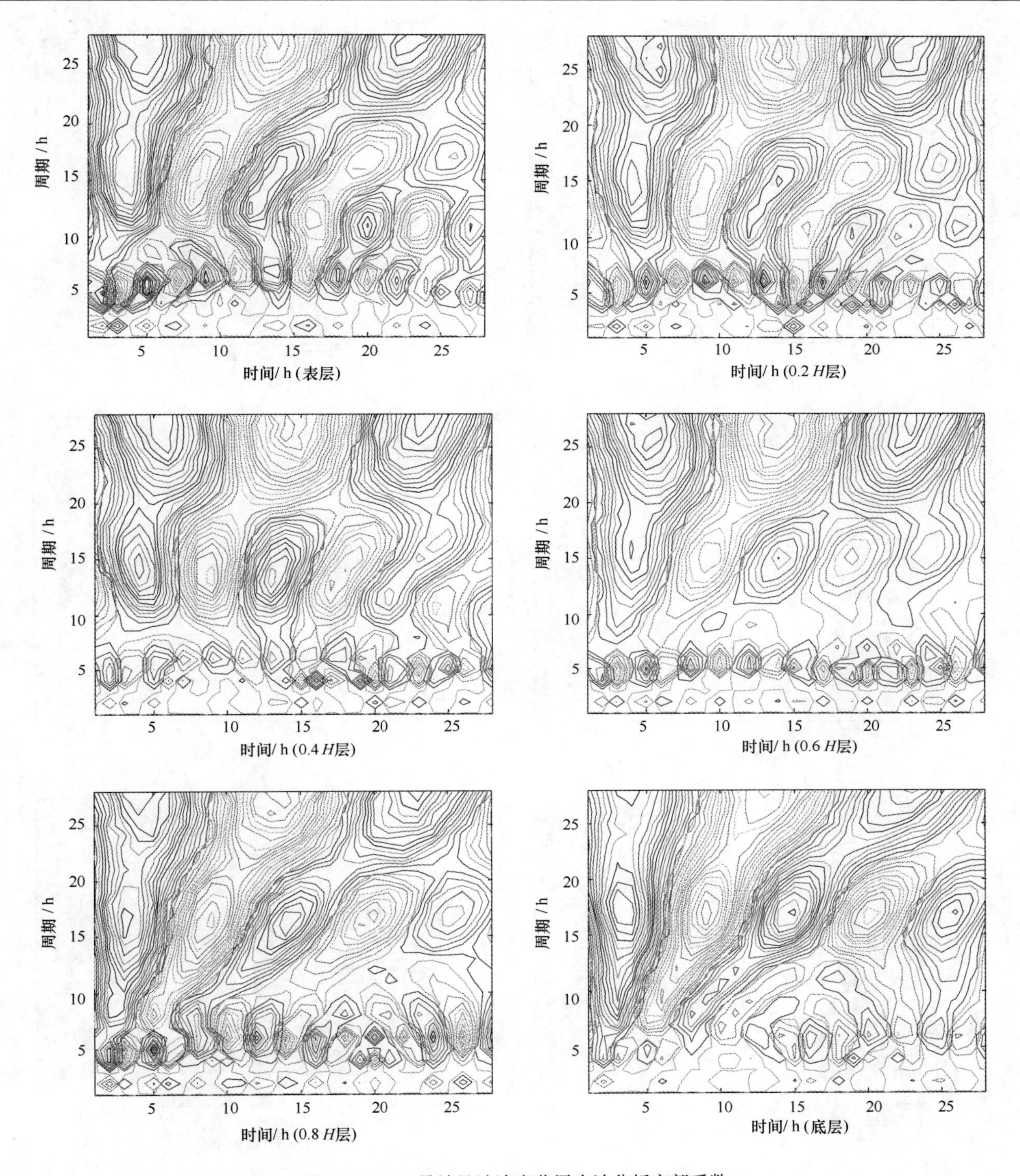

图 12 - 17　9 号站悬沙浓度分层小波分析实部系数

6. 10 h。悬沙浓度的变化周期与潮流的变化周期基本能够对应起来，悬沙浓度的 12 h 变化周期对应 M_2 分潮周期和 S_2 分潮周期；悬沙浓度的 8 h 变化周期介于 12 h 与 6 h 之间，对应混合分潮流；悬沙浓度变化为 6 h 的周期对应 M_4 分潮周期和 MS_4 分潮周期；悬沙浓度变化小于 6 h 的周期可能是浅水混合分潮流或者叠加了风浪等高频动力作用的结果。此外，水深与潮位的变化周期一般在 12 h 左右，也对应着悬沙浓度的 12 h 变化周期。

从图中还可以看到由岸及远，悬沙浓度的变化周期也有差异，近岸站位为往复流，涨落潮流基本对

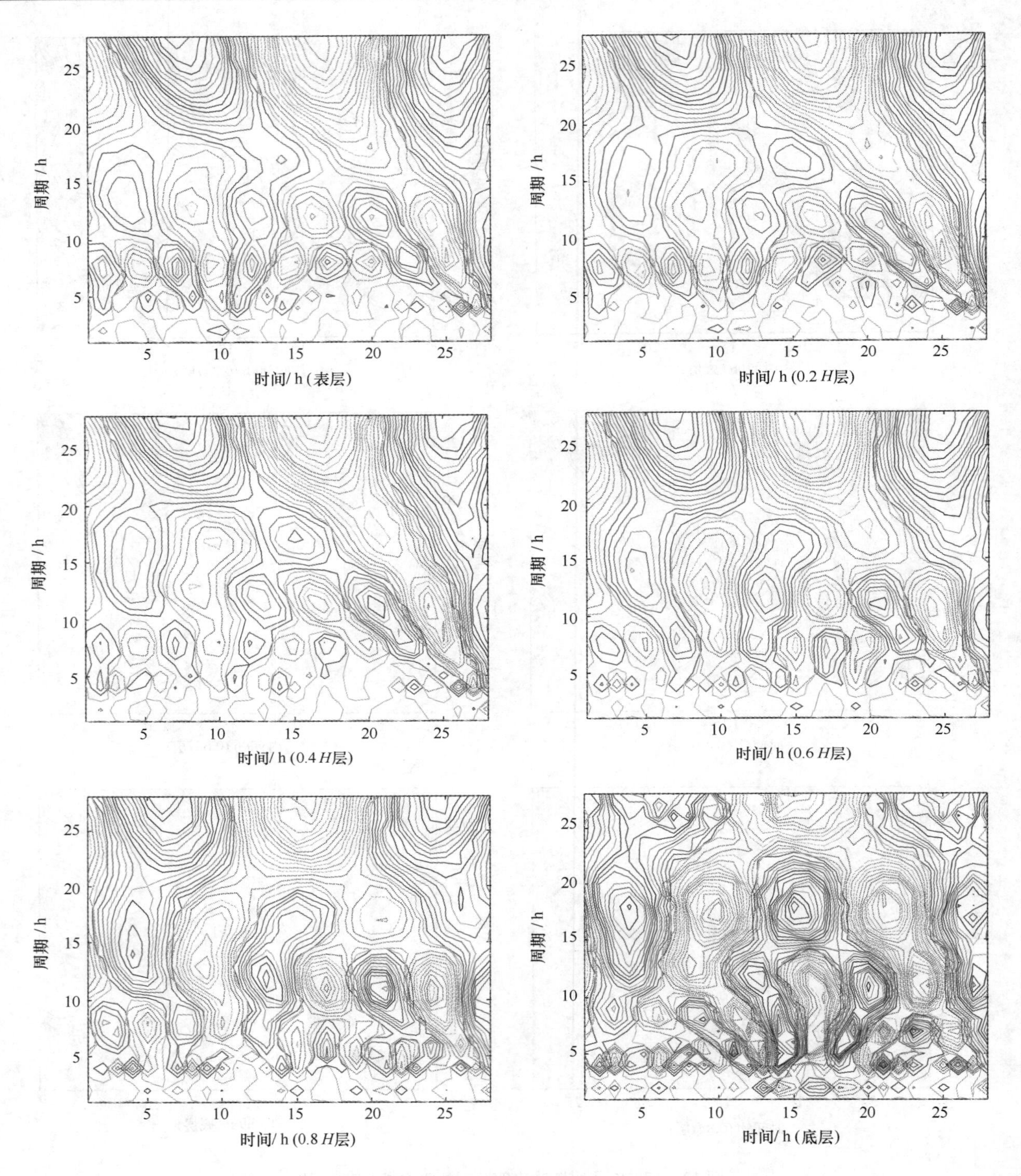

图 12-18　10 号站悬沙浓度分层小波分析实部系数

称，通常在涨落急流时刻附近出现悬沙浓度峰值，周期约为 6 h。另外，由于近岸站位水浅，悬沙浓度变化剧烈，多种分潮流相互叠加产生高频振荡，悬沙浓度的短周期变化比较明显。随着离岸距离的增加，悬沙浓度上层变化周期比较稳定，主要对应半日分潮流周期，但底层悬沙浓度出现短周期变化，这可能同浅水分潮以及潮流逐渐变为旋转流有关。

总体来看，悬沙浓度变化最明显的周期在 4～12 h 之间，表明半日分潮流和浅水分潮流是产生悬沙浓度周期变化最主要的潮流分量，其中，浅水分潮主要影响近岸站位和底层悬沙浓度的变化周期。

由于本次采样间隔是1 h 1次，采样频率较宽，不能够对悬沙浓度更小变化周期进行分析。另外，由于采样时间序列有限，也不能够对更长周期进行分析，但小波分析结果清晰地表明了悬沙浓度变化的周期性，这为今后通过增加采样频率进行详细分析提供了思路。

悬沙浓度在时间域中以浓度峰的形式周期性变化对悬沙输移分析具有重要的意义。统计发现，实测各站位中，峰值处的悬沙浓度通常是相应时刻悬沙浓度平均值的1.5～3倍，波谷处的悬沙浓度是相应时刻悬沙浓度平均值的1～1.5倍，悬沙浓度峰的变化幅值较大，说明悬沙浓度的周期变化不可忽视。研究表明悬沙浓度的周期分量对泥沙运移影响较大。Vincent和Green（1990）研究了在一个波列中泥沙的悬浮和输移规律，发现在近底床附近泥沙输移主要是周期悬沙的输移而不是时均值的输移。Hanes和Huntley（Hanes，Huntley，1986；Hanes，1991）认为悬沙浓度的时均值产生的输移是沿离岸方向运动的，而悬沙浓度的周期分量产生的输移是向岸运动的，由于悬沙浓度的周期分量产生的泥沙输移是时均浓度的2倍，所以产生的净输移是向岸输移。这对于合理解释连云港海域近岸沉积物较细，远岸沉积物较粗，不同类型的沉积物分异现象比较明显，大致平行海岸呈条带状分布具有重要作用。由于悬沙浓度峰主要是由本地泥沙再悬浮或上层水体悬浮泥沙发生沉降引起的，这些周期性再悬浮起来的泥沙表现为向岸净输移，悬沙沿程落淤并发生分异，使沉积物大致平行海岸呈条带状分布。

12.8 小结

根据夏季和冬季各站大中潮实测悬沙浓度变化特点，可以看出悬沙浓度具有一定的季节性变化。其次，悬沙浓度变化同观测期间天气状况有关，受风浪影响，大潮期间的悬沙浓度不一定大于中潮期间的悬沙浓度，表明风浪可以改变悬沙浓度的潮周期变化格局。

实测悬沙浓度潮周期内垂向平均值符合由表层向底层逐渐变大的一般规律，在空间上呈近岸大于远岸，港口南部海域站位的悬沙浓度高于北部站位的悬沙浓度，具有从南向北逐渐降低的趋势。

悬沙浓度在时间域中多以浓度峰的形式出现，并往往集中在底层某一深度内，悬沙浓度峰的高度也不同，夏季悬沙浓度峰一般在距底2 m内，具有明显的层化现象，远岸悬沙浓度峰相对较高。冬季悬沙浓度峰值普遍较高，有时出现上下层均匀的现象。

随着底层悬沙浓度峰的出现，悬沙浓度在垂向上不断发生着变化。悬沙浓度在垂向上随深度增加大致呈4种类型变化，但变化的幅度不同季节和潮周期有所不同。总体上，大潮期间底层悬沙浓度普遍大于中潮底层悬沙浓度，冬季期间底层悬沙浓度大于夏季底层悬沙浓度。冬季悬沙浓度垂向混合高于夏季。

悬沙浓度峰在时间域中具有明显的周期性，近岸往复流特征明显，一般在25 h内有4次高浓度峰出现，周期约为6 h，远岸为旋转流，浓度峰出现的次数增多，但强度降低。夏季悬沙浓度峰主要发生在高低潮位以及涨落流速最大前后；冬季悬沙浓度峰主要发生在落转涨以及水位高低时段，表明悬沙浓度变化与流速和水位变化密切相关，由于涨落潮的交替和流速的更迭使悬沙浓度出现周期性变化。小波分析合理解释了悬沙浓度周期性变化的内部动力结构和外在表现。悬沙浓度在时间域中以浓度峰的形式周期性变化对悬沙输移分析具有重要的意义。

13 悬沙级配

悬沙粒度是悬沙的基本属性之一，悬沙中各粒级所占重量或体积百分比为悬沙级配。沉积物再悬浮与沉降发生时部分底质泥沙会悬扬进入水体，必然导致原有悬沙级配的变化。因此，悬沙级配的时空变化蕴含着再悬浮和沉降信息，可以根据悬沙级配的变化反演再悬浮和沉降作用，以此来分析再悬浮和沉降作用的过程和机制。

13.1 悬沙粒度特征

13.1.1 夏季观测期间悬沙粒度特征

夏季观测期间，悬沙多为黏土质粉砂，其次为粉砂。大潮观测期间，悬沙中粉砂、黏土和砂平均含量分别为69.13%、28.27%、2.60%；中潮观测期间，悬沙中粉砂、黏土和砂平均含量分别为71.90%、25.75%、2.34%。中潮与大潮相比，粉砂含量略有提高，黏土和砂含量略有下降。

大潮观测期间，垂线悬沙中值粒径范围为5.72～7.64ϕ（表13－1），平均粒径为5.76～7.56ϕ。分选系数为1.17～1.87，分选较差。偏态系数为－0.64～0.59，从负偏到正偏。峰态为1.90～3.38，从中等峰态到宽平分布。中潮观测期间，垂线悬沙中值粒径范围为5.72～7.64ϕ（表13－2），平均粒径为5.84～7.61ϕ。分选系数为1.17～1.82，分选较差。偏态系数为－0.58～0.79，负偏、正偏都有出现。峰态为1.90～3.38，从中等峰态到宽平分布。

根据各站悬沙粒径大小，悬沙粒径分布有一定的空间变化。大潮期间，港口南部海域站位的悬沙平均中值粒径为6.97～7.38ϕ，港口北部海域站位的悬沙平均中值粒径为7.38～7.64ϕ，港口南部海域的悬沙粒径大于港口北部海域的悬沙粒径。从横向上看，悬沙中值粒径有随离岸距离的增加而变粗的趋势。中潮期间，悬沙也有相似的变化趋势。

表13－1 海州湾近岸海域夏季大潮潮周期悬沙粒径参数

站位	各组分含量/（%）			中值粒径/ϕ	平均粒径/ϕ	分选系数	偏态系数	峰态
	砂	黏土	粉砂					
1	4.92	33.70	61.38	6.96～7.38	6.77～7.39	1.31～1.87	－0.64～－0.14	2.10～3.38
2	3.42	30.74	65.83	7.16～7.64	6.86～7.47	1.23～1.79	－0.51～－0.08	2.36～3.23
3	3.64	31.49	64.87	7.16～7.38	6.92～7.49	1.17～1.75	－1.58～0.05	2.01～2.81
4	1.73	36.62	61.64	7.16～7.64	7.04～7.56	1.27～1.75	－0.46～0.09	1.90～2.37
5	2.28	33.83	63.89	7.16～7.38	7.15～7.42	1.32～1.68	－0.63～－0.10	1.90～3.10
6	0.10	31.20	68.70	6.96～7.38	7.00～7.34	1.24～1.48	－0.08～0.23	1.90～2.31
7	5.39	21.34	73.27	5.17～7.16	6.42～7.17	1.34～1.79	－0.51～0.54	1.96～3.04
8	1.29	27.78	70.93	6.64～7.38	6.76～7.37	1.30～1.53	－0.4～0.31	2.01～2.86
9	2.30	25.96	71.74	6.80～7.16	6.77～7.19	1.35～1.64	－0.26～0.37	1.93～2.64
10	1.24	26.54	72.21	6.80～7.16	6.81～7.25	1.33～1.57	－0.09～0.31	1.95～2.66
11	2.73	23.32	73.95	6.06～7.16	6.46～7.18	1.31～1.66	－0.21～0.59	1.92～2.87
12	1.13	25.83	73.03	6.80～7.16	6.79～7.20	1.26～1.57	－0.23～0.25	2.09～2.45
13	3.64	19.18	77.18	6.27～6.97	6.35～7.10	1.19～1.69	－0.08～0.55	2.14～2.75

表 13－2　海州湾近岸海域夏季中潮潮周期悬沙粒径参数

站位	各组分含量/（%）			中值粒径/ϕ	平均粒径/ϕ	分选系数	偏态系数	峰态
	砂	黏土	粉砂					
1	3.39	23.26	73.36	6.38～7.16	6.35～7.21	1.28～1.76	－0.33～0.4	2.08～2.92
2	1.61	19.97	78.42	5.72～7.38	6.12～7.28	1.21～1.52	－0.13～0.57	2.00～2.87
3	1.89	26.59	71.52	6.64～7.16	6.70～7.34	1.30～1.52	－0.26～0.38	2.06～2.65
4	3.41	35.13	61.46	7.16～7.64	7.00～7.61	1.18～1.78	－0.58～0.04	1.90～3.01
5	1.30	20.76	77.94	6.38～7.16	6.58～7.13	1.21～1.48	－0.38～0.40	2.40～3.05
6	3.00	32.99	64.01	6.97～7.64	6.87～7.58	1.25～1.63	－0.51～0.18	1.90～3.00
7	4.64	27.66	67.70	6.27～7.38	6.25～7.53	1.22～1.82	－0.42～0.1	1.94～2.97
8	0.31	28.37	71.32	6.80～7.38	6.89～7.36	1.26～1.49	－0.21～0.35	1.95～2.39
9	2.76	22.69	74.56	6.27～6.97	6.43～7.06	1.27～1.73	－0.16～0.48	2.13～2.42
10	2.46	23.34	74.20	6.38～7.16	6.41～7.27	1.24～1.70	－0.32～0.36	2.08～3.35
11	0.38	29.28	70.34	6.97～7.38	6.96～7.36	1.22～1.47	－0.09～0.24	2.00～2.46
12	3.13	25.37	71.50	6.8～7.16	6.78～7.21	1.19～1.69	－0.32～0.35	2.09～2.85
13	4.60	16.33	79.07	5.72～6.64	5.84～6.73	1.19～1.72	0.01～0.46	2.16～2.78
14	0.08	22.29	77.63	6.27～7.16	6.39～7.27	1.17～1.39	0.04～0.79	2.16～2.75
15	2.20	32.27	65.53	6.80～7.64	6.83～7.52	1.23～1.56	－0.52～0.12	1.97～2.95

13.1.2　冬季观测期间悬沙粒度特征

冬季观测期间，悬沙同夏季相似，多为黏土质粉砂，其次为粉砂。大潮观测期间，悬沙中粉砂、黏土和砂平均含量分别为71.71%、25.86%、2.43%；中潮观测期间，悬沙中粉砂、黏土和砂平均含量分别为70.08%、28.20%、1.71%。大潮与中潮相比，粉砂和砂含量略有提高，黏土含量略有下降。

大潮观测期内，垂线悬沙中值粒径范围为5.72～9.97ϕ（表13－3），平均粒径5.84～7.54ϕ。分选系数为1.15～1.73，分选较差。偏态系数为－0.51～0.64，从负偏到正偏。峰态为1.92～3.21，从中等峰态到宽平分布。中潮观测期内，垂线悬沙中值粒径范围为6.26～7.24ϕ（表13－4），平均粒径为6.44～7.58ϕ。分选系数为1.13～1.75，分选较差。偏态系数为0.56～0.64。峰态为1.93～3.42，从中等峰态到宽平分布。

根据各站悬沙粒径大小，冬季悬沙粒径同夏季悬沙粒径分布相似，南部海域的悬沙中值粒径大于北部海域的悬沙中值粒径，随离岸距离的增加，悬沙有变粗的趋势。

表 13－3　海州湾近岸海域冬季大潮周期悬沙粒径参数表

站位	各组分含量/（%）			中值粒径/ϕ	平均粒径/ϕ	分选系数	偏态系数	峰态
	砂	黏土	粉砂					
1	0.86	32.11	67.03	7.15～7.63	7.09～7.49	1.16～1.52	－0.56～0.15	2.18～2.78
2	0.99	26.03	72.99	6.79～7.63	6.77～7.54	1.20～1.56	－0.06～0.19	2.03～3.02
3	1.55	25.43	73.03	6.79～7.15	6.84～7.26	1.27～1.51	－0.18～0.24	2.09～2.76
4	2.99	27.41	69.60	6.79～7.38	6.67～7.38	1.22～1.73	－0.47～0.04	1.98～2.97
5	3.38	28.50	68.13	6.79～7.38	6.81～7.34	1.25～1.64	－0.51～0.18	2.04～2.73
6	0.85	30.06	69.09	6.96～7.38	6.97～7.45	1.25～1.60	－0.27～0.01	2.11～2.40

续表

站位	各组分含量/（%）			中值粒径/ϕ	平均粒径/ϕ	分选系数	偏态系数	峰态
	砂	黏土	粉砂					
7	2.20	29.64	68.16	6.96～7.38	6.95～7.22	1.35～1.65	-0.41～0.05	2.04～2.55
8	0.92	29.91	69.16	6.79～7.38	6.84～7.39	1.31～1.54	-0.24～0.16	2.04～2.63
9	2.14	23.49	74.38	6.38～7.15	6.40～7.22	1.30～1.72	-0.12～0.42	1.99～2.50
10	4.86	16.44	78.70	5.72～9.97	6.00～6.71	1.23～1.65	-0.18～0.64	2.23～3.21
11	3.11	26.35	70.54	6.64～7.15	6.61～7.20	1.15～1.73	-0.16～0.27	2.01～2.45
12	5.58	23.53	70.90	6.38～6.96	6.45～6.96	1.47～1.69	-0.32～0.20	2.11～2.60
13	5.66	15.76	78.58	5.72～9.97	5.84～6.46	1.38～1.68	0.09～0.46	2.01～2.54
14	0.90	32.90	66.20	6.96～7.63	7.01～7.52	1.21～1.49	-0.50～-0.08	2.12～3.09
15	0.60	24.01	75.39	6.38～7.38	6.55～7.27	1.15～1.43	-0.20～0.62	1.98～2.89
16	4.11	18.15	77.74	6.26～7.15	6.25～7.09	1.35～1.63	0.02～0.35	2.28～2.70
17	3.36	19.79	76.85	6.26～6.79	6.27～6.89	1.40～1.67	-0.09～0.36	2.09～2.37
18	0.96	29.50	69.54	7.15～7.38	7.02～7.37	1.22～1.45	-0.34～0.12	2.10～3.03
19	1.19	32.26	66.56	7.15～7.38	7.05～7.50	1.24～1.62	-0.45～0.13	1.92～2.69

表 13－4　海州湾近岸海域冬季中潮周期悬沙粒径参数表

站位	各组分含量/（%）			中值粒径/ϕ	平均粒径/ϕ	分选系数	偏态系数	峰态
	砂	黏土	粉砂					
1	0.61	26.79	72.60	6.96～7.38	6.97～7.25	1.26～1.4	-0.26～0.16	2.08～2.90
2	3.06	23.10	73.84	6.64～7.15	6.57～7.16	1.25～1.69	-0.29～0.16	2.27～2.73
3	2.19	18.99	78.83	6.26～6.79	6.44～6.91	1.25～1.46	-0.11～0.39	2.25～2.96
4	3.23	31.78	65.00	6.97～7.64	6.75～7.51	1.17～1.75	-0.61～-0.01	2.09～2.66
5	1.71	24.78	73.51	6.80～7.16	6.84～7.22	1.15～1.43	-0.45～0.20	2.31～3.17
6	2.84	31.54	65.63	7.15～7.38	6.84～7.41	1.21～1.73	-0.45～0.06	2.14～2.71
7	1.74	36.54	61.73	7.15～7.64	7.13～7.52	1.28～1.54	-0.50～0.00	1.98～2.87
8	0.11	34.40	65.49	7.38～7.64	7.36～7.58	1.15～1.31	-0.13～0.12	1.99～2.45
9	0.66	32.48	66.86	7.15～7.64	7.13～7.48	1.20～1.54	-0.49～0.00	2.05～2.76
10	1.38	25.03	73.60	6.51～7.38	6.63～7.28	1.24～1.53	-0.21～0.33	2.15～2.56
11	0.21	28.86	70.93	6.80～7.16	6.84～7.25	1.32～1.42	-0.08～0.22	2.02～2.29
12	1.04	28.56	70.40	6.80～7.38	6.76～7.33	1.28～1.59	-0.19～0.13	2.04～2.55
13	1.43	22.64	75.94	6.64～6.97	6.67～7.06	1.25～1.51	-0.21～0.36	2.17～2.66
14	0.84	32.89	66.28	7.38～7.64	7.26～7.56	1.13～1.35	-0.49～0.01	2.28～3.29
15	1.95	33.05	65.00	7.15～7.64	7.10～7.48	1.18～1.58	-0.57～0.07	2.21～3.42
16	3.76	20.66	75.58	6.64～6.97	6.53～7.03	1.29～1.57	-0.34～0.26	2.19～2.70
17	2.10	24.44	73.46	6.51～6.96	6.48～7.12	1.30～1.69	-0.10～0.31	1.93～2.35
18	1.31	30.68	68.01	6.80～7.38	6.84～7.36	1.24～1.55	-0.28～0.29	1.94～2.48
19	2.37	28.68	68.96	7.00～7.38	6.73～7.42	1.21～1.60	-0.39～0.17	2.00～2.72

13.2　悬沙级配特征

图13－1至图13－4为2005年9月4—9日和2006年1月2—8日海州湾近岸海域大中潮4次观测期间潮周期内各站悬沙级配变化曲线图以及底质级配曲线图。根据各站悬沙级配和底质级配，可以把悬沙级配与底质级配关系分为3种情形：

一是底质粒径级配范围明显粗于悬沙粒径级配范围，属于这种情况的站位如夏季大潮1号、9号、13号站。这种类型站位底质粒径级配与悬沙粒径级配具有较小的共同粒径范围。

二是底质粒径级配范围粗于并接近悬沙粒径级配范围，属于这种情况的站位如夏季大潮2号、3号、4号、5号、6号、7号、8号、10号、11号、12号站，这种类型站位底质粒径级配与悬沙粒径级配基本具有相同的粒径范围。

三是底质粒径级配范围细于并接近悬沙粒径级配范围，属于这种情况的站位如冬季大潮10号站，这种类型站位底质粒径级配与悬沙粒径级配也基本具有相同的粒径范围。

图13－1至图13－4显示海州湾近岸海域底质级配通常呈现多个峰。研究表明底质级配具有多个峰，表明沉积物具有多个物源或者受到水动力的改造（张存勇，2009）。与底质级配通常呈现多个峰相比，悬沙级配曲线往往表现为一个比较宽的峰。统计发现不同站位主峰峰值通常位于7ϕ，随着时间的变化，级配曲线偏向粗方向或者偏向细方向。一般向粗方向偏移，使级配曲线变宽。级配曲线偏向粗方向表明有粗粒径的悬沙加入，偏向细方向表明有细粒径的悬沙加入进来或者有粗粒径的悬沙发生沉降。由于海州湾近岸海域河流对悬沙贡献较小，悬沙来源主要为底质沉积物再悬浮。因此，可以推断悬沙级配曲线向粗颗粒方向偏移，表明底部有粗粒径泥沙加入进来，发生了再悬浮。悬沙级配曲线向细颗粒方向偏移，表明发生了沉降。悬沙级配曲线随时间的变化不断被改造的事实，表明水体中不同粒径组分的变化。由于细颗粒的泥沙再悬浮和沉降在一个潮周期内变化相对较慢，只表现为峰值的波动变化。

值得注意的是，除了悬沙级配的主峰发生波动变化外，悬沙级配曲线的粗部有时出现小的粗峰，峰值通常发生在4ϕ以下。研究表明（李占海等，2006），再悬浮发生时从底床再悬浮的粗颗粒泥沙进入水体，悬沙级配就会形成一个或几个与底质级配具有直接联系的粗峰，粗峰由悬浮起来的底质泥沙所组成，因此其形态和组成与底质级配的形态和组成具有很大的关联和相似性，粗峰的峰值粒径与底质的峰值粒径通常保持一致。对于底质粒径明显大于悬沙粒径且存在多峰的情况下，悬沙级配小的粗峰一般同底质的细峰相近似。当底质粒径略大于悬沙粒径或基本接近悬沙粒径时，悬沙级配小的粗峰一般同底质的粗峰相近似。

对各站位悬沙级配曲线统计发现，在一个潮周期内，并不是所有的级配曲线都出现小的粗峰。为了分析粗峰出现的情形，现选取夏季大潮一典型站位（7号站）把潮周期内不同时刻的级配曲线分别做图（图13－5），并同时做出该站平均粒径、水位、流速和悬沙浓度变化过程图（图13－6）。

由7号站潮周期内悬沙级配的变化过程图可以看出，14：00时悬沙级配曲线主峰以4ϕ为主，偏向粗粒径方向，此时流速开始增大；16：30时主峰向细粒径方向偏移，粗粒组分开始表现为小的粗峰；19：00时粗粒径组分增加，悬沙级配曲线变成宽峰，由于粗颗粒泥沙的增加量远大于细颗粒悬沙，因此粗峰增高，细峰下降，平均粒径增大，此时水位达到最高；23：00时开始出现小的粗峰，此时水位降低；2：00时继续出现小的粗峰，主峰也开始向粗粒径方向偏移，此时水位最低；5：00时粗峰消失，主峰基本完成向粗峰方向的偏移，此时流速最大；7：30时又开始出现小的粗峰，此时水位达到最高；11：30时粗峰基本消失，主峰总体向粗粒径方向偏移；14：30时粗峰又开始出现。

从7号站潮周期内悬沙级配的变化过程可以看出，约在60%的观测时间里，底层悬沙级配曲线上有粗峰出现，但粗峰的形态较小，粗峰通常发生在如下情形：一是发生在流速最大时，二是发生在水位高低时。流速较大时，如果超过泥沙的临界剪切流速，再悬浮发生。在最大流速时，不一定出现粗峰，但最大流速后通常伴随着粗峰的出现或者悬沙主峰变宽。水位最高或者最低时，通常为转流时刻，流速相

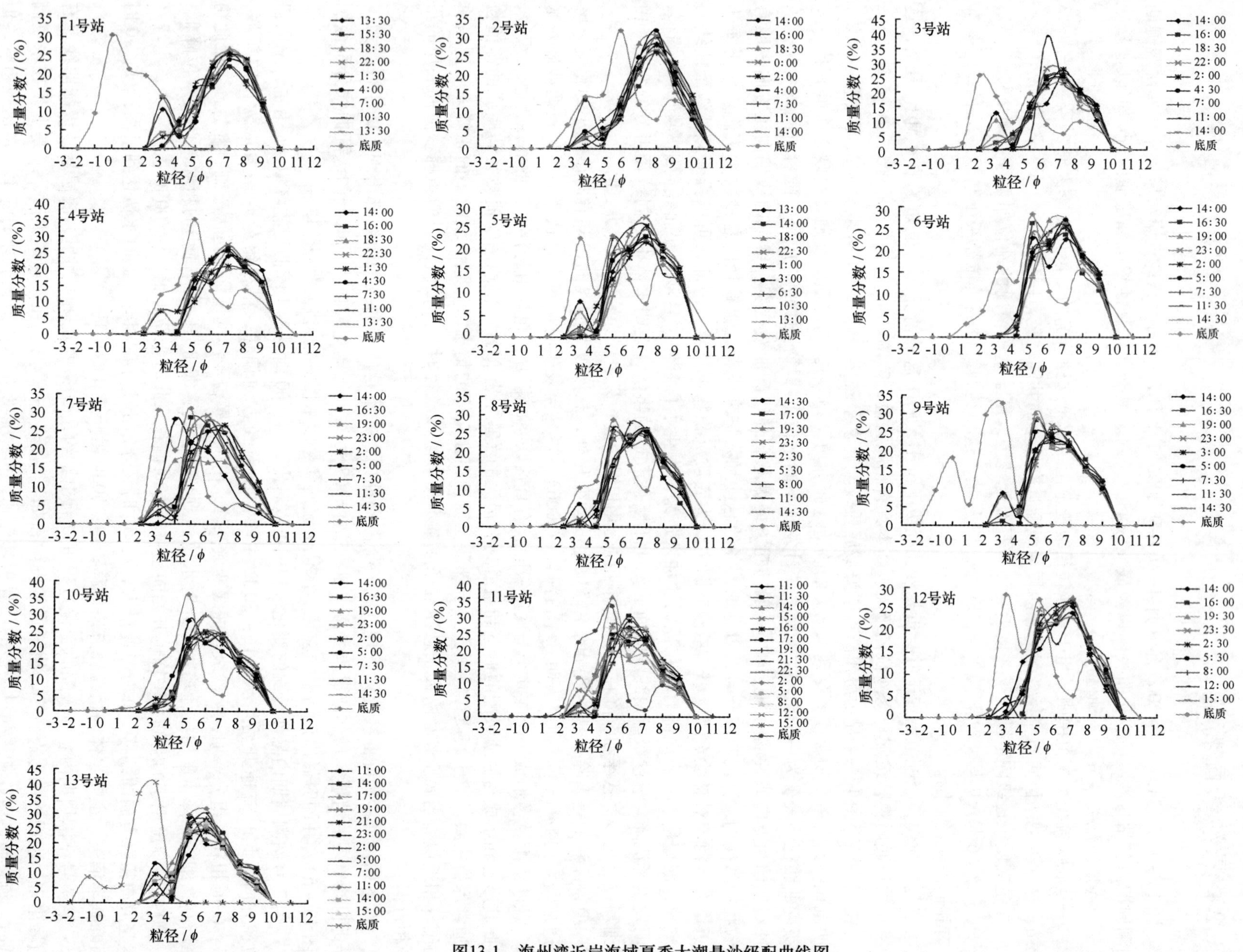

图13-1　海州湾近岸海域夏季大潮悬沙级配曲线图

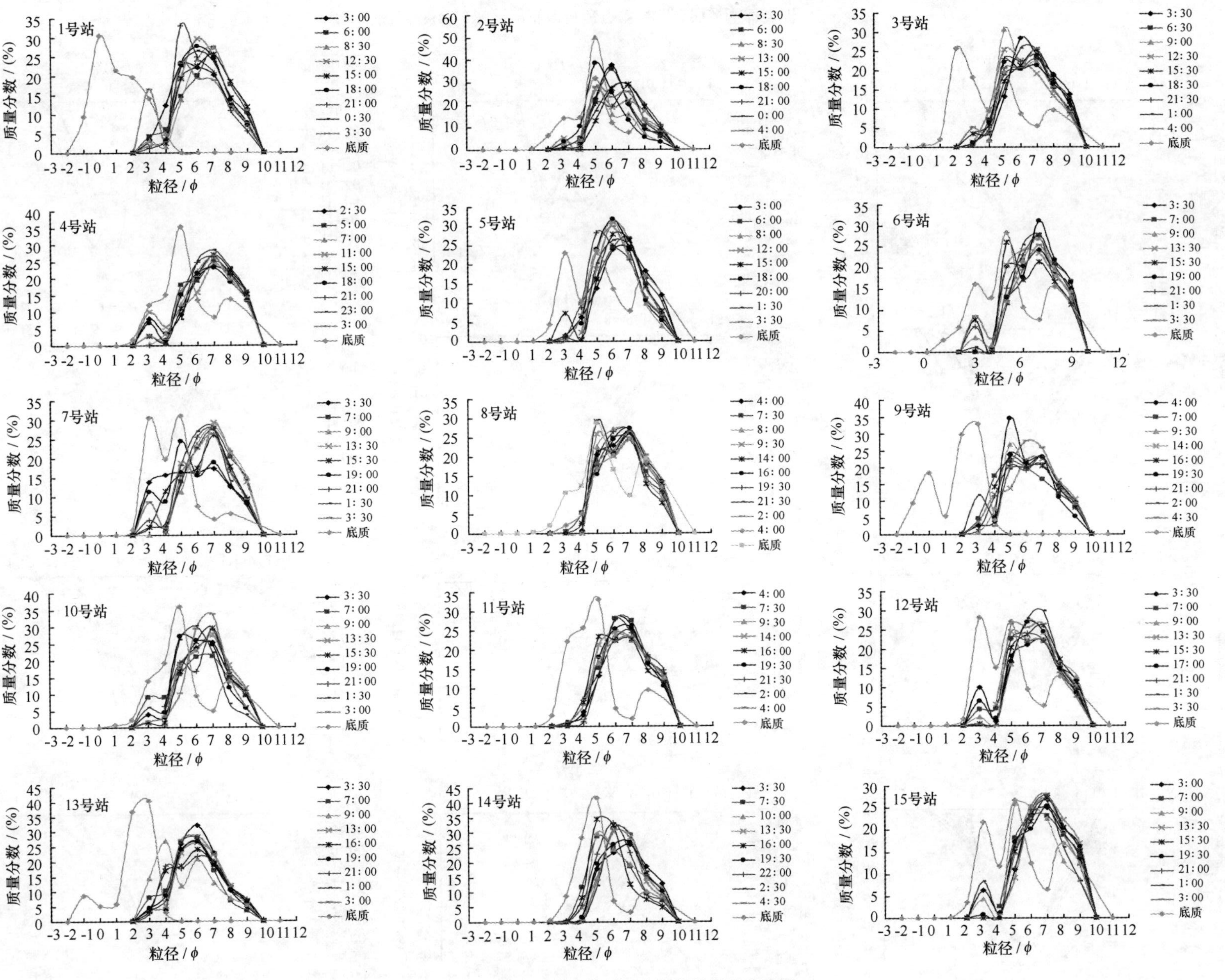

图13-2　海州湾近岸海域夏季中潮悬沙级配曲线图

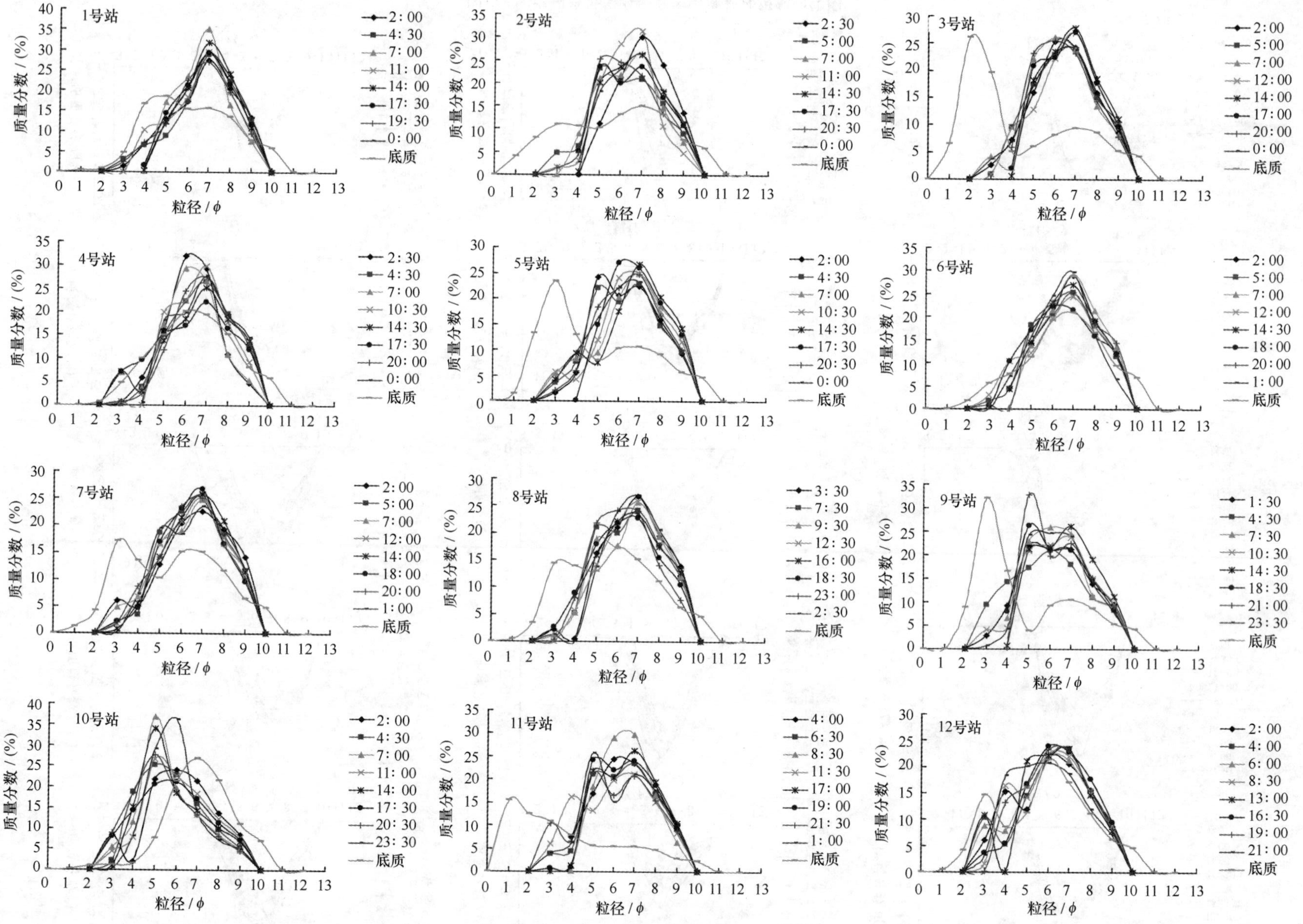

图13-3(a) 海州湾近岸海域冬季大潮悬沙级配曲线图

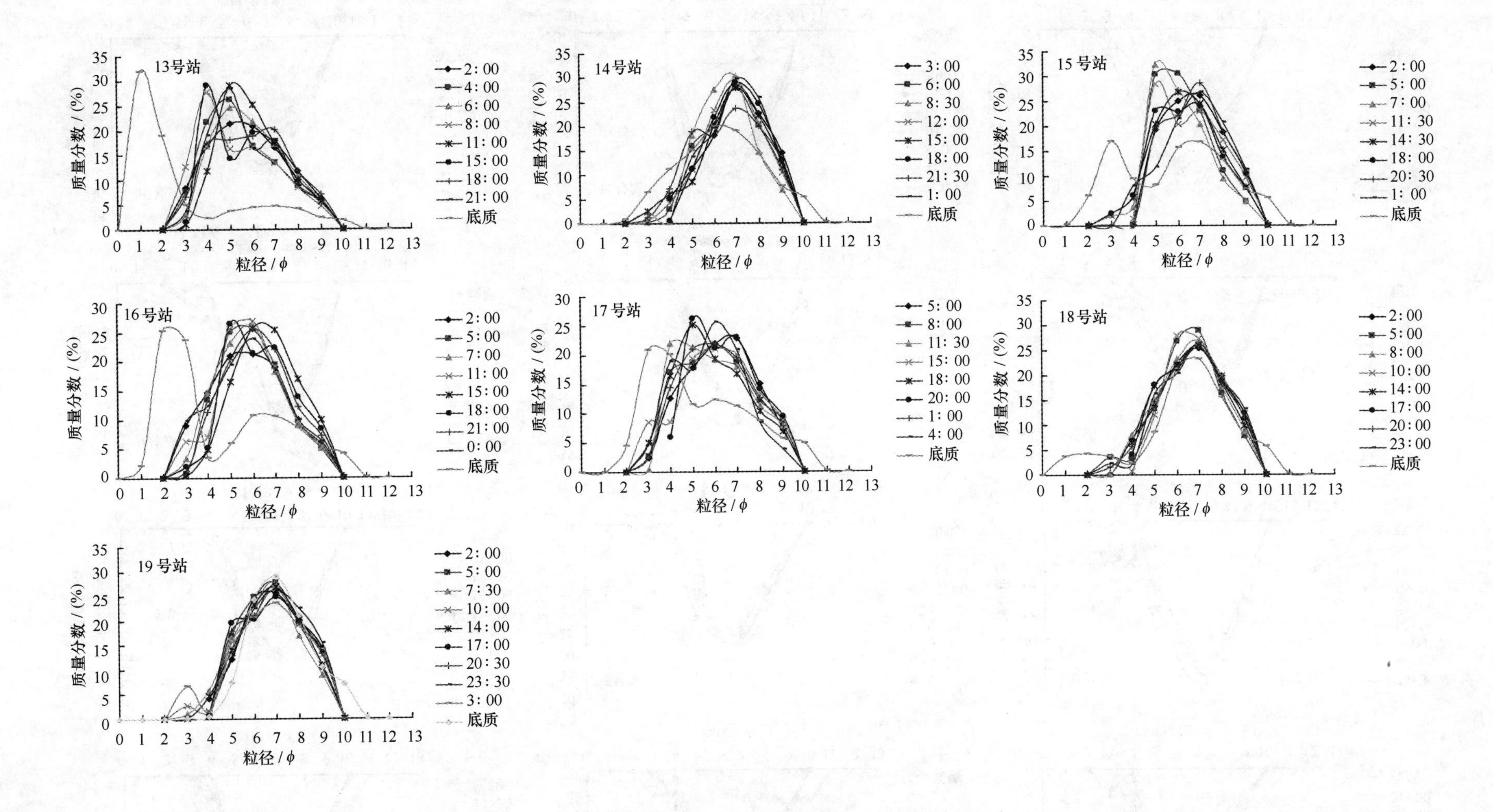

图13-3(b) 海州湾近岸海域冬季大潮悬沙级配曲线图

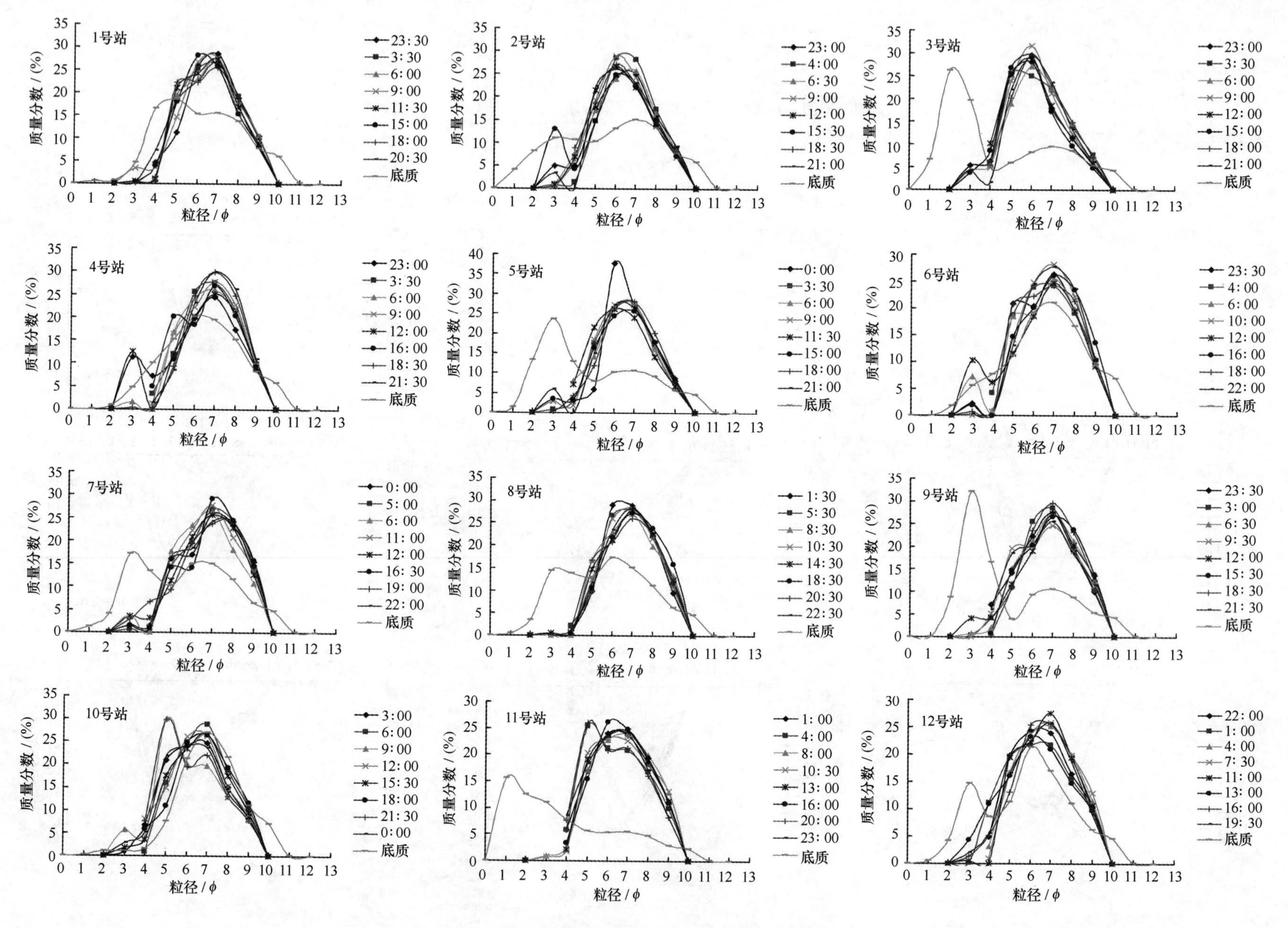

图13-4 (a)　海州湾近岸海域冬季中潮悬沙级配曲线图

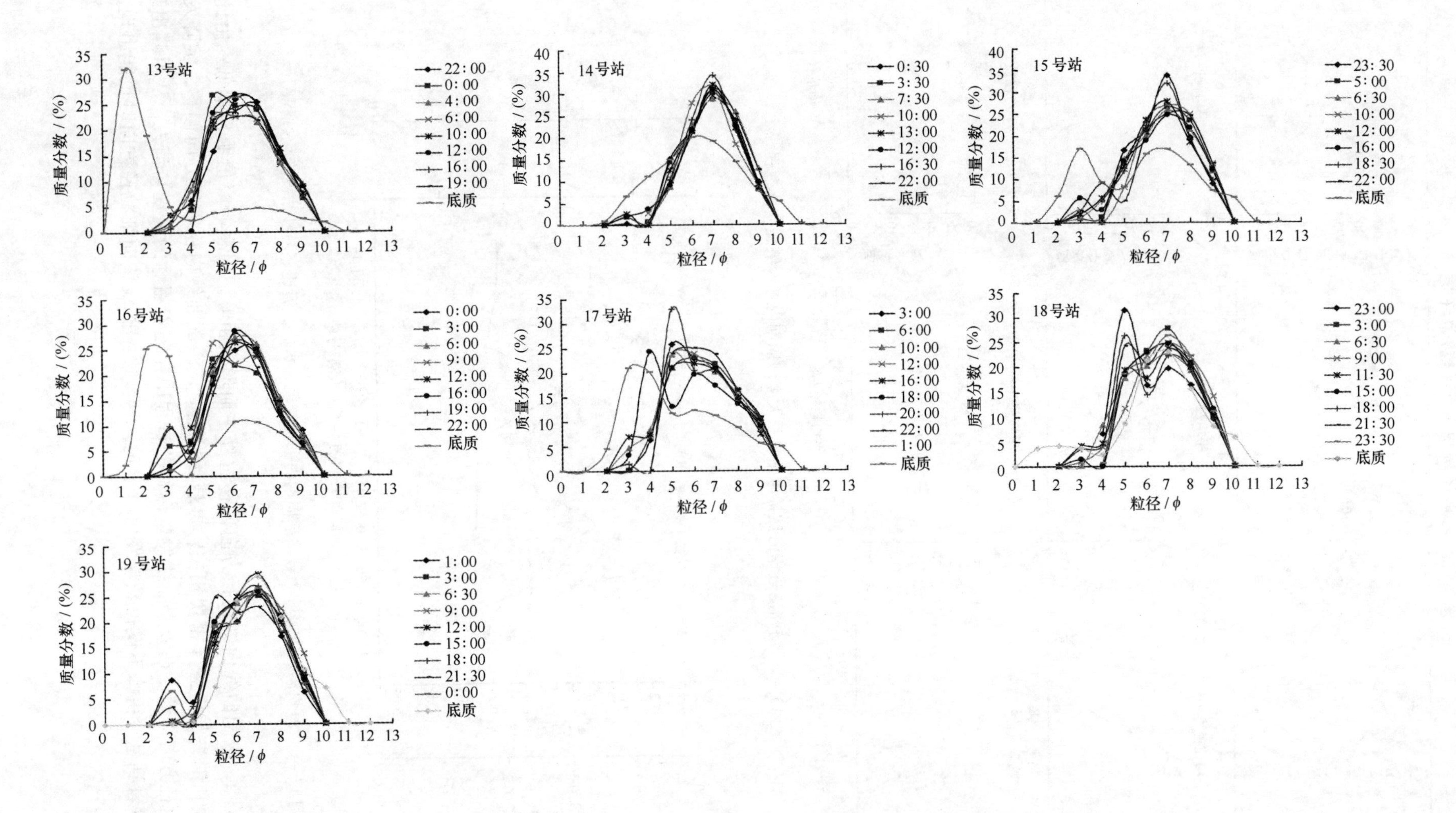

图13-4 (b) 海州湾近岸海域冬季中潮悬沙级配曲线图

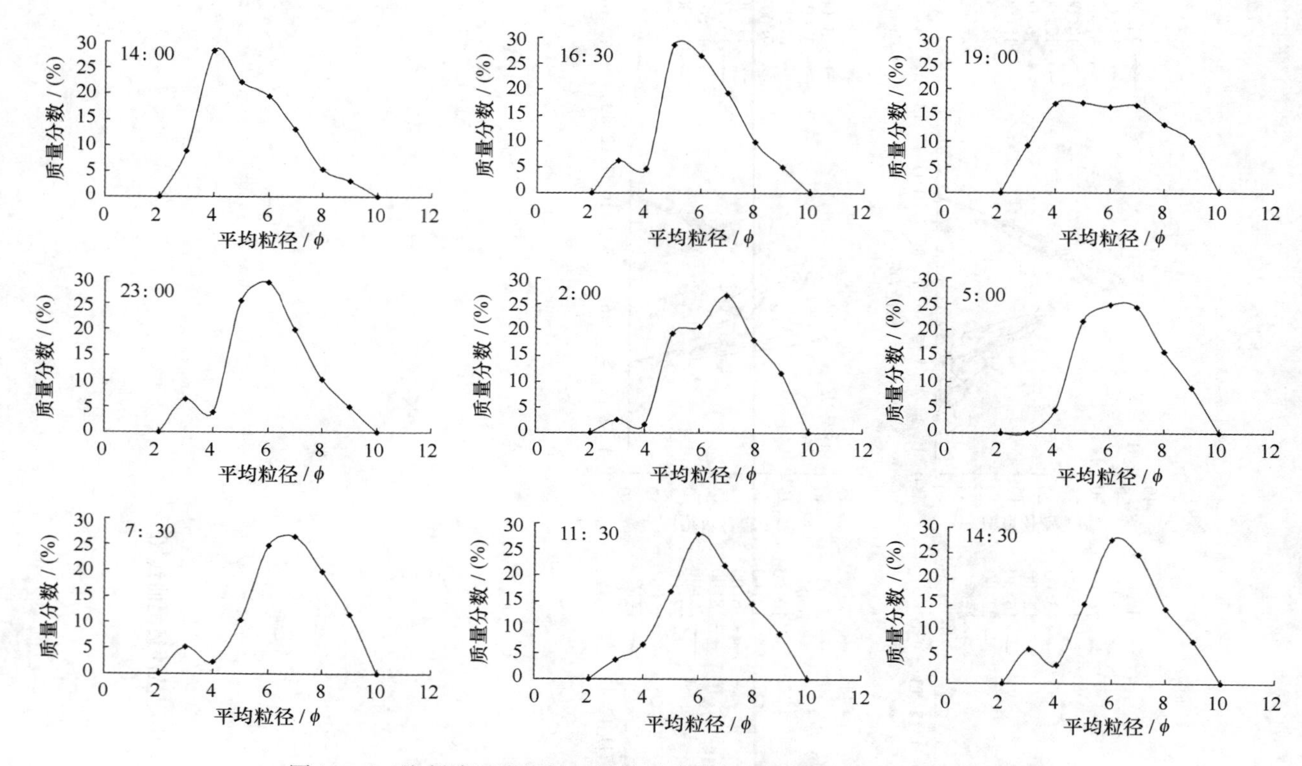

图 13－5　海州湾近岸海域 7 号站夏季大潮潮周期内悬沙级配变化过程

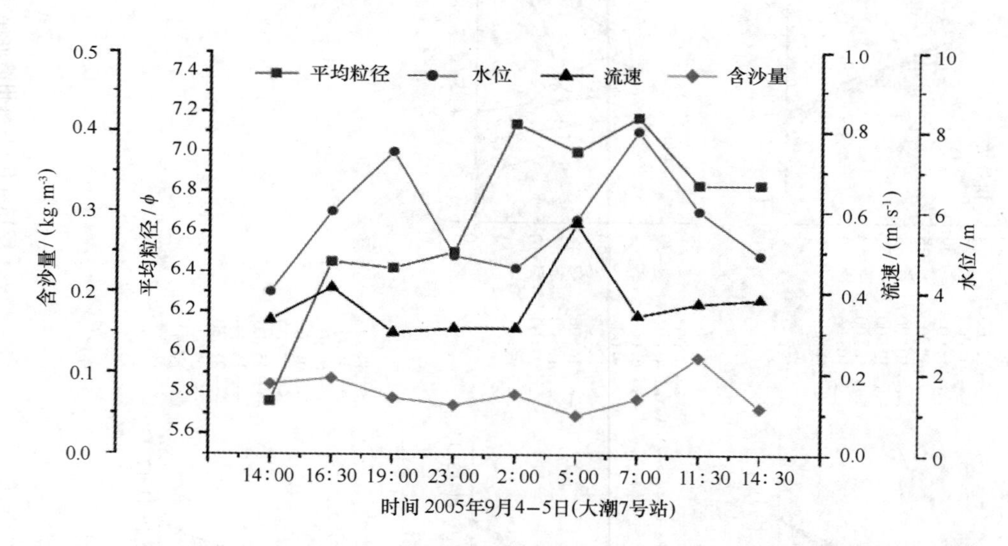

图 13－6　海州湾近岸海域 7 号站潮周期内平均粒径、水位、流速、悬沙浓度变化过程图

对较低，悬沙沉降，级配曲线向细粒径方向偏移过程中而形成粗峰，但粗峰峰值明显偏低。由此可见，悬沙粗峰的出现和消失与再悬浮密切相关，再悬浮发生时，级配曲线向粗粒径方向偏移，沉降发生时，级配曲线向细粒径方向移动，在级配曲线发生偏移的过程中伴随着粗峰的出现与消失，从粗峰出现与消失的过程还可以看到悬沙粗峰不仅再悬浮发生时出现，悬沙级配曲线偏向细粒径方向时也能出现，但粗峰峰值明显偏低。

13.3 再悬浮作用的空间变化

沉积物再悬浮和悬沙沉降导致水体中不同粒径组分发生变化，相应地悬沙级配曲线也发生变化。由于各站位所处底质类型和水动力的变化，再悬浮具有明显的空间变化。研究表明，不同的底质沉积特征对再悬浮的影响比较复杂，由于底质的影响，在相同水动力作用下再悬浮强度有时相差几十倍（Maa et al. ,1998）。底质取样分析结果表明，海州湾近岸海域底质总体上呈现近岸颗粒细，远岸粗的分布趋势。1号站底质较粗可能受到山东沿岸的粗砂影响。9号和13号站位底质较粗可能同沉积物发生粗化有关，研究表明，连云港南部海域部分区域出现粗化层，表层沉积物出露残留沙。底质较细的站位悬沙级配曲线向粗方向偏移幅度较底质较粗的站位大，再悬浮强度大。此外，观测期间天气不同，不同水动力的差异也使悬沙级配曲线变化幅度不同。

为了从总体上考察各站再悬浮作用的空间变化，把各站夏冬季悬沙最大中值粒径与底质中值粒径的比值进行了计算（表13-5）。由表可以看出，冬季该值普遍大于夏季，随离岸距离的增大夏季该比值趋于减小，冬季在港口北部海域基本符合该规律，但在港口南部海域与该规律不完全一致。研究表明（李占海等，2008），该值可以用来比较再悬浮的强度和持续时间，原因在于该值与再悬浮的强度和持续时间成正比，当再悬浮强度大且持续时间长时，近底部水层的悬沙粒径与底质粒径不断接近并可能相同，比值将接近或等于1，再悬浮作用强。计算结果显示，在颗粒较粗的站位，再悬浮强度明显小于细颗粒底质沉积区。值得注意的是，在本次研究中，冬季大中潮却出现该比值大于1的情况。出现这种情况的原因可能是由于冬季底质粒径分析采用激光粒度仪，细粒径分析范围较宽，结果可能偏小。其次，可能同冬季水动力强烈有关，强烈的水动力把异地较粗的泥沙搅动起来，输运至该站位，尤其是离岸较远的10号站位该比值大中潮都最大，这种可能性较大。

表13-5 海州湾近岸海域冬夏季悬沙最大中值粒径与底质中值粒径的比值

站位	冬季		夏季	
	大潮	中潮	大潮	中潮
1	0.64	0.74	0.02	0.03
2	0.76	0.85	0.30	0.83
3	0.12	0.18	0.12	0.17
4	1.09	0.97	0.33	0.33
5	0.26	0.26	0.32	0.55
6	1.15	1.01	0.33	0.33
7	0.59	0.52	0.58	0.39
8	0.68	0.46	0.56	0.50
9	0.25	0.14	0.05	0.08
10	3.67	2.13	0.36	0.48
11	0.06	0.06	0.47	0.25
12	1.06	0.80	0.32	0.32
13	0.07	0.04	0.10	0.14
14	0.89	0.66		0.50
15	1.14	0.67		0.39
16	0.19	0.15		
17	0.57	0.45		
18	0.94	1.21		
19	1.32	1.51		

13.4 再悬浮作用的强度

海州湾近岸海域悬沙级配在潮周期内变化表现为细颗粒主峰的波动变化和粗颗粒小峰的出现和消失。目前，利用悬沙含量的时间序列数据研究再悬浮作用尚未克服如何从悬沙含量的时空变化信息中将平流和扩散作用分离出来（李占海等，2008）。根据海州湾近岸海域的实际情况，平流作用而来的悬沙主要是南部废黄河三角洲侵蚀再悬浮通过长途输运扩散的悬沙，它们通常是细颗粒泥沙。细颗粒泥沙在潮周期内对悬沙级配的改造主要表现为悬沙级配曲线主峰的波动，一般使峰值变宽。如果平流输运而来的悬沙粒径粗于本地再悬浮泥沙，悬沙级配曲线偏向粗方向，反之，如果平流输运而来的泥沙粒径细于本地泥沙，悬沙级配曲线偏向细方向。但是粗峰是由颗粒较大的泥沙组成，通常出现在底层水体中，一般不会通过平流输运而来，所以粗峰是本地再悬浮的直接体现，可以作为判断底部水层中再悬浮强度的重要依据。通过对海州湾近岸海域夏冬4次大规模调查的悬沙级配统计分析，粗峰通常是由小于4ϕ的泥沙颗粒组成，该粒级泥沙含量可以在悬沙级配中获得，也就是可以得到再悬浮起来的该粒级泥沙在底层悬沙中的含量，据此可以估算出该粒级泥沙在底层中的再悬浮量。表13－6为夏、冬季大中潮4次潮周期内各站该粒级再悬浮量在底层中的平均含量计算结果，夏季大潮再悬浮量介于$1.40\times10^{-4}\sim2.91\times10^{-1}$ kg/m^{3}之间，夏季中潮再悬浮量介于$0\sim1.77\times10^{-1}$ kg/m^{3}之间；冬季大潮再悬浮量介于$0\sim2.81\times10^{-1}$ kg/m^{3}之间，冬季中潮再悬浮量介于$0\sim3.43\times10^{-1}$ kg/m^{3}之间。由表可见，各站再悬浮量在底层中的平均含量具有一定季节性、潮周期和明显的空间变化。

表13－6　海州湾近岸海域夏、冬季潮周期内底层粗峰泥沙再悬浮量（kg·m^{-3}）

站位	夏季		冬季	
	大潮	中潮	大潮	中潮
1	$3.44\times10^{-3}\sim2.02\times10^{-2}$	$1.82\times10^{-3}\sim8.80\times10^{-3}$	$1.90\times10^{-4}\sim1.57\times10^{-2}$	$2.80\times10^{-4}\sim6.94\times10^{-3}$
2	$5.20\times10^{-4}\sim3.05\times10^{-2}$	$2.70\times10^{-4}\sim8.75\times10^{-3}$	$0.00\sim4.32\times10^{-3}$	$1.86\times10^{-3}\sim7.48\times10^{-3}$
3	$1.40\times10^{-4}\sim9.84\times10^{-3}$	$1.32\times10^{-3}\sim9.86\times10^{-3}$	$2.60\times10^{-4}\sim3.53\times10^{-3}$	$1.39\times10^{-3}\sim6.50\times10^{-3}$
4	$1.60\times10^{-4}\sim1.02\times10^{-2}$	$0.00\sim2.73\times10^{-2}$	$4.90\times10^{-4}\sim2.93\times10^{-2}$	$1.40\times10^{-3}\sim1.89\times10^{-2}$
5	$8.70\times10^{-4}\sim7.08\times10^{-3}$	$1.62\times10^{-3}\sim8.66\times10^{-3}$	$7.00\times10^{-5}\sim1.19\times10^{-2}$	$1.12\times10^{-3}\sim6.40\times10^{-3}$
6	$1.80\times10^{-4}\sim6.17\times10^{-3}$	$0.00\sim1.23\times10^{-2}$	$4.50\times10^{-4}\sim2.27\times10^{-2}$	$5.40\times10^{-4}\sim6.12\times10^{-2}$
7	$2.15\times10^{-3}\sim3.20\times10^{-2}$	$0.00\sim3.35\times10^{-2}$	$5.30\times10^{-3}\sim2.28\times10^{-2}$	$2.29\times10^{-3}\sim1.28\times10^{-2}$
8	$6.00\times10^{-4}\sim1.32\times10^{-2}$	$0.00\sim5.78\times10^{-3}$	$1.30\times10^{-3}\sim1.32\times10^{-2}$	$0.00\sim7.43\times10^{-3}$
9	$6.10\times10^{-4}\sim1.03\times10^{-2}$	$1.49\times10^{-3}\sim2.37\times10^{-2}$	$4.20\times10^{-4}\sim2.06\times10^{-2}$	$4.10\times10^{-4}\sim8.93\times10^{-3}$
10	$4.10\times10^{-4}\sim1.12\times10^{-2}$	$7.00\times10^{-4}\sim1.92\times10^{-2}$	$5.85\times10^{-3}\sim1.76\times10^{-2}$	$7.10\times10^{-4}\sim8.09\times10^{-3}$
11	$9.40\times10^{-3}\sim2.91\times10^{-1}$	$0.00\sim1.77\times10^{-1}$	$2.05\times10^{-3}\sim1.56\times10^{-1}$	$2.61\times10^{-2}\sim1.43\times10^{-1}$
12	$4.30\times10^{-4}\sim3.37\times10^{-2}$	$2.90\times10^{-4}\sim2.14\times10^{-2}$	$9.07\times10^{-3}\sim3.44\times10^{-2}$	$4.30\times10^{-4}\sim3.24\times10^{-2}$
13	$1.04\times10^{-3}\sim2.44\times10^{-2}$	$2.03\times10^{-3}\sim4.69\times10^{-2}$	$1.10\times10^{-2}\sim2.65\times10^{-2}$	$9.00\times10^{-5}\sim5.28\times10^{-3}$
14		$2.20\times10^{-4}\sim5.63\times10^{-3}$	$8.00\times10^{-5}\sim8.18\times10^{-3}$	$5.00\times10^{-4}\sim5.59\times10^{-3}$
15		$0.00\sim8.57\times10^{-3}$	$7.00\times10^{-5}\sim8.60\times10^{-3}$	$2.80\times10^{-4}\sim1.37\times10^{-2}$
16			$3.50\times10^{-3}\sim2.06\times10^{-2}$	$1.35\times10^{-3}\sim6.97\times10^{-3}$
17			$3.78\times10^{-2}\sim2.81\times10^{-1}$	$1.75\times10^{-3}\sim3.43\times10^{-1}$
18			$1.03\times10^{-3}\sim1.87\times10^{-2}$	$1.07\times10^{-3}\sim2.47\times10^{-2}$
19			$5.90\times10^{-4}\sim7.61\times10^{-3}$	$2.50\times10^{-4}\sim3.56\times10^{-2}$

13.5 小结

海州湾近岸海域各站位悬沙级配曲线在潮周期内变化表现为细颗粒主峰的波动变化和粗颗粒小峰的出现与消失。悬沙级配曲线的变化指示了再悬浮作用的过程和强度，其中粗颗粒小峰的出现和消失是泥沙再悬浮的直接体现，由悬沙粗峰估算的底层中该粒级再悬浮量表明沉积物再悬浮具有一定季节性、潮周期和明显的空间变化。

14 悬沙通量

14.1 概述

通量是指单位时间内通过某一给定面积的某种物理量的量值，具有方向性，可以进行矢量运算。根据时间的不同可分为年通量、月通量、日通量和潮周期通量等，一般通过实测水沙资料计算得到的是单宽通量。悬沙通量的计算方法可分为直接估算法和间接估算法。直接估算法是直接根据所测的速度和浓度来推断物质通量，这种方法不能清楚地用数学表达式来表示通量机制，无法表示真正意义上的净输移；间接法是由标量积分守恒平衡式推导出物质通量，能够较好地表示物质的输出和输入，但难以反映出标量通量与环流模式的相互作用，且缺乏预测功能（Jay et al.，1997）。

目前对悬沙通量分析运用较多的方法是悬沙通量机制分解。这种方法是将悬沙通量通过分解公式定量地分解为几个动力项，每个动力项由1种或多种动力因子联合作用，不但可以探讨各个动力项所对应的主要动力因子的内在机理，也可探究每个动力项的相对贡献大小（杨晓东，2010）。该法的优点是能直接确定影响通量变化的各种因素、相互作用及其贡献大小，是目前通量计算中较为成熟和可靠的方法，由于其物理概念清晰，计算公式也相对完善，被广泛用来探讨不同环境下不同动力因子对通量的贡献大小。贺松林等（贺松林，孙介民，1996）和吴德安等（吴德安等，2006）运用该法分别对长江口南北槽和东大港潮流水道的动力机制进行了分析探讨，结果表明，长江口南北槽最大浑浊带存在明显的潮泵效应和强烈的悬沙与底沙双向交换。东大港潮流水道悬沙净输移以平流作用占优，潮泵效应在悬沙输移中也相当重要。

尽管悬沙通量机制分析在解释内在动力要素方面有其独到之处，但存在一个严重不足：悬沙通量机制分解通常是以潮周期为单位计算的，没有刻画各种内在动力要素的变化过程，而了解悬沙各种内在动力要素的变化过程又是非常重要的。本章根据海州湾近岸海域夏、冬季4次大规模实测水文泥沙资料，运用通量机制分解法将悬沙通量分解成多个动力项并探讨不同站位悬沙通量的变化特征及其动力机制。同时，针对悬沙通量机制分解的不足，采用把单宽输沙率中包含悬沙浓度脉动项矢量求和以期分析悬沙通量中潮泵效应的变化过程。

14.2 计算方法

14.2.1 悬沙通量计算

借鉴贺松林、孙介民（1996）和吴德安等（2006）采用的方法，把流速、水深、含沙量各实测数据划分为潮周期中的平均值与脉动值2个部分。在潮周期时间尺度内，对各时刻垂线平均流速 V、垂线平均含沙量 C、水深 H 从时间与空间上分解为均值与脉动值之和，某时刻的单宽输沙率可表示为：

$$T = VCH = (\bar{V} + V')(\bar{C} + C')(\bar{H} + H')$$
$$= \bar{V}\bar{C}\bar{H} + V'H'\bar{C} + V'C'\bar{H} + C'H'\bar{V} + \bar{V}\bar{C}H' + \bar{V}\bar{H}C' + \bar{C}\bar{H}V' + V'H'C'$$

式中，$\bar{V}$、$\bar{C}$、$\bar{H}$分别为各时刻的垂线平均流速、垂线平均含沙量和水深的潮周期平均值，V'、C'、H'分别为某一时刻垂线平均流速、垂线平均含沙量和水深与潮周期平均垂线平均流速、含沙量和水深的偏差。以潮周期为计算单元时：

$$\sum V' = \sum H' = \sum C' = 0$$

故潮周期平均单宽输沙率为：

$$T = \overline{V}\overline{C}\overline{H} + \overline{V'H'}\overline{C} + \overline{V'C}\overline{C'H} + \overline{C'H'}\overline{V} + \overline{V'H'C'} = T_1 + T_2 + T_3 + T_4 + T_5$$

式中，$\overline{C}$、$\overline{H}$恒为正，$\overline{V}$正负两可，因此 T_1 项的正负取决于涨落潮流的强度对比，表征了优势流对净输沙的贡献。T_2 项表征了 Stokes 漂流效应对净输沙的贡献。T_3 的符号依$\overline{V'C'}$的正负而定，既取决于流速和含沙量时间过程的相位关系，同时还与涨落潮掀沙效应、背景含沙量的差异有关，故 T_3 反映了涨、落潮流挟沙强度对净输沙的贡献。T_4 为含沙量与水深变化的相关项，研究水域若处在动力平衡带，$\overline{V}$的绝对值通常较小，T_4 的绝对值也较小。T_5 项依赖于 V、C、H 的相关性。上述 T_3、T_4、T_5 项中都包含C'，在 1 个潮周期内涨落潮过程中水体的含沙量可近似看作常量，C'的变化主要归因于水体与底部之间的泥沙双向交换。在潮汐涨落过程中，水体含沙量有规律的变化，泥沙颗粒在水体与底部之间作周期性上扬下沉的现象，Uncle 等（1984a，b）形象地比喻为潮泵效应。T_1、T_2 组成平流输移项，T_3、T_4、T_5 组成潮泵效应项。

14.2.2 余流计算

余流是指滤掉周期性潮流而得到的非周期性流动，由于余流是非周期性的，它能沿着一定方向将泥沙做长距离输送。余流分为欧拉余流和拉格朗日余流，欧拉余流是将各分潮潮流进行周期平均后得到的余流值的矢量和，它描述了经过同一点流体微团的平均速度。拉格朗日余流为欧拉余流与斯托克斯余流之和，为水体质量净输移速度，它描述了流体微团或随水流运动的悬浮物在 1 个潮周期或多个潮周期后的净位移与时间的比，能很好地指示物质输运。斯托克斯余流表征的是水体的净漂移量，其数值大小体现了水位变化量与水流变化量的相关性，一般认为水波非线性效应是诱生斯托克斯余流的主要原因。由于本研究实测潮流时间较短，不满足余流计算的精度要求，将通过实测连续 25 h 的流速资料进行平均来估算余流值。

设$\overline{U}_E$，$\overline{U}_S$，$\overline{U}_L$ 分别为垂向平均欧拉余流、斯托克斯余流和拉格朗日余流，则计算公式分别为（Lyons，1997）：

$$\overline{U}_L = \overline{U}_E + \overline{U}_S$$

$$\overline{U}_E = \langle \overline{U} \rangle$$

$$\overline{U}_S = \langle \widetilde{H}\widetilde{U} \rangle / \overline{H}$$

式中，$\langle \overline{U} \rangle$ 为潮平均垂向平均欧拉余流，$\widetilde{U} = \overline{U} - \langle \overline{U} \rangle$，$\widetilde{H} = \overline{H} - \langle \overline{H} \rangle$。

14.3 悬沙通量机制分解

根据夏冬季 4 次多站实测资料，运用悬沙通量机制分解公式计算潮周期悬沙通量及其机制分解量，结果如表 14－1 至表 14－4。从表中可以看出潮周期内主要悬沙机制分量是 T_1 和 T_3，其次是 T_2 分量，其余项所占比重较少。

从潮周期上看，夏季大潮 1 号、3 号、6 号、11 号、12 号、13 号站悬沙通量及其分量一般大于夏季中潮期，其余测站悬沙通量及其分量通常小于中潮期。冬季大潮 1 号、5 号、10 号、13 号、15 号站悬沙通量及其分量一般大于中潮期，其余测站大潮悬沙通量及其分量通常小于中潮期。从季节上看，冬季大中潮各测站悬沙通量及其分量通常大于夏季大中潮各测站悬沙通量及其分量。

从通量大小上看，夏季大潮观测期全部站位 $T_1 + T_2$ 值大于 $T_3 + T_4 + T_5$ 值；中潮观测期 10 号、13 号站 $T_3 + T_4 + T_5$ 值大于 $T_1 + T_2$ 值。冬季大潮观测期 1 号、12 号、17 号站的 $T_3 + T_4 + T_5$ 值大于 $T_1 + T_2$ 值；中潮期 1 号、12 号、16 号站的 $T_3 + T_4 + T_5$ 值大于 $T_1 + T_2$ 值。$T_1 + T_2$ 值与 $T_3 + T_4 + T_5$ 值的大小比较结果表明平流输运和潮泵效应变化较大，冬季大中潮潮泵效应较夏季明显，表明冬季水体与底部之间泥沙双向交换强烈。

从空间上看，夏、冬季大中潮潮周期内，悬沙单宽通量总体上呈现近岸浅水区大于远岸深水区，港口北部海域悬沙单宽通量相对较小，港口南部海域悬沙单宽通量较大，悬沙单宽通量值呈现由南向北逐渐减少的趋势。

表 14-1　海州湾近岸海域夏季大潮潮周期悬沙通量及机制分解量［大小：kg/（m·s）；方向：（°）］

站位	项目	T_1	T_2	T_3	T_4	T_5	T_1+T_2	$T_3+T_4+T_5$	T
1	大小	0.041 6	0.003 2	0.012 3	0.000 3	0.000 3	0.043 1	0.012 5	0.039 3
	方向	134.05	196.66	254.26	134.05	275.43	137.81	253.71	154.43
2	大小	0.022 8	0.004 7	0.013 7	0.000 2	0.000 6	0.018 4	0.013 4	0.014 1
	方向	350.50	150.43	224.60	170.50	3.42	355.56	225.42	309.27
3	大小	0.238 8	0.002 0	0.000 2	0.000 2	0.000 7	0.236 8	0.000 3	0.236 4
	方向	0.29	180.41	2.30	0.29	180.48	0.29	179.73	0.29
4	大小	0.020 9	0.009 5	0.010 1	0.000 2	0.000 9	0.013 6	0.009 5	0.008 9
	方向	352.13	142.32	230.32	172.13	4.55	12.46	233.23	327.97
5	大小	0.103 6	0.019 1	0.063 5	0.000 3	0.002 3	0.089 7	0.061 0	0.047 1
	方向	0.23	140.89	217.22	0.23	40.51	8.00	217.25	328.76
6	大小	0.046 4	0.035 5	0.047 2	0.000 9	0.003 9	0.081 0	0.044 4	0.115 2
	方向	141.23	158.03	96.80	141.23	251.20	148.50	99.78	131.68
7	大小	0.018 7	0.017 2	0.017 3	0.000 1	0.000 7	0.025 3	0.017 8	0.008 0
	方向	219.65	129.06	6.22	219.65	336.15	176.73	4.91	158.31
8	大小	0.023 9	0.046 5	0.008 1	0.000 3	0.002 6	0.023 2	0.005 4	0.017 9
	方向	308.72	119.67	306.07	128.72	145.48	110.32	296.50	108.46
9	大小	0.007 5	0.018 0	0.011 6	0.000 0	0.000 5	0.016 6	0.011 7	0.011 8
	方向	226.39	113.65	274.92	46.39	206.30	138.18	272.85	183.14
10	大小	0.014 1	0.027 2	0.030 5	0.000 0	0.001 5	0.030 4	0.029 2	0.057 2
	方向	53.49	144.67	83.23	53.49	233.32	117.07	84.63	101.17
11	大小	3.993 0	0.658 3	0.387 4	0.104 9	0.368 7	4.651 3	0.860 9	5.512 2
	方向	41.63	222.21	210.14	41.63	217.90	41.52	212.69	43.65
12	大小	0.731 1	0.112 3	0.277 3	0.017 2	0.002 1	0.725 4	0.288 3	0.978 1
	方向	224.47	127.13	179.73	224.47	47.63	215.64	181.82	206.20
13	大小	0.229 6	0.039 4	0.087 0	0.002 5	0.002 1	0.219 5	0.084 0	0.269 7
	方向	245.63	135.92	297.22	65.63	164.02	235.89	297.53	251.79

表 14-2　海州湾近岸海域夏季中潮潮周期悬沙通量及机制分解量［大小：kg/（m·s）；方向：（°）］

站位	项目	T_1	T_2	T_3	T_4	T_5	T_1+T_2	$T_3+T_4+T_5$	T
1	大小	0.009 5	0.004 4	0.004 8	0.000 1	0.000 2	0.007 4	0.004 8	0.006 9
	方向	106.50	237.63	250.88	106.50	183.69	133.30	248.21	172.69
2	大小	0.021 7	0.004 6	0.004 1	0.000 2	0.000 5	0.017 2	0.003 7	0.019 1
	方向	317.06	144.46	20.85	137.06	249.05	315.08	18.75	324.95
3	大小	0.040 1	0.005 7	0.001 5	0.000 1	0.000 4	0.045 7	0.002 1	0.043 9
	方向	213.78	202.91	56.99	33.78	62.97	212.43	57.22	211.30

续表

站位	项目	T_1	T_2	T_3	T_4	T_5	T_1+T_2	$T_3+T_4+T_5$	T
4	大小	0.023 4	0.020 3	0.002 9	0.000 2	0.002 0	0.015 8	0.003 0	0.014 6
	方向	254.87	116.71	351.49	74.87	249.05	196.31	316.16	206.76
5	大小	0.045 7	0.007 3	0.008 8	0.000 3	0.000 3	0.045 2	0.008 4	0.050 2
	方向	43.64	141.79	354.95	223.64	126.30	52.78	354.83	44.64
6	大小	0.025 0	0.050 4	0.043 7	0.000 4	0.008 5	0.074 4	0.051 9	0.029 1
	方向	133.00	152.84	339.78	313.00	3.08	146.29	343.29	114.81
7	大小	0.047 6	0.043 0	0.008 8	0.000 2	0.000 7	0.071 4	0.009 3	0.070 3
	方向	222.09	145.90	83.97	222.09	100.05	186.27	85.88	178.79
8	大小	0.025 1	0.043 4	0.014 2	0.000 3	0.003 0	0.067 9	0.016 1	0.081 0
	方向	110.37	126.28	169.79	110.37	111.28	120.46	159.89	127.72
9	大小	0.008 2	0.029 2	0.026 1	0.000 1	0.001 1	0.031 6	0.027 2	0.056 1
	方向	206.84	126.52	176.65	206.84	180.91	141.31	176.91	157.74
10	大小	0.036 5	0.030 0	0.076 6	0.000 3	0.002 0	0.064 7	0.077 4	0.137 2
	方向	106.19	132.87	89.17	106.19	11.30	118.18	87.80	101.61
11	大小	6.159 4	0.906 1	0.507 8	0.253 2	0.385 4	5.512 1	0.625 2	5.180 6
	方向	20.66	242.03	256.99	20.66	207.93	14.42	249.60	8.73
12	大小	0.034 5	0.107 0	0.035 0	0.000 3	0.010 0	0.074 2	0.043 5	0.111 4
	方向	286.03	120.58	173.10	286.03	138.96	127.28	166.02	141.41
13	大小	0.032 1	0.032 8	0.067 2	0.000 5	0.000 8	0.024 0	0.066 3	0.052 0
	方向	0.78	137.34	295.42	180.78	85.69	70.76	295.35	314.25
14	大小	0.015 0	0.014 8	0.009 6	0.000 6	0.000 8	0.009 8	0.009 8	0.013 0
	方向	279.72	138.34	303.53	99.72	332.24	210.27	307.39	258.77
15	大小	0.029 9	0.017 0	0.008 9	0.000 3	0.001 9	0.041 5	0.009 3	0.038 7
	方向	204.95	146.69	307.59	24.95	224.33	184.54	298.03	197.27

表 14-3 海州湾近岸海域冬季大潮潮周期悬沙通量及机制分解量［大小：kg/（m·s）；方向：（°）］

站位	项目	T_1	T_2	T_3	T_4	T_5	T_1+T_2	$T_3+T_4+T_5$	T
1	大小	0.011 4	0.004 4	0.015 8	0.000 6	0.000 8	0.009 5	0.016 3	0.018 7
	方向	78.84	204.73	187.92	258.84	256.10	100.85	192.28	161.81
2	大小	0.012 7	0.001 2	0.005 0	0.000 4	0.000 5	0.012 6	0.004 8	0.008 8
	方向	109.41	206.00	262.46	289.41	77.73	114.85	264.96	130.70
3	大小	0.010 7	0.003 9	0.004 5	0.000 2	0.000 6	0.010 6	0.005 2	0.007 9
	方向	129.86	231.86	287.29	309.86	263.47	151.28	285.17	179.61
4	大小	0.021 3	0.010 9	0.017 6	0.002 8	0.005 9	0.030 5	0.020 7	0.009 8
	方向	92.53	132.78	309.47	272.53	213.89	105.86	287.98	101.39
5	大小	0.030 2	0.011 0	0.018 9	0.000 0	0.000 9	0.033 3	0.019 8	0.023 5
	方向	81.55	165.14	235.74	261.55	257.49	100.69	236.73	136.43
6	大小	0.058 8	0.053 5	0.076 3	0.002 9	0.005 2	0.110 9	0.079 5	0.131 1
	方向	177.20	159.70	74.75	177.20	31.79	168.87	74.19	131.69

续表

站位	项目	T_1	T_2	T_3	T_4	T_5	T_1+T_2	$T_3+T_4+T_5$	T
7	大小	0.029 7	0.054 8	0.018 5	0.000 3	0.002 2	0.071 7	0.018 6	0.063 1
	方向	73.52	140.67	348.17	253.52	78.30	118.24	353.91	104.16
8	大小	0.035 2	0.065 3	0.058 2	0.002 0	0.004 1	0.100 2	0.056 6	0.043 6
	方向	118.26	127.56	303.12	298.26	92.88	124.31	305.06	123.33
9	大小	0.038 7	0.026 0	0.005 5	0.000 0	0.001 9	0.064 5	0.007 3	0.059 4
	方向	127.30	118.23	344.01	307.30	357.04	123.66	347.32	118.76
10	大小	0.097 1	0.021 2	0.048 2	0.000 8	0.002 6	0.118 1	0.046 2	0.164 1
	方向	159.84	152.63	167.35	339.84	49.18	158.55	164.67	160.27
11	大小	1.468 6	0.561 7	0.284 9	0.053 9	0.137 7	0.970 3	0.422 0	0.550 6
	方向	27.85	185.96	236.48	207.85	173.63	40.32	215.90	43.70
12	大小	0.059 2	0.082 3	0.159 5	0.000 5	0.008 0	0.120 9	0.152 1	0.045 9
	方向	53.78	117.38	256.65	233.78	67.28	91.36	257.06	216.47
13	大小	0.037 5	0.041 9	0.018 8	0.000 1	0.003 1	0.040 7	0.021 7	0.053 3
	方向	21.78	140.35	150.30	21.78	169.32	86.37	152.68	108.23
14	大小	0.008 9	0.022 6	0.008 2	0.000 3	0.001 8	0.014 5	0.006 5	0.015 2
	方向	310.07	148.07	248.89	130.07	37.36	158.98	255.05	184.24
15	大小	0.076 3	0.026 7	0.028 4	0.000 2	0.002 6	0.063 6	0.029 6	0.093 1
	方向	27.89	155.66	46.88	207.89	346.27	47.26	42.56	45.77
16	大小	0.026 7	0.014 8	0.030 0	0.000 2	0.001 9	0.040 7	0.028 3	0.040 2
	方向	126.21	149.40	24.74	306.21	225.77	134.43	22.92	93.48
17	大小	0.100 2	0.134 7	0.349 5	0.004 0	0.043 6	0.234 3	0.336 7	0.260 3
	方向	89.78	97.08	229.88	269.78	115.72	93.96	223.53	179.58
18	大小	0.068 8	0.048 2	0.029 6	0.002 0	0.002 7	0.106 1	0.027 6	0.078 6
	方向	181.39	180.50	0.99	181.39	179.50	181.03	1.06	181.02
19	大小	0.043 3	0.007 9	0.015 8	0.001 3	0.001 1	0.049 0	0.014 3	0.048 4
	方向	318.80	6.09	72.97	318.80	271.46	325.63	66.62	342.49

表 14-4　海州湾近岸海域冬季中潮潮周期悬沙通量及机制分解量［大小：kg/（m·s）；方向：（°）］

站位	项目	T_1	T_2	T_3	T_4	T_5	T_1+T_2	$T_3+T_4+T_5$	T
1	大小	0.002 3	0.004 5	0.007 4	0.000 1	0.000 8	0.006 4	0.007 2	0.013 5
	方向	181.20	217.24	222.91	181.20	107.52	205.24	216.49	211.16
2	大小	0.016 5	0.001 6	0.006 3	0.000 2	0.000 9	0.017 9	0.007 3	0.023 2
	方向	170.37	142.15	219.34	170.37	222.31	167.95	218.73	182.06
3	大小	0.023 6	0.002 5	0.012 8	0.000 1	0.000 1	0.025 3	0.013 0	0.038 3
	方向	239.34	192.05	237.07	239.34	235.10	235.16	237.06	55.81
4	大小	0.012 8	0.016 5	0.008 8	0.000 2	0.001 9	0.023 6	0.007 9	0.018 1
	方向	104.22	178.13	298.87	284.22	170.40	146.59	287.75	162.59
5	大小	0.022 8	0.006 8	0.011 5	0.000 3	0.001 2	0.029 5	0.011 7	0.017 8
	方向	164.09	153.55	348.48	344.09	248.37	161.68	342.51	161.13

续表

站位	项目	T_1	T_2	T_3	T_4	T_5	T_1+T_2	$T_3+T_4+T_5$	T
6	大小	0.195 3	0.061 7	0.018 0	0.000 3	0.004 5	0.249 4	0.021 2	0.259 6
	方向	188.53	155.73	106.53	188.53	160.23	180.82	117.37	176.64
7	大小	0.075 1	0.036 7	0.044 3	0.001 7	0.002 3	0.108 5	0.045 1	0.152 4
	方向	171.49	141.66	147.57	171.49	36.70	161.79	145.74	157.09
8	大小	0.142 7	0.122 5	0.047 3	0.002 3	0.010 1	0.260 7	0.039 4	0.236 0
	方向	146.44	125.19	272.13	326.44	115.69	136.63	268.91	143.73
9	大小	0.072 8	0.027 0	0.036 7	0.000 4	0.000 6	0.099 5	0.037 2	0.085 7
	方向	125.62	115.97	2.16	305.62	302.82	123.02	0.81	101.43
10	大小	0.069 8	0.014 8	0.013 4	0.000 1	0.000 2	0.084 1	0.013 3	0.084 7
	方向	133.67	148.63	228.00	133.67	345.80	136.27	228.35	145.27
11	大小	0.134 8	0.963 0	0.424 3	0.003 0	0.177 6	1.014 4	0.249 3	0.790 7
	方向	260.27	189.04	357.91	80.27	185.20	353.40	196.26	203.30
12	大小	0.110 7	0.106 6	0.351 8	0.005 9	0.010 2	0.185 4	0.352 2	0.262 5
	方向	56.68	119.54	316.78	236.68	221.36	87.46	314.18	345.13
13	大小	0.005 8	0.015 0	0.016 5	0.000 0	0.000 9	0.020 8	0.016 2	0.028 9
	方向	138.21	136.60	218.19	138.21	113.63	137.05	214.97	170.34
14	大小	0.030 2	0.023 1	0.020 6	0.000 2	0.001 3	0.044 9	0.020 6	0.064 2
	方向	216.15	150.40	208.54	36.15	293.57	188.22	212.22	195.70
15	大小	0.047 4	0.025 0	0.036 4	0.000 4	0.002 4	0.048 6	0.039 1	0.087 7
	方向	41.68	143.90	72.27	41.68	54.80	71.77	70.88	71.37
16	大小	0.034 8	0.007 0	0.057 3	0.000 1	0.000 5	0.041 2	0.057 9	0.048 3
	方向	176.28	150.77	47.32	356.28	72.78	172.06	47.42	92.01
17	大小	0.311 2	0.100 8	0.339 5	0.009 4	0.042 6	0.353 8	0.313 5	0.307 5
	方向	151.03	77.88	264.58	331.03	128.87	135.21	260.72	191.26
18	大小	0.226 5	0.013 7	0.130 6	0.003 3	0.004 2	0.239 2	0.128 8	0.344 7
	方向	46.57	24.15	89.46	46.57	271.22	45.32	88.42	60.11
19	大小	0.086 8	0.001 3	0.050 9	0.004 8	0.002 9	0.086 3	0.054 2	0.137 7
	方向	307.88	59.23	279.95	307.88	32.03	308.70	285.14	299.64

14.4 异地再悬浮输沙

悬沙通量机制分析结果表明海州湾近岸海域悬沙通量中主要动力分项是平流作用和潮泵效应。自黄河北归入渤海后，海州湾近岸海域没有大的河流泥沙来源，局部小的河流对整个区域的悬沙贡献较小，悬沙主要是沉积物再悬浮。根据对连云港近岸海域的分析，可以把再悬浮泥沙分为两部分，一部分是本地泥沙再悬浮，另一部分是南部废黄河三角洲遭受侵蚀再悬浮的泥沙经平流输运而来，为异地再悬浮。

悬沙通量分解结果中，T_1 项由涨落潮流的强度对比决定，表征优势流向。T_2 项表征了 Stokes 漂流对悬沙输移的贡献。T_1+T_2 组成平流输移项。相对于观测站位，平流输沙可以统称为异地再悬浮输沙。由表 14－1 至表 14－4 和图 14－1 可以看出，夏季大潮期间，港口北部海域大部分站位平流输沙与落潮流方向一致，港口南部海域站位的平流输沙基本向东南方向输移，最南部站位的平流输沙向岸方向输移。夏季中潮期间，港口北部海域平流输沙主要向湾顶方向输移，5 号站向外海方向输移，港口南部海域站位平流输沙主要向岸和东南方向输移。冬季大潮期间，港口北部海域站位平流输沙向东南输移，港口南部海域站位的平流输沙也基本向东南方向输移。冬季中潮期间，港口北部海域站位的平流输沙向岸输移，港口南部海域站位的平流输沙向岸和东南方向输移。11 号站受河流影响，平流输沙方向由陆向海。总体上，在一个潮周期内，平流的输沙方向基本同涨潮或落潮方向一致，部分站位输运方向的变化同本区潮流的旋转、潮周期平均悬沙浓度、水深以及测站附近地形有关。平流输移项中，斯托克斯漂移的方向同涨落潮流方向差异显著，这与斯托克斯漂移同波流的非线性效应有关，因此不同天气状况下观测的悬沙输移方向有一定的偏差。

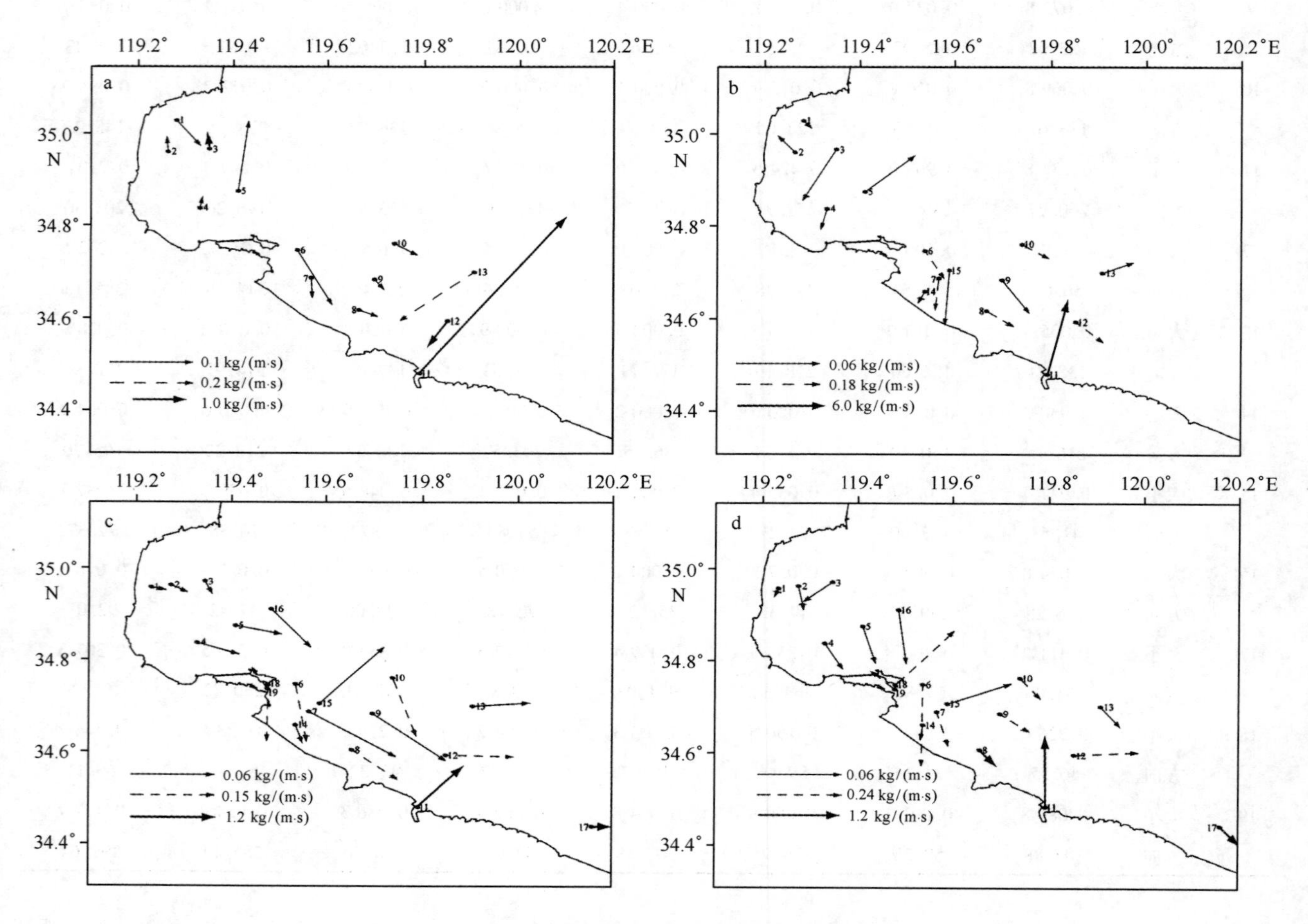

图 14－1　海州湾近岸海域观测潮周期内平流作用输沙图

a. 夏季大潮；b. 夏季中潮；c. 冬季大潮；d. 冬季中潮

平流作用通常与余流相关，把平流作用各分量与余流计算结果（表 14－5 和表 14－6）比较，可以看出，夏冬季大中潮平流输沙方向与余流方向基本一致。T_1 的方向同欧拉余流方向一致，T_2 同斯托克斯余流方向一致，T_1+T_2 同拉格朗日余流方向一致。余流的量值总体不大，流向基本与沿岸平行。港口南部海域站位余流的流向规律性不强。拉格朗日余流大体与欧拉余流相同，可能欧拉余流的产生机制与地形、底摩擦以及惯性效应有关，所以通常近岸处的余流稍大。由于余流是非周期性的，它能沿一定方向将泥沙做长距离输送，是平流输运的重要动力。

表 14－5 海州湾近岸海域夏季大、中潮潮周期余流［大小：m/s；方向：(°)］

站位	项目	夏季大潮余流			夏季中潮余流		
		欧拉	斯托克斯	拉格朗日	欧拉	斯托克斯	拉格朗日
1	大小	0.050	0.004	0.052	0.019	0.009	0.015
	方向	134.05	196.66	137.81	106.50	237.63	133.30
2	大小	0.048	0.010	0.038	0.050	0.011	0.039
	方向	350.50	150.43	355.56	317.06	144.46	315.08
3	大小	0.252	0.002	0.250	0.050	0.007	0.058
	方向	0.29	180.41	0.29	213.78	202.91	212.43
4	大小	0.048	0.022	0.031	0.026	0.023	0.018
	方向	352.13	142.32	12.46	254.87	116.71	196.31
5	大小	0.057	0.011	0.050	0.055	0.009	0.054
	方向	0.23	140.89	8.00	43.64	141.79	52.78
6	大小	0.051	0.039	0.089	0.023	0.047	0.070
	方向	141.23	158.03	148.50	133.00	152.84	146.29
7	大小	0.036	0.034	0.049	0.060	0.054	0.090
	方向	219.65	129.06	176.73	180.73	179.40	180.11
8	大小	0.041	0.079	0.039	0.039	0.067	0.105
	方向	308.72	119.67	110.32	110.37	126.28	120.46
9	大小	0.010	0.025	0.023	0.011	0.039	0.042
	方向	226.39	113.65	138.18	206.84	126.52	141.31
10	大小	0.009	0.018	0.020	0.023	0.019	0.041
	方向	53.49	144.67	117.07	106.19	132.87	118.18
11	大小	0.437	0.072	0.365	0.439	0.065	0.393
	方向	41.63	222.21	41.52	20.66	242.03	14.42
12	大小	0.236	0.036	0.234	0.021	0.065	0.045
	方向	224.47	127.13	215.64	286.03	120.58	127.28
13	大小	0.193	0.033	0.185	0.037	0.037	0.027
	方向	245.63	135.92	235.89	0.78	137.34	70.76
14	大小				0.055	0.054	0.036
	方向				279.72	138.33	210.27
15	大小				0.069	0.039	0.096
	方向				204.95	146.69	184.54

表 14－6 海州湾近岸海域冬季大、中潮潮周期余流［大小：m/s；方向：(°)］

站位	项目	冬季大潮余流			冬季中潮余流		
		欧拉	斯托克斯	拉格朗日	欧拉	斯托克斯	拉格朗日
1	大小	0.019	0.007	0.016	0.007	0.014	0.020
	方向	78.84	204.73	100.85	181.20	217.24	205.24
2	大小	0.049	0.005	0.048	0.036	0.003	0.039
	方向	109.41	206.00	114.85	170.37	142.15	167.95

续表

站位	项目	冬季大潮余流			冬季中潮余流		
		欧拉	斯托克斯	拉格朗日	欧拉	斯托克斯	拉格朗日
3	大小	0.027	0.010	0.027	0.036	0.004	0.039
	方向	129.86	231.86	151.28	239.34	192.05	235.16
4	大小	0.033	0.017	0.047	0.012	0.016	0.022
	方向	92.53	132.78	105.86	104.22	178.13	146.59
5	大小	0.048	0.017	0.053	0.034	0.010	0.044
	方向	81.55	165.14	100.69	164.09	153.55	161.68
6	大小	0.048	0.044	0.091	0.090	0.029	0.116
	方向	177.20	159.70	168.87	188.53	155.73	180.82
7	大小	0.023	0.042	0.056	0.056	0.027	0.081
	方向	73.52	140.67	118.24	171.49	141.66	161.79
8	大小	0.051	0.095	0.146	0.068	0.059	0.125
	方向	118.26	127.56	124.31	146.44	125.19	136.63
9	大小	0.051	0.034	0.084	0.075	0.028	0.103
	方向	127.30	118.23	123.66	125.62	115.97	123.02
10	大小	0.084	0.018	0.102	0.059	0.012	0.071
	方向	159.84	152.63	158.55	133.67	148.63	136.27
11	大小	0.183	0.070	0.121	0.012	0.083	0.088
	方向	27.85	185.96	40.32	260.27	189.04	196.26
12	大小	0.056	0.078	0.115	0.050	0.049	0.084
	方向	0.94	178.91	178.45	56.68	119.54	87.46
13	大小	0.043	0.048	0.046	0.010	0.026	0.036
	方向	21.78	140.35	86.37	138.21	136.60	137.05
14	大小	0.022	0.057	0.037	0.046	0.035	0.069
	方向	310.07	148.07	158.98	216.15	150.40	188.22
15	大小	0.087	0.030	0.072	0.035	0.018	0.035
	方向	27.89	155.66	47.26	41.68	143.90	71.77
16	大小	0.027	0.015	0.041	0.043	0.009	0.051
	方向	126.21	149.40	134.43	176.28	150.77	172.06
17	大小	0.019	0.026	0.045	0.055	0.018	0.063
	方向	89.78	97.08	93.96	151.03	77.88	135.21
18	大小	0.059	0.042	0.091	0.104	0.006	0.110
	方向	259.39	208.73	238.83	46.57	24.15	45.32
19	大小	0.056	0.010	0.063	0.065	0.001	0.065
	方向	318.80	6.09	325.63	307.88	59.23	308.70

14.5　本地再悬浮输沙

本地再悬浮主要表现为潮泵效应，反映了泥沙颗粒在水体与底部泥沙之间作周期性上扬下沉的现象。在悬沙机制分量中，T_3 项反映了涨落潮流挟沙强度对输沙的贡献，该项既取决于流速过程和含沙量过程的相位关系，还与涨、落潮掀沙效应的差异有关。T_4 反映了悬沙量与水深变化关系。T_5 项依赖于流速、悬沙和水深的变化项。$T_3+T_4+T_5$ 反映了泥沙颗粒在水体与底部之间作周期性上扬下沉的双向交换，三者组成潮泵效应项，主要取决于本地再悬浮。

由表 14-1 至表 14-4 和图 14-2 可以看出，夏季大潮期间，港口北部海域站位潮泵效应向海州湾湾顶方向输沙，同涨潮流方向一致。港口南部海域站位潮泵效应输沙方向比较复杂，主要向陆地和西北方向输沙。夏季中潮期间，港口北部海域潮泵输沙方向总体上向东北方向输沙，1 号站位向岸输沙。港口南部海域站位潮泵输沙方向规律性较差，靠近港口站位主要向西北方向输沙，南部站位向岸输沙。冬季大潮期间，港口北部海域站位潮泵效应主要向陆方向输沙。港口南部海域近岸站位潮泵效应向岸和西北方向输沙，外海站位向东南方向输沙。冬季中潮期间，港口北部海域站位潮泵效应输沙主要向湾顶方向输沙，16 号站潮泵效应向外海方向输沙。港口南部海域站位潮泵效应输沙向岸方向为主，11 号站位潮泵输沙由海向陆。由此可见，不同季节、不同潮周期内潮泵效应输沙方向不一致，可能与悬沙滞后效应、悬沙浓度涨落潮不对称、悬沙与流速变化之间存在一定的相位差有关。从潮泵效应输沙方向来看，4 次观测期间，虽然夏季中潮期间港口北部海域潮泵效应向东北方向输沙，但其量值较小，其余观测期间港口北

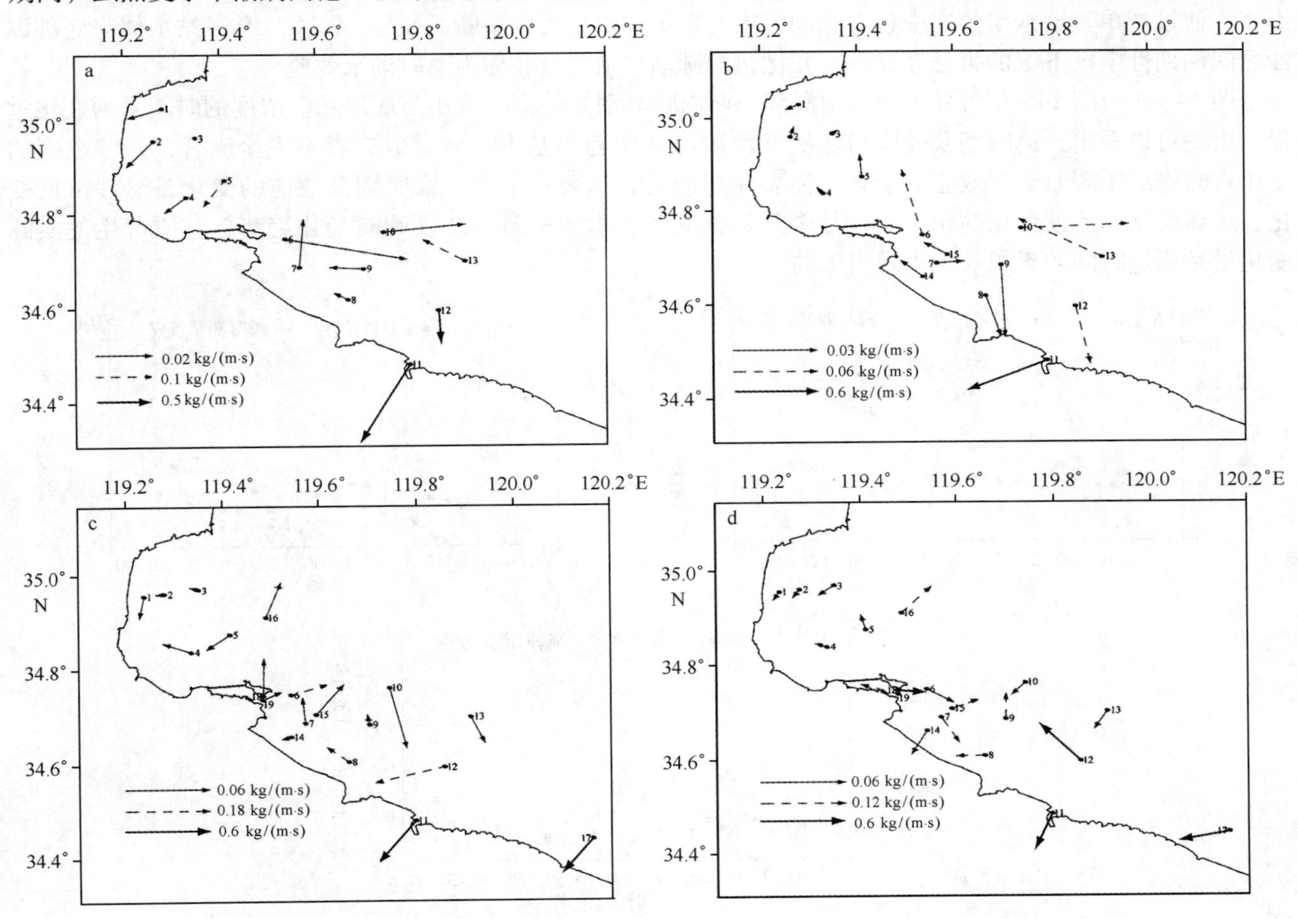

图 14-2　海州湾近岸海域观测潮周期内潮泵效应输沙图

a. 夏季大潮；b. 夏季中潮；c. 冬季大潮；d. 冬季中潮

部海域站位的潮泵效应输沙同涨潮流方向一致，向岸输沙。港口南部海域站位的潮泵输沙方向变化较大，但总体上，是向岸输沙。从潮泵效应的大小来看，由岸至深水区具有逐渐减小的趋势，浅水区潮泵效应输沙明显，港口南部海域的潮泵效应通常大于港口北部海域。

由于潮泵效应反映了泥沙颗粒在水体与底部泥沙之间作周期性上扬下沉的现象，表现为悬沙浓度在时间域中以浓度峰的形式变化，因此可以通过潮泵效应来研究悬沙浓度的周期分量对泥沙输移的方向。上述海州湾近岸海域夏冬季大中潮 4 次现场实测悬沙浓度中潮泵效应的输移结果表明，潮泵效应总体上为向岸方向输沙，这同 Hanes 和 Huntley（1986）得出的悬沙浓度周期分量产生的净输移是向岸运动的研究结果是一致的。因此，可以推断海州湾近岸海域悬沙的周期分量主要以浓度峰的形式在底部向岸输移，这也是从泥沙运移方向上合理解释连云港海区远岸沉积物较粗，近岸沉积物较细，不同类型的沉积物分异现象比较明显，大致平行海岸呈条带状分布的原因。

14.6 悬沙通量变化

由于悬沙通量机制分解通常是以潮周期为单位计算的，因此对各种内在动力要素的变化过程刻画不足，而了解悬沙各种内在动力要素的变化过程又是非常重要的。为了弥补这个不足，采用把单宽输沙率中包含悬沙浓度脉动项矢量求和以分析其内在动力的变化过程。

在悬沙通量机制分解公式中，把包含脉动项C'的 T_3、T_4、T_5 项合起来称为潮泵效应，在一个潮周期内，C'的变化主要归因于水体与底部泥沙之间的双向交换，是沉积物再悬浮的一个表现。假设平流作用项不变，通过把单宽输沙率公式中包含脉动C'项矢量求和来分析典型断面 8 号、9 号、10 号站水体与底部泥沙之间周期性上扬下沉的再悬浮过程，并把包含脉动C'项矢量和称为瞬时潮泵效应。

图 14 -3 至图 14 -6 为夏冬季大中潮潮周期内瞬时潮泵效应项大小与底层悬沙浓度的时间系列变化过程。由图可以看出，瞬时潮泵效应与底层悬沙浓度变化趋势基本一致，但二者不完全吻合，悬沙浓度的变化有时滞后于瞬时潮泵效应的变化。需要注意的是，从公式上看，瞬时潮泵效应的变化是悬沙浓度变化、水深变化和流速变化的相关项，是个矢量，反映了水体中悬沙浓度瞬时变化趋势，它所产生的实际变化量是通过时间的累积效应表现出来的。

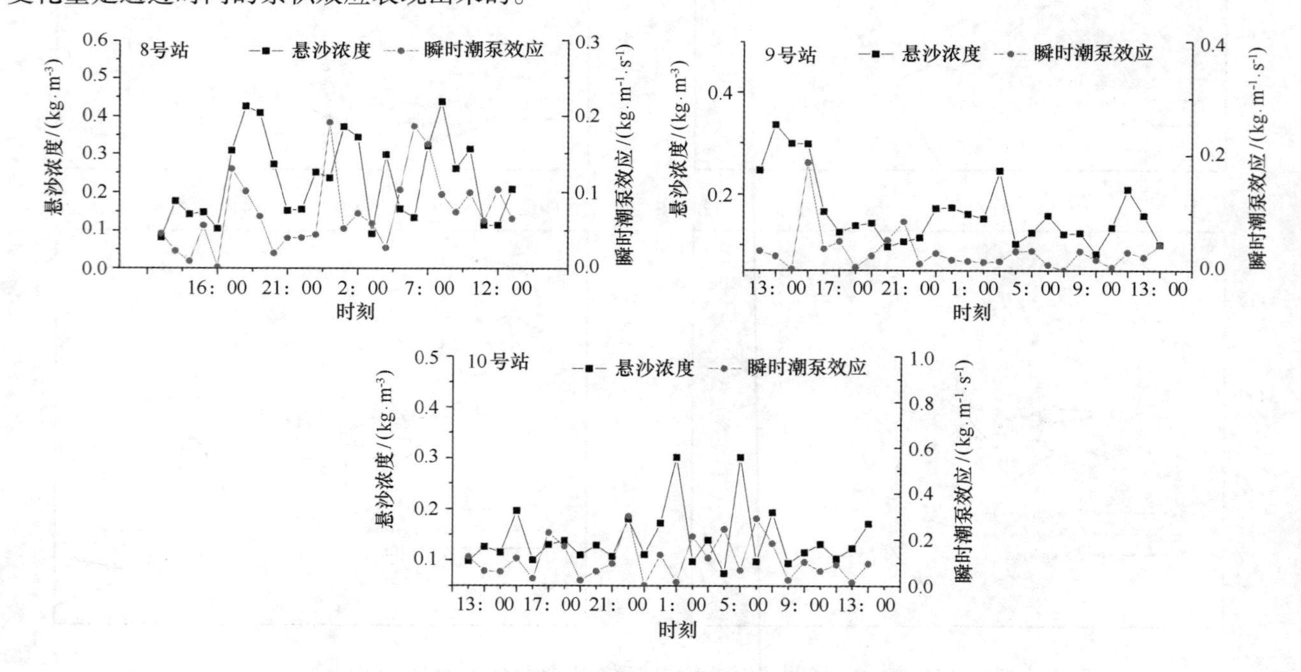

图 14 -3　夏季大潮观测潮周期内瞬时潮泵效应与底层悬沙浓度时间系列

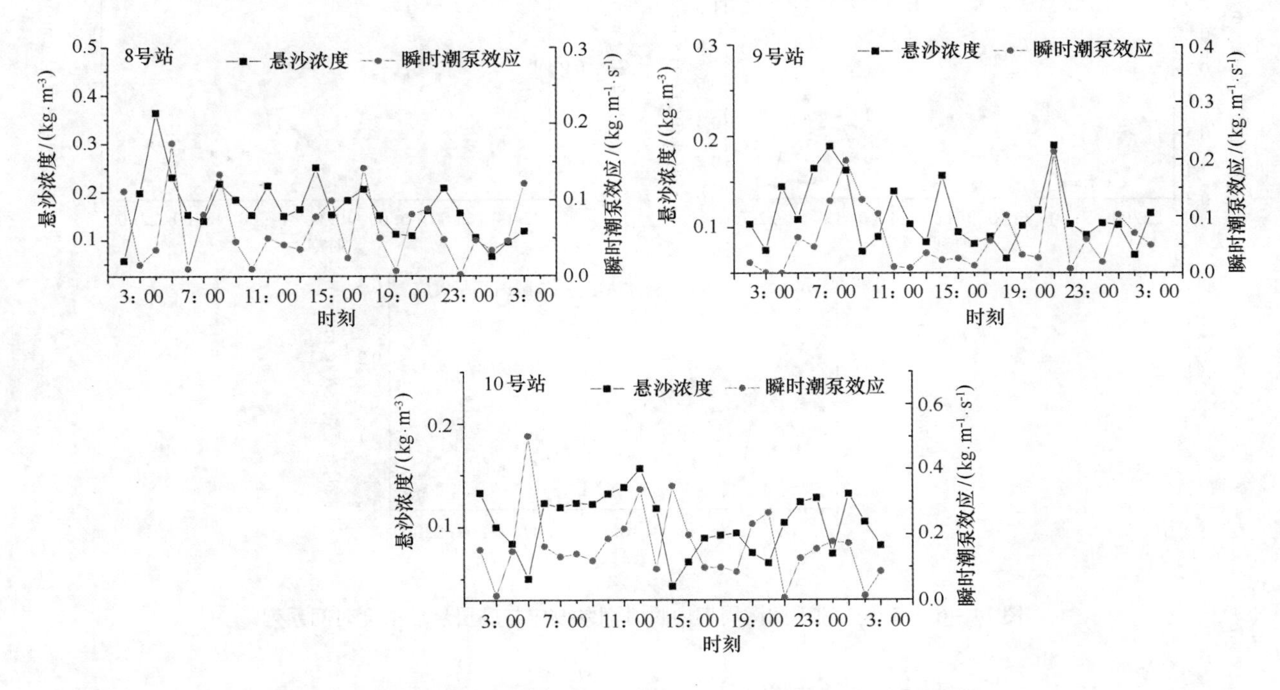

图 14－4　夏季中潮观测潮周期内瞬时潮泵效应与底层悬沙浓度时间系列

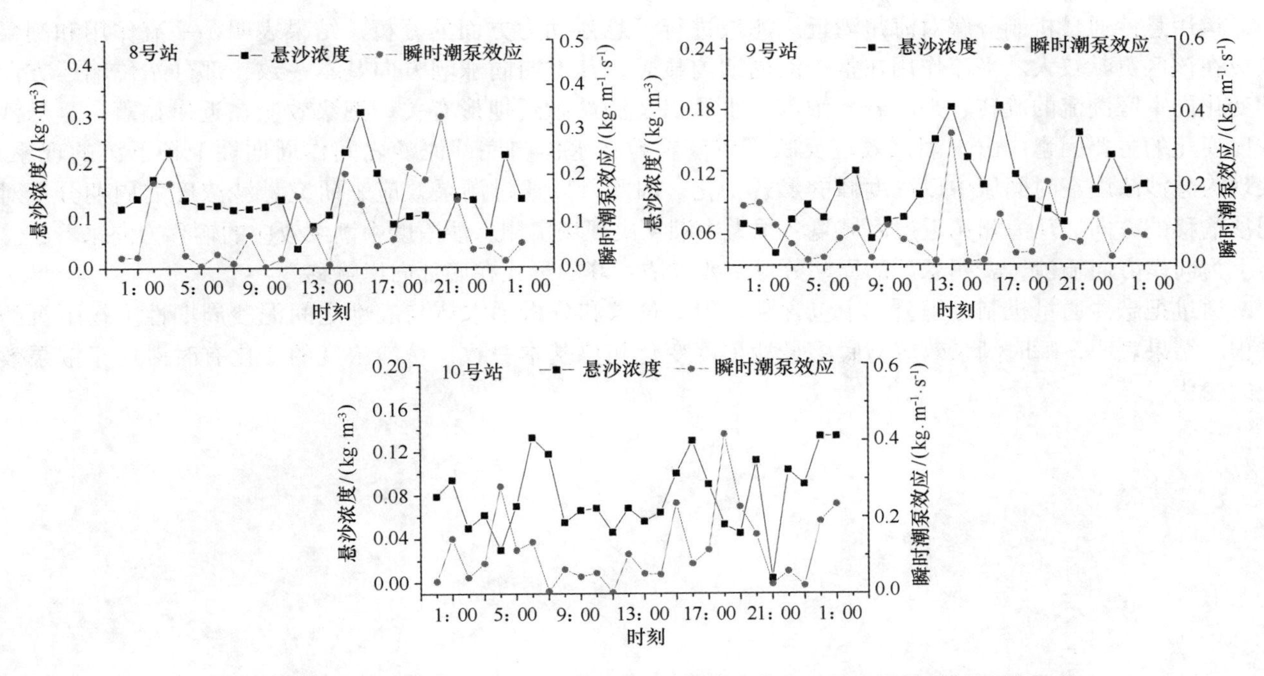

图 14－5　冬季大潮观测潮周期内瞬时潮泵效应与底层悬沙浓度时间系列

采用瞬时潮泵效应的优点是能够在时间域中比较直观地反映泥沙在水体与底部之间周期性上扬下沉的过程和变化趋势，便于研究悬沙浓度的变化与其影响因素之间的关系。

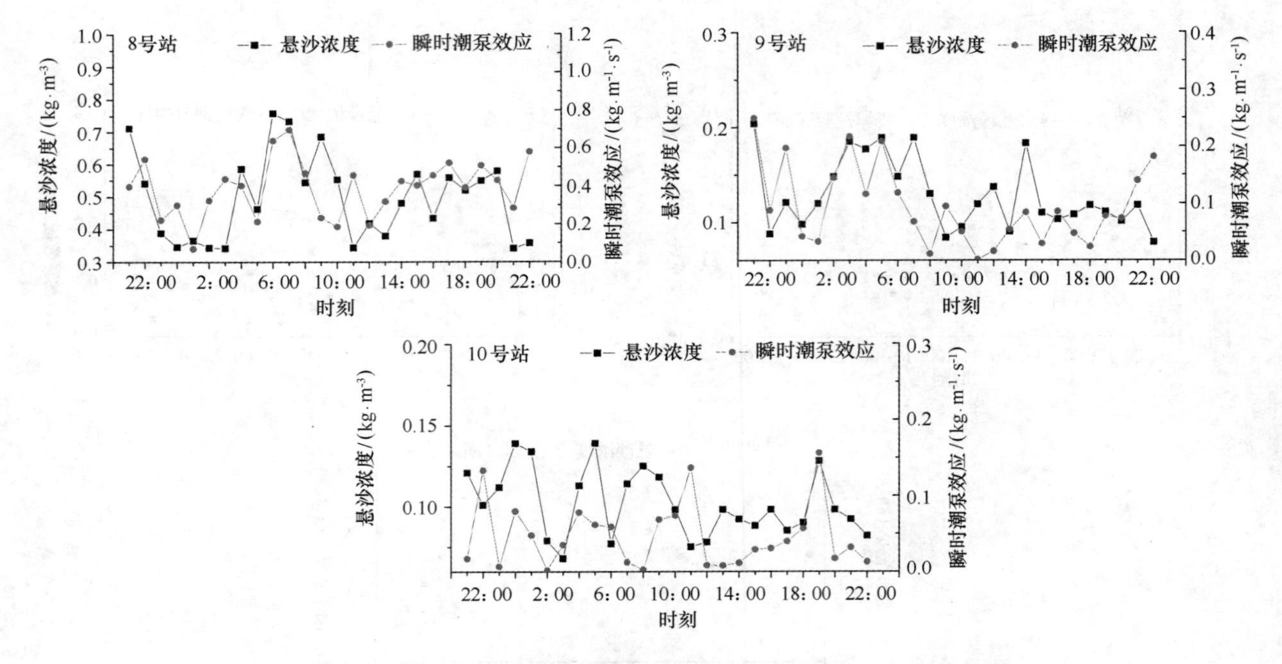

图 14－6　冬季中潮观测潮周期内瞬时潮泵效应与底层悬沙浓度时间系列

14.7　小结

运用悬沙通量机制分解对海州湾近岸海域进行了悬沙动力方面的分析，结果表明，平流作用和潮泵效应在该区贡献较大。平流作用在整个潮周期内显著，其方向同涨潮方向基本一致，部分站位输运方向的变化同本区潮流的旋转、平均悬沙浓度、水深以及测站附近地形有关。潮泵效应在近岸显著，是悬沙浓度变化的主要因素。由于潮泵效应反映了泥沙颗粒在水体与底部泥沙之间作周期性上扬下沉的现象，表现为悬沙浓度在时间域中以浓度峰的形式变化，因此可以通过潮泵效应来研究悬沙浓度的周期分量对泥沙输移的方向。从海州湾近岸海域夏冬季大中潮 4 次现场实测悬沙浓度中潮泵效应的输移方向来看，总体上为向岸方向输沙，表明悬沙的周期分量主要以浓度峰的形式在底部向岸输移。

通过把悬沙通量机制分解公式中包含脉动项矢量求和分析了水体与底部之间泥沙周期性上扬下沉的过程。结果表明，瞬时潮泵效应与底层悬沙浓度变化趋势基本一致，悬沙浓度的变化有时滞后于潮泵效应的变化。

15 悬沙动力机制

海州湾近岸海域作为典型的淤泥质海域，其泥沙运动的主要机制是波浪掀沙，潮流输沙。对这种机制进行深入了解和认识的一个困难是异常天气往往导致现场观测很难进行，而异常天气下的海浪动力和悬沙运动又是非常重要的。其次，现场观测资料虽然可以真实地反映区域的水文泥沙特征，但有限的点、线、面观测数据空间分辨率较低，而且观测时间序列的长度也是有限的，很难从整体上把握悬沙的时间和空间变化规律，使得分析悬沙动力机制比较困难。数值模拟着眼于区域整体性的认识，可以弥补上述局限。由于数值模拟具有速度快、修改灵活、定量、预测性强等优点，可以作为模拟实验室来实验研究相关现象的机制。此外，由于实测资料中包含了更多的外部动力因素和随机因素造成的误差，一定程度上会影响对自然规律的判断，而数值模拟的结果具有规律性，受外部随机因素影响较小。因此，本章在大量翔实观测资料分析的基础上，利用国际海洋界较为流行的 ECOMSED 三维水沙数值模型和第三代浅水波浪 SWAN 模型来研究不同动力因素与悬沙浓度变化之间的相互关系，通过数值实验，探讨不同动力条件下悬沙浓度的变化，进一步研究海州湾近岸海域沉积物再悬浮及其悬沙动力行为。

15.1 潮流动力

15.1.1 ECOMSED 模型概况

ECOMSED 模型（HydroQual，Inc.，2002）是在 POM 模式的基础上发展起来的一个比较成熟的三维水动力模型，采用基于静压和 Boussinesq 近似下的海洋原始方程，以自由水位、三方向速度分量、温度、盐度、密度和代表湍流的两个特征量为预报变量，采用 2.5 层湍封闭模式来确定垂直湍黏系数和扩散系数。模式在水平方向采用水平正交网格，垂向采用 σ 坐标以更好地拟合海底地形，模式分内外模态，采用时间分裂技术，引入黏性沉积物再悬浮、沉积、输运等概念，扩散输运考虑了底层水体与海底边界的物质交换过程，加入了一般的开边界条件，考虑了示踪物、底边界层以及沉积物输运等，发展成为可以用来模拟水位、海流、波浪、水温、盐度、示踪物、有黏性、无黏性沉积物时空分布和输运的三维数值模式。ECOMSED 模型以模块化集成，实际运用时可以根据需要调用或关闭某些模块。

1）模型控制方程

（1）三维连续方程

$$\nabla \cdot \bar{V} + \frac{\partial W}{\partial Z} = 0$$

（2）雷诺动量方程

$$\frac{\partial U}{\partial t} + \bar{V} \cdot \nabla U + W\frac{\partial U}{\partial z} - fV = -\frac{1}{\rho_0}\frac{\partial P}{\partial x} + \frac{\partial}{\partial z}\left(K_M\frac{\partial U}{\partial z}\right) + F_X$$

$$\frac{\partial V}{\partial t} + \bar{V} \cdot \nabla V + W\frac{\partial V}{\partial z} + fU = -\frac{1}{\rho_0}\frac{\partial P}{\partial y} + \frac{\partial}{\partial z}\left(K_M\frac{\partial V}{\partial z}\right) + F_Y$$

$$\rho g = -\frac{\partial P}{\partial z}$$

(3)温盐方程

$$\frac{\partial \theta}{\partial t} + \bar{V} \cdot \Delta\theta + W\frac{\partial \theta}{\partial z} = \frac{\partial}{\partial z}\left(K_H\frac{\partial \theta}{\partial z}\right) + F_\theta$$

$$\frac{\partial S}{\partial t} + \bar{V} \cdot \Delta S + W\frac{\partial S}{\partial z} = \frac{\partial}{\partial z}\left(K_H \frac{\partial S}{\partial z}\right) + F_S$$

$$F_X = \frac{\partial}{\partial x}\left[2A_M \frac{\partial U}{\partial x}\right] + \frac{\partial}{\partial y}\left[A_M\left(\frac{\partial U}{\partial y} + \frac{\partial V}{\partial x}\right)\right]$$

$$F_Y = \frac{\partial}{\partial y}\left[2A_M \frac{\partial V}{\partial y}\right] + \frac{\partial}{\partial x}\left[A_M\left(\frac{\partial U}{\partial y} + \frac{\partial V}{\partial x}\right)\right]$$

$$F_{\theta,S} = \frac{\partial}{\partial x}\left[2A_H \frac{\partial(\theta,S)}{\partial x}\right] + \frac{\partial}{\partial y}\left[A_H \frac{\partial(\theta,S)}{\partial y}\right]$$

(4)二阶湍闭合方程

$$\frac{\partial q^2}{\partial t} + \bar{V} \cdot \nabla q^2 + W\frac{\partial q^2}{\partial z} = \frac{\partial}{\partial z}\left(K_q \frac{\partial q^2}{\partial z}\right) +$$

$$2K_M\left[\left(\frac{\partial U}{\partial z}\right)^2 + \left(\frac{\partial V}{\partial z}\right)^2\right] + \frac{2g}{\rho_0}K_H\frac{\partial \rho}{\partial z} - \frac{2q^3}{B_1 \ell} + F_q$$

$$\frac{\partial(q^2\ell)}{\partial t} + \bar{V} \cdot \nabla(q^2\ell) + W\frac{\partial(q^2\ell)}{\partial z} = \frac{\partial}{\partial z}\left(K_q \frac{\partial(q^2\ell)}{\partial z}\right) +$$

$$\ell E_1 K_M\left[\left(\frac{\partial U}{\partial z}\right)^2 + \left(\frac{\partial V}{\partial z}\right)^2\right] + \frac{\ell E_1 g}{\rho_0}K_H\frac{\partial \rho}{\partial z} - \frac{q^3}{B_1}W' + F_\ell$$

以上方程中，U、V 为水平方向流速，W 为垂直方向流速，θ 为位温，S 为盐度，ρ 为现场密度，ρ_0 为参考密度，P 为压强，g 为重力加速度，f 为科氏参数，ℓ 为湍流特征尺度，q 为湍流动能，∇为水平梯度算子，K_M 和 K_H 分别为运动学和热力学垂向湍混合系数。

（5）三维泥沙输运方程

$$\frac{\partial C_k}{\partial t} + \frac{\partial UC_k}{\partial x} + \frac{\partial VC_k}{\partial y} + \frac{\partial(W - W_{s,k})C_k}{\partial y}$$

$$= \frac{\partial}{\partial x}\left(A_H \frac{\partial C_k}{\partial x}\right) + \frac{\partial}{\partial y}\left(A_H \frac{\partial C_k}{\partial y}\right) + \frac{\partial}{\partial z}\left(K_H \frac{\partial C_k}{\partial z}\right)$$

式中，k 为泥沙的分类（$k=1$，2。1 代表黏性泥沙，2 代表非黏性泥沙）。U、V、W 分别代表 x、y、z 方向的水流速度；A_H 代表水平扩散系数；K_H 代表垂向扩散系数。

2）边界条件

（1）自由海面 $z=\eta$（x，y）处

$$\rho_0 K_M\left(\frac{\partial U}{\partial z}, \frac{\partial V}{\partial z}\right) = (\tau_{ox}, \tau_{oy})$$

$$\rho_0 K_H\left(\frac{\partial \theta}{\partial Z}, \frac{\partial V}{\partial z}\right) = (\dot{H}, \dot{S})$$

$$q^2 = B_1^{2/3} u_{\tau s}^2$$

$$q^2 \ell = 0$$

$$W = U\frac{\partial \eta}{\partial x} + V\frac{\partial \eta}{\partial y} + \frac{\partial \eta}{\partial t}$$

式中，（τ_{ox}，τ_{oy}）为海面风应力，$B_1^{2/3}$ 为从湍封闭经验常数，$u_{\tau s}$ 为由风应力引起的摩擦速度，$\dot{H}$ 为海洋净热通量，$\dot{S}$ 为净盐通量，其中 $\dot{S} = S(0)(\dot{E} - \dot{P})/\rho_0$，式中（$\dot{E} - \dot{P}$）为表面淡水蒸发降水通量，$S(0)$ 为表面盐度。

（2）底边界 $z = -H(x,y)$ 处

$$\rho_0 K_M\left(\frac{\partial U}{\partial z}, \frac{\partial V}{\partial z}\right) = (\tau_{bx}, \tau_{by})$$

$$q^2 = B_1^{2/3} u_{\tau b}^2$$

$$q^2\ell = 0$$

$$W_b = -U_b\frac{\partial H}{\partial x} - V_b\frac{\partial H}{\partial y}$$

式中，(τ_{bx},τ_{by}) 为底应力，$u_{\tau b}$ 为底摩擦速度，底应力用对数法计算：

$$\tau_b = \rho_0 C_d U_c^2$$

拖拽系数为：

$$C_d = \left[\frac{1}{\kappa}\ln(H+z_b)/z_0\right]^{-2}$$

z_b 和 U_c 为最接近底部网格点的高度和速度，κ 为 Karman 常数。

（3）泥沙边界条件

$$K_H\frac{\partial C_k}{\partial z} = 0 \qquad z\rightarrow\eta$$

$$K_H\frac{\partial C_k}{\partial z} = E_k - D_k \qquad z\rightarrow -H$$

式中，C_k 为第 k 类泥沙的浓度，$k=1$，2 分别代表黏性泥沙和非黏性泥沙；E_k，D_k 分别为泥沙的再悬浮和沉降通量。

3）泥沙再悬浮与沉降

ECOMSED 模型中，泥沙分为黏性和非黏性泥沙，黏性泥沙指粒径小于 75 μm 的泥沙，非黏性泥沙指粒径为 75～500 μm 的较粗颗粒。由于泥沙粒径大于 500 μm 的粗沙和沙砾一般在动力作用下以推移质状态运动，模型中未予考虑。进入水体中的再悬浮泥沙中既有黏性又有非黏性泥沙。黏性泥沙遵循黏性泥沙的再悬浮特征方程，其在水柱中的沉积被表示为絮凝和沉速的函数，内在切应变率和水柱的絮凝物浓度被隐性的定义在沉速公式中。由于黏性泥沙的底层沉积物有随时间固结的现象，模型中引入了垂向分层的底床模型来体现固结效应。非黏性的床面再悬浮的泥沙基于 Van Rijn（1984）及 Van Rijn 和 Nieuwjaar（1993）提出的悬移质理论，其在水柱中的沉积被假定看作很离散的沉降，与其他的粒子没有相互作用。

（1）黏性泥沙的再悬浮通量

根据 Gailani 等（1996），黏性泥沙的再悬浮通量 ε（mg/cm^2）为：

$$\varepsilon = \frac{a_0}{T_d^m}\left(\frac{\tau_b - \tau_c}{\tau_c}\right)^n$$

式中，a_0 为与底质性质有关的常数；T_d 为沉积后的时间（d）；τ_b 为底部剪切应力（$10^{-5}\,N/cm^2$）；τ_c 为侵蚀临界应力（$10^{-5}/cm^2$）；m，n 为常数，取决于沉积环境。

（2）黏性泥沙的再悬浮率

黏性泥沙的再悬浮率为：

$$E_k = f_k E_{tot}$$

$$E_{tot} = \frac{\varepsilon}{3\,600\ \text{seconds}}$$

式中，f_k 为底质中黏性和非黏性沉积物所占的百分数。

（3）黏性泥沙的沉积通量

黏性泥沙的沉积通量取决于到达底床的泥沙量和絮凝体附着在底床的概率，由 Krone（1962）公式给出：

$$D_1 = -W_{s,1}C_1P_1$$

式中，D_1 为黏性泥沙沉积通量［$g/(cm^2\cdot s)$］；$W_{s,1}$ 为絮凝体的沉降速率（cm/s）；C_1 为近底附近的黏性悬沙浓度（g/cm^3）；P_1 为沉降概率。

实验结果表明，黏性絮凝体的沉降速率取决于絮凝体形成的悬沙浓度和水体切应力的乘积，表达式为：

$$W_{s,1} = \alpha(C_1 G)^{\beta}$$

式中，$W_{s,1}$，C_1 和 G 的单位分别为 m/d、mg/L 和 10^{-5}N/cm^2。

水体切应力用如下公式计算：

$$G = \rho K_M \left[\left(\frac{\partial u}{\partial z}\right)^2 + \left(\frac{\partial v}{\partial z}\right)^2\right]^{1/2}$$

式中，K_M 为垂向湍黏性，ρ 为泥沙的密度。

沉降率采用 Partheniades（1992）提出的经验公式：

$$P_1 = 1 - \frac{1}{\sqrt{2\pi}}\int_{-\infty}^{Y} e^{-\frac{\omega^2}{2}} \mathrm{d}\omega$$

$$Y = 2.041 \log\left[0.25\left(\frac{\tau_{\mathrm{b}}}{\tau_{\mathrm{b,min}}} - 1\right)\mathrm{e}^{1.27\tau_{\mathrm{b,min}}}\right]$$

式中，ω 为虚拟变量，在 $P_1 = 1$（10^{-5}N/cm^2）时，$\tau_{\mathrm{b,min}}$为底切应力。

方程中的概率积分可用一个三次方程来近似，其表达式为：

$$P_1 = \frac{1}{\sqrt{2\pi}}\mathrm{e}^{-\frac{Y^2}{2}}(0.4362Z - 0.1202Z^2 + 0.9373Z^3) \quad 0 \leqslant Y < \infty$$

$$P_1(-Y) = 1 - P_1(Y) \qquad Y < 0$$

式中，$z = (1 + 0.3327Y)^{-1}$。

（4）黏性沉积物底床模型

为了较好地模拟连续沉降、冲刷影响和底床特性的变化，ECOMSED 模型构建了一个黏性底的垂直断面模型。该模型把底床分成 7 层，每层有一个干密度 ρ_d、一个冲刷的临界剪切力 τ_{cr}和初始的厚度。每层新鲜沉积物的沉积时间由表至底从第一天至第 7 天线性增加。前人的实验表明，固结对再悬浮的影响在沉降开始 7 d 后达到最小，因此，沉降的泥沙历时 7 d 或者更久都被认为是 7 d 之久。在模拟过程中，模型计算了由水界面上再悬浮和沉降导致的厚度变化和每层黏性与非黏性泥沙的质量（HydroQual，Inc，2002）。

（5）底部剪切力

底剪切力计算采用如下公式：

$$\tau = \rho u_*^2$$

式中，ρ 为海水密度，u_* 为剪切速度。

单纯流作用时，剪切速度根据 Pradtl – von Karman 的对数流速剖面确定：

$$u_* = \frac{ku}{\ln\left(\frac{z}{z_0}\right)}$$

式中，k 为 von Karman 常数，u 为近底流速，z 为距底高度，z_0 为底摩擦系数。

波流共同作用时，剪切速度根据 Grant – Madsen 波流模型（Grant，Madsen，1979）进行计算，该方法使用一个迭代过程求解波流共同作用下的底剪切力，在国际上被广泛使用。由于波流共同作用下的底切应力通常要远远大于纯潮流作用下的底切应力，可以达到几个量级的差别，因此，沉积物的再悬浮和沉降必须考虑波流两个动力因素。

（6）非黏性泥沙的再悬浮通量

非黏性泥沙的再悬浮通量采用 Van Rijn 和 Nieuwjaar（1993）建立的方法计算。

$$E = \frac{(sq_s - qzC_z)\Delta t}{\Delta x \Delta y}$$

式中，各参数计算公式如下：

$$q_s = FzuC_a$$

$$F = \frac{\left(\frac{a}{h}\right)^{z'} - \left(\frac{a}{h}\right)^{12}}{\left(1 - \frac{a}{h}\right)^{z'}(1.2 - Z')}$$

$$Z' = Z + \phi = \frac{W_s}{\beta k u_*} + \phi$$

$$\phi = 2.5\left(\frac{W_s}{u_*}\right)^{0.8}\left(\frac{C_a}{C_0}\right)^{0.4} \qquad 0.01 < \frac{W_s}{u_*} \leqslant 1$$

$$\beta = 1 + 2\left(\frac{W_s}{u_*}\right)^2 \qquad 0.1 < \frac{W_s}{u_*} < 1$$

$$C_a = \frac{0.015D_k T^{1.5}}{aD_*^{0.3}}$$

$$a = \max(0.01H, K_s)$$

$$T = \frac{u_*^2}{u_{*,\mathrm{crbed}}^2} - 1$$

$$u_* = \frac{ku}{\ln\left(\frac{z}{z_0}\right)}$$

$$u_{*,\mathrm{crbed}} = [(s-1)gD_{50}\theta_{\mathrm{cr}}]^{0.5}$$

式中，θ_{cr}临界运动参数有以下几种方式：

$$\theta = 0.24D_*^{-1} \qquad D_* \leqslant 4$$

$$\theta_{\mathrm{cr}} = 0.14D_*^{-0.64} \qquad 4 < D_* \leqslant 10$$

$$\theta_{\mathrm{cr}} = 0.04D_*^{-0.10} \qquad 10 < D_* \leqslant 20$$

$$\theta_{\mathrm{cr}} = 0.13D_*^{-0.29} \qquad 20 < D_* \leqslant 150$$

$$\theta_{cr} = 0.055 \qquad D_* > 150$$

$$D_* = \left[\frac{(s-1)g}{\nu^2}\right]^{1/3} D_{50}$$

式中，D_*为无因次粒子参数；v为运动黏性系数；D_{50}为泥沙中值粒径；K_s为 Nikuradse 糙率高度；C_0为最大体积浓度，约为0.65；z为σ最低层的深度；C_z为σ最低层的悬沙浓度；Δt为时间步长，$\Delta x \Delta y$为底部的表面积。

（7）非黏性泥沙的沉积通量

非黏性泥沙沉积通量为：

$$D_2 = W_{s,2}C_2$$

式中，D_2为非黏性泥沙沉积通量；$W_{s,2}$为沉降速度；C_2为近底悬沙浓度。

15.1.2 模型设置

15.1.2.1 计算区域及网格

本研究区域为海州湾近岸海域，为了研究悬沙的来源，将计算区域扩大到废黄河三角洲区域。计算网格如图15-1，采用矩形网格，基本走势平行于岸线，网格数为71×187，垂向σ坐标分为7层，6个标准层，对应实测的6个观测层。

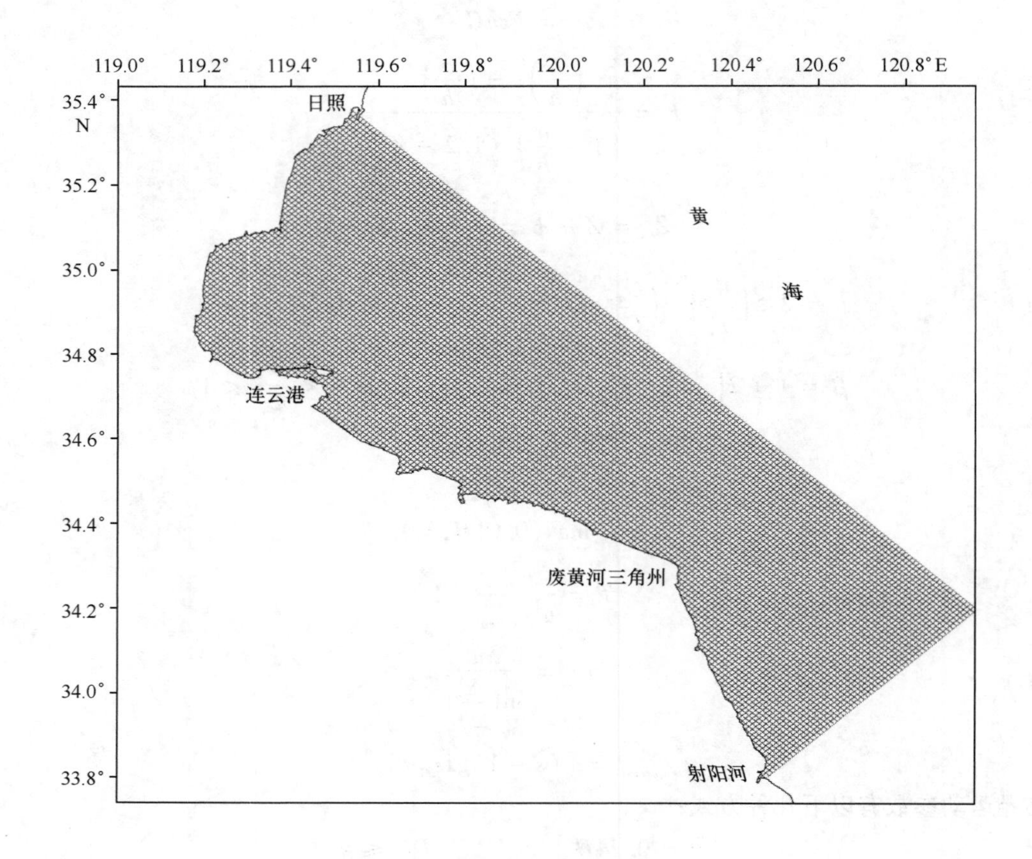

图 15－1　海州湾近岸海域模型计算网格

15.1.2.2　边界条件及初始条件

在开边界上采用4个主要分潮调和常数作为潮流场的驱动力。调和常数的基本值从《渤海黄海东海海洋图集》（海洋图集编委会，1993）的潮汐调和常数分布图中插值得到，参照实测水位准调和分析，根据多次试验予以调整，使得海区内部计算值基本与实测值一致。风场采用实测风速值。由于海州湾近岸海域河流对整个区域泥沙的贡献较小，根据研究目的，模型中忽略了河流的影响。

水位和流速采用零初始条件。温、盐初始条件采用实测的温、盐平均值。悬沙浓度的初值和开边界浓度设为零。底质分布参考《中国东部海域海底沉积物类型图》（李广雪等，2005）。水深由海图确定，经数字化处理差值得到模型计算的网格水深，并将水深换算到平均海平面。

15.1.3　模型验证

15.1.3.1　潮汐验证

在沿岸从南到北选取岚山头、供油站和燕尾港3个具有代表性的潮位站进行潮位验证，分别输出比较接近的计算网格点潮位与实测值比较。图15－2为2005年9月8日实测水位与同步计算结果的比较。由图可以看出，计算值偏低，北部岚山头潮位站对比最好，燕尾港偏差大些，可能同该站位于灌河口受河流影响有关，总体上计算值与实测值符合较好。

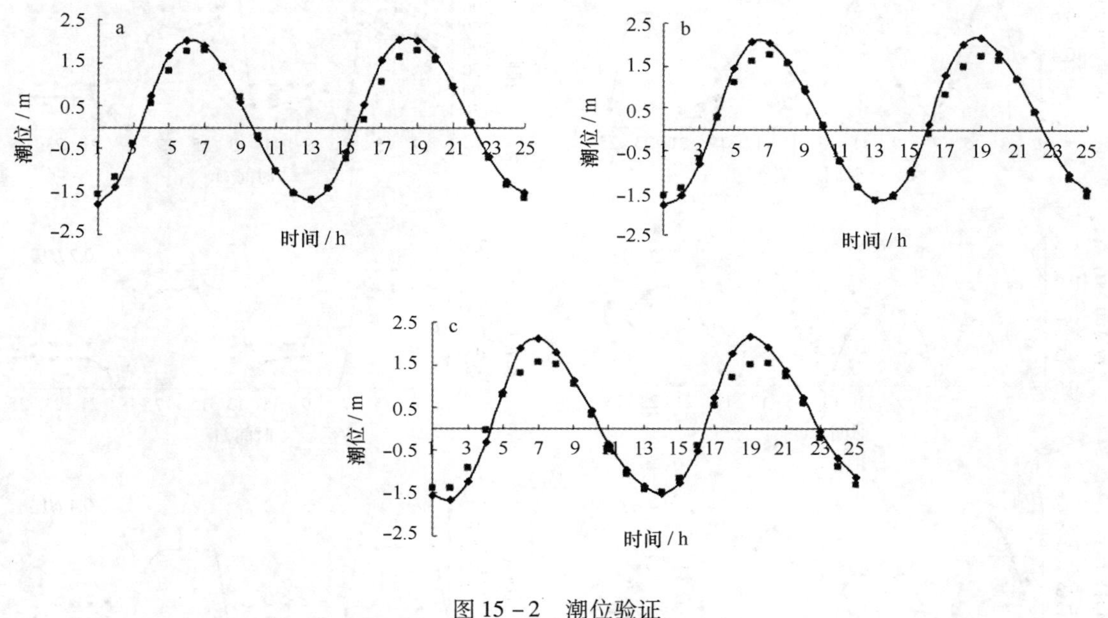

图 15－2　潮位验证

（实线为实测值，散点为计算值）

a. 岚山头；b. 供油站；c. 燕尾港

15.1.3.2　潮流验证

为了验证潮流的计算结果，从南到北选取 1 号、5 号、12 号 3 个代表站，把同步连续实测数据与相同时刻的计算结果进行比较，图 15－3 至图 15－5 分别是 3 个站的各层验证图。对比各层位流速的大小，可以看出两者变化趋势基本一致，但不完全吻合，产生这种现象的原因可能同观测期间受浪影响有关，此外，采用直读式海流计，人工观测加上仪器误差也会产生偏差，由于本区水深相对较浅，海洋动力作用复杂，计算网格较粗，边界条件可能有些误差，要想得到精确的结果有一定的难度。

15.1.3.3　悬沙浓度验证

图 15－6 为从南到北 1 号、5 号、12 号 3 个代表站悬沙浓度计算值与同期实测值的时间序列对比图。从图中可以看出，悬沙浓度计算值在变化趋势和量级上与实测值基本相符。由于泥沙运动本身的复杂性，易受各种环境因素的影响，并且模型中控制参数较多，大多为经验值，难以从实测资料中得出，只能根据计算结果进行调整。考虑到这些因素，计算结果基本达到了模拟的要求。

15.1.4　潮流场分布特征

图 15－7 和图 15－8 分别为 2005 年 9 月 4 日计算区域海州湾近岸局域的涨落急时刻上中下 3 层的流场分布。从图中可以看出，表层、中层、底层流态相似，流速变化比较均匀，从表层至底层减小。

从潮流的旋转性来看，海州湾近岸海域的潮流具往复流性质，涨潮时，海水由东和东北向西南方向流，落潮时流向同涨潮时相反。港口南部海域的潮流近岸为往复流，流向与岸线走向基本一致，向外逐渐过渡为逆时针方向的旋转流。由于受东西连岛、岸线轮廓影响，近岸水域各段潮流有所不同。在东西连岛附近，由于西大堤和连岛的阻水作用，涨潮时的水流变成向南的绕流，落潮时的水流变成向北的绕流。从流速大小来看，港口北部海域流速较小，港口南部海域的流速稍大，这可能是由于受南黄海旋转潮波的影响造成的，海州湾为潮波波腹区，潮差较大，潮流流速较小。

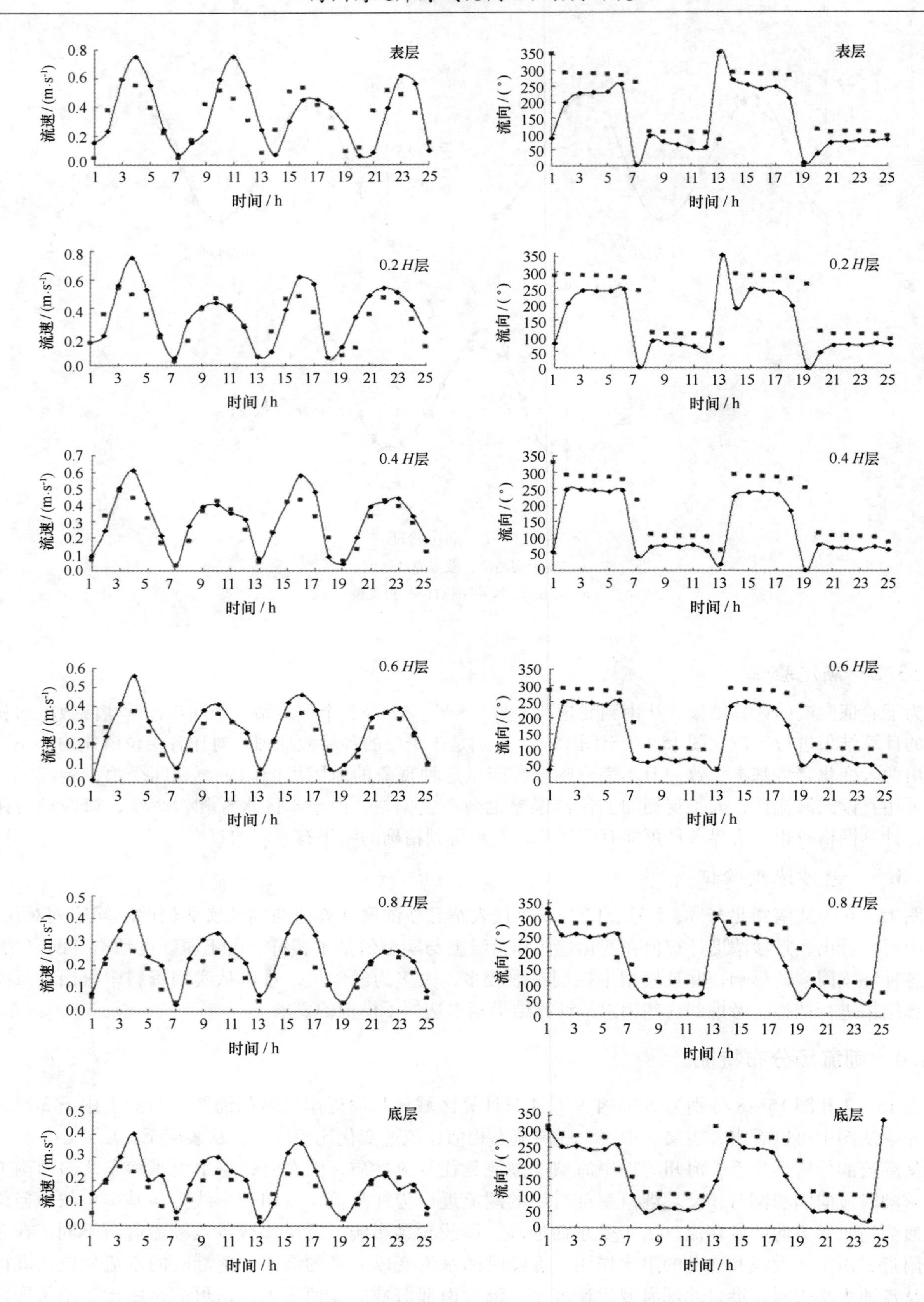

图 15－3　1 号站潮流实测值与计算值对比（实线为实测值，散点为计算值）

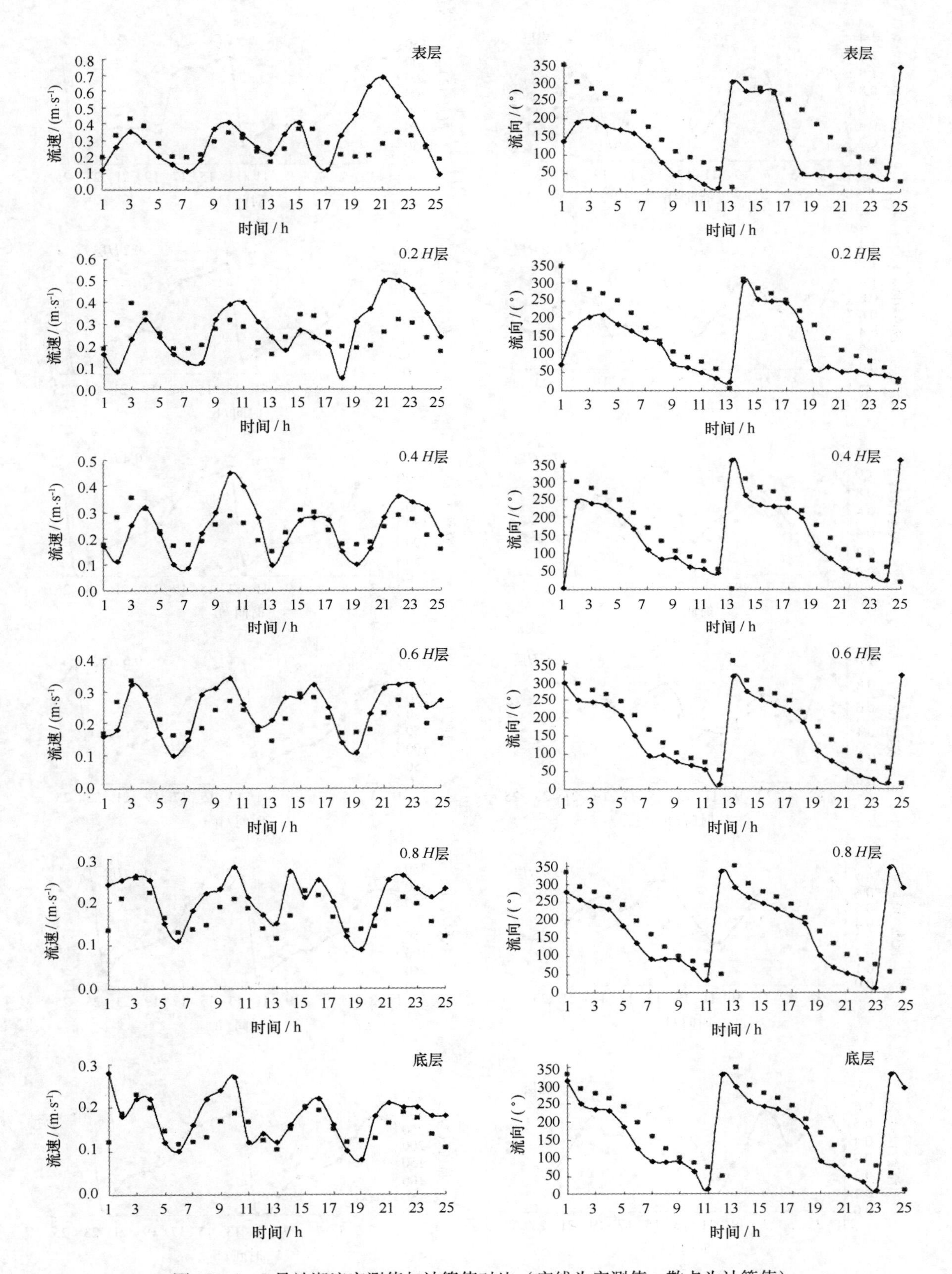

图 15－4 5 号站潮流实测值与计算值对比（实线为实测值，散点为计算值）

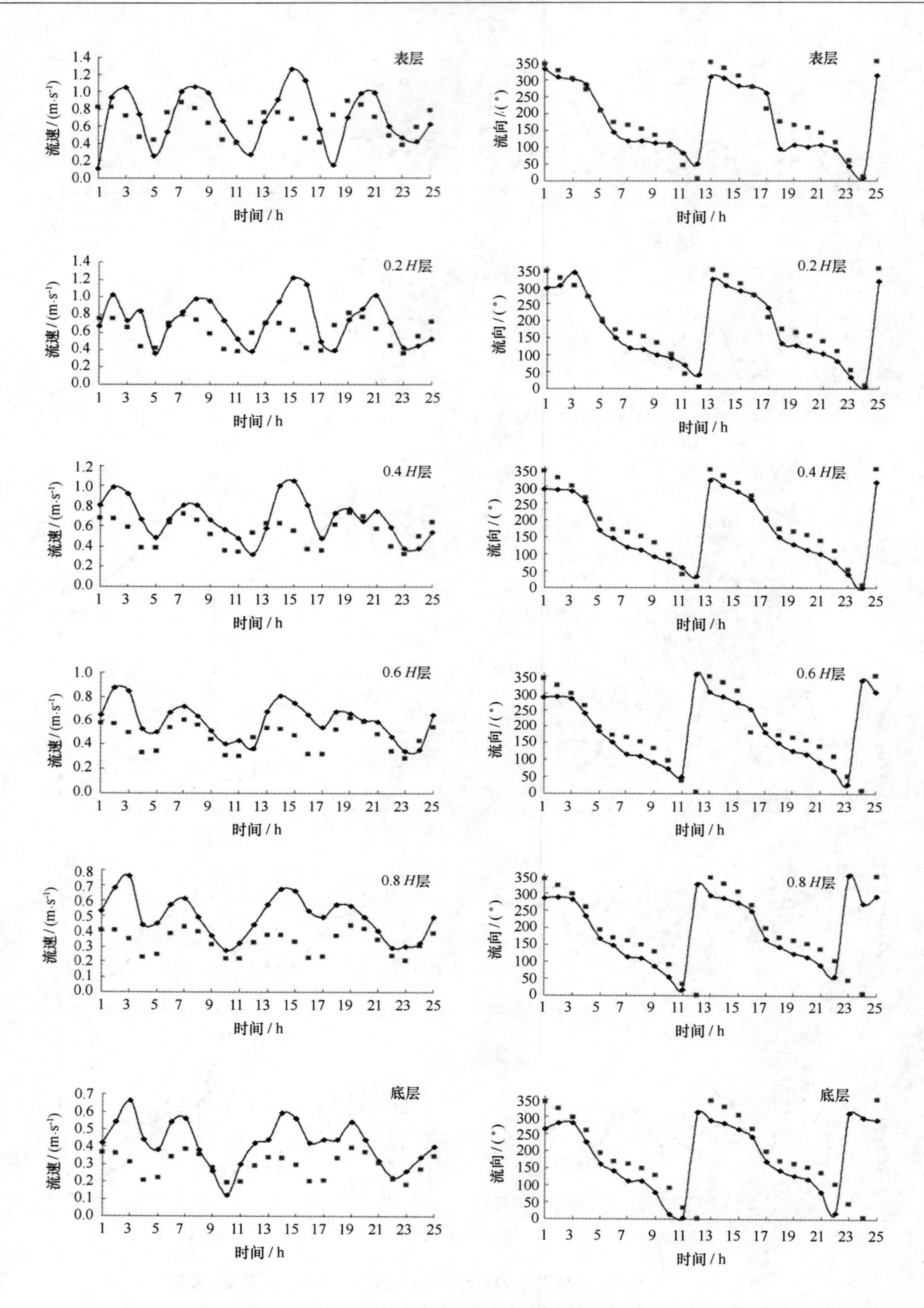

图 15-5　12 号站潮流实测值与计算值对比（实线为实测值，散点为计算值）

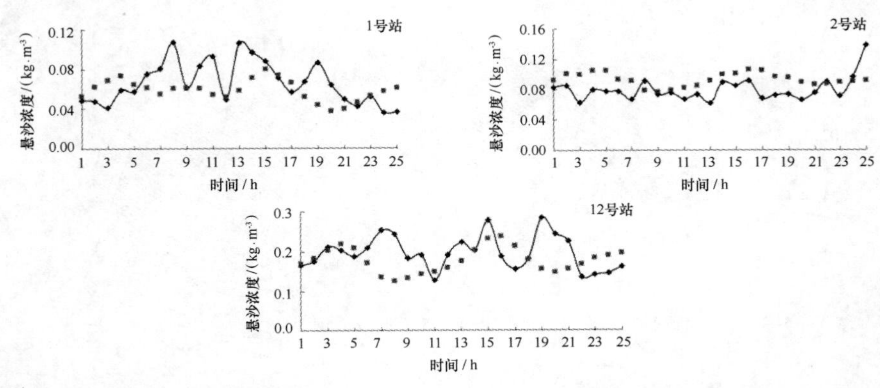

图 15－6　垂向平均悬沙浓度实测值与计算值对比（实线为实测值，散点为计算值）

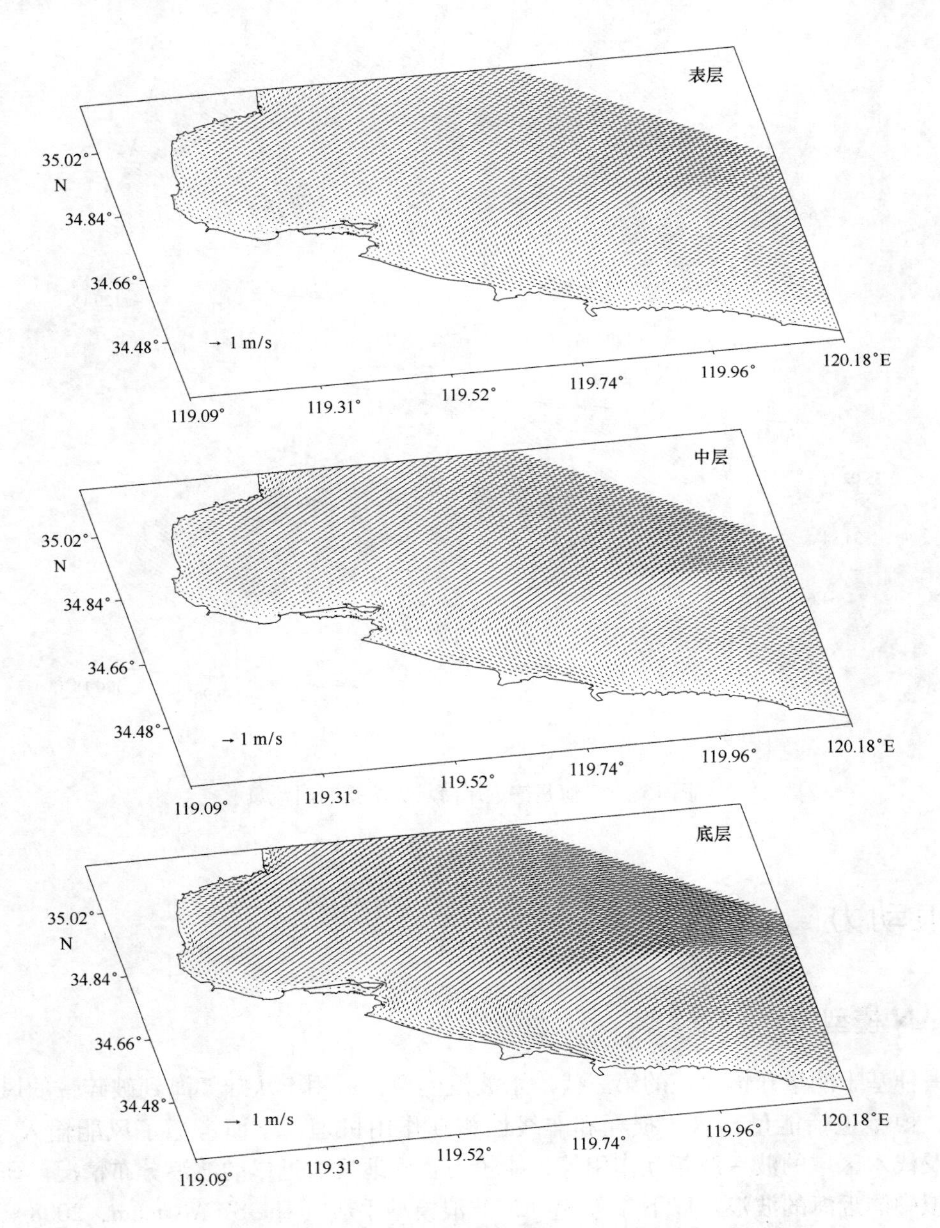

图 15－7　海州湾近岸海域大潮涨急时流场

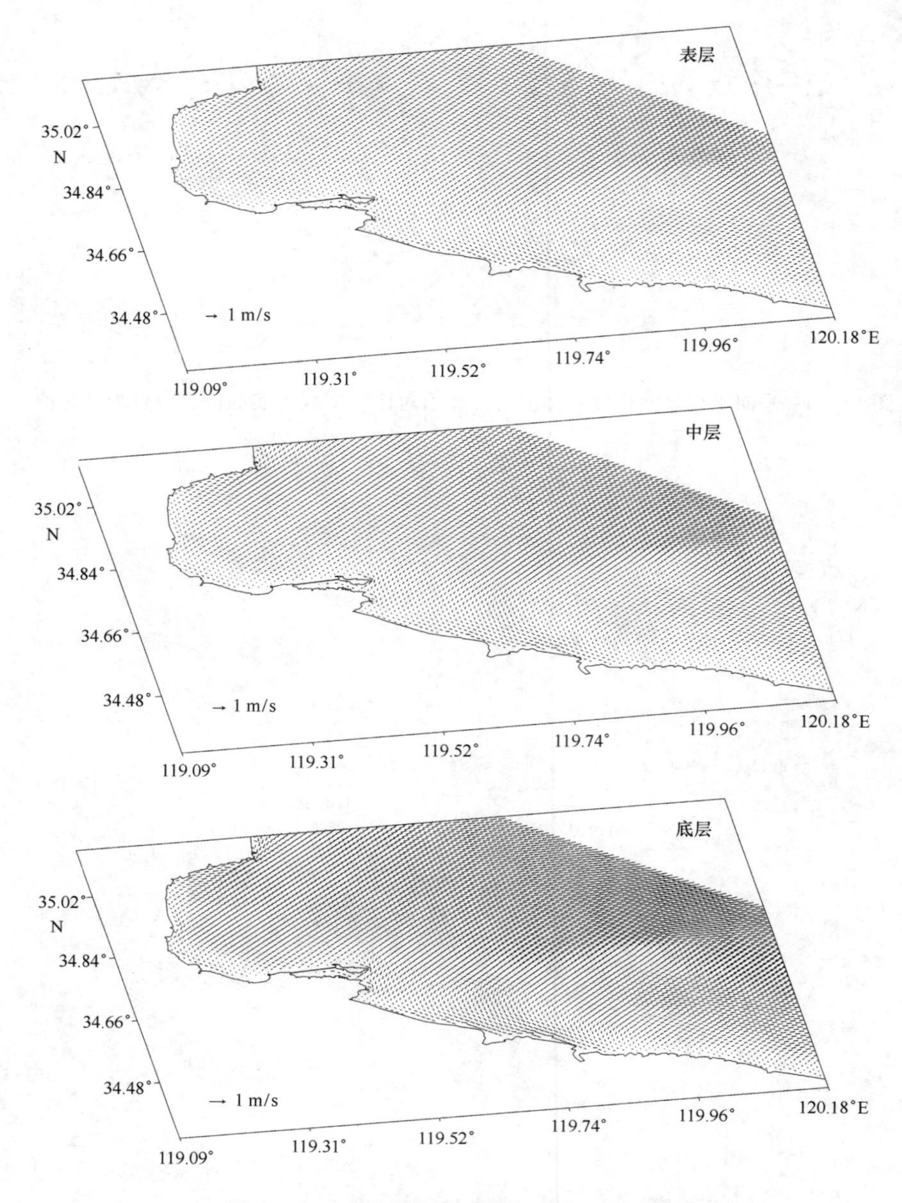

图 15－8　海州湾近岸海域大潮落急时流场

15.2　波浪动力

15.2.1　SWAN 模型简介

SWAN 是一种基于能量守恒原理的第三代浅水波浪模型，适用于从陆架海到破碎带的风浪、涌浪以及混合浪的模拟，模型包括能量输入、损耗和非线性相互作用机理，全面考虑了风能输入、波浪的折射、反射、破碎以及浅水区域的波－波相互作用等，能较为合理地反映近岸的波浪分布情况。研究表明 SWAN 能够很好地模拟中国近海的波浪。以下参考 SWAN 波浪模型手册（The SWAN team，2008）简要介绍一下该模型。

SWAN 采用二维动谱密度表示随机波，而非能谱密度。各种物理过程用不同的源函数表示，并考虑由地形及水流引起的浅水效应、折射效应、由障碍物引起的波浪绕射、白浪、风生浪、底面摩擦、波浪破碎引起的能量衰减以及非线性波－波相互作用。在直角坐标系下，动谱平衡方程为：

$$\frac{\partial}{\partial t}N+\frac{\partial}{\partial x}C_xN+\frac{\partial}{\partial y}C_yN+\frac{\partial}{\partial \sigma}C_\sigma N+\frac{\partial}{\partial \theta}C_\theta N=\frac{S}{\sigma}$$

式中，动谱密度函数 $N(\sigma,\theta)$ 为能量密度函数 $E(\sigma,\theta)$ 与波浪相对频率 σ 之比。C_x、C_y、C_σ 和 C_θ 分别代表在 x、y、σ 和 θ 方向的波浪传播速度。公式中左端第一项为动谱密度 N 随时间的变化；第二、三项表示 N 在 x、y 方向的传播；第四项表示由于水深和流的变化引起的相对频率的频移；第五项表示深度和流引起的折射。右端 S 为动谱密度表示的源项，它代表波浪的产生、耗散、非线性波－波相互作用等各种物理过程，包括风能输入、波－波非线性相互作用和由于底摩擦、破碎、白浪等引起的能量耗散，其表达式为：

$$S=S_{\mathrm{wind}}(\sigma,\theta)+S_{\mathrm{ds}}+S_{\mathrm{nl}}$$

式右边 3 项分别为风输入项、耗散项、波波相互作用项。

15.2.1.1　风能输入

在 SWAN 模型中，风能转移到浪是通过共振和反馈机制来描述的，通常表示为线性增长和指数增长之和，其表达式为：

$$S_{\mathrm{in}}(\sigma,\theta)=A+BE(\sigma,\theta)$$

式中，系数 A、B 由波浪的频率、传播方向以及风速、风向决定。

15.2.1.2　波浪耗散

波能的耗散项包括白帽耗散、底摩擦耗散和由深度诱导的耗散 3 项之和。

波浪在风的持续作用下不断产生和成长，其中一部分破碎形成白帽耗散，由脉冲模型（Hasselmann，1974）确定，主要受控于波陡，可表示为：

$$S_{\mathrm{ids,w}}(\sigma,\theta)=-\Gamma\tilde{\sigma}\frac{K}{\tilde{K}}E(\sigma,\theta)$$

式中，Γ 是系数，与波陡有关；σ 为平均频率；k 为平均波数。

由深度诱导的耗散可由底摩擦产生，表达式为：

$$S_{\mathrm{ds,b}}(\sigma,\theta)=-C_{\mathrm{bottom}}\frac{\sigma^2}{g^2\sinh^2(KH)}E(\sigma,\theta)$$

式中，C_{bottom} 是底摩擦系数。

对深度诱导的波破碎过程，SWAN 中采用如下的表达形式：

$$S_{\mathrm{ds,br}}(\sigma,\theta)=\frac{D_{\mathrm{tot}}}{E_{\mathrm{tot}}}E(\sigma,\theta)$$

式中，D_{tot} 是波浪破碎产生的能量耗散占波浪总能量的比例；E_{tot} 是总波能。

15.2.1.3　非线性波－波相互作用

波浪从风中获得能量，然后这些能量在不同的波之间重新分配，因此波－波相互作用是波浪成长中的重要机制。在深水区，四阶波－波相互作用控制波谱的成长，波能从峰值频率向低频率转移，同时也把能量转移。在浅水区，浪谱的成长主要受三阶波－波相互作用，波能由低频区向高频区转移，导致出现更高频的谐波项。在 SWAN 中，用离散相互近似法（DIA）以及集中三阶近似法（LTA）进行计算。

15.2.2　模型设置

SWAN 的计算网格与潮流计算网格相同（图 15－1）。模型采用非静态模式，波向计算间隔 10°；频率从 0.05 Hz 到 1.2 Hz；其他参数取 SWAN 模型的默认值。模型的计算包括风浪天气和平静天气，时间步长设为 20 分钟。初始边界条件采用该海域的平均海浪要素。风场采用调查期间观测的海上风速资料。

15.2.3 模型验证

连云港海洋监测站设有长期波浪观测。波浪测点位于34°47′N，119°26′E，观测点代表性较好，基本能够代表附近沿海海面上的状况。因此，波浪模型的验证采用连云港海洋监测站波浪观测数据，提取悬沙实测期间的海浪资料序列，该序列为每3小时1次的海浪要素资料。使用测站实测有效波高与模型计算值进行比较，结果如图15-9所示。从图中可以看出，两者有一定的偏差，出现的原因可能同仪器观测误差有关，其次，可能同模型设置的边界条件有关，但有效波高的计算值与实测值的变化趋势基本一致。

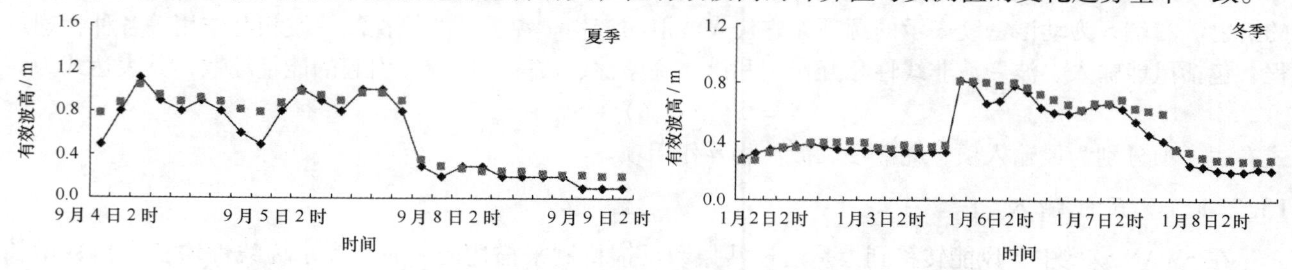

图15-9 有效波高观测值与计算值验证图（实线为实测值，散点为计算值）

15.2.4 波浪场分布特征

图15-10和图15-11是2005年9月4日16时涨潮和21时落潮对应的有效波高和周期计算结果分布图，此间风向大部分为东北风。风浪的传播方向与风向基本一致。有效波高和周期等值线大致和等深线平行，随着向岸距离的接近，有效波高和周期减小，梯度变大，等值线变得相对密集，说明水深变浅时的波能耗散加大，使得波高和周期都减小。

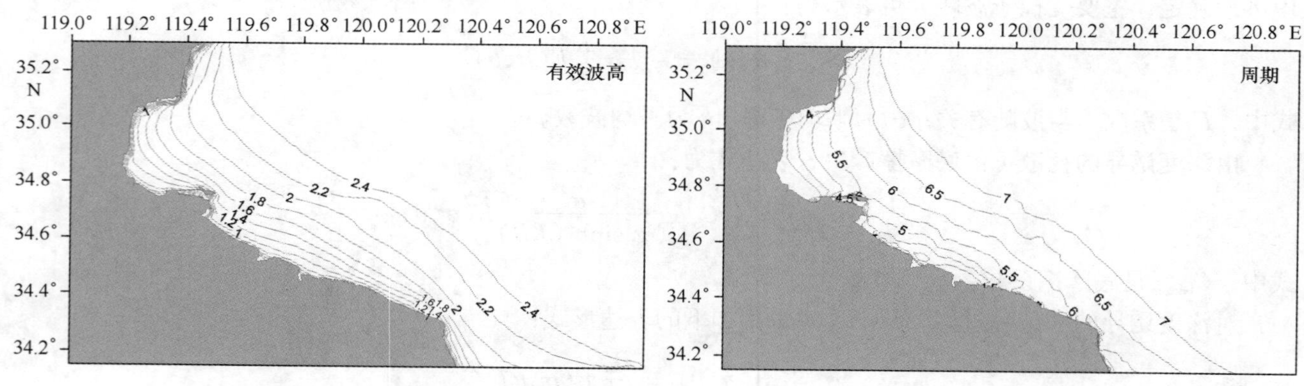

图15-10 海州湾近岸海域涨潮有效波高（m）和周期（s）分布（2005年9月4日16：00）

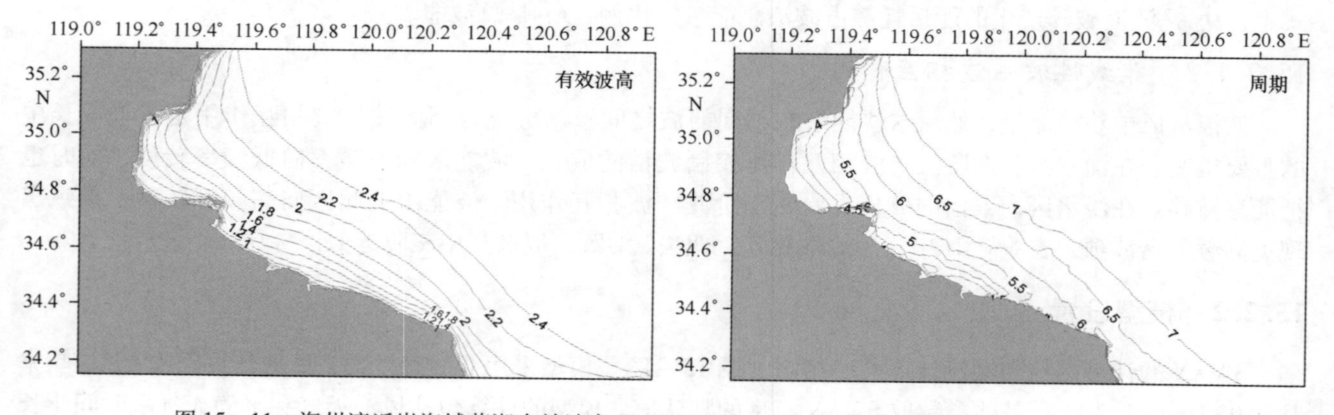

图15-11 海州湾近岸海域落潮有效波高（m）和周期（s）分布（2005年9月4日21：00）

15.3　波流作用下再悬浮通量

海州湾近岸海域底层悬沙浓度峰周期性出现表明悬沙浓度的变化与水动力作用下泥沙的沉降和再悬浮有关。研究表明（陈学良，1998），海州湾近岸海底表层3 m以内的新淤泥，含水量大，重度小，颗粒细，在水动力条件下，泥沙极易掀动，在盐度适中时又易发生絮凝而沉降。随着水动力周期性的变化，当流速增大到足以使泥沙起动时，淤积在床面上的泥沙就可能周期性再悬浮进入水体，使水体含沙量增加，从而形成悬沙浓度峰。

悬沙和底沙的交换直接影响底层悬沙浓度的变化，但由于泥沙运动的复杂性，至今尚缺少悬沙和底沙交换量的确切计算方法（陈沈良等，2008）。底应力方法因其物理意义清晰，成为目前估算沉积物再悬浮通量和沉降通量的常用方法。用底部切应力法计算沉积物再悬浮通量和沉降通量的关键是两个临界应力的合理选取。为了简便，通常的做法是认为两个临界应力相等，即处于不冲不淤状态时的临界切应力。下面根据边界层理论，利用底部切应力法计算潮流、波浪和波流共同作用下沉积物再悬浮通量，定量研究不同动力作用下沉积物再悬浮的强度。

15.3.1　潮致再悬浮通量

对于黏性沉积物－水界面的物质交换，潮致再悬浮通量广泛采用Partheniades（1965）提出的公式：

$$\frac{\mathrm{d}M_E}{\mathrm{d}t} = M\left(\frac{\tau_0}{\tau_{\mathrm{cr}}} - 1\right)$$

沉降通量采用Krone（1962）提出的公式：

$$\frac{\mathrm{d}M_D}{\mathrm{d}t} = c_b\omega_s\left(1 - \frac{\tau_0}{\tau_{\mathrm{cr}}}\right)$$

式中，$\mathrm{d}M_E/\mathrm{d}t$ 和 $\mathrm{d}M_D/\mathrm{d}t$ 分别为再悬浮通量和沉降通量，τ_0 和 τ_{cr} 分别为底切应力和临界切应力，M 是再悬浮常数，c_b 为近底悬沙浓度，ω_s 为悬沙沉降速度。

常用的底切应力估算方法大致有四种：流速对数剖面法、雷诺应力法、紊动能量法、惯性耗散法。本文采用流速对数剖面法估算，计算公式为：

$$\tau_0 = \rho(u_*)^2$$

$$u_* = ku_z/\ln(z/z_0)$$

式中，τ_0 为底流切应力（$\mathrm{N/m^2}$）；ρ 为海水密度（$\mathrm{kg/m^3}$）；u_* 为摩擦速度（m/s），k 为卡曼常数（海水取为0.4）；u_z 为海底以上 z 高处的流速（m/s）；z_0 为海底物理粗糙度，取常数0.2 mm。

黏性泥沙底部临界切应力利用Shields方法估算，公式为：

$$\tau_{\mathrm{cr}} = g\theta_{\mathrm{cr}}(\rho_s - \rho)d_{50}$$

$$\theta_{\mathrm{cr}} = \frac{0.3}{1 + 1.2D_*} + 0.055(1 - \mathrm{e}^{-0.02D_*})$$

$$D_* = \left[\frac{g(s-1)}{\nu^2}\right]^{1/3} d_{50}$$

式中，g 为重力加速度，θ_{cr} 为泥沙起动时的临界Shields数，ρ_s 为泥沙的密度（取值2 650 $\mathrm{kg/m^3}$），ρ 为海水的密度，d_{50} 为沉积物的中值粒径，s 为泥沙与海水的密度比，D_* 为无量纲粒径数，ν 为海水运动黏滞系数。

根据公式可以看出，当 $\tau_0/\tau_{\mathrm{cr}} - 1 > 0$ 时，发生再悬浮，再悬浮通量与 $\tau_0/\tau_{\mathrm{cr}} - 1$ 成正比，总体上随 $\tau_0/\tau_{\mathrm{cr}} - 1$ 的增大而增大。反之，当 $\tau_0/\tau_{\mathrm{cr}} - 1 < 0$ 时，沉降发生。因此，可以利用 $\tau_0/\tau_{\mathrm{cr}} - 1$ 的大小来探讨再悬浮现象。

图15－12至图15－15为2005年9月4—9日和2006年1月2—8日大中潮4次观测期间潮周期内各站 $\tau_0/\tau_{\mathrm{cr}} - 1$ 的变化，由图可以看到再悬浮在波动中变化。与实测流速变化相比，再悬浮的波动变化同流速变

化比较吻合，表明再悬浮受流速的影响；与实测悬沙浓度变化相比，再悬浮的波动变化同悬沙浓度的周期性变化也基本同步，但最大再悬浮通量与悬沙浓度峰有时出现一定的相位差，其原因可能是再悬浮通量最大值发生后再悬浮仍在继续进行，悬沙浓度继续升高，直至底部切应力小于临界值时为止。此外，悬沙浓度峰数与再悬浮波动的次数并不完全相同，悬沙浓度峰数往往多于再悬浮发生的次数，最大再悬浮通量与悬沙浓度峰的高度也不完全一致，表明底部悬沙浓度峰的出现可能还与悬沙落淤以及紊动扩散等有关。

从再悬浮和沉降通量计算公式可以看出，再悬浮通量和沉降通量的计算受再悬浮常数的影响，其大小决定于沉积物组成、粒度大小和沉积厚度，对黏性沉积物来说（Ribbea 和 Hollowayb，2001），再悬浮常数范围一般介于 $2\times10^{-5}\sim4\times10^{-4}$，因此，再悬浮常数取不同的值对再悬浮通量的计算影响很大。本文选取再悬浮常数的最小和最大值分别估算了各站位潮周期内的再悬浮通量和沉降通量（表 15－1 和表 15－2），由表可知，夏季大潮再悬浮通量的变化范围介于 $7.18\times10^{-8}\sim1.39\times10^{-2}$ kg/（m^2·s）之间；沉降通量在 $5.14\times10^{-8}\sim1.57\times10^{-3}$ kg/（m^2·s）之间变化。夏季中潮再悬浮通量的变化范围介于 $1.62\times10^{-7}\sim1.09\times10^{-2}$ kg/（m^2·s）之间；沉降通量在 $3.50\times10^{-8}\sim2.96\times10^{-3}$ kg/（m^2·s）之间变化。冬季大潮再悬浮通量的变化范围介于 $1.10\times10^{-9}\sim2.24\times10^{-2}$ kg/（m^2·s）之间；沉降通量在 $1.03\times10^{-6}\sim1.50\times10^{-4}$ kg/（m^2·s）之间变化。冬季中潮再悬浮通量的变化范围介于 $1.62\times10^{-7}\sim8.31\times10^{-3}$ kg/（m^2·s）之间；沉降通量在 $3.59\times10^{-6}\sim1.47\times10^{-3}$ kg/（m^2·s）之间变化。总体上，冬季再悬浮通量大于夏季再悬浮通量，大潮再悬浮强度大于中潮，近岸再悬浮强度大于远岸。

表 15－1　海州湾近岸海域夏、冬季潮周期内潮致再悬浮通量［kg/（m^2·s）］

站位	夏季		冬季	
	大潮	中潮	大潮	中潮
1	$4.47\times10^{-6}\sim1.08\times10^{-3}$	$1.62\times10^{-7}\sim2.99\times10^{-4}$	$5.85\times10^{-6}\sim2.50\times10^{-3}$	$1.45\times10^{-6}\sim2.26\times10^{-3}$
2	$1.38\times10^{-6}\sim1.96\times10^{-3}$	$9.95\times10^{-7}\sim1.60\times10^{-4}$	$4.49\times10^{-6}\sim4.65\times10^{-3}$	$3.03\times10^{-7}\sim2.84\times10^{-3}$
3	$2.43\times10^{-7}\sim5.94\times10^{-4}$	$9.69\times10^{-7}\sim1.13\times10^{-3}$	$2.74\times10^{-6}\sim1.72\times10^{-3}$	$1.62\times10^{-7}\sim9.91\times10^{-4}$
4	$2.80\times10^{-6}\sim2.71\times10^{-3}$	$9.34\times10^{-7}\sim3.11\times10^{-3}$	$8.35\times10^{-6}\sim6.23\times10^{-3}$	$1.06\times10^{-6}\sim3.85\times10^{-3}$
5	$1.11\times10^{-6}\sim1.17\times10^{-3}$	$2.08\times10^{-6}\sim5.04\times10^{-4}$	$3.37\times10^{-7}\sim1.98\times10^{-3}$	$6.39\times10^{-7}\sim1.28\times10^{-3}$
6	$1.60\times10^{-6}\sim2.05\times10^{-3}$	$1.11\times10^{-6}\sim1.80\times10^{-3}$	$5.84\times10^{-5}\sim9.47\times10^{-3}$	$1.73\times10^{-5}\sim5.90\times10^{-3}$
7	$2.00\times10^{-5}\sim1.60\times10^{-3}$	$8.22\times10^{-7}\sim1.72\times10^{-3}$	$1.15\times10^{-5}\sim4.19\times10^{-3}$	$1.83\times10^{-5}\sim2.70\times10^{-3}$
8	$5.00\times10^{-6}\sim8.24\times10^{-3}$	$5.47\times10^{-6}\sim4.63\times10^{-3}$	$6.32\times10^{-6}\sim7.12\times10^{-3}$	$6.13\times10^{-6}\sim3.99\times10^{-3}$
9	$1.31\times10^{-7}\sim7.84\times10^{-4}$	$2.52\times10^{-7}\sim8.57\times10^{-4}$	$1.12\times10^{-5}\sim3.10\times10^{-3}$	$1.06\times10^{-5}\sim1.18\times10^{-3}$
10	$2.24\times10^{-5}\sim3.20\times10^{-3}$	$1.05\times10^{-5}\sim2.43\times10^{-3}$	$9.16\times10^{-5}\sim1.83\times10^{-2}$	$7.68\times10^{-5}\sim7.88\times10^{-3}$
11	$7.18\times10^{-8}\sim1.39\times10^{-2}$	$3.35\times10^{-5}\sim1.09\times10^{-2}$	$1.01\times10^{-6}\sim2.24\times10^{-2}$	$2.06\times10^{-6}\sim1.28\times10^{-2}$
12	$1.97\times10^{-6}\sim6.77\times10^{-3}$	$1.70\times10^{-5}\sim5.70\times10^{-3}$	$7.83\times10^{-5}\sim1.07\times10^{-2}$	$1.54\times10^{-5}\sim6.78\times10^{-3}$
13	$9.74\times10^{-7}\sim2.59\times10^{-3}$	$4.07\times10^{-7}\sim1.29\times10^{-3}$	$8.14\times10^{-7}\sim2.23\times10^{-3}$	$3.73\times10^{-6}\sim1.02\times10^{-3}$
14		$5.15\times10^{-6}\sim1.53\times10^{-3}$	$1.41\times10^{-7}\sim4.83\times10^{-3}$	$2.47\times10^{-5}\sim2.63\times10^{-3}$
15		$2.69\times10^{-6}\sim2.25\times10^{-3}$	$2.44\times10^{-6}\sim3.72\times10^{-3}$	$1.97\times10^{-7}\sim2.78\times10^{-3}$
16			$4.44\times10^{-6}\sim2.31\times10^{-3}$	$2.00\times10^{-7}\sim1.00\times10^{-3}$
17			$1.10\times10^{-9}\sim1.18\times10^{-2}$	$6.97\times10^{-6}\sim8.31\times10^{-3}$
18			$3.32\times10^{-5}\sim1.41\times10^{-2}$	$8.81\times10^{-6}\sim5.58\times10^{-3}$
19			$7.44\times10^{-6}\sim1.12\times10^{-2}$	$1.76\times10^{-5}\sim8.19\times10^{-3}$

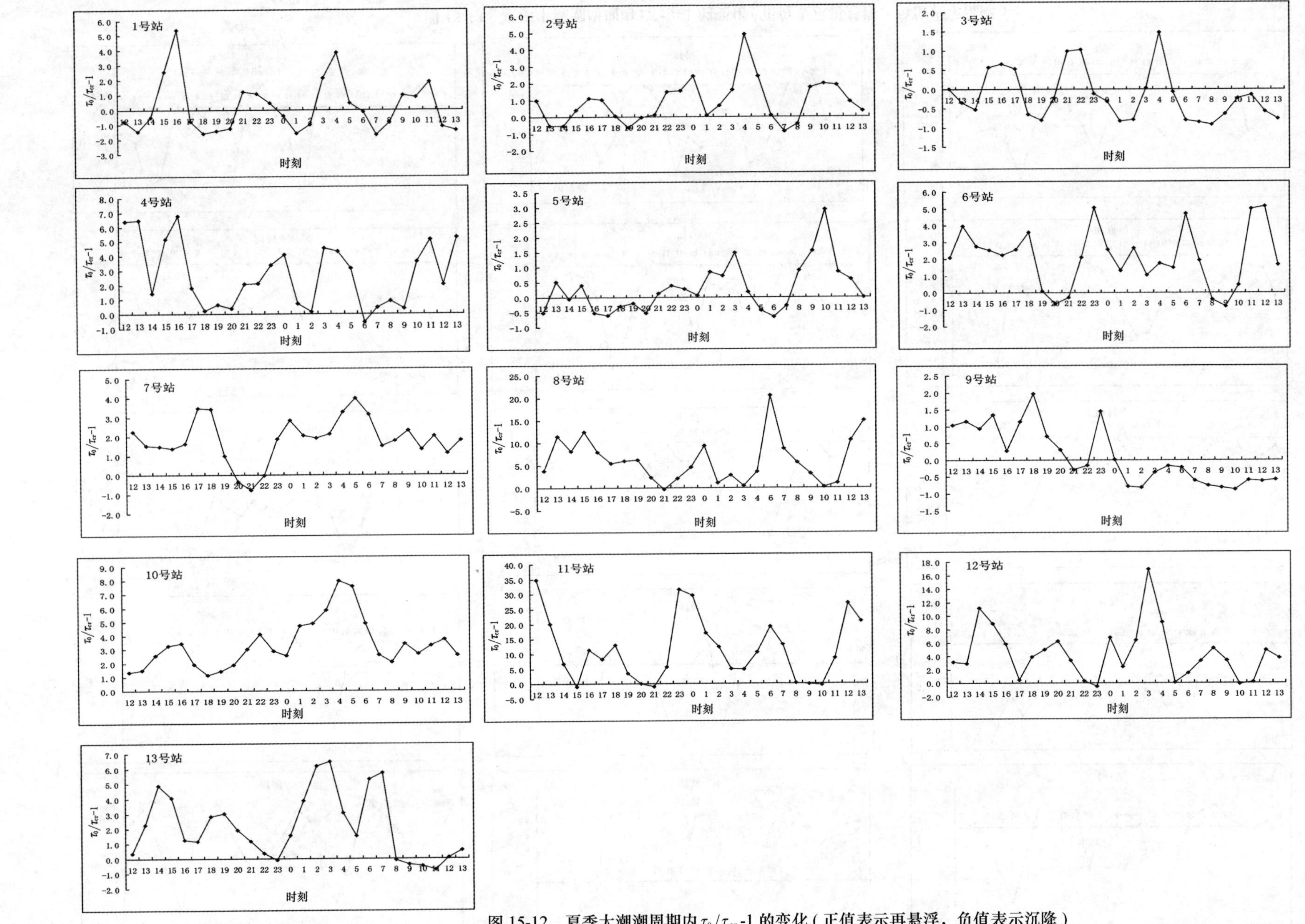

图 15-12　夏季大潮潮周期内 τ_0/τ_{cr}-1 的变化（正值表示再悬浮，负值表示沉降）

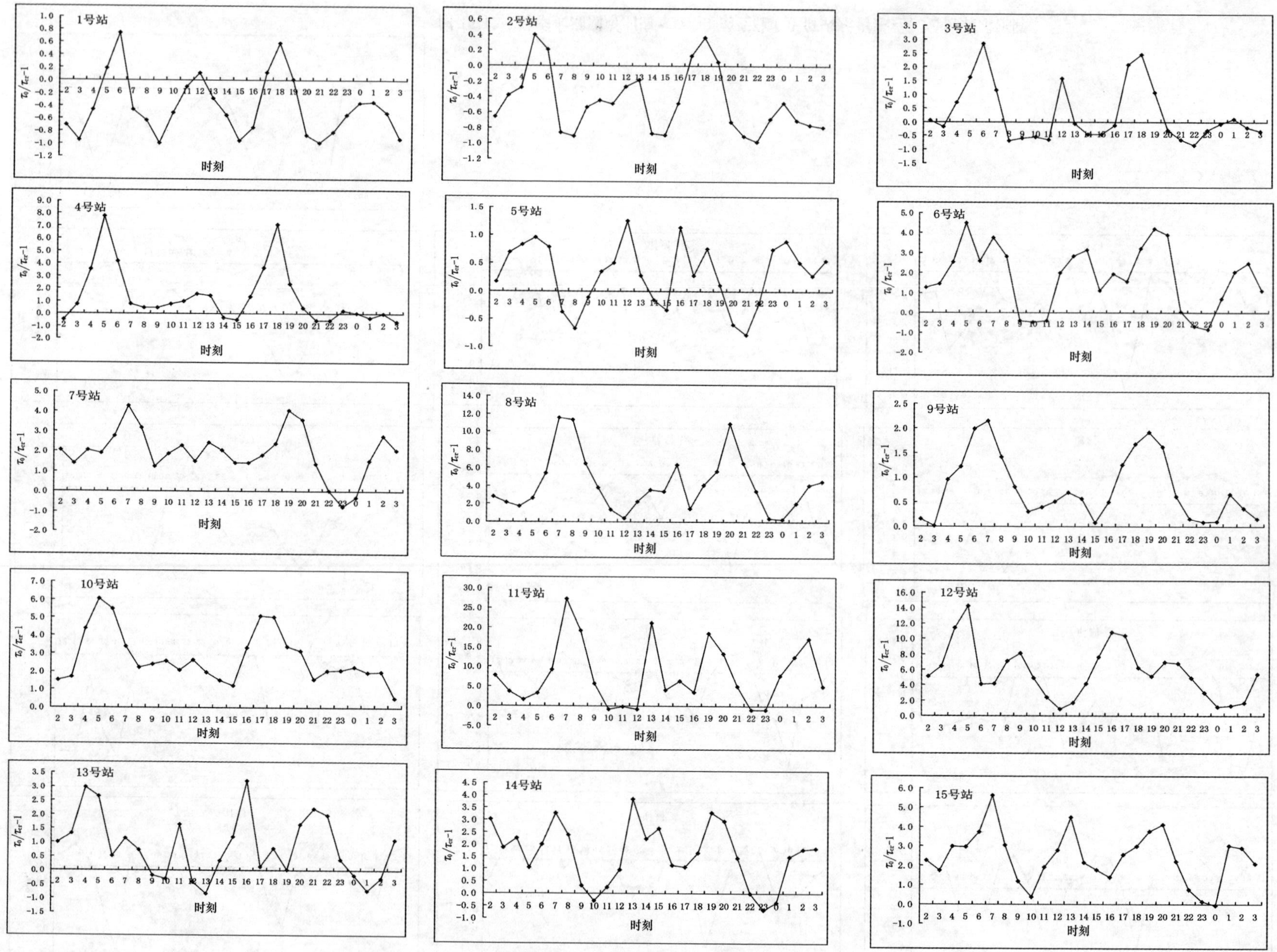

图 15-13 夏季中潮潮周期内 $\tau_0/\tau_{cr}-1$ 的变化（正值表示再悬浮，负值表示沉降）

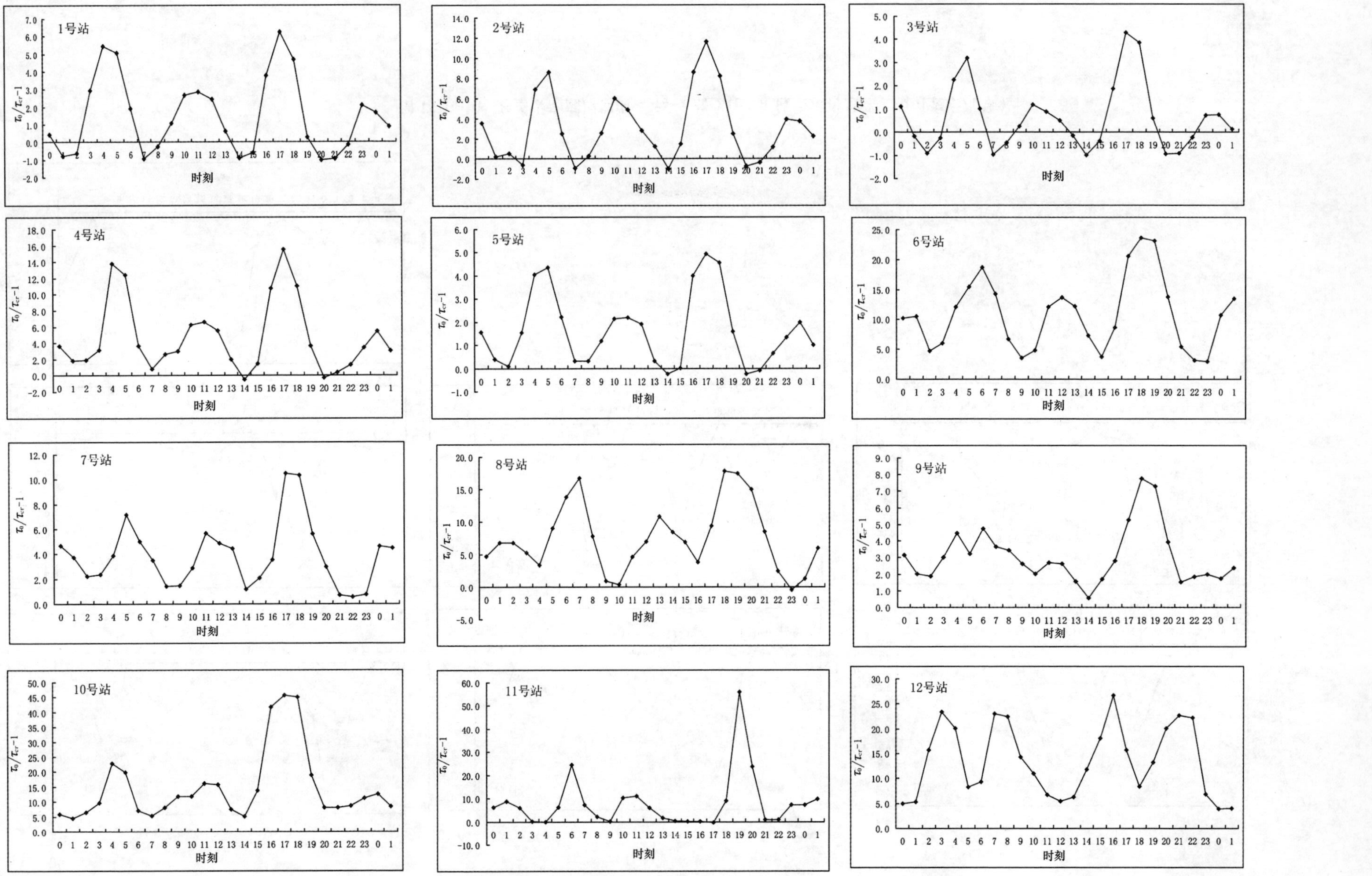

1号站
7.0 6.0 5.0 4.0 3.0 2.0 1.0 0.0 -1.0 -2.0
$\tau_0/\tau_{cr}-1$
0 1 2 3 4 5 6 7 8 9 10 11 12 13 14 15 16 17 18 19 20 21 22 23 0 1
时刻

2号站
14.0 12.0 10.0 8.0 6.0 4.0 2.0 0.0 -2.0
$\tau_0/\tau_{cr}-1$
0 1 2 3 4 5 6 7 8 9 10 11 12 13 14 15 16 17 18 19 20 21 22 23 0 1
时刻

3号站
5.0 4.0 3.0 2.0 1.0 0.0 -1.0 -2.0
$\tau_0/\tau_{cr}-1$
0 1 2 3 4 5 6 7 8 9 10 11 12 13 14 15 16 17 18 19 20 21 22 23 0 1
时刻

4号站
18.0 16.0 14.0 12.0 10.0 8.0 6.0 4.0 2.0 0.0 -2.0
$\tau_0/\tau_{cr}-1$
0 1 2 3 4 5 6 7 8 9 10 11 12 13 14 15 16 17 18 19 20 21 22 23 0 1
时刻

5号站
6.0 5.0 4.0 3.0 2.0 1.0 0.0 -1.0
$\tau_0/\tau_{cr}-1$
0 1 2 3 4 5 6 7 8 9 10 11 12 13 14 15 16 17 18 19 20 21 22 23 0 1
时刻

6号站
25.0 20.0 15.0 10.0 5.0 0.0
$\tau_0/\tau_{cr}-1$
0 1 2 3 4 5 6 7 8 9 10 11 12 13 14 15 16 17 18 19 20 21 22 23 0 1
时刻

7号站
12.0 10.0 8.0 6.0 4.0 2.0 0.0
$\tau_0/\tau_{cr}-1$
0 1 2 3 4 5 6 7 8 9 10 11 12 13 14 15 16 17 18 19 20 21 22 23 0 1
时刻

8号站
20.0 15.0 10.0 5.0 0.0 -5.0
$\tau_0/\tau_{cr}-1$
0 1 2 3 4 5 6 7 8 9 10 11 12 13 14 15 16 17 18 19 20 21 22 23 0 1
时刻

9号站
9.0 8.0 7.0 6.0 5.0 4.0 3.0 2.0 1.0 0.0
$\tau_0/\tau_{cr}-1$
0 1 2 3 4 5 6 7 8 9 10 11 12 13 14 15 16 17 18 19 20 21 22 23 0 1
时刻

10号站
50.0 45.0 40.0 35.0 30.0 25.0 20.0 15.0 10.0 5.0 0.0
$\tau_0/\tau_{cr}-1$
0 1 2 3 4 5 6 7 8 9 10 11 12 13 14 15 16 17 18 19 20 21 22 23 0 1
时刻

11号站
60.0 50.0 40.0 30.0 20.0 10.0 0.0 -10.0
$\tau_0/\tau_{cr}-1$
0 1 2 3 4 5 6 7 8 9 10 11 12 13 14 15 16 17 18 19 20 21 22 23 0 1
时刻

12号站
30.0 25.0 20.0 15.0 10.0 5.0 0.0
$\tau_0/\tau_{cr}-1$
0 1 2 3 4 5 6 7 8 9 10 11 12 13 14 15 16 17 18 19 20 21 22 23 0 1
时刻

图 15-14(a)　冬季大潮潮周期内$\tau_0/\tau_{cr}-1$的变化（正值表示再悬浮，负值表示沉降）

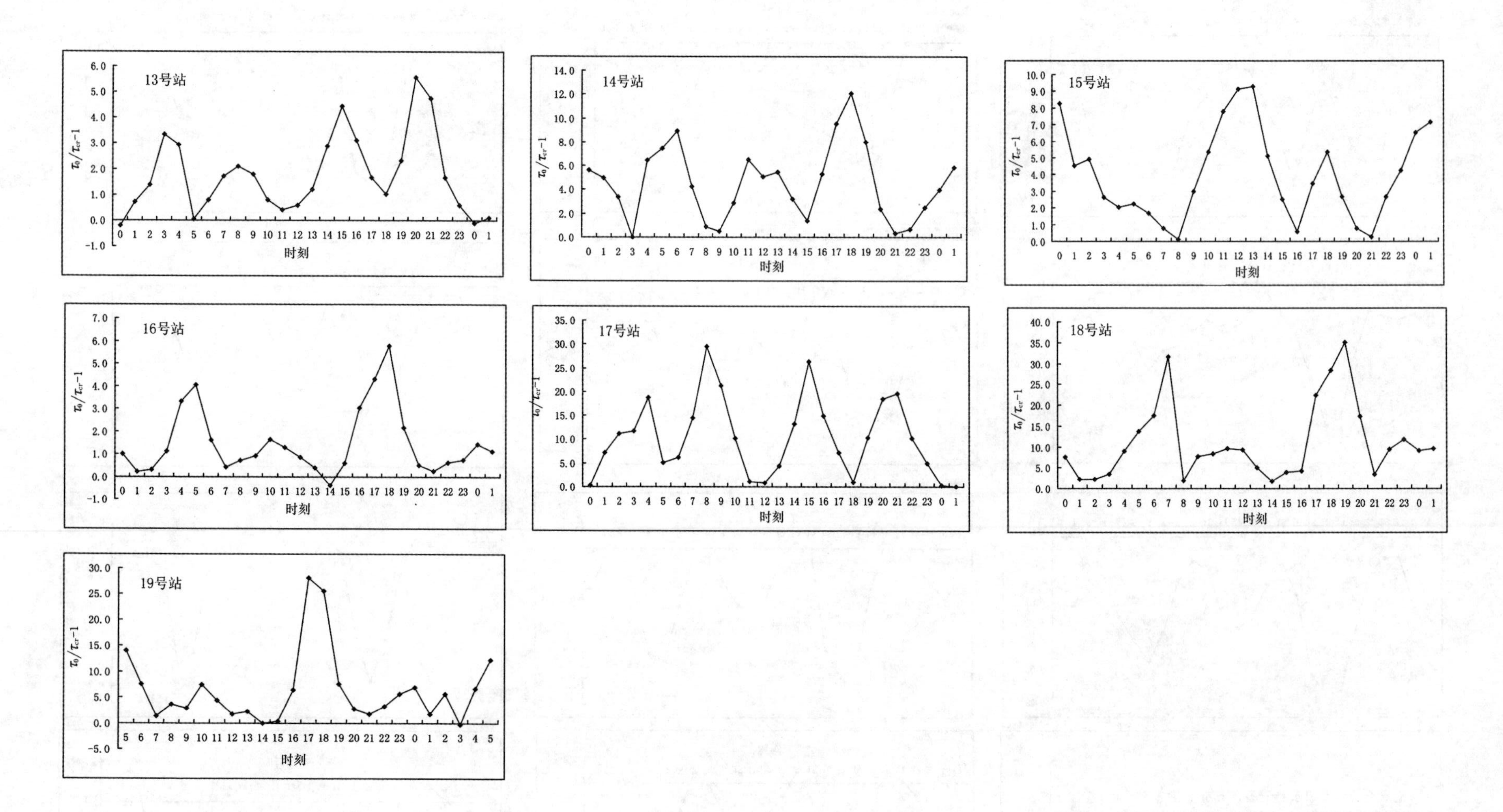

图 15-14(b)　冬季大潮潮周期内$\tau_0/\tau_{cr}-1$的变化（正值表示再悬浮，负值表示沉降）

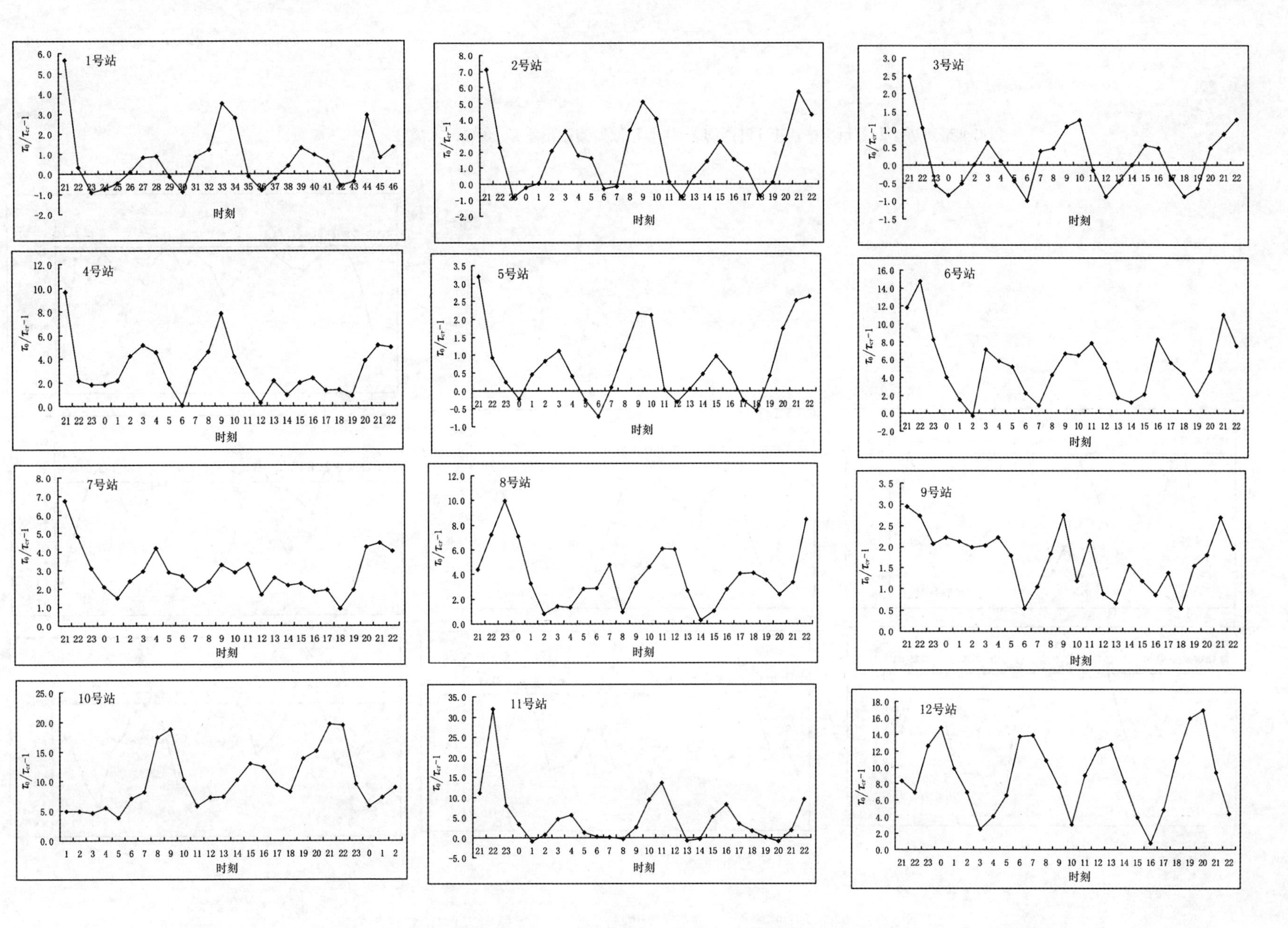

图 15-15(a) 冬季中潮潮周期内τ_0/τ_{cr}-1 的变化(正值表示再悬浮，负值表示沉降)

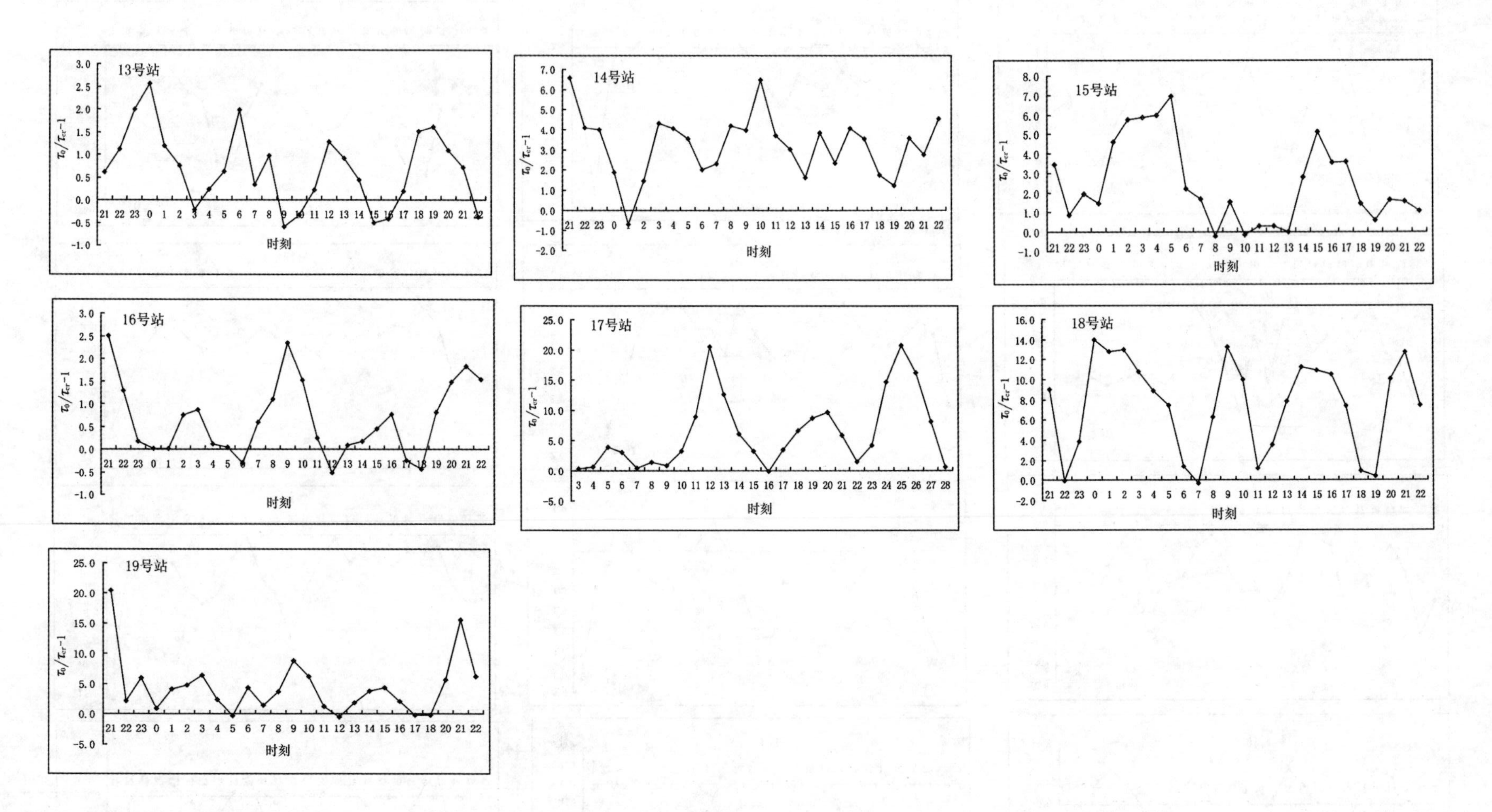

图 15-15(b) 冬季中潮潮周期内τ_0/τ_{cr}-1 的变化（正值表示再悬浮，负值表示沉降）

表 15-2　海州湾近岸海域夏、冬季潮周期内沉降通量［kg/（m^2·s）］

站位	夏季		冬季	
	大潮	中潮	大潮	中潮
1	$4.63\times10^{-6}\sim7.26\times10^{-5}$	$5.70\times10^{-6}\sim7.37\times10^{-5}$	$4.63\times10^{-6}\sim8.36\times10^{-5}$	$5.05\times10^{-6}\sim6.72\times10^{-5}$
2	$8.80\times10^{-7}\sim5.29\times10^{-5}$	$4.93\times10^{-6}\sim6.06\times10^{-5}$	$8.06\times10^{-6}\sim5.19\times10^{-5}$	$3.83\times10^{-6}\sim3.97\times10^{-5}$
3	$4.13\times10^{-6}\sim6.29\times10^{-5}$	$1.80\times10^{-6}\sim3.82\times10^{-5}$	$2.36\times10^{-6}\sim2.28\times10^{-5}$	$4.33\times10^{-6}\sim3.20\times10^{-5}$
4	1.16×10^{-4}	$1.76\times10^{-6}\sim6.52\times10^{-5}$	$8.03\times10^{-6}\sim6.00\times10^{-5}$	—
5	$5.14\times10^{-8}\sim1.10\times10^{-4}$	$5.44\times10^{-6}\sim3.55\times10^{-5}$	$2.01\times10^{-6}\sim6.02\times10^{-6}$	$3.59\times10^{-6}\sim2.77\times10^{-5}$
6	$1.25\times10^{-5}\sim9.00\times10^{-5}$	$2.65\times10^{-5}\sim8.57\times10^{-5}$	—	3.97×10^{-5}
7	$1.81\times10^{-6}\sim4.72\times10^{-5}$	$2.03\times10^{-5}\sim7.83\times10^{-5}$	—	—
8	2.27×10^{-5}	—	1.51×10^{-5}	—
9	$9.91\times10^{-6}\sim9.96\times10^{-5}$	—	—	—
10	—	—	—	—
11	$9.26\times10^{-5}\sim1.57\times10^{-3}$	$2.23\times10^{-4}\sim2.96\times10^{-3}$	$1.38\times10^{-4}\sim1.50\times10^{-4}$	$3.18\times10^{-4}\sim1.47\times10^{-3}$
12	$2.27\times10^{-5}\sim1.86\times10^{-4}$	—	—	—
13	$4.20\times10^{-6}\sim2.39\times10^{-5}$	$5.16\times10^{-6}\sim7.81\times10^{-5}$	$3.36\times10^{-6}\sim8.76\times10^{-6}$	$4.58\times10^{-6}\sim2.38\times10^{-5}$
14		$3.50\times10^{-8}\sim1.84\times10^{-5}$	—	3.78×10^{-5}
15		1.23×10^{-6}	—	$1.03\times10^{-5}\sim2.25\times10^{-5}$
16			2.89×10^{-5}	$1.13\times10^{-5}\sim2.18\times10^{-5}$
17			—	2.94×10^{-5}
18			—	$4.35\times10^{-6}\sim4.64\times10^{-5}$
19			$1.03\times10^{-6}\sim1.62\times10^{-5}$	$7.84\times10^{-6}\sim1.11\times10^{-4}$

15.3.2　浪致再悬浮通量

波浪在从深水区向浅水区传播过程中，遇浅水变形进而发生破碎，悬沙浓度也相应发生变化，表现与空间位置有关。研究发现，破碎区位置对悬沙浓度的分布影响较大（陈德昌等，1989）。根据随机波最大破碎波高 H 和水深 h 的关系 $H=\gamma h$，$\gamma=0.5\sim1.0$，若按 $h=1.6H_{1/10}$ 关系推算，夏季大、中潮观测期间破波带主要在水深 0.16～2.62 m 范围内移动。冬季大、中潮观测期间破波带主要在水深 0.16～3.44 m 范围内移动。水深较浅处，波浪掀沙作用强，悬沙浓度高，由岸边向深水区递减。波浪的掀沙作用反映在波浪对海床泥沙的扰动。波浪扰动产生的切应力和临界切应力可用如下公式进行计算：

$$\tau_w = \frac{1}{2}\rho f_w u_w^2$$

$$u_w = \frac{\pi H}{T\sinh(2\pi h/L)}$$

$$\tau_{wcr} = \frac{1}{2}\rho f_w u_{wcr}^2$$

$$u_{wcr} = [0.014T(s-1)^2 g^2 D]^{1/3}$$

式中，ρ 为海水密度；f_w 为波浪摩擦系数；u_w 为波浪扰动产生的底部最大水平速度；H 为有效波高；T 为有效波的周期；L 为水深 h 处的有效波长。τ_{wcr} 为波浪产生的临界切应力；u_{wcr} 为临界剪切速度。

表 15-3 为夏、冬季观测期间潮周期内各站计算波浪切应力和临界切应力。由表可见，波浪切应力范围基本大于临界切应力范围，沉积物能够发生浪致再悬浮。计算结果还表明，冬季波浪切应力普遍大于夏季波浪切应力，大潮波浪切应力不一定大于中潮波浪切应力。从空间上看，近岸站位波浪切应力通常

大于远岸站位波浪切应力，因此，波浪作用通常导致近岸泥沙再悬浮，深水区浪致再悬浮不明显，只有在大风浪天气下，才能对深水区产生影响。

波浪作用下黏性泥沙的再悬浮与潮流作用下一样，宏观上也受制于底流切应力与临界切应力的对比，当波浪底切应力大于临界切应力时，沉积物发生再悬浮，其再悬浮通量可以采用 Partheniades（1965）提出的再悬浮通量公式进行估算，表 15－4 为观测期间计算浪致再悬浮通量。由表可以看出夏季大潮浪致再悬浮通量的变化范围介于 $1.11\times10^{-4}\sim2.75\times10^{-1}$ kg/（$m^2\cdot s$）之间；夏季中潮浪致再悬浮通量的变化范围介于 $4.00\times10^{-7}\sim8.36\times10^{-3}$ kg/（$m^2\cdot s$）之间。冬季大潮浪致再悬浮通量的变化范围介于 $1.05\times10^{-6}\sim5.74\times10^{-2}$ kg/（$m^2\cdot s$）之间；冬季中潮浪致再悬浮通量的变化范围介于 $3.52\times10^{-5}\sim1.26\times10^{-1}$ kg/（$m^2\cdot s$）之间。风浪较大天气下的再悬浮通量变化范围明显变大，因此，风浪对再悬浮通量变化影响显著。

表 15－3　海州湾近岸海域夏、冬季观测潮周期内波浪切应力和临界切应力（N/m^2）

站位	夏季				冬季			
	大潮		中潮		大潮		中潮	
	波浪切力	临界切力	波浪切力	临界切力	波浪切力	临界切力	波浪切力	临界切力
1	0.250～1.022	0.036～0.048	0.009～0.125	0.034～0.047	0.078～0.628	0.003～0.004	0.020～0.594	0.006～0.008
2	0.384～1.246	0.006～0.008	0.013～0.149	0.005～0.007	0.039～0.159	0.004～0.005	0.303～0.961	0.005～0.007
3	0.126～0.474	0.011～0.015	0.004～0.061	0.010～0.014	0.012～0.048	0.015～0.016	0.113～0.435	0.018～0.023
4	0.411～1.210	0.002～0.007	0.013～0.083	0.005～0.007	0.052～0.343	0.003～0.004	0.445～1.215	0.004～0.005
5	0.177～0.693	0.002～0.008	0.006～0.053	0.005～0.007	0.014～0.061	0.008～0.009	0.157～0.548	0.011～0.014
6	0.246～0.758	0.002～0.008	0.008～0.055	0.006～0.008	0.026～0.137	0.006～0.007	0.245～0.847	0.009～0.011
7	0.400～1.283	0.003～0.010	0.0126～0.083	0.007～0.009	0.030～0.186	0.005	0.303～0.926	0.006～0.007
8	0.316～1.245	0.002～0.007	0.013～0.083	0.005～0.006	0.052～0.399	0.005	0.445～1.293	0.006～0.007
9	0.198～0.713	0.008～0.029	0.007～0.057	0.020～0.028	0.029～0.085	0.011～0.012	0.215～0.804	0.014～0.017
10	0.077～0.373	0.002～0.008	0.003～0.029	0.006～0.008	0.004～0.014	0.008	0.072～0.314	0.009～0.011
11	0.236～0.713	0.003～0.010	0.007～0.055	0.007～0.009	0.036～0.347	0.025～0.026	0.296～0.878	0.031～0.038
12	0.205～0.757	0.002～0.009	0.008～0.065	0.006～0.008	0.025～0.104	0.003～0.004	0.225～0.818	0.005～0.006
13	0.125～0.518	0.007～0.025	0.004～0.039	0.018～0.024	0.013～0.039	0.036～0.037	0.129～0.540	0.043～0.053
14			0.016～0.102	0.006～0.008	0.056～0.468	0.004	0.542～1.442	0.004～0.006
15			0.009～0.067	0.005～0.007	0.022～0.115	0.003～0.004	0.251～0.804	0.005～0.006
16					0.006～0.019	0.014～0.015	0.082～0.356	0.017～0.021
17					0.041～0.118	0.006～0.007	0.542～1.240	0.009～0.011
18					0.018～0.094	0.002～0.003	0.240～0.818	0.004～0.005
19					0.047～0.312	0.003	0.433～1.240	0.003～0.004

表 15－4　海州湾近岸海域夏、冬季潮周期内浪致再悬浮通量［kg/（$m^2\cdot s$）］

站位	夏季		冬季	
	大潮	中潮	大潮	中潮
1	$1.18\times10^{-4}\sim9.49\times10^{-3}$	$1.10\times10^{-5}\sim6.78\times10^{-4}$	$3.47\times10^{-4}\sim5.74\times10^{-2}$	$3.52\times10^{-5}\sim3.85\times10^{-2}$
2	$1.14\times10^{-3}\sim7.05\times10^{-2}$	$2.47\times10^{-5}\sim7.63\times10^{-3}$	$1.57\times10^{-4}\sim1.35\times10^{-2}$	$1.09\times10^{-3}\sim5.73\times10^{-2}$
3	$2.10\times10^{-4}\sim1.24\times10^{-2}$	$1.12\times10^{-5}\sim1.33\times10^{-3}$	$3.95\times10^{-6}\sim8.32\times10^{-4}$	$1.02\times10^{-4}\sim7.28\times10^{-3}$
4	$1.49\times10^{-3}\sim2.41\times10^{-1}$	$2.75\times10^{-5}\sim5.20\times10^{-3}$	$2.76\times10^{-4}\sim3.75\times10^{-2}$	$2.05\times10^{-3}\sim9.20\times10^{-2}$

续表

站位	夏季		冬季	
	大潮	中潮	大潮	中潮
5	$6.07\times10^{-4}\sim8.27\times10^{-2}$	$4.00\times10^{-7}\sim3.14\times10^{-3}$	$1.12\times10^{-5}\sim2.21\times10^{-3}$	$2.65\times10^{-4}\sim1.58\times10^{-2}$
6	$8.05\times10^{-4}\sim1.08\times10^{-1}$	$5.47\times10^{-6}\sim4.61\times10^{-3}$	$5.17\times10^{-5}\sim7.06\times10^{-3}$	$5.42\times10^{-4}\sim3.13\times10^{-2}$
7	$1.06\times10^{-3}\sim1.89\times10^{-1}$	$1.43\times10^{-5}\sim6.21\times10^{-3}$	$1.04\times10^{-4}\sim1.44\times10^{-2}$	$9.94\times10^{-4}\sim5.03\times10^{-2}$
8	$1.26\times10^{-3}\sim2.75\times10^{-1}$	$3.26\times10^{-5}\sim7.90\times10^{-3}$	$1.97\times10^{-4}\sim3.19\times10^{-2}$	$1.50\times10^{-3}\sim7.18\times10^{-2}$
9	$1.61\times10^{-4}\sim2.57\times10^{-2}$	$2.28\times10^{-5}\sim9.47\times10^{-4}$	$3.00\times10^{-5}\sim2.49\times10^{-3}$	$2.87\times10^{-4}\sim1.84\times10^{-2}$
10	$2.31\times10^{-4}\sim3.98\times10^{-2}$	$1.05\times10^{-5}\sim1.81\times10^{-3}$	$1.71\times10^{-6}\sim3.29\times10^{-4}$	$1.40\times10^{-4}\sim1.10\times10^{-2}$
11	$6.33\times10^{-4}\sim9.09\times10^{-2}$	$6.38\times10^{-7}\sim3.54\times10^{-3}$	$8.12\times10^{-6}\sim4.86\times10^{-3}$	$1.69\times10^{-4}\sim8.75\times10^{-3}$
12	$6.00\times10^{-4}\sim9.75\times10^{-2}$	$3.42\times10^{-6}\sim4.28\times10^{-3}$	$9.24\times10^{-5}\sim8.91\times10^{-3}$	$8.29\times10^{-4}\sim5.01\times10^{-2}$
13	$1.11\times10^{-4}\sim1.96\times10^{-2}$	$1.13\times10^{-5}\sim5.08\times10^{-4}$	$1.05\times10^{-6}\sim2.10\times10^{-5}$	$3.94\times10^{-5}\sim3.66\times10^{-3}$
14		$3.22\times10^{-5}\sim8.36\times10^{-3}$	$2.77\times10^{-4}\sim4.84\times10^{-2}$	$2.36\times10^{-3}\sim1.03\times10^{-1}$
15		$1.12\times10^{-5}\sim5.12\times10^{-3}$	$8.87\times10^{-5}\sim1.04\times10^{-2}$	$9.78\times10^{-4}\sim5.18\times10^{-2}$
16			$2.49\times10^{-6}\sim1.35\times10^{-4}$	$7.49\times10^{-5}\sim6.33\times10^{-3}$
17			$9.20\times10^{-5}\sim5.90\times10^{-3}$	$1.20\times10^{-3}\sim4.53\times10^{-2}$
18			$9.07\times10^{-5}\sim1.07\times10^{-2}$	$1.18\times10^{-3}\sim6.64\times10^{-2}$
19			$3.42\times10^{-4}\sim4.59\times10^{-2}$	$2.69\times10^{-3}\sim1.26\times10^{-1}$

15.3.3 波流共同作用下再悬浮通量

一般情况下，波流往往共同存在并且相互作用，尤其是近岸浅水区域。根据潮致再悬浮通量和浪致再悬浮通量计算结果可以看到，海州湾近岸海域夏、冬季大中潮4次不同观测期间，潮致再悬浮通量和浪致再悬浮通量变化范围较大，风浪天气下，浪致再悬浮通量变化范围显著大于潮致再悬浮通量变化范围。因此，沉积物的再悬浮和沉降必须考虑波流两个动力因素。

波流通过底剪切力控制着沉积物的再悬浮和沉降，因为波流最终都是通过水流的形式与海底发生作用，当水动力产生的底部切应力超过泥沙的侵蚀临界切应力时，底层泥沙就起动再悬浮进入水体。当水动力减弱，底部切应力小于泥沙的临界淤积切应力时，泥沙沉降而淤积。因此，波流共同作用下再悬浮通量计算就涉及波流共同作用下床面剪切力的计算问题。

相对于纯波浪和纯潮流作用下的底剪切力计算公式，波流共同作用下的底剪切力计算模型比较复杂，还处于探索阶段，主要原因可能是波流共同作用的底剪切应力并不是波和流的简单叠加，需要涉及不同频率的波流非线性相互作用和底边界层的求解。计算结果与实测值吻合较好的波流共同作用下底剪切力计算模型主要有 Grant - Madsen 模型（Grant，Madsen，1979）、Davies - Soulsby 模型（Davies，1985；Soulsby，1997）等，这些模型都涉及复杂的计算，一般嵌套在泥沙数学模型中计算，不便于实际应用。本节将通过合理的假设提出一个计算波流共同作用下底切应力的简化表达形式，以期可以估算由于波流共同作用引起的沉积物再悬浮通量。

纯潮流作用下和纯波浪作用下的底剪切力计算公式分别为：

$$\tau_c = \rho(u_{*c})^2$$

$$\tau_w = \rho(u_{*w})^2$$

式中，τ_c 为潮流底切应力，τ_w 为波流底切应力，ρ 为海水密度，u_{*c} 为潮流底摩阻流速，u_{*w} 为波浪底摩阻流速。根据纯潮流和纯波浪剪切力计算公式，可以看到底切应力与底摩阻流速的平方成正比，因此，不失一般性，假设波流共同作用下的剪切力仍然与底摩阻流速的平方成正比，可以表达为：

$$\tau_{cw} = \rho(u_{*cw})^2$$

式中，u_{*cw}为波流共同作用下的底摩阻流速。

由于波浪和潮流的周期相差悬殊，前者周期以秒计，后者以小时计，因此，计算波流共同作用下的床面剪切应力时，假设波浪周期时段内的潮流为定常流，考虑到本文计算底剪切应力目的是研究底剪切应力对底床泥沙的再悬浮作用，需要得到最大瞬时底剪切应力，因此取波浪引起的最大底流速，这样，波流共同作用下的床面摩阻流速就可以表示为恒定流引起的剪切速度与波浪引起的最大床面剪切速度合成，计算公式为：

$$u_{*cw} = [(u_c + u_w \cos\phi)^2 + (u_w \sin\phi)^2]^{\frac{1}{2}}$$

式中，ϕ 为波流之间的交角。

由上式可得波流共同作用下的底摩阻流速 u_{*cw} 为：

$$u_{*cw} = (u_{*c}^2 + u_{*w}^2 + 2u_{*c}u_{*w}\cos\phi)^{\frac{1}{2}}$$

代入公式并整理可以得到波流共同作用下底切应力的简化表达形式：

$$\tau_{cw} = \tau_c + \tau_w + 2\sqrt{\tau_c\tau_w}\cos\phi$$

上式可以很方便地计算波流共同作用下的底切应力，从公式中可以看出，波流共同作用下的底切应力不仅仅是纯潮流和纯波浪作用下的底应力叠加，当波流同向时（$\cos\phi > 0$），波流共同作用下的底切应力大于波浪和水流单独存在时两者切应力之和；波流异向时（$\cos\phi < 0$），波流共同作用下的底切应力小于波浪和水流单独存在时两者切应力之和。利用该公式对测点站位波流共同作用下底切应力计算结果与ECOMSED 模型计算输出的测点站位波流共同作用下底切应力结果基本吻合，表明该公式适用性较好。

根据上述波流共同作用下底切应力的简化计算式和 Partheniades（1965）提出的再悬浮通量公式对海州湾近岸海域夏、冬季潮周期内波流共同作用下的再悬浮通量进行了估算，结果如表 15－5。从表中可以看出，波流共同作用下夏季大潮再悬浮通量的变化范围介于 $2.30\times10^{-5} \sim 7.07\times10^{-1}$ kg/（m^2·s）之间；夏季中潮再悬浮通量的变化范围介于 $1.69\times10^{-6} \sim 1.03\times10^{-1}$ kg/（m^2·s）之间。冬季大潮再悬浮通量的变化范围介于 $1.63\times10^{-5} \sim 1.18\times10^{-1}$ kg/（m^2·s）之间；冬季中潮再悬浮通量的变化范围介于 $5.74\times10^{-6} \sim 1.75\times10^{-1}$ kg/（m^2·s）之间。

表 15－5　海州湾近岸海域夏、冬季潮周期内波流共同作用下再悬浮通量［kg/（m^2·s）］

站位	夏季		冬季	
	大潮	中潮	大潮	中潮
1	$3.13\times10^{-5}\sim1.39\times10^{-2}$	$1.69\times10^{-6}\sim4.54\times10^{-3}$	$9.38\times10^{-5}\sim8.24\times10^{-2}$	$1.41\times10^{-5}\sim8.43\times10^{-2}$
2	$3.12\times10^{-4}\sim1.16\times10^{-1}$	$3.51\times10^{-5}\sim3.46\times10^{-2}$	$4.42\times10^{-5}\sim8.98\times10^{-2}$	$3.43\times10^{-4}\sim8.33\times10^{-2}$
3	$7.36\times10^{-5}\sim2.88\times10^{-2}$	$1.39\times10^{-5}\sim1.89\times10^{-2}$	$1.75\times10^{-5}\sim2.24\times10^{-2}$	$1.44\times10^{-5}\sim1.56\times10^{-2}$
4	$4.27\times10^{-4}\sim4.23\times10^{-1}$	$3.09\times10^{-5}\sim5.59\times10^{-2}$	$1.70\times10^{-4}\sim1.29\times10^{-1}$	$1.01\times10^{-3}\sim1.42\times10^{-1}$
5	$2.42\times10^{-4}\sim1.50\times10^{-1}$	$3.18\times10^{-5}\sim1.54\times10^{-2}$	$1.63\times10^{-5}\sim3.33\times10^{-2}$	$5.18\times10^{-5}\sim2.98\times10^{-2}$
6	$2.93\times10^{-4}\sim2.82\times10^{-1}$	$2.32\times10^{-5}\sim3.47\times10^{-2}$	$7.81\times10^{-5}\sim5.81\times10^{-2}$	$1.93\times10^{-4}\sim7.06\times10^{-2}$
7	$4.10\times10^{-4}\sim3.47\times10^{-1}$	$1.22\times10^{-4}\sim3.24\times10^{-2}$	$7.11\times10^{-5}\sim8.89\times10^{-2}$	$2.56\times10^{-4}\sim1.04\times10^{-1}$
8	$5.52\times10^{-4}\sim7.07\times10^{-1}$	$9.34\times10^{-5}\sim7.86\times10^{-2}$	$1.57\times10^{-4}\sim1.05\times10^{-1}$	$7.36\times10^{-4}\sim1.53\times10^{-1}$
9	$5.73\times10^{-5}\sim7.65\times10^{-2}$	$1.57\times10^{-5}\sim1.06\times10^{-2}$	$5.38\times10^{-5}\sim3.63\times10^{-2}$	$7.52\times10^{-5}\sim4.66\times10^{-2}$
10	$2.08\times10^{-4}\sim1.58\times10^{-1}$	$1.64\times10^{-4}\sim4.16\times10^{-2}$	$1.65\times10^{-4}\sim6.06\times10^{-2}$	$1.30\times10^{-4}\sim2.97\times10^{-2}$
11	$4.39\times10^{-4}\sim3.66\times10^{-1}$	$2.94\times10^{-5}\sim1.03\times10^{-1}$	$2.47\times10^{-5}\sim7.19\times10^{-2}$	$4.09\times10^{-5}\sim5.80\times10^{-2}$
12	$3.66\times10^{-4}\sim4.67\times10^{-1}$	$2.84\times10^{-4}\sim7.96\times10^{-2}$	$6.35\times10^{-4}\sim1.23\times10^{-1}$	$3.11\times10^{-4}\sim1.37\times10^{-1}$
13	$2.30\times10^{-5}\sim1.24\times10^{-1}$	$5.83\times10^{-5}\sim1.31\times10^{-2}$	$5.50\times10^{-5}\sim1.56\times10^{-2}$	$5.74\times10^{-6}\sim9.87\times10^{-3}$
14		$1.14\times10^{-5}\sim3.12\times10^{-2}$	$6.93\times10^{-5}\sim1.17\times10^{-1}$	$8.03\times10^{-4}\sim1.75\times10^{-1}$

续表

站位	夏季		冬季	
	大潮	中潮	大潮	中潮
15		$8.60\times10^{-5}\sim3.39\times10^{-2}$	$3.53\times10^{-5}\sim4.19\times10^{-2}$	$2.43\times10^{-4}\sim7.74\times10^{-2}$
16			$1.71\times10^{-5}\sim2.19\times10^{-2}$	$1.21\times10^{-5}\sim1.66\times10^{-2}$
17			$1.15\times10^{-4}\sim1.28\times10^{-1}$	$3.02\times10^{-4}\sim1.32\times10^{-1}$
18			$1.20\times10^{-4}\sim1.21\times10^{-1}$	$4.13\times10^{-4}\sim1.03\times10^{-1}$
19			$1.85\times10^{-4}\sim1.18\times10^{-1}$	$1.06\times10^{-3}\sim1.74\times10^{-1}$

对比潮致再悬浮通量、浪致再悬浮通量和波流共同作用下的再悬浮通量计算结果，可以看到浪致再悬浮通量的变化范围大于潮致再悬浮通量的变化范围；波流共同作用下的再悬浮通量变化范围大于潮致再悬浮通量和浪致再悬浮通量的变化范围，表明风浪对再悬浮通量变化影响显著，同时，波流共同作用下的再悬浮通量不是潮致再悬浮通量和浪致再悬浮通量两者的简单叠加。

15.4 悬沙动力机制分析

15.4.1 波浪与悬沙浓度的关系

波浪是泥沙悬扬的重要动力因素。波浪的作用主要体现在掀动海底泥沙，波浪在从深水区传到浅水区的过程中，遇浅水发生变形进而破碎，在发生变形的过程中，相应床面水质点速度增大，而在发生破碎的过程中，引起强烈的紊动，导致泥沙大量悬浮。为了研究海州湾近岸海域波浪与悬沙浓度之间的关系，从北到南均匀选取4个悬沙实测站位分别输出夏、冬季大、中潮的海浪要素，分析悬沙浓度的变化与波浪变化之间的关系。

图15－16和图15－17是2005年夏季9月4—5日大潮和8—9日中潮观测期间4个实测站位底层悬沙浓度和计算有效波高时间序列图。图15－18和图15－19是2006年冬季1月2—3日大潮和6—8日中潮观测期间4个实测站位底层悬沙浓度和计算有效波高时间序列图。从图中可以看出，各站悬沙浓度与波浪时间序列值呈起伏涨落的态势。

夏季大潮期间，属于风浪天气，波浪具有较强的掀沙作用，悬沙浓度具有不断增大的趋势。悬沙浓度的变化趋势和波高变化趋势基本一致，相应峰值有时晚2～5 h。夏季中潮期间，基本属于平静天气，水动力以潮流为主，由于波高较小，其掀沙作用也较弱，悬沙浓度具有减小的趋势。

冬季大潮期间，波高较小，悬沙浓度变化的总体趋势与波高变化趋势基本一致，相应峰值同夏季相似，有时表现出一定的滞后。冬季中潮期间，有效波高由大变小，悬沙浓度总体上也有变小的趋势。

由波浪与底层悬沙浓度时间序列变化曲线还可以看出，悬沙以浓度峰的形式振荡变化，频率较大，有效波高变化则较缓。由于波浪周期较短，其对泥沙的作用通过底边界层发生，悬沙浓度的变化与有效波高并不完全对应，而是有一定的时间滞后。研究表明，风浪较小时，悬沙浓度主要受潮流制约，悬沙浓度的变化同潮流变化基本一致；风浪条件下，悬沙浓度的变化与波高变化趋势基本一致，悬沙浓度主要受波高的控制（臧启运等，1996）。根据海州湾近岸海域实测底层悬沙以浓度峰的形式高频率变化可以认为观测期间悬沙浓度的变化受潮流影响明显，相应站位底层悬沙浓度与底层流速之间的变化趋势图（图15－20至图15－23）也表明了这一点，但悬沙浓度的总体变化趋势又与波高变化趋势基本一致，表明波高对悬沙浓度也有影响，悬沙浓度的变化在波高的控制下受潮流影响，这是由于波浪运动的流速及对底部产生的压力周期很短，作用在底部沉积物上的切应力只在一个较短的时间内达到最大值，其余时间比较小，波浪掀起的泥沙主要在潮流的作用下运动。因此，悬沙浓度的周期性变化与潮流周期性变化

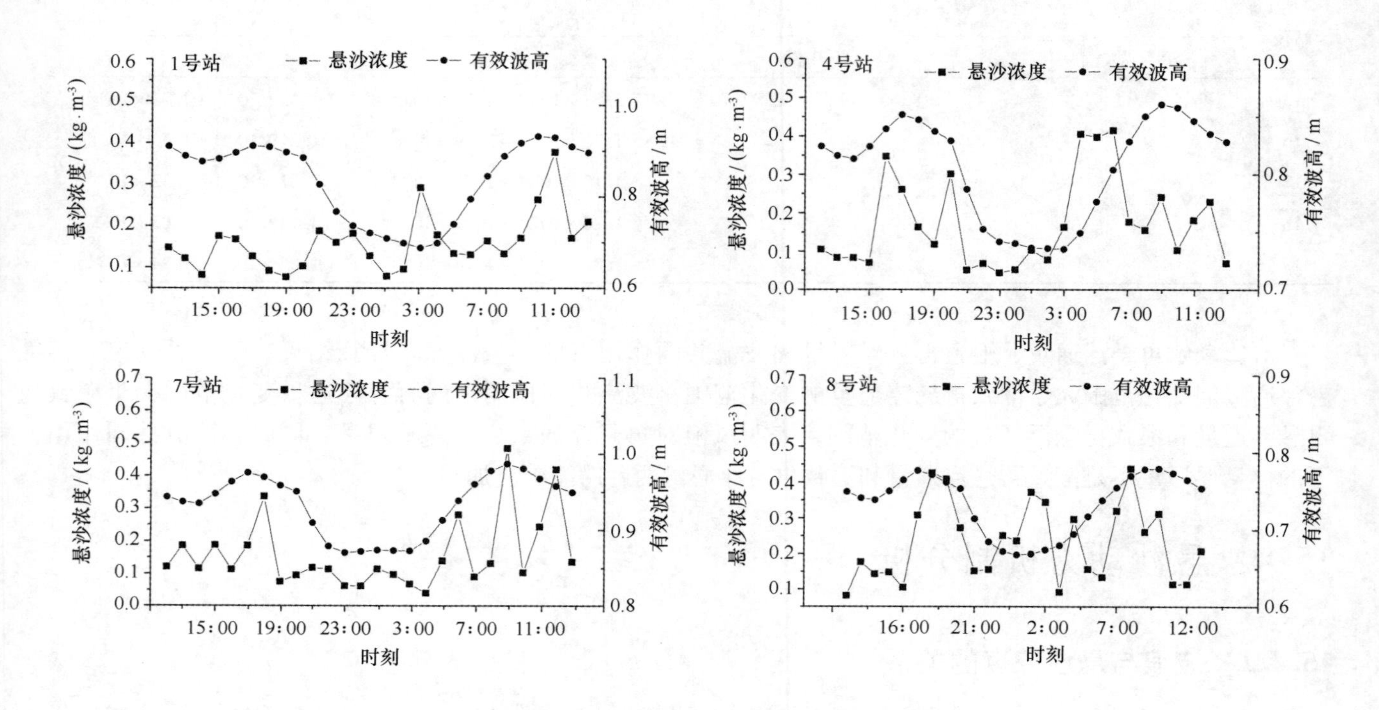

图 15－16　夏季大潮观测潮周期内底层悬沙浓度与有效波高变化曲线（2005 年 9 月 4—5 日）

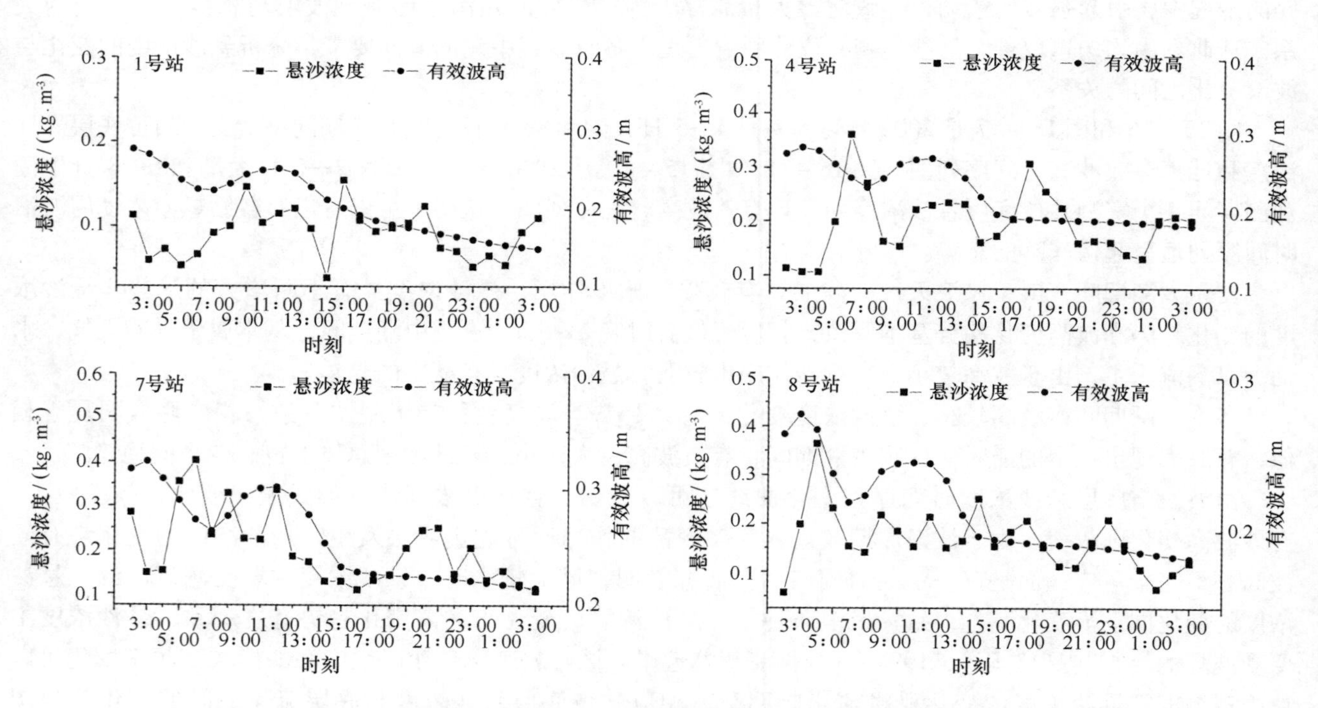

图 15－17　夏季中潮观测潮周期内底层悬沙浓度与有效波高变化曲线（2005 年 9 月 4—5 日）

密切相关，波浪作用掀起的泥沙由于受惯性力影响，使悬沙浓度的周期性变化与潮流周期性变化之间的规律变差。

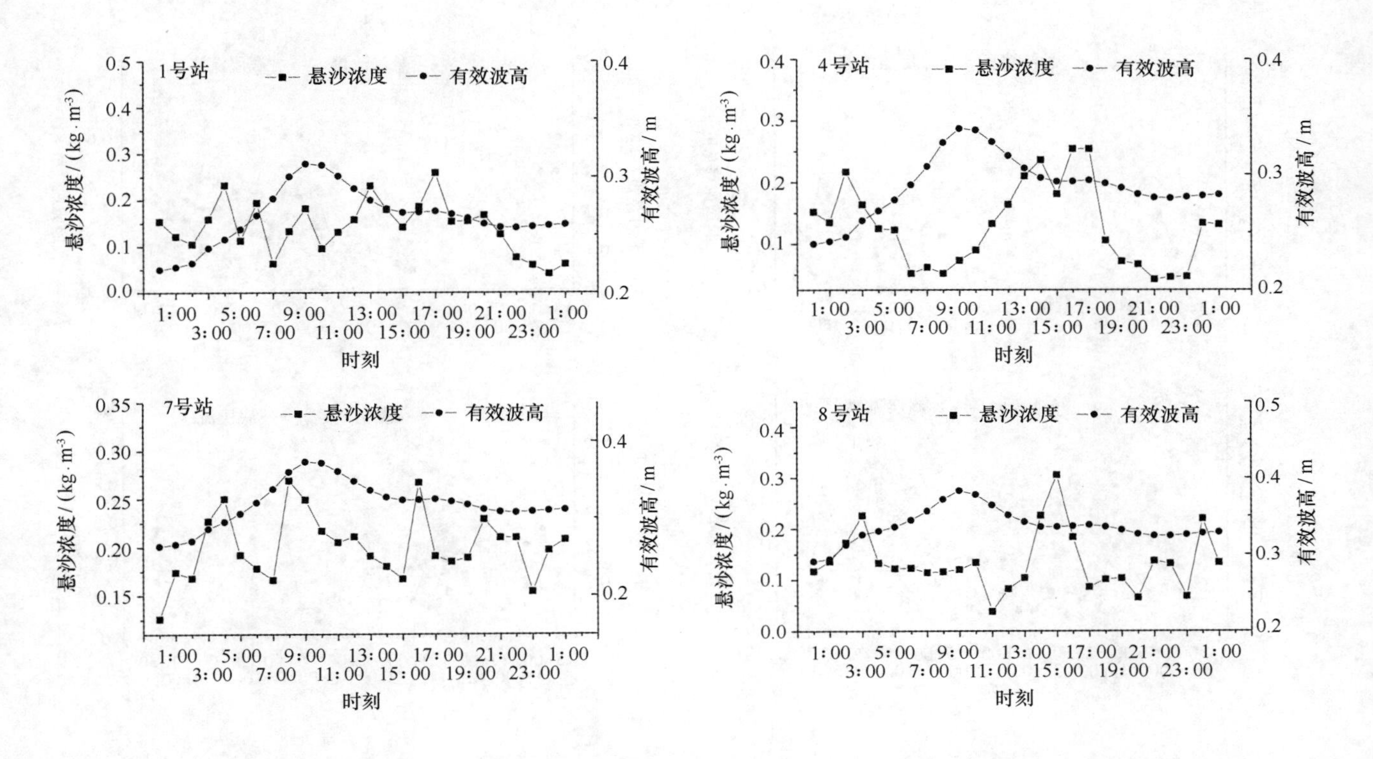

图 15－18　冬季大潮观测潮周期内底层悬沙浓度与有效波高变化曲线（2006 年 1 月 2—3 日）

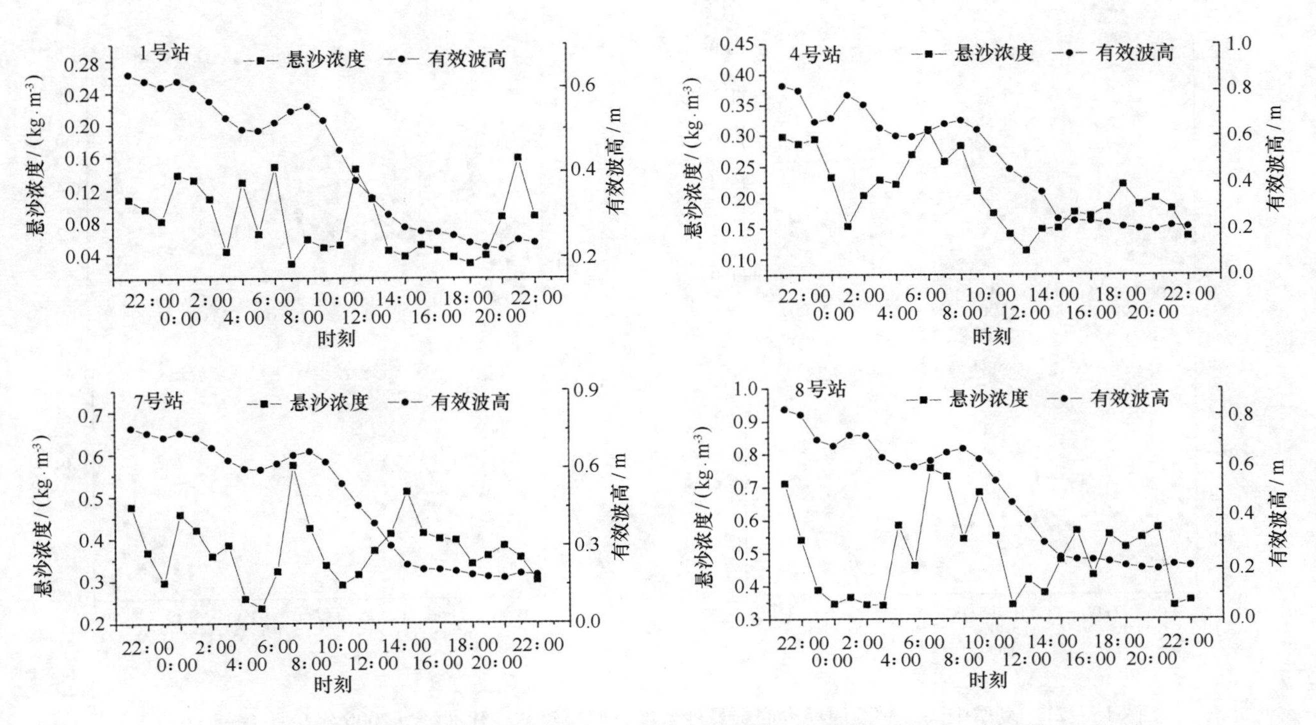

图 15－19　冬季中潮观测潮周期内底层悬沙浓度与有效波高变化曲线（2006 年 1 月 2—3 日）

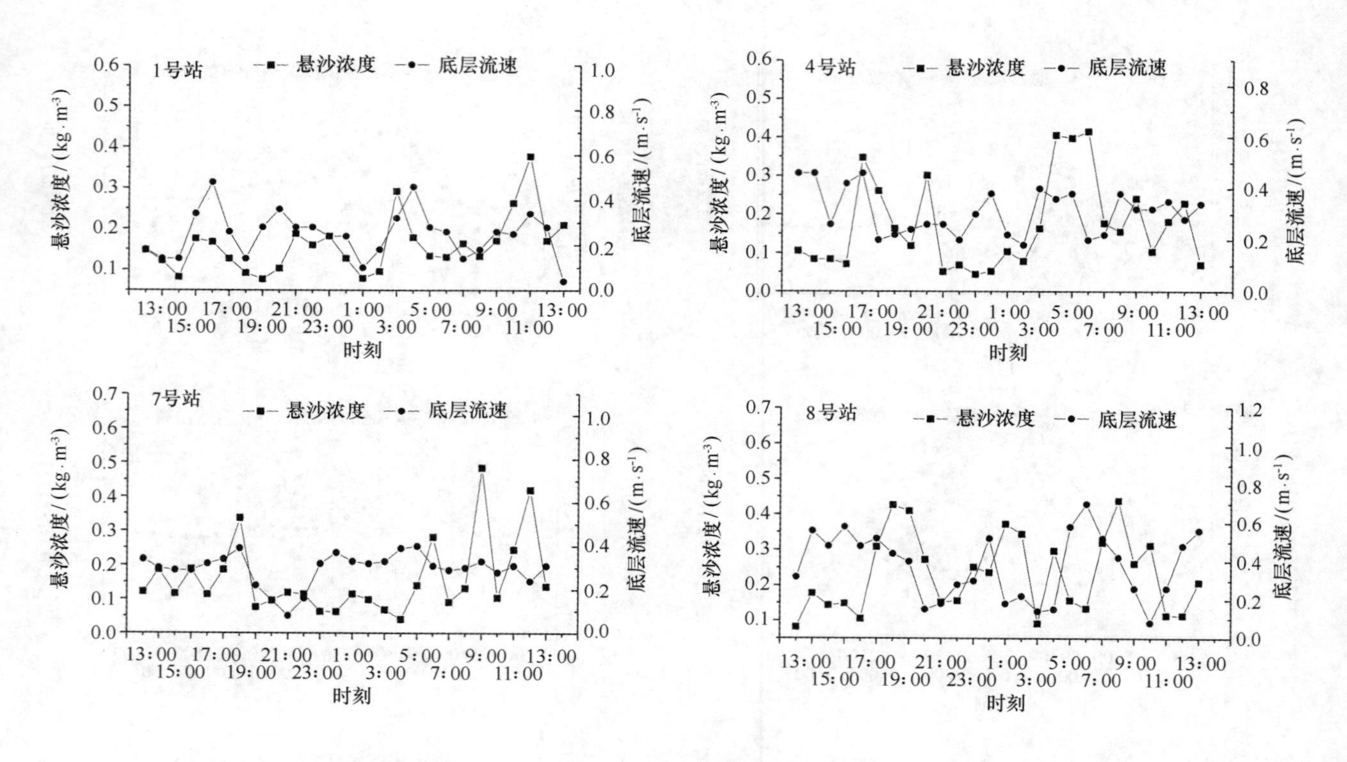

图 15－20　夏季大潮观测潮周期内底层悬沙浓度与底层流速变化曲线（2005 年 9 月 4—5 日）

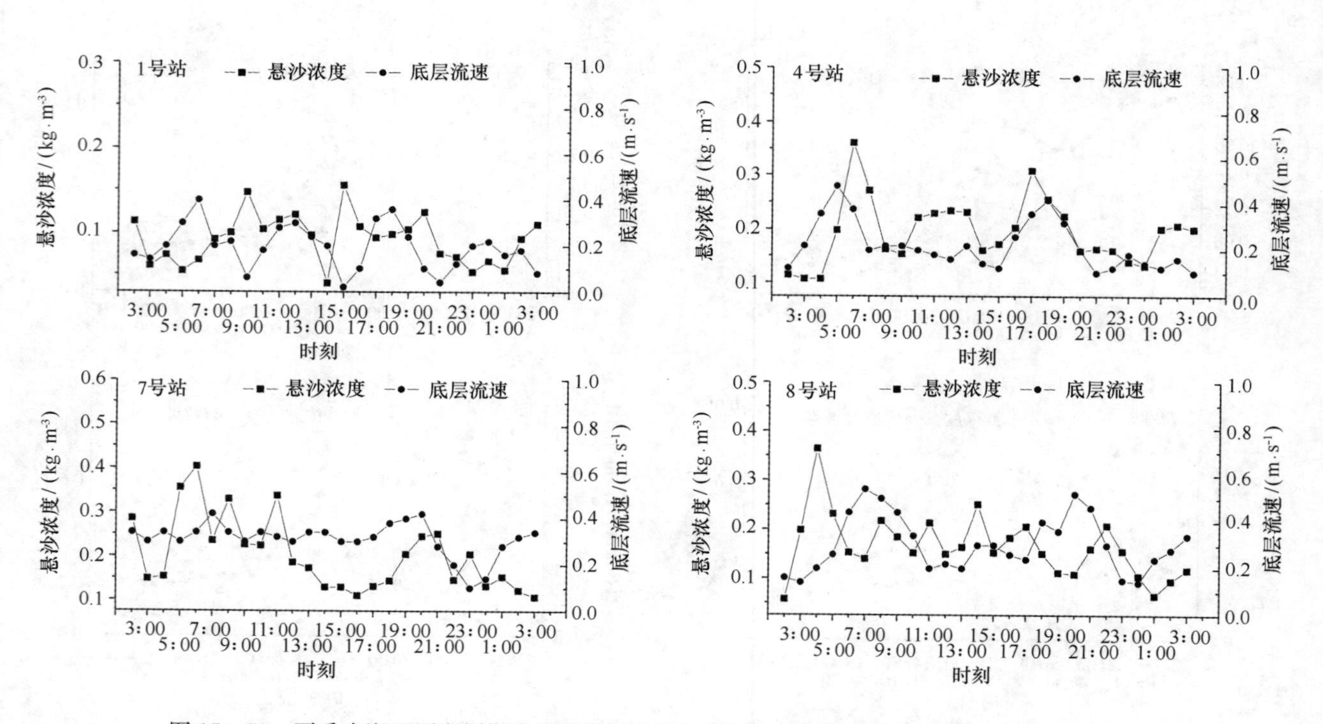

图 15－21　夏季中潮观测潮周期内底层悬沙浓度与底层流速变化曲线（2005 年 9 月 4—5 日）

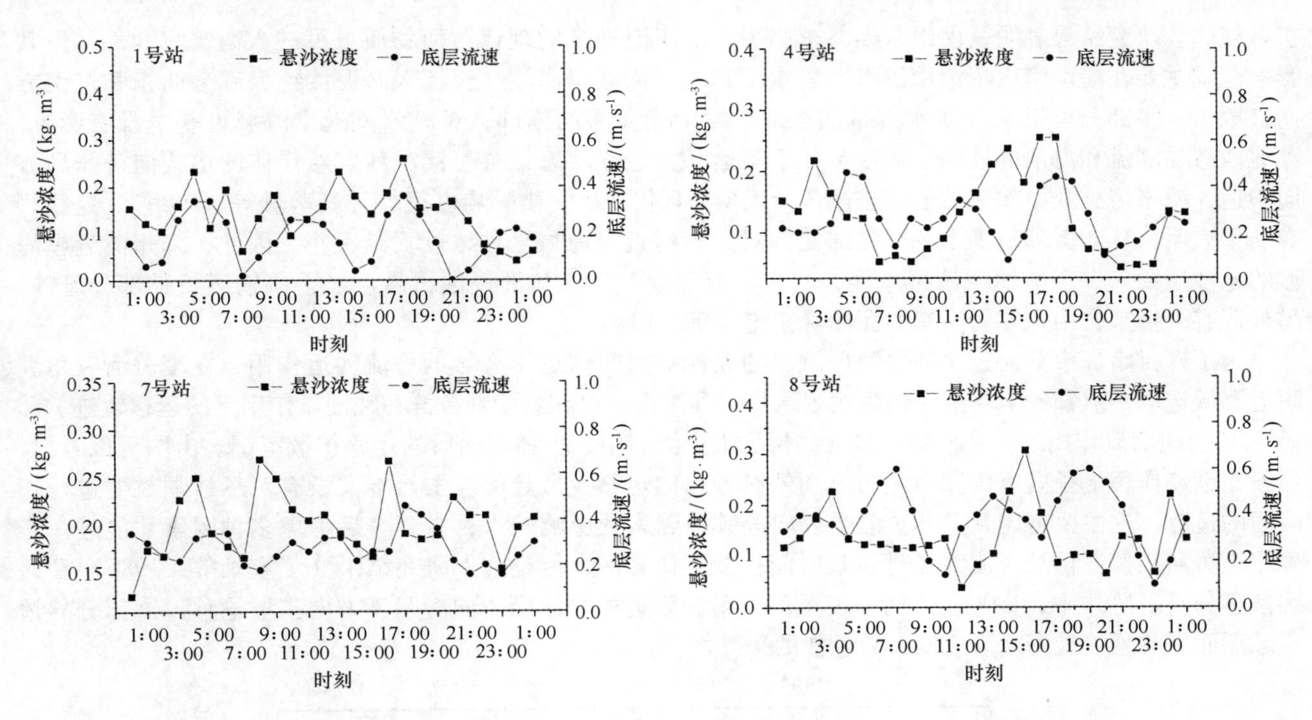

图 15－22　冬季大潮观测潮周期内底层悬沙浓度与底层流速变化曲线（2006 年 1 月 2—3 日）

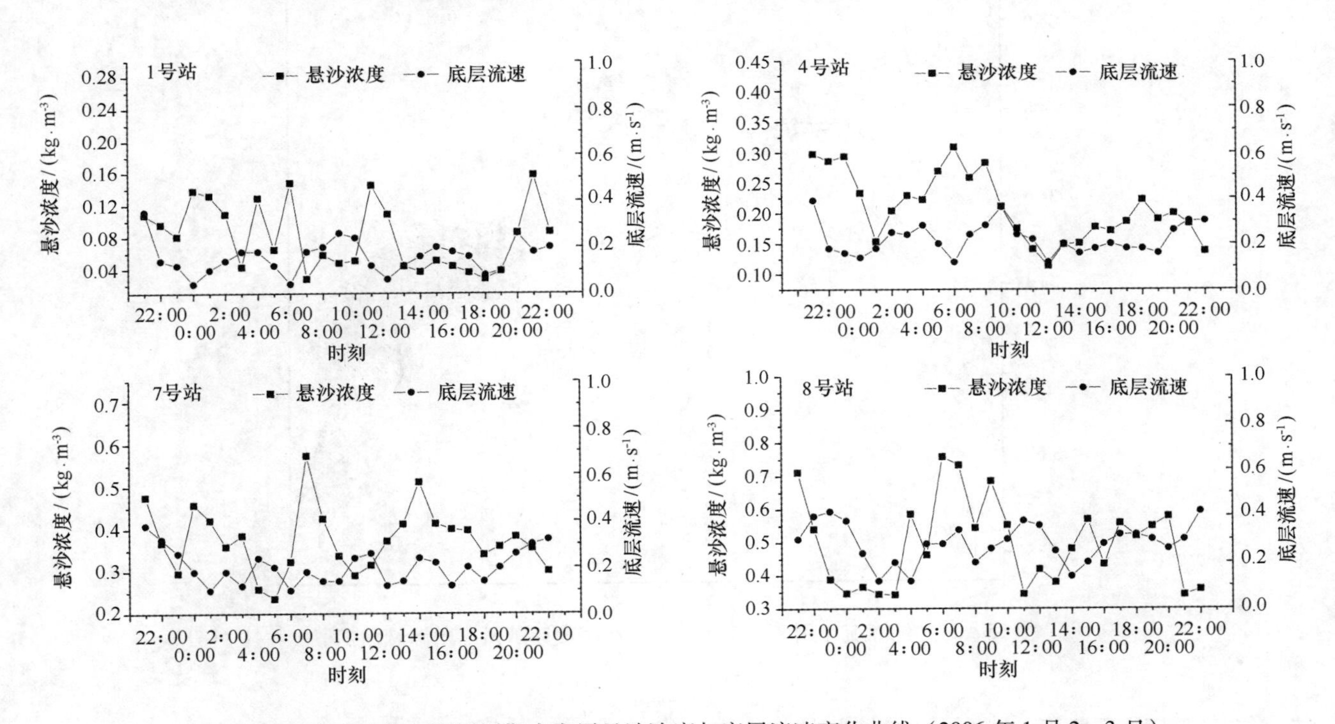

图 15－23　冬季中潮观测潮周期内底层悬沙浓度与底层流速变化曲线（2006 年 1 月 2—3 日）

15.4.2　悬沙运移扩散

自 20 世纪 80 年代以来，众多学者就对渤、黄、东海悬沙分布和运移扩散进行了比较系统的研究，取得了一系列成果（秦蕴珊等，1982，1986；江文胜，苏建，1999；郭志刚，杨作升，2002；雷坤，杨作升，2001；杨作升，郭志刚，1992；杨作升，米利曼，1983），基本探明了我国东部沿海悬沙分布和运移扩散规律。研究结果表明，由山东半岛东侧黄海沿岸流携带的现代黄河物质虽可进入南黄海北部，但其影响范围主要在崂山湾以东沿岸浅海，影响不到海州湾近岸海域。长江入海泥沙绝大部分向东和东南方向扩散，一小部分可以被冲淡水携带向东北，影响南黄海的南部，对海州湾近岸海域也基本没有影响。苏北浅滩受潮流和海浪的侵蚀，泥沙常处于搬运和再悬浮状态，再悬浮泥沙以悬浮体的形式向济州岛方向搬运，海州湾外及中部深水区，悬沙含量很少，现代陆源物质影响也很少（秦蕴珊等，1989）。这些研究结果表明，从大区域范围来看，外部泥沙对海州湾近岸海域悬沙浓度贡献很小。因此，海州湾近岸海域的悬沙主要来自于本地泥沙再悬浮，其次，南部废黄河三角洲侵蚀再悬浮经平流输运贡献部分悬沙，另外还有少量来自山东基岩海岸的泥沙（王宝灿等，1980）。

为了探讨南部废黄河三角洲侵蚀再悬浮的泥沙对海州湾近岸海域的平流输运作用，在废黄河三角洲附近海域选取一点释放100个颗粒为代表悬沙，利用模型追踪悬沙颗粒群在纯潮流作用下的运移轨迹。图15－24为纯潮流作用下，悬沙颗粒群在经历了1个大、中、小潮周期后的运移扩散范围。由图可以看出，悬沙在潮流作用下呈向三角洲南北两侧和外海方向的运移扩散趋势。虽然本文没有对悬沙颗粒群进行长时间的追踪，这主要考虑到悬沙扩散受风向等其他因素的影响较大，需要今后考虑多种因素才能进一步确定废黄河三角洲再悬浮泥沙经过多长时间扩散到研究区，但是前人研究结果（王宝灿等，1980）和遥感信息分析（陈乐平，1990）表明，废黄河三角洲附近的悬沙沿岸向海州湾方向扩散输移，这部分异地再悬浮而来的悬沙是海州湾近岸海域悬沙的来源之一。

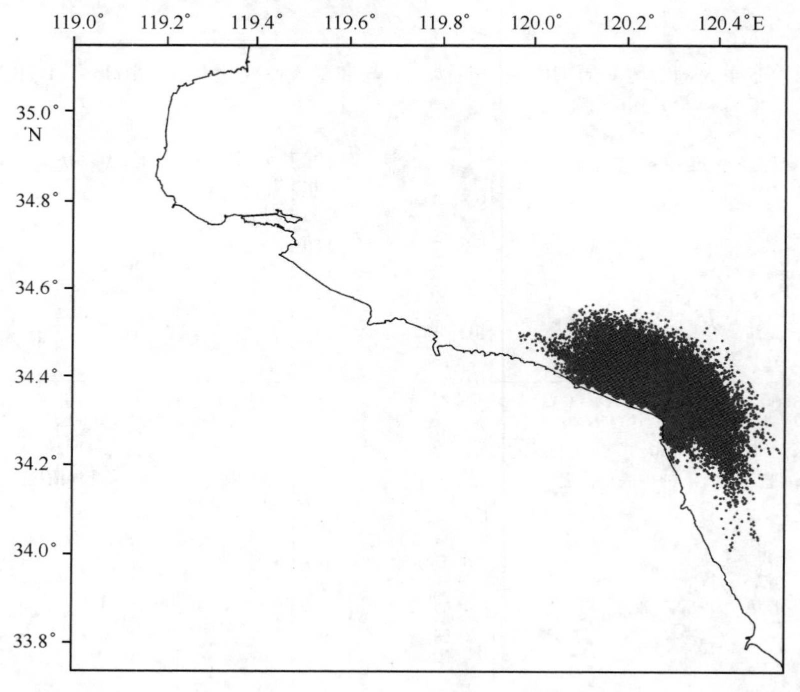

图15－24　纯潮流作用下一个大、中、小潮期废黄河三角洲悬沙扩散

15.4.3　潮致再悬浮

为了研究潮致再悬浮，设置一个数值实验，探讨纯潮流作用下潮致再悬浮作用，分析悬沙在潮流作用下沉降、再悬浮及其对悬沙浓度分布的影响。由于2005年9月大潮实测时受到风浪的影响，因此选取模拟2005年9月大潮纯潮流作用下的悬沙浓度分布，并为研究波浪再悬浮作用提供对比悬沙浓度场。

图15－25和图15－26分别为在纯潮流作用下2005年9月大潮涨、落急时刻海州湾近岸海域局域表、中、底层3层的悬沙浓度场。由图中可以看出，悬沙浓度总体较低，随涨、落潮的变化不大，悬沙浓度等

值线基本平行等深线，垂向上悬沙浓度变化较缓，两个相对较高悬沙浓度区分别位于港口北部湾顶和港口南部海域。港口北部湾顶的高悬沙浓度区形成可能同拦海大堤封堵后该区成为涨落潮交汇区，悬沙不易沉降有关，其次，底质中值粒径显示港口北部湾顶区域的沉积物粒径较小，易于再悬浮。港口南部海域的高悬沙浓度区形成可能同波浪入射角度与岸线近于垂直和灌河口外存在水下浅滩有关。研究表明灌河口门外发育有一水下浅滩，脊线长约 30 km，平均宽度为 4～6 km，自口门右岸东南向西北方向延伸，由于滩阔水浅，沉积物易于再悬浮（陈君等，2006；肖玉仲等，1997）。

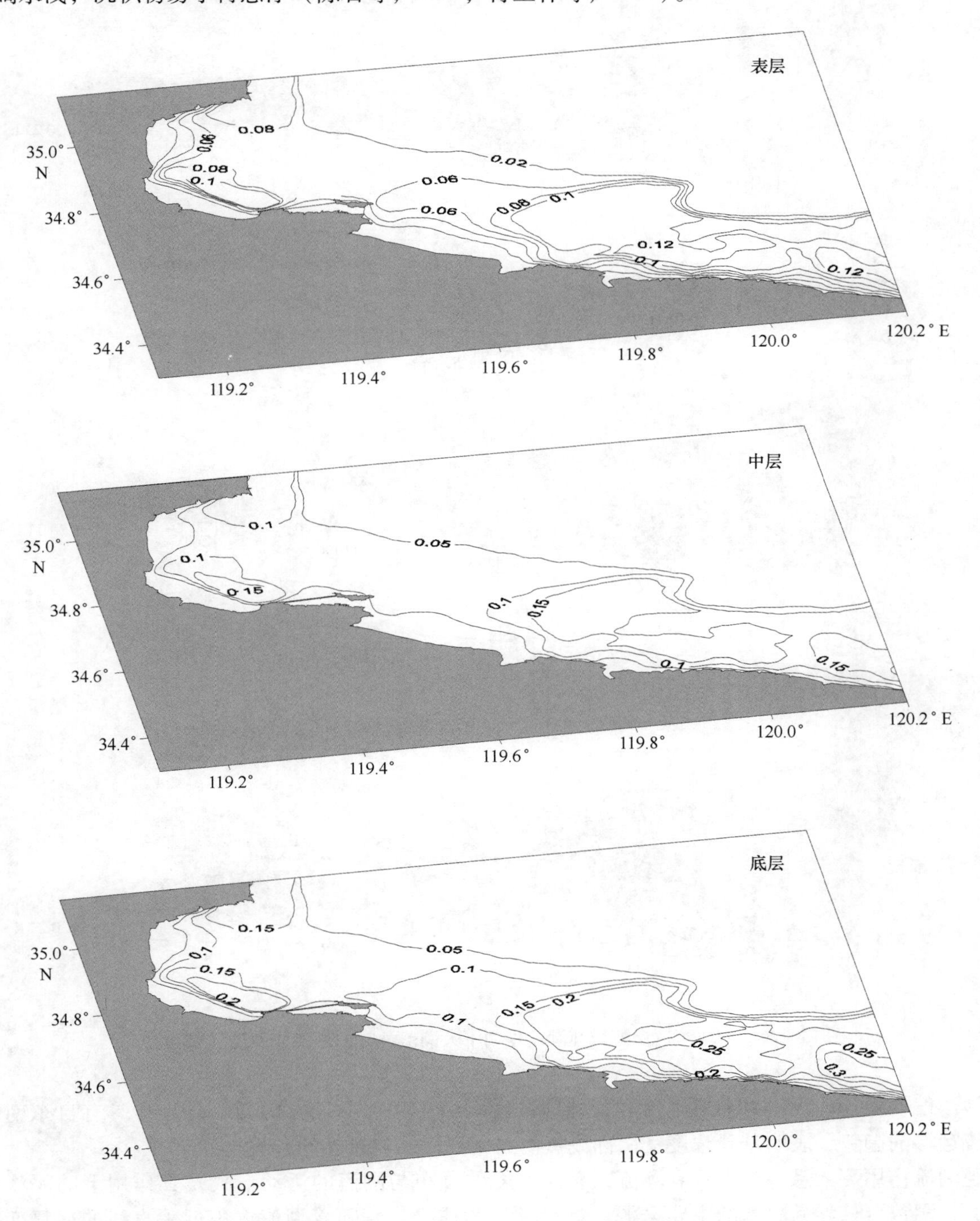

图 15－25　海州湾近岸海域纯潮流作用下大潮涨急时刻悬沙浓度场（kg/m^3）

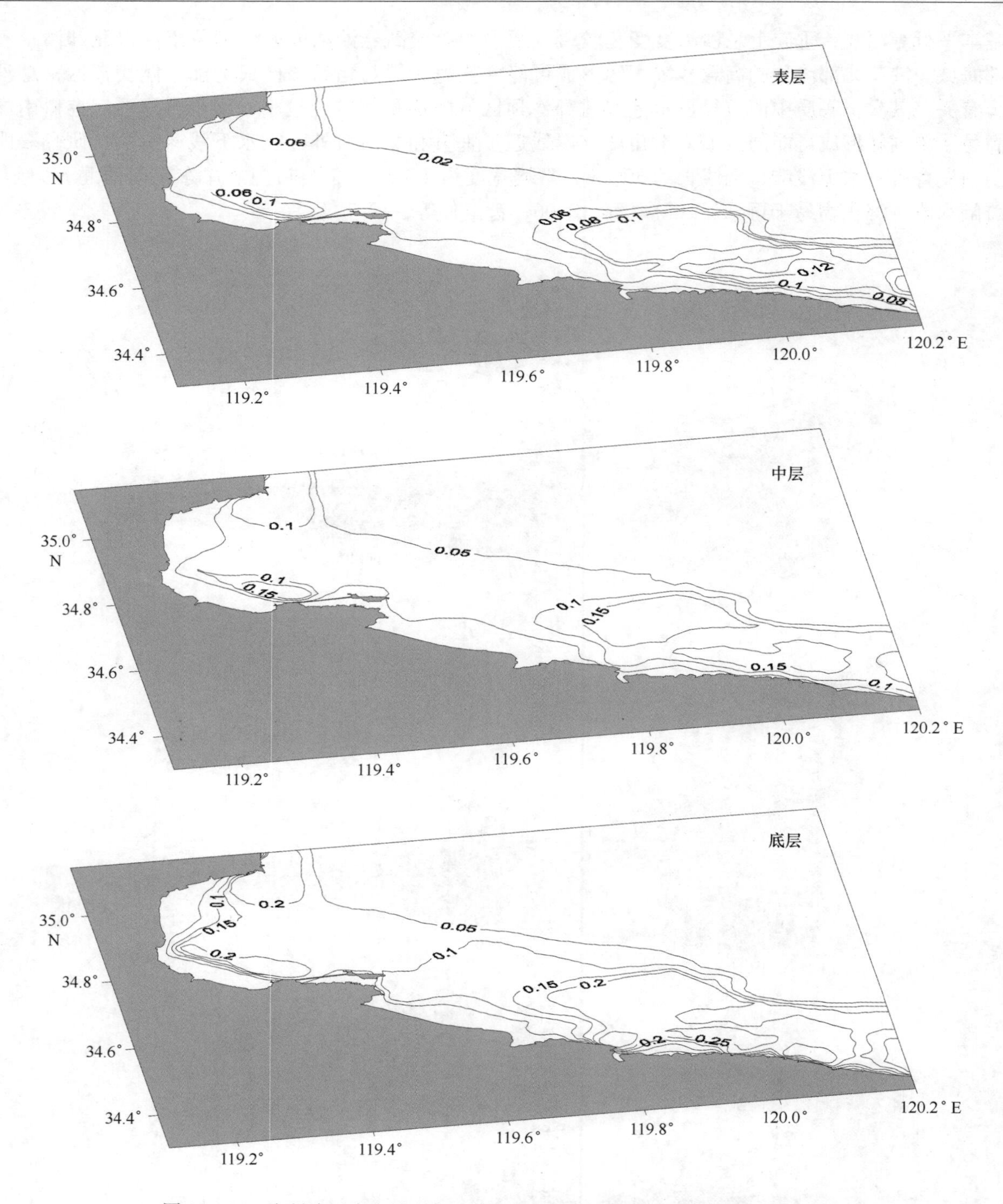

图 15－26　海州湾近岸海域纯潮流作用下大潮落急时刻悬沙浓度场（kg/m^3）

悬沙浓度场显示，无论涨潮还是落潮，悬沙浓度均自东南向西北方向减小，悬沙具有自东南向西北方向平流运移的趋势，表明悬沙浓度受南部废黄河三角洲侵蚀再悬浮的影响。

在纯潮流作用下，悬沙动力只有潮流，悬沙浓度的分布与潮流的运动形式及其作用下的泥沙再悬浮密切相关，潮致再悬浮是悬沙的主要来源。近岸潮流为往复流，随着潮流大小近乎直线的往复变化，悬沙在潮流作用下做周期性沉降与再悬浮。远岸海域，潮流呈旋转流，潮流流速大小周期性变化不如近岸显著，泥沙再悬浮强度减弱。从理论上分析，潮流掀沙决定于紊动水流的扩散作用，而紊动水流与潮流流速、水体的运动黏性系数以及海底粗糙度等因素有关。对于一个特定海域，潮流流速一般呈周期性变化，其他因素可粗略地视为常数，因此，单纯潮流掀起的悬沙仅受流速控制，其数值变化不会太大，且有周期性。

15.4.4　浪致再悬浮

为了研究海州湾近岸海域波浪掀沙，潮流输沙机制，在纯潮流作用下悬沙浓度场模拟的基础上考虑波浪作用，研究波浪再悬浮在悬沙浓度中的贡献，模型中使用 SWAN 波浪模型计算的波浪参数。由于 2005 年 9 月大潮实测时受到风浪的影响，因此选取 2005 年 9 月大潮为模拟区间，这样做的目的是为了分析更有针对性，接近实际。

图 15－27 和图 15－28 分别是 2005 年 9 月大潮涨、落急时刻海州湾近岸海域局域表、中、底层 3 层悬沙浓度分布图。平面上，波浪再悬浮作用产生的悬沙浓度有两个高值区，分别位于港口北部湾顶和港口南部近岸附近。悬沙浓度比纯潮流作用下总体增高，港口南部海域近岸的悬沙浓度最大，港口北部海域外海的悬沙浓度相对平缓些。高浓度悬沙等值线向外移动，总体上，悬沙浓度等值线与等深线走向基本一致。值得注意的是，考虑波浪作用，近岸等值线较密，说明波浪因浅水破碎引起泥沙再悬浮。垂向上，近岸底层悬沙浓度增幅最大，表底层悬沙浓度的轮廓基本一致，可以看出有一定的层化现象。越过 0.05 kg/m^3悬沙浓度等值线后，垂向上悬沙浓度已经接近，说明至外海波浪掀沙作用基本消失，泥沙仅受潮流作用。

为了研究波浪掀沙作用的大小，从北到南均匀选取 1 号、4 号、8 号 3 个浅水代表站位分别把 2005 年 9 月 4 日 12 时至 5 日 13 时潮周期内波流共同作用下的底层悬沙浓度与纯潮流作用下的底层悬沙浓度相减，其差值可以作为波浪引起的再悬浮泥沙，结果如图 15－29 所示，从图中可以清楚地看出波浪再悬浮作用产生的悬浮泥沙对底层悬沙浓度的贡献。1 号站位于海州湾近岸海域最北面，是 3 个站位中波浪再悬浮作用产生的底层悬浮泥沙与纯潮流作用下底层悬沙浓度之差最小的站位，潮周期内，底层中波浪再悬浮作用产生的悬浮泥沙与纯潮流作用下的底层悬沙浓度之差最大值为 0.042 kg/m^3。4 号站位于港口北部海域的湾顶附近，底层中波浪再悬浮作用产生的悬浮泥沙与纯潮流作用下的底层悬沙浓度之差最大值为 0.148 kg/m^3。8 号站位于港口南部海域，底层中波浪再悬浮作用产生的悬浮泥沙与纯潮流作用下的底层悬沙浓度之差最大值为 0.461 kg/m^3，是 3 个站位中底层波浪再悬浮作用产生的悬浮泥沙与纯潮流作用下底层悬沙浓度之差最大的站位。可以看到从北到南，底层中波浪再悬浮作用产生的悬浮泥沙与纯潮流作用下的底层悬沙浓度之差逐渐增大。出现这种现象的原因可能同底质分布有关，1 号站位靠近山东基岩海岸，底质相对较粗，其次，可能同波浪入射角度和站位地形有关。

为了从总体上研究波浪对再悬浮的贡献，把波流共同作用下的底层悬沙浓度与纯潮流作用下的底层悬沙浓度进行相除，图 15－30 是底层在波浪作用与无波浪作用下悬沙浓度的倍数分布图。从图中可以看到波浪的作用主要体现在近岸，在波浪作用最显著的港口南部近岸附近，悬沙浓度最大增幅超过 10 多倍。由此可见，波浪虽然没有改变悬沙浓度的总体分布格局，但却显著增加了近岸海域的悬沙浓度。

15.4.5　波浪掀沙、潮流输沙机制分析

波流共同作用下的底部剪切应力对近岸泥沙的再悬浮和沉降起着非常重要的作用。图 15－31 和图 15－32分别为对应涨潮与落潮时刻考虑波浪和潮流作用下的底切应力分布。从图可以看出，底切应力的最大值出现在港口南部近岸，对应着底层悬沙浓度最大值的位置。波流共同作用下悬沙分布与底切应力分布趋势基本一致，底切应力较大的部位，悬沙浓度也较大，反之亦然，表明波流通过底切应力控制着沉积物的再悬浮与沉积过程。上述数值计算结果表明，海州湾近岸海域潮流和波浪都能导致底部沉积物再悬浮。波浪在向近岸传播过程中，随着水深变浅而发生变形，在沿岸法线方向上，波浪切应力在近岸较大，导致近岸底部泥沙掀动悬扬，悬沙浓度较高。随着向海方向的水深增加，波浪切应力减小，悬沙浓度也减小。由于波浪运动的流速及对底部产生的压力周期很短，作用在底部沉积物上的切应力只在一个

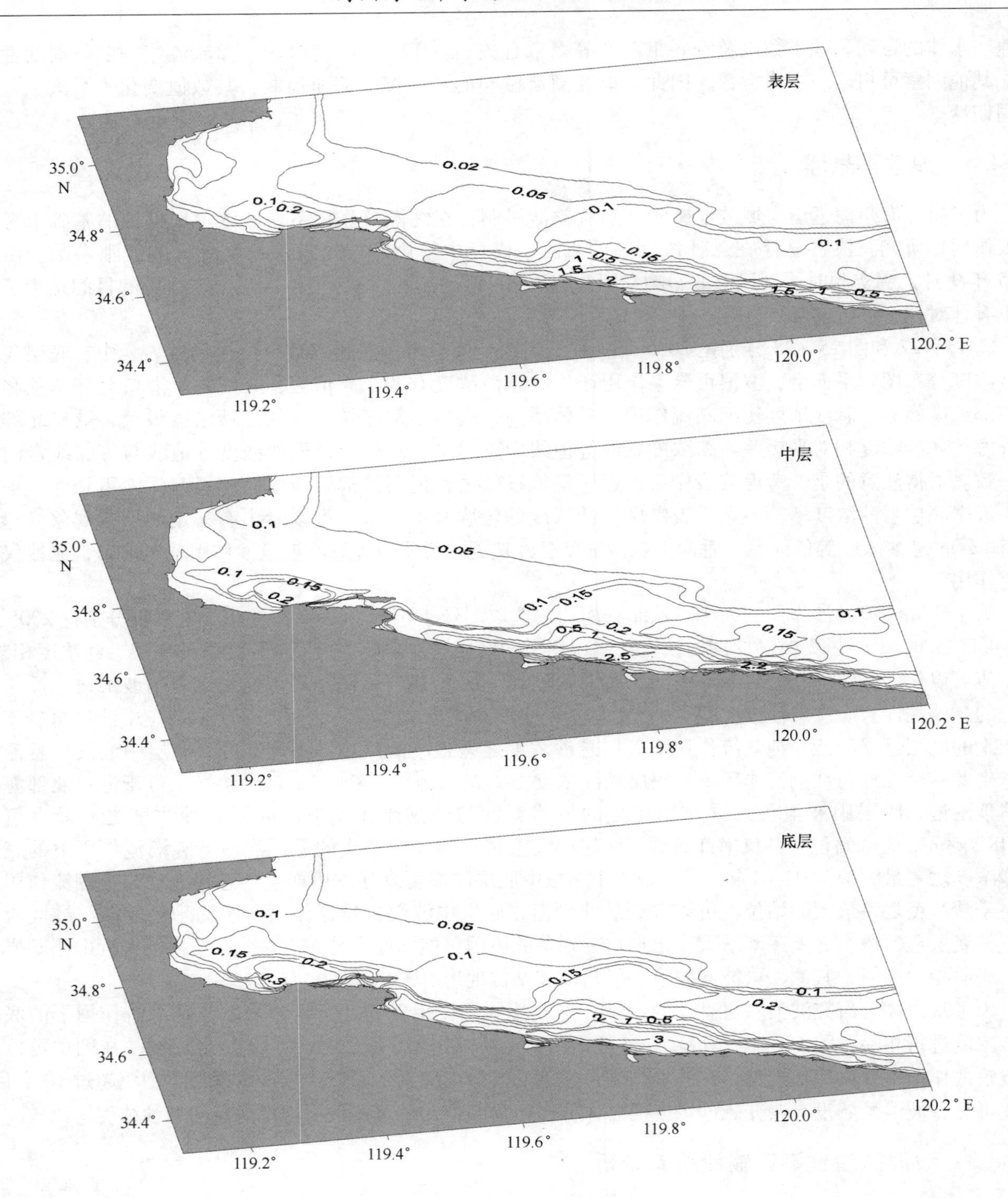

图 15－27　海州湾近岸海域波浪天气下大潮涨急时刻悬沙浓度场（kg/m^3）

较短的时间内达到最大值，其余时间比较小，因此，波浪掀起的泥沙主要在惯性力的作用下往复运动，净运移比较小。同波浪作用相反，潮流在外海较大，但潮流在外海表现为旋转流，随着从表层到底层潮流大小的减小，其对泥沙的再悬浮作用减弱，表现为底部悬沙浓度峰出现的规律性变差，强度降低，流的作用更多地体现在输运上。由于该区潮流方向沿逆时针方向旋转，悬沙在随潮流运动中动力和方向逐渐变化，悬沙输运和扩散也表现为近旋转性运移，输运和扩散范围受到一定限制，这是合理解释海州湾开敞型海湾淤泥质沉积不被波浪掀沙、潮流输沙侵蚀掉而能够长期存在并悬沙浓度较高的原因。近岸潮

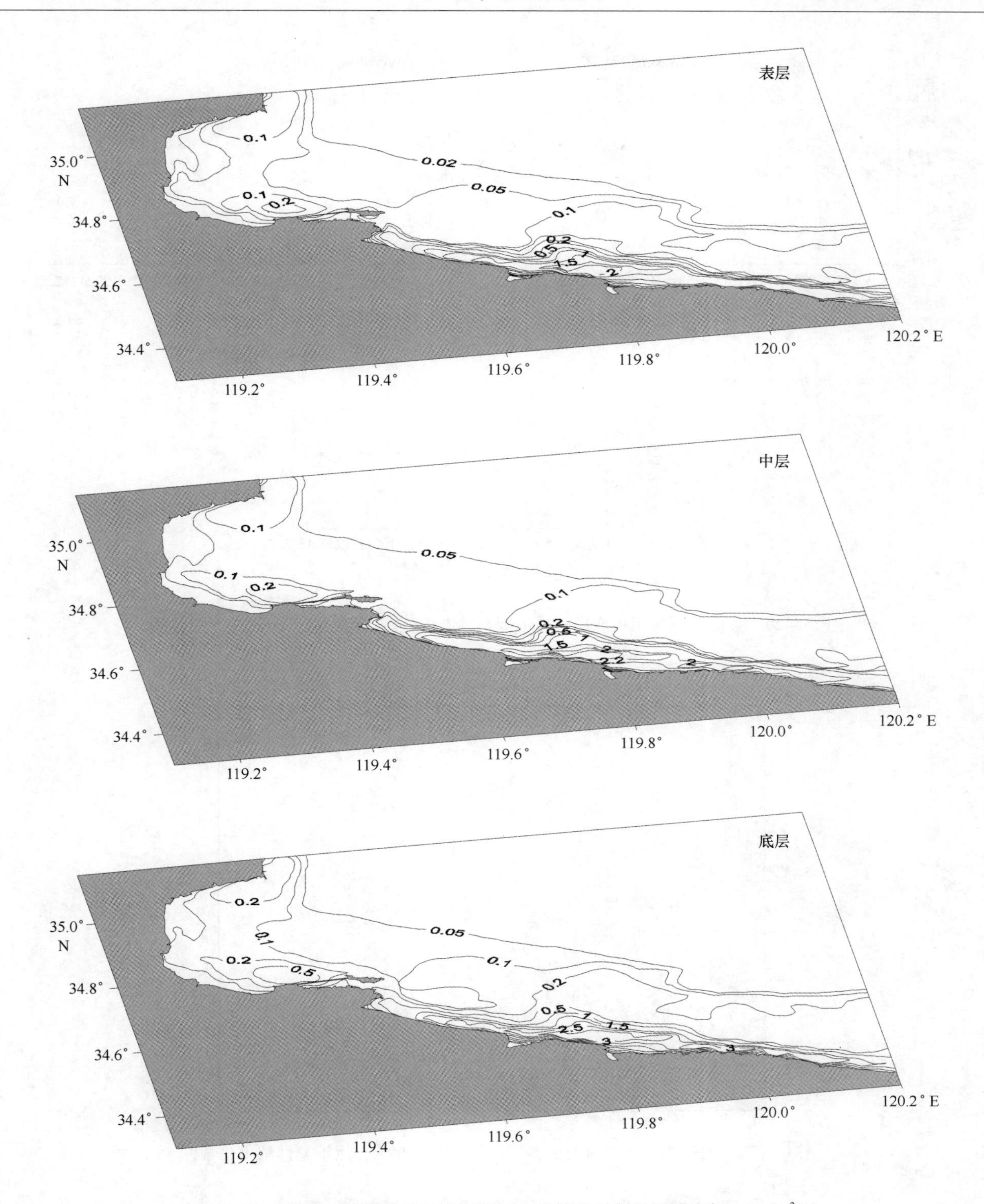

图 15－28　海州湾近岸海域波浪天气下大潮落急时刻悬沙浓度场（kg/m^3）

流为往复流，水深较浅，潮流与海底的摩擦增大，近直线性持续较长时间的作用力易使底部泥沙掀动悬扬，表现为底部周期性悬沙浓度峰的出现。底部周期性悬沙浓度峰的出现对泥沙的输移具有重要的影响，悬沙浓度的周期性分量产生的输移通常是向岸运动的，这已为夏冬季大中潮 4 次多站悬沙通量中的潮泵效应输沙方向所证实，因此，前人所得出的淤泥质海岸波浪掀起的泥沙向外海扩散和沿岸方向输送的结论

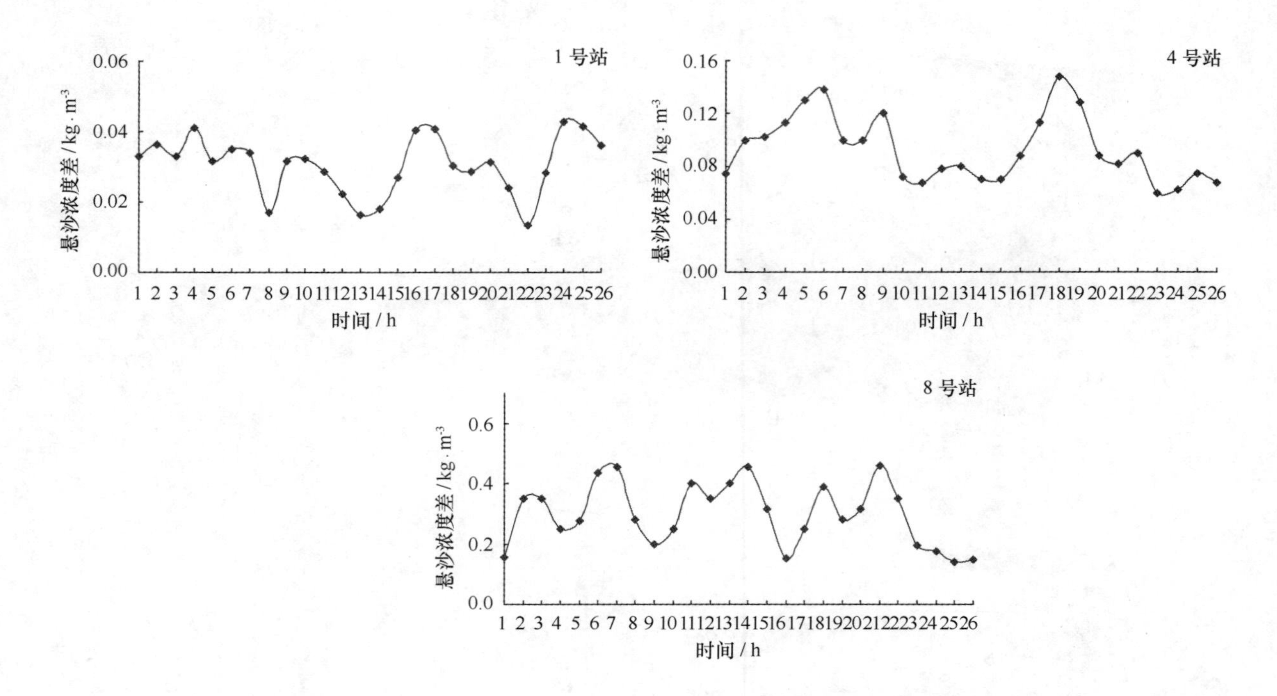

图 15-29　波流共同作用下底层悬沙浓度与纯潮流作用下底层悬沙浓度之差变化图

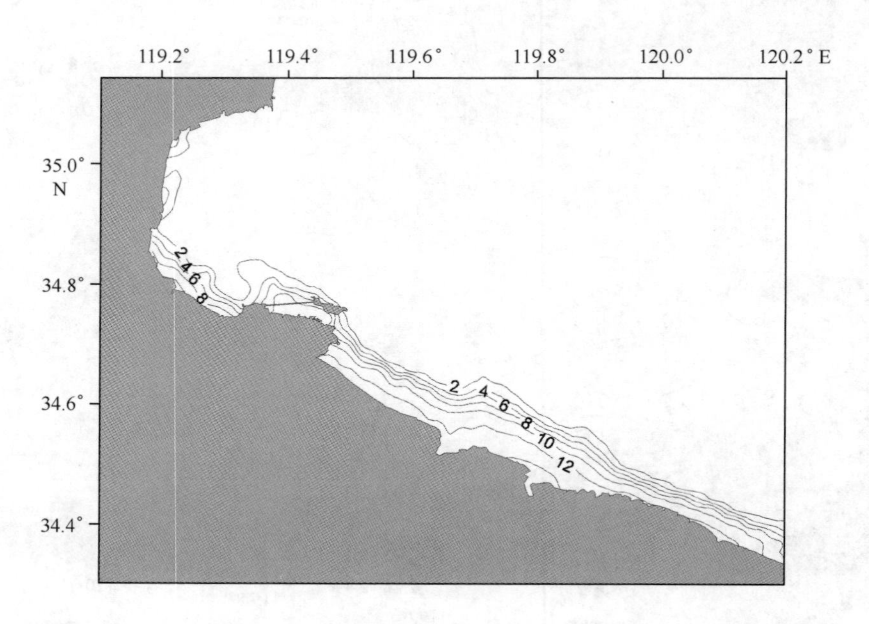

图 15-30　海州湾近岸海域波流共同作用下与纯潮流作用下悬沙浓度倍数图

（陈德昌等，1989）并不够全面，还要考虑悬沙浓度的周期分量以浓度峰的形式在底部向岸输移。这也是合理解释海州湾海域近岸沉积物粒径较细、远岸较粗，不同类型的沉积物分异现象比较明显，大致平行海岸呈条带状分布的原因。

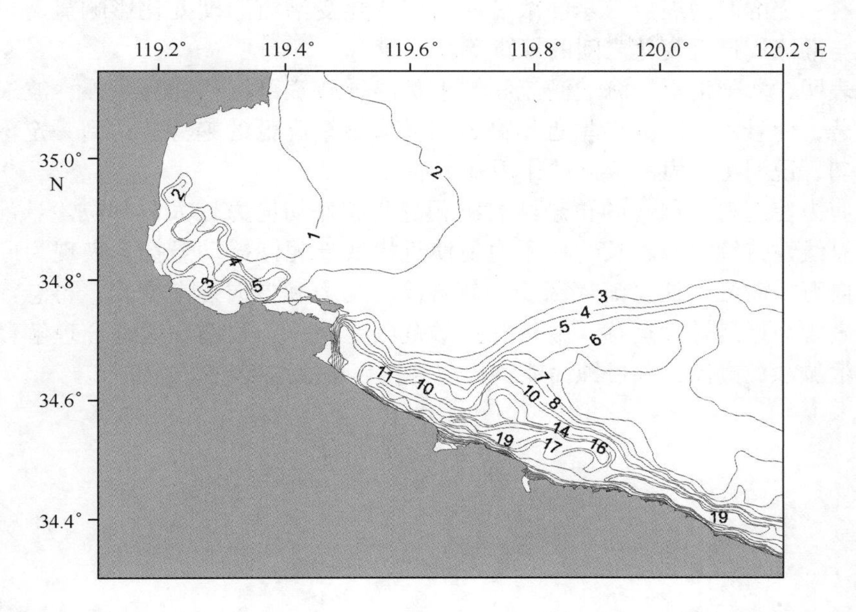

图 15-31　海州湾近岸海域波浪天气下大潮涨潮时刻底切应力分布（$\times 10^{-5}$ N/cm^2）

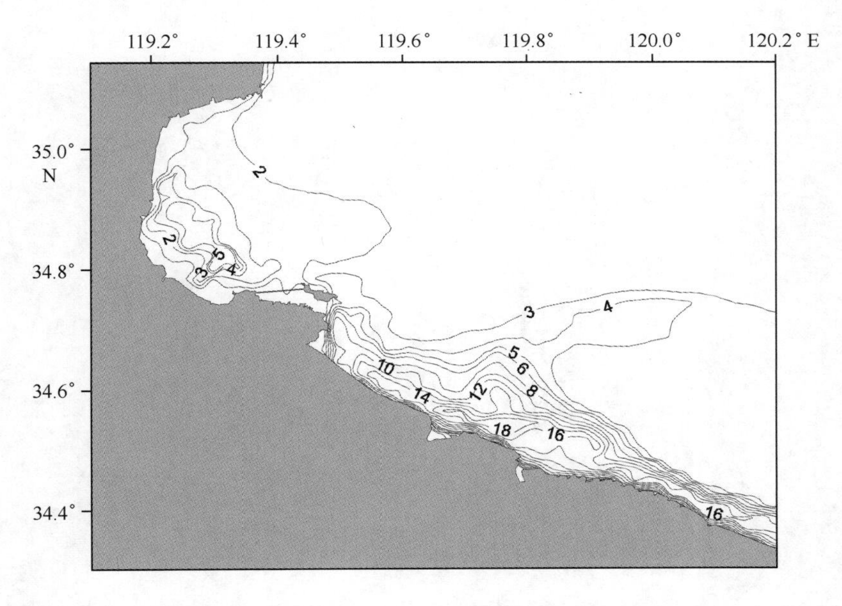

图 15-32　海州湾近岸海域波浪天气下大潮落潮时刻底应力分布（10^{-5} N/cm^2）

15.5　小结

底层悬沙浓度峰周期性出现与水动力作用下泥沙再悬浮有关。计算所得再悬浮发生的波动变化与实测流速变化比较吻合，潮流引起底床泥沙再悬浮是近底悬沙浓度峰周期性变化的主要原因。

提出一个波流共同作用下底切应力的简化表达式，并利用底切应力法分别计算了潮致再悬浮通量、浪致再悬浮通量和波流共同作用下的再悬浮通量，结果表明，波流共同作用下的再悬浮通量变化范围大于潮致再悬浮通量和浪致再悬浮通量变化范围，但不是两者的简单叠加。

海州湾近岸海域实测悬沙浓度和计算有效波高的时间序列图表明悬沙浓度的变化趋势和波高变化趋

势基本一致，两者有一定的时间滞后。悬沙浓度的周期变化受潮流周期变化影响显著，波浪作用使悬沙浓度的周期性变化与潮流周期性变化之间的规律变差。

数值计算结果表明，海州湾近岸海域潮流和波浪都能导致底部沉积物再悬浮，波浪因变形对近岸泥沙的再悬浮作用显著，使悬沙浓度分布呈近岸高，向外海逐渐降低的趋势。达到一定深度后，垂向上悬沙浓度已经接近均匀，说明至外海波浪掀沙作用基本消失。

波流通过底切应力控制着沉积物的再悬浮与沉积过程，底切应力较大的部位，悬沙浓度也较大，反之亦然。往复流近直线性持续时间较长的作用力易使近岸底部泥沙掀动悬扬，表现为底部周期性悬沙浓度峰的出现，由岸向海，潮流由往复流逐渐变为旋转流，动力和方向逐渐变化，再悬浮作用减弱，悬沙在随潮流运动中也表现为近旋转性运移，输运和扩散范围受到一定限制。这是合理解释本区开敞型海湾淤泥质沉积不被波浪掀沙、潮流输沙侵蚀而能够长期存在且悬沙浓度较高的原因。

16　岸线变化对沉积动力环境的影响

16.1　概述

随着江苏省“突破苏北”的战略决策，明确将连云港定位为苏北经济引擎，让其成为苏北振兴的第一增长极，连云港已经开始在海州湾实施以基础设施建设为先导，以海湾中心城市为枢纽，以大型港口为引擎，以现代海洋产业为主体，以海州湾沿海区域为经济载体的海湾型经济发展模式，客观和必然地要将经济和社会各优势要素向海州湾地域空间集聚（连云港市政府研究室“突破海州湾开发研究”课题组，2006）。2005 年 7 月，连云港市拿出 400 万元，以国际竞赛方式向全球征集东部滨海地区发展战略规划，历时 3 个月，最终确定 8 个方案并进行整合，得以形成连云港东部滨海地区战略规划。2005 年年底，连云港市启动了“城市东进，拥抱大海”的战略。连云港北港口建设已经如火如荼，海州湾近岸海域围海造陆大型人文工程以及建设滨海新城必将进一步改变海州湾近岸的沉积环境，近岸海域脆弱的生态环境也将面临严峻的挑战。

随着江苏沿海开发国家战略的实施，作为连接长三角经济区北部和环渤海经济区南部，沟通中西部地区，在区域经济协调发展中具有重要战略地位的连云港港口大力拓展发展空间，对港内岸线及水域重新规划开发，围海造港并新建外防波堤，不可避免地要对港口海域的流场和水沙交换造成一定的影响。作为一个海湾式港口，水沙交换能力大小和纳潮量直接影响到海湾与外海的交换强度和悬沙的迁移扩散，从而制约海湾的自净能力和淤积变化，关系到海湾潮汐盛衰，影响港区航道的维持，还可能破坏水动力条件与海湾形态之间的动态平衡，对于维护海湾良好的生态环境和正常运营至关重要。本章基于连云港港口海域岸线变化资料，应用 ECOMSED 三维数值模型研究岸线变化对半封闭海湾式港口海域水动力和纳潮量的影响，定量研究港湾水体的交换能力，以期评估和预测海洋开发活动对海湾式港口海域沉积环境的影响。

16.2　材料与方法

16.2.1　港域岸线变化

近年来，随着港口扩建工程的开发，导致港口岸线、面积、水深等发生变化，改变了海域的水动力和水交换能力，对港口、航道和海岸生态系统造成一定影响。作为港口规划的一部分，连云港港口大堤港区的建设使岸线向港内推进，水域面积减小约 424×10^4 m^2，港内岸线及水域重新规划为墟沟港区、庙岭港区、大堤港区和旗台港区。为满足旗台港区的泊稳要求，2012 年在旗台港区延伸段东北角以及羊窝头以东分别完工南、北防波堤。旗台港区和防波堤的建设，使港口海域的口门向东推进了约 4.5 km，港域新增面积约 841×10^4 m^2。水域重新规划也使岸线长度由岸线变化前的约 30 865 m 变为岸线变化后的约 38 308 m。岸线形态的变化改变了港口形状（图 16 – 1），导致港内水动力发生变化。涨落潮受湾内地形和工程建筑物的影响，不断产生反射而变形，潮位的垂直振幅增大。这不仅直接关系到狭长海湾内的泥沙运移，而且对湾口流场产生影响并带来湾内外水沙交换的变化，直接影响港内回淤和水质状况。

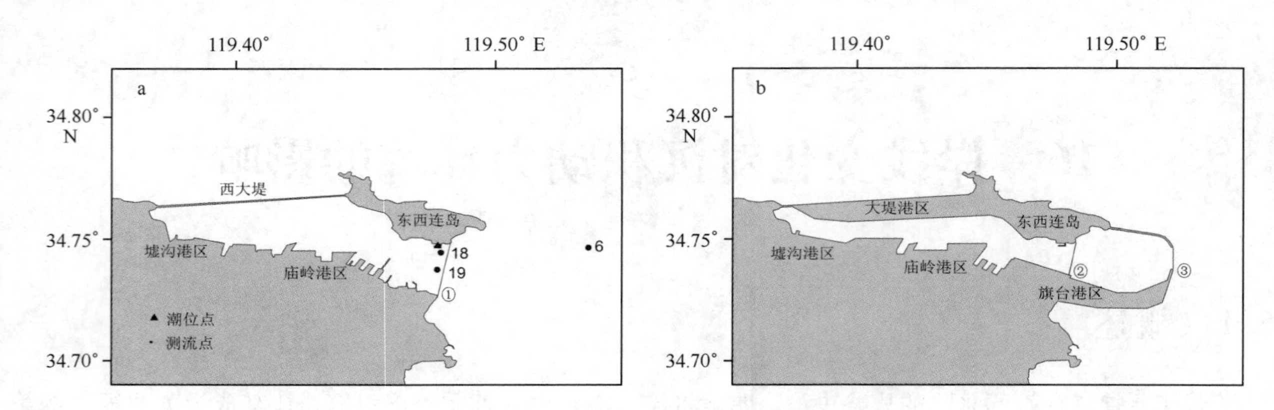

图 16-1　连云港港口海域岸线形状变化

a. 岸线变化前；b. 岸线变化后

16.2.2　计算方法

ECOMSED 模型是在 POM 模式的基础上发展起来的 1 个适用于河流、堤坝、河口海岸等浅水环境的三维泥沙水动力模型。模式分内外模态，采用时间分裂技术，在水平方向采用水平正交网格，垂向采用 Sigma 坐标以更好地拟合海底地形，包括水动力模块、非黏性泥沙输运、黏性泥沙输运、再悬浮及沉积固结模块、质点追踪模块、波浪模块等，可用来模拟水位、潮流、波浪、水温、盐度、示踪物、沉积物时空分布和输运的三维数值模式，已被成功运用于海洋、海岸和河口水域的数值模拟研究中（HydroQual, Inc.，2002）。

16.2.3　模型设置

计算区域选取从岚山头到灌河口所包含海域，采用矩形网格，在港口海域进行加密，小网格空间步长为 200 m，大网格为 1 000 m（图 16-2）。垂向采用 σ 坐标，分为 7 层。内模时间为 30 s，内外模时间比为 10。开边界采用岚山头和灌河口实测水位准调和分析的 4 个主要分潮作为潮流场的驱动力。水位和流速采用零初始条件。温、盐初始条件采用实测的温、盐平均值。水深由中国人民解放军海军司令部航海保障部“12570”“12582”“12583”号 3 幅海图和部分实测结果确定，经数字化处理插值得到模型计算的网格水深，并将水深换算到平均海平面。

16.2.4　模型验证

选取 2006 年 1 月 2 日多站定点实测潮位、潮流（张存勇，2012）对模型进行验证，分别输出比较接近的计算网格点结果与相同时刻站位实测值进行比较，限于篇幅，仅以港域供油站潮位和口门附近 18 号站潮流验证结果为例（图 16-3 和图 16-4），从图中可以看出，实测水位与同步计算结果符合较好，表、中、底层流速与计算值变化趋势基本一致，但不完全吻合，产生这种现象的原因可能同观测期间受浪影响有关，此外，采用直读式海流计，人工观测加上仪器误差也会产生偏差。

16.2.5　纳潮量计算方法

纳潮量是 1 个潮周期中的最大水交换量，为海湾高潮水量与低潮水量之差，可通过计算港湾大潮高潮时的最大纳水体积与港湾大潮低潮时的最小纳水体积之差求出（陈红霞等，2009）。传统计算纳潮量的方法常采用海图、卫星遥感等，这些方法对纳潮量的计算是根据海域面积换算得来的，但面积的计算较为复杂，有时较为困难，尤其是在形态变化剧烈或水域边线不规则情况下，存在很大的不确定性（方神光等，2012）。一些研究者通过在半封闭海湾的湾口设计 1 个封闭断面进行现场准同步周日连续观测，直接

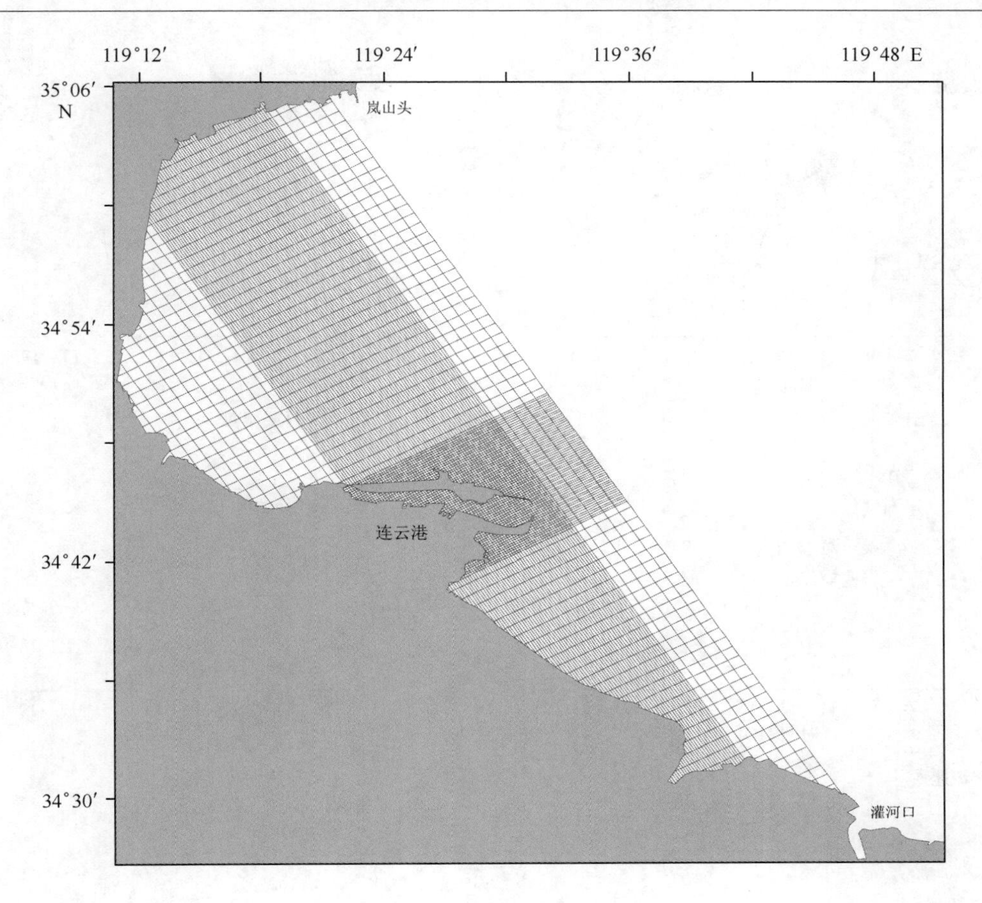

图 16－2　计算区域网格

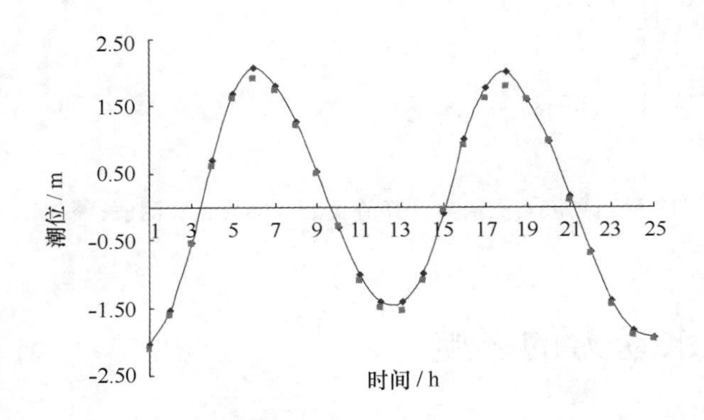

图 16－3　供油站潮位验证（实线：实测值；散点：计算值）

测得海湾的纳潮量（熊学军等，2007）。这种方法受限于繁忙的港口，不便于实践；同时不同吨位的船只以不同的航速通过湾口，影响海流的观测结果。数值模拟能够计算出封闭湾口断面的流速，得到 1 个通过湾口截面的流量变化序列，再将这些流量值积分可得到港湾海域的纳潮量，此方法计算出来的纳潮量是流进和流出港湾海域的水量，具有较高的准确性，同时还能够便于分析纳潮量的空间配置。本章基于建立的 ECOMSED 三维数值模型计算相应时间的潮汐潮流，通过在港湾口门设置断面（图 16－1）计算通过湾口的总流量来得到港域纳潮量，研究岸线变化对港湾内纳潮量的影响。

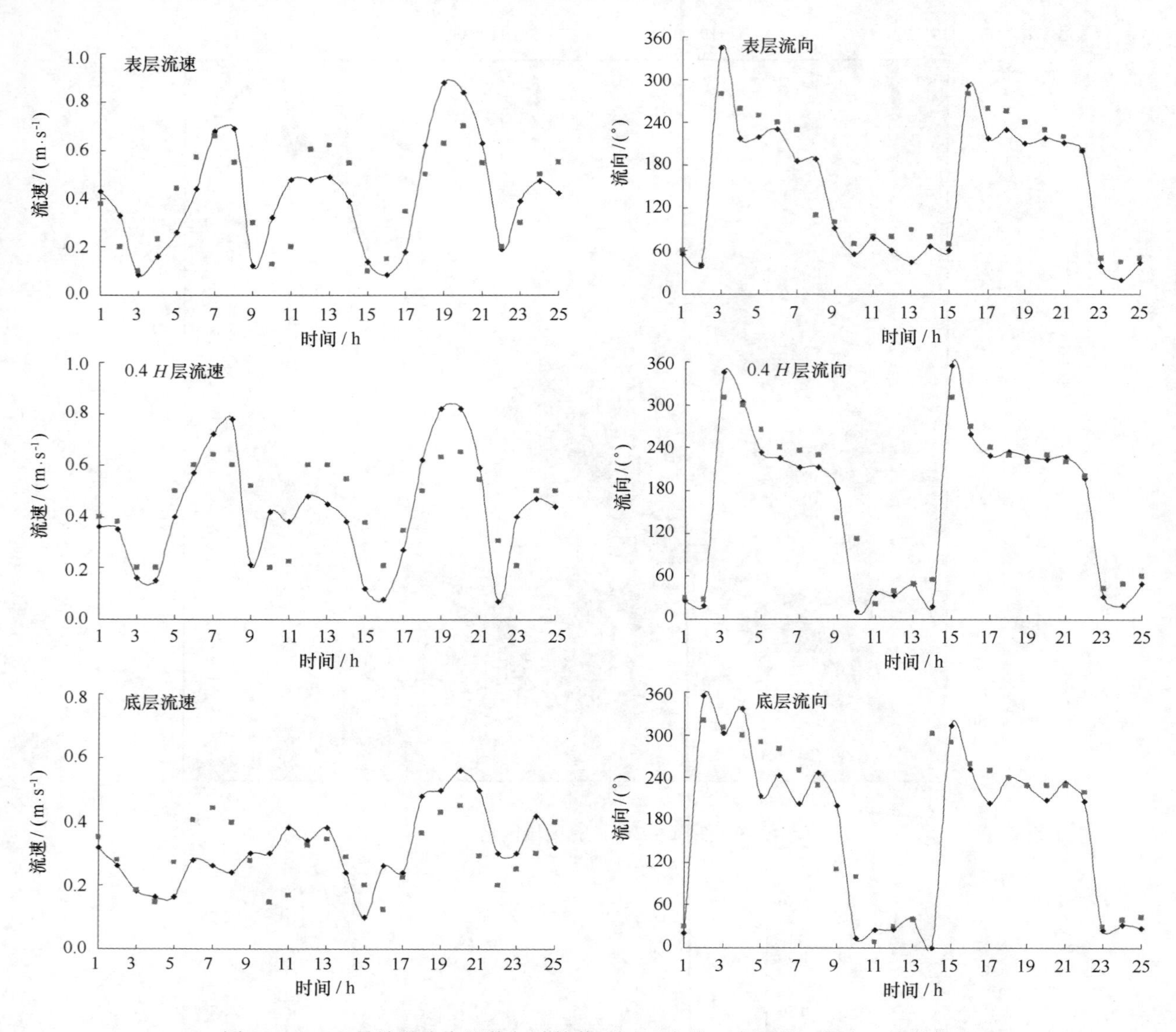

图 16－4 18 号站潮流实测值与计算值验证（实线：实测值；散点：计算值）

16.3 岸线变化对水动力的影响

16.3.1 流场变化

数值计算结果表明，流场垂向变化趋势基本一致。图 16－5 为港口海域岸线变化前后涨落潮中间时表层的计算流场，由图可以看出，岸线变化前，港湾外部海域潮流以旋转流为主，受东西连岛、周边海岸轮廓和水下地形影响，近岸水域各岸段潮流有所不同。涨潮时，海州湾一部分潮流绕过东西连岛和外海潮流流入港湾，另一部分向南流去，在口门附近发生分流；落潮时，港内潮流和南来的潮流在口门附近产生汇流，向偏北方向流去，一部分潮流呈逆时针方向绕岛偏转。港内水域涨、落潮流均从口门进出，基本为往复流，涨潮流向西，落潮流向东，涨、落急最大流速基本处于中潮位，在高、低潮位时，流速最低。

岸线变化后，港湾外部海域潮流场受影响较小，远岸为旋转流，近岸为往复流。涨潮时，海州湾一部分潮流绕岛经北防波堤和外海潮流流向港内海域，一部分经南防波堤向南流去。落潮时，湾内潮流和来自南防波堤以南的潮流在口门外交汇，向偏北方向流去，一部分潮流呈逆时针方向绕岛偏转。港内潮流受空间限制基本为往复流，由口门向内，潮流逐渐变小，受湾内地形和建筑物的影响，部分港域流速变化不均。强流区位于口门附近，由于南、北防波堤的束水作用，使潮流输运集中，流速增大，涨潮时最大流速为0.96 m/s，落潮时最大流速为0.54 m/s，涨潮流强于落潮流。丁坝内侧潮流减缓，北防波堤内侧以及旗台港区延伸段东南角的局部水域在涨潮过程中形成旋流区。

为了比较岸线变化前后港湾内的水动力，选取湾顶墟沟港区附近、港湾中部庙岭港区附近和供油站附近3个典型位置分析潮位与潮流变化。从潮位变化来看，岸线变化前潮位大于岸线变化后潮位，这与岸线变化后港内纳潮量减少有关，受湾内地形和工程建筑物的影响，潮位由湾顶向外减小。从潮流变化来看，岸线变化后，供油站和港湾中部附近流速减小，这与纳潮量减小和口门南北防波堤阻流相一致，湾顶附近流速略有增大，同大堤港区建设后断面缩小有关。综上所述，岸线变化在一定程度上改变了港域的水动力。

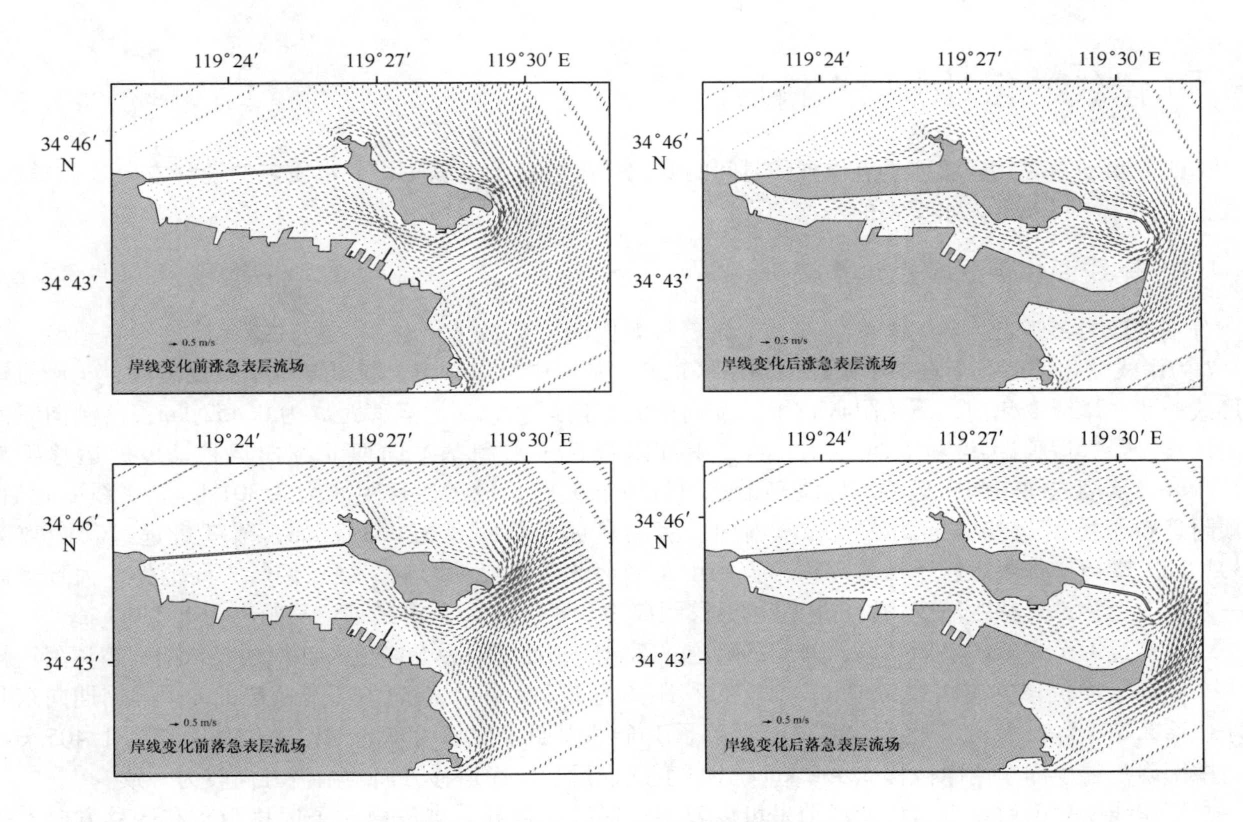

图16－5　岸线变化前后港口海域表层涨落急流场

16.3.2　余流变化

连云港港口海域的余流较小，图16－6为岸线变化前后港口海域欧拉余流场，由图可以看出，欧拉余流总体上是东南向，受岸线变化、岛屿和港内建筑物的影响，欧拉余流分布不均匀。岸线变化前，绕岛余流较强，港内余流受建筑物的影响强度发生变化，湾顶余流较小，在口门附近出现顺时针涡流。岸线变化后，绕岛余流相对减弱，港内余流受大堤港区的建设，水域变窄，余流略有增强，在口门内出现顺时针涡流。

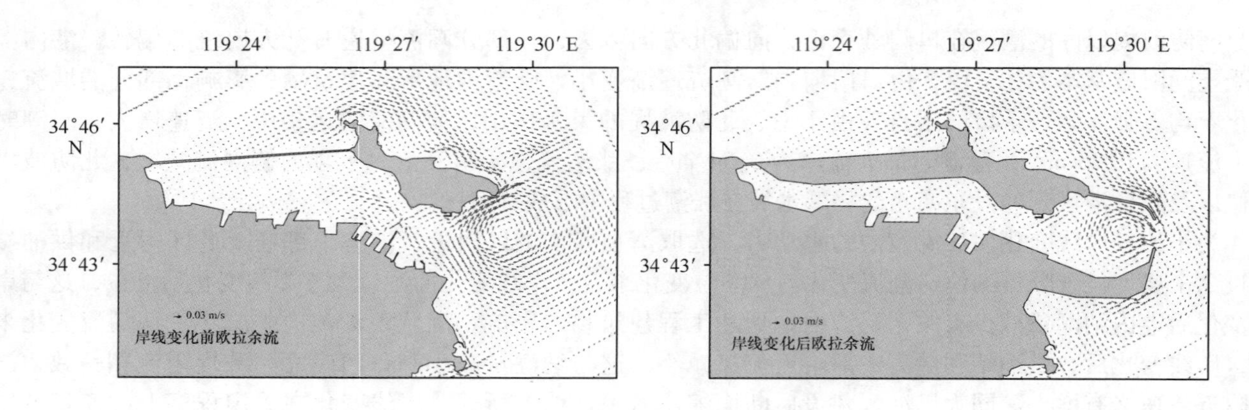

图 16－6　岸线变化前后港口海域欧拉余流场

16.4　岸线变化对水质点输运的影响

为研究水动力变化后流体质点位置随时间的变化，采用粒子追踪法研究水质点的迁移方向（张学庆，孙英兰，2006）以及港内水交换的不均匀性。

16.4.1　岸线变化前后单点运移轨迹

分别选取湾顶附近、港湾中部附近 2 个典型位置同时各释放 1 个粒子，对其运移轨迹进行追踪。图 16－7 为岸线变化前后粒子在 1 个潮周期的运移轨迹。从图中可以看出，粒子基本呈往复运动，与潮流运动形式一致。岸线变化前，湾顶附近粒子涨潮向西北方向运移，最远运移距离为 0.452 km；落潮向东南方向运移，最远运移距离为 0.343 km。港湾中部附近粒子涨潮基本向西北方向运移，最远运移距离 1.711 km，落潮先向东南向运移，后绕岛沿逆时针方向偏转，最远运移距离为 2.301 km。岸线变化后，湾顶附近粒子涨落运移方向为西北—东南向，涨潮最远运移距离为 0.363 km，落潮最远运移距离为 0.304 km。港湾中部附近粒子涨落潮运移方向由于受南北防波堤的影响，绕岛偏转方向消失，大致呈西北—东南向运移，运移距离变小，涨潮最远运移距离为 0.854 km，落潮最远运移距离为 1.230 km。

粒子经过 1 个完整的潮周期后，其运移轨迹并不封闭，而是有一个净位移。岸线变化前，湾顶附近粒子 1 个潮周期净位移方向大致为东北向，净位移距离为 1.209 km。港湾中部附近粒子 1 个潮周期向东北向净位移 5.583 km。岸线变化后，湾顶附近粒子 1 个潮周期净位移为东北向，净位移距离为 1.405 km。港湾中部附近粒子向东南净位移 2.492 km。岸线变化前后粒子净运移方向与余流方向较为一致。

根据岸线变化前后单点运移计算结果可以看出，岸线变化导致港湾内粒子运移距离和运移方向发生变化，从湾顶至口门，粒子运移方向偏转，岸线变化前粒子运移距离总体上大于岸线变化后粒子运移距离。两个典型位置粒子 1 个潮周期内的运移变化基本反映了岸线变化对水质点运移的影响，经考察，多个潮周期粒子运移具有类似规律。此外，模拟结果还表明，单个粒子的运移轨迹与粒子释放的位置和时间有关，由于受流速不同，港湾中部粒子运移轨迹远大于湾顶附近粒子，在潮周期的不同时刻，受涨落潮流向不同，涨潮时释放的粒子与落潮时释放的粒子运移轨迹初始方向不同，但 1 个潮周期内，其运移总体趋势相近。

16.4.2　岸线变化前后粒子群的运移扩散

为进一步研究岸线变化对水质点运移的影响，分别在湾顶附近、港湾中部附近 2 个典型位置同时释放 100 个粒子为代表颗粒，追踪粒子群的运移扩散。图 16－8 为岸线变化前后粒子群 1 个潮周期的运移扩散范围。由图可以看出，粒子群扩散趋势与单点粒子运移方向基本一致。湾顶附近水动力较弱，粒子运移

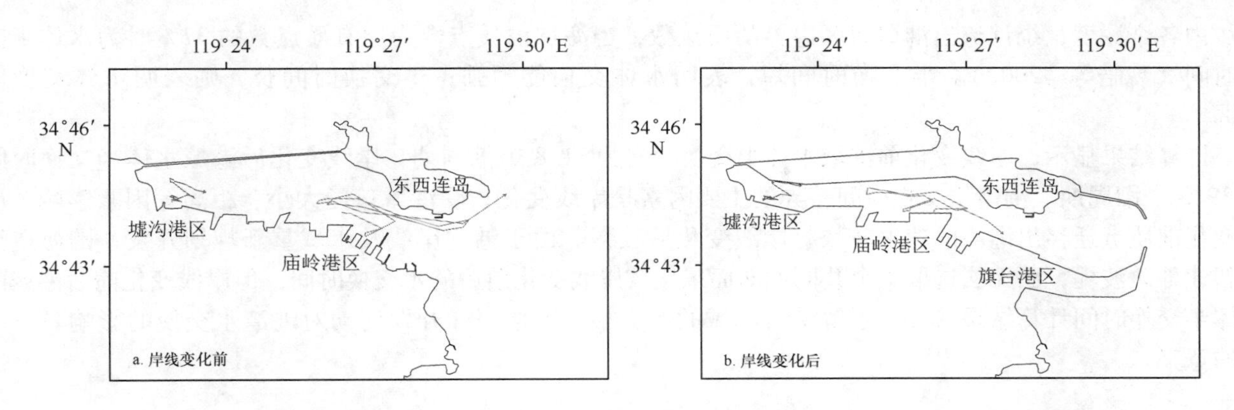

图 16－7　典型位置单个粒子 1 个潮周期运移轨迹

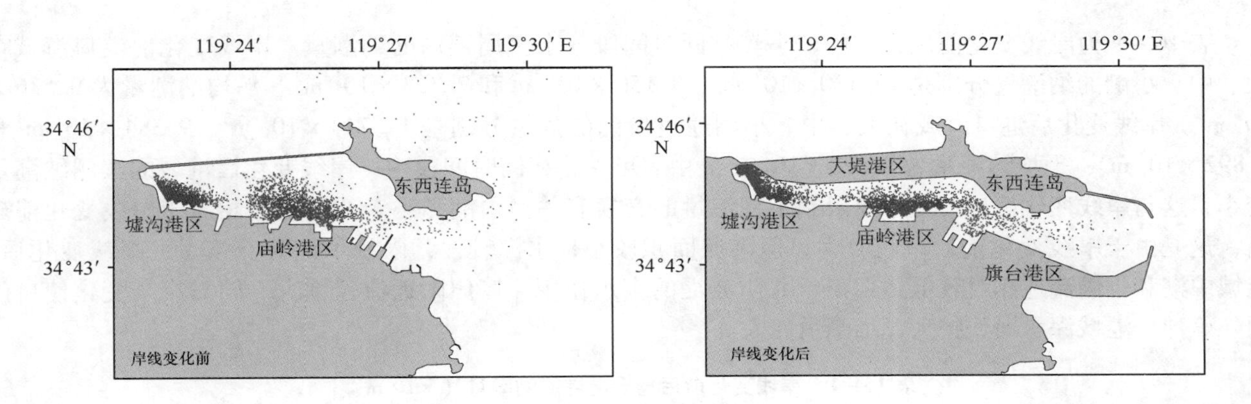

图 16－8　典型位置粒子群 1 个潮周期运移扩散

扩散范围较小；港湾中部水动力较强，粒子扩散范围较大。岸线变化前，湾顶附近粒子群向西北扩散到湾顶西大堤附近，向东南最大扩散距离为 2. 258 km。港湾中部附近粒子群扩散范围较大，粒子已扩散到港湾外侧水域。岸线变化后，由于受大堤港区填海造港，水域变小，湾顶附近粒子群向西大堤湾顶方向扩散增强，向东南最大扩散距离为 2. 116 km。港湾中部附近粒子群受水域限制，主要向西北和东南方向扩散，但南北防波堤的建设，使港口海域的口门向东推进，延长了潮流交换的距离和时间，粒子在 1 个潮周期已很难扩散到口门以外海域。

需要说明的是，上述粒子运移都是在正常天气下模拟的，未考虑风和浪的作用，事实上，岸线变化后，口门变小，海浪的影响相对较小，风向能够影响粒子运移路径，但连云港港口海域北有东西连岛，南有云台山脉，加上湾内空间限制和工程建筑物的影响，有待根据风速风向统计规律进一步研究。

16. 5　岸线变化对水交换的影响

为了研究港湾水体的交换能力，采用拉格朗日质点追踪模型计算水体半交换时间。拉格朗日质点追踪模型是水交换研究中常用的数学模型之一。它是在水动力模型基础上，从某初始时刻开始在研究区域内布设用于代表该海域水体的一系列质点，然后通过计算质点的随流移动研究水体的流动和交换情况。通过统计流出海区边界的质点数，计算流出海域的质点数与初始质点数之比，当海域内原有质点数达到稳态时，记录为水体更新时间，据此可以计算出该海区的水交换时间。质点跟踪模型能够模拟出海域内水体交换的不均匀性，而且可以描述质点经过的路径。

利用质点追踪法在港湾内均匀释放 506 个质点计算水体的半交换时间，质点在潮流驱动下自由迁移到海域内各个深度，统计流出港口海区边界的质点数，当海域内质点数为原有质点数的37%时为水体半交换时间（魏皓等，2002）。半交换时间短，表明水体交换能力强；半交换时间长，则表明水体交换能力弱。

计算结果显示，岸线变化前港域水体半交换时间为31.8个潮周期，岸线变化后港域水体半交换时间为39.3个潮周期。港湾水交换时间差异的主要因素是岸线变化，受港域口门大小、距离等因素影响，岸线变化前质点迁移出港湾的速度较快，岸线变化后较慢。由于港内岸线及水域重新规划开发，围海造港并新建外防波堤，已无法选取1个共同的断面来比较岸线变化前后的水交换时间，但岸线变化前后港域的水体半交换时间计算结果对深入了解港口海域的水交换、评估海洋开发活动对港湾水交换的影响具有一定的意义。

16.6 岸线变化对纳潮量的影响

表16-1为岸线变化前后大、中、小潮相同时间段1个潮周期内的纳潮量。岸线变化前港口海域在大、中、小潮的纳潮量分别是12.130×10^7 m^3、9.156×10^7 m^{3}和7.323×10^7 m^3，平均纳潮量为9.536×10^7 m^3。岸线变化后港口海域在大、中、小潮通过口门的潮量分别是11.744×10^7 m^3、9.384×10^7 m^{3}和7.892×10^7 m^3，平均纳潮量为9.673×10^7 m^3。由表可见，相同时间段内，岸线变化后港域的大潮纳潮量变小，这与岸线变化后口门变窄，限制了潮流量的交换有关。中潮和小潮的纳潮量相对于岸线变化前略高，这是由于岸线变化前，口门较大，但港域面积较小，水深较浅，限制了潮流交换量。岸线变化后，港域中潮和小潮流速相对较低，但南、北防波堤的束水作用，口门附近流速增大，同时岸线变化使口门向外延伸，港域深水面积扩大，纳潮量变大。

表16-1 岸线变化前后连云港港域纳潮量（$\times10^7$m^3）

纳潮量	大潮	中潮	小潮	平均
岸线变化前	12.130	9.156	7.323	9.536
岸线变化后	11.744	9.384	7.892	9.673

表16-1岸线变化前后港域的纳潮量是以口门为基准计算结果。由于港内岸线及水域重新规划开发，围海造港并新建外防波堤，已无法选取1个共同的断面来比较岸线变化前后的纳潮量。为研究岸线变化对港口海域纳潮量的影响和纳潮量的空间配置，选取3个典型断面（图16-1）计算潮周期内不同时刻的进出潮量（表16-2）。从表16-2可以看出，岸线变化后，大潮涨潮量减小，中潮和小潮涨潮量增加，落潮量均减小，落潮量的减小幅度大于涨潮量。断面2的涨落潮量基本持平。由3个断面的潮量变化可以看出纳潮空间发生变化，岸线变化后，口门向外延伸，港域面积扩大，加上水深较大，成为主要的纳潮空间，导致纳潮量的空间配置发生变化。

表16-2 连云港港域典型断面潮量统计（$\times10^7$m^3）

纳潮量		大潮	中潮	小潮
断面1	涨潮量	11.369	8.261	6.071
	落潮量	11.594	8.908	6.492
断面2	涨潮量	5.214	3.753	2.837
	落潮量	5.007	3.767	2.868
断面3	涨潮量	11.092	8.567	6.592
	落潮量	8.038	6.622	5.284

16.7 小结

ECOMSED 三维数值模型计算结果表明，岸线变化使连云港港口海域水动力发生一定变化。岸线变化后，港内流速总体变小，受南、北防波堤的束水作用，口门附近流速加大，水流流向更为集中，丁坝内侧水流减缓，出现环流结构。

拉格朗日质点追踪模拟结果显示，粒子运移基本遵循潮流运动规律。岸线变化后，受大堤港区填海造港影响，水域变小，湾顶附近粒子具有向湾顶方向扩散的趋势，1 个潮周期内港湾海域中部附近粒子已很难扩散到口门以外。岸线变化前港域水体的半交换期为 31.8 个潮周期，岸线变化后港域水体半交换期为 39.3 个潮周期。

运用三维数值模拟计算了连云港港口海域岸线变化前后的纳潮量，1 个潮周期内，岸线变化前港口海域在大、中、小潮的纳潮量分别是 $12.130\times10^{7}\ m^{3}$、$9.156\times10^{7}\ m^{3}$ 和 $7.323\times10^{7}\ m^{3}$，平均纳潮量为 $9.536\times10^{7}\ m^{3}$。岸线变化后港口海域在大、中、小潮通过口门的潮量分别是 $11.744\times10^{7}\ m^{3}$、$9.384\times10^{7}\ m^{3}$ 和 $7.892\times10^{7}\ m^{3}$，平均纳潮量为 $9.673\times10^{7}\ m^{3}$。岸线变化后港域的大潮纳潮量变小，中潮和小潮的纳潮量相对于岸线变化前略高。

典型断面潮量变化表明岸线变化后，大潮涨潮量减小，中潮和小潮涨潮量增加，落潮量均减小。断面潮量变化还表明港域纳潮空间发生变化，从而改变了纳潮量的空间配置。

17　沉积动力变化的环境效应

17.1　概述

近岸海域是陆海相互作用的重要地带，也是人类活动最为活跃的地带，易受自然环境变化和人类活动的影响。随着海洋开发与利用不断深入展开，海州湾近岸海域的港口建设、临海工业、沿海旅游、近海养殖等海洋开发活动获得了前所未有的发展。近岸海洋工程也不断增多，1989 年在海州湾湾顶建成了国家大型一类重点化工企业——连云港碱厂；连云港港口的规模不断扩大，其扩建骨架工程——西大堤成为我国最大的拦海大堤；1999 年开工的我国目前单机容量最大的核电站——田湾核电站于 2005 年 10 月正式运行。近岸海洋工程的建设及其扩建工程改变了泥沙的运移路径和水动力条件，引起近岸海域高悬浮泥沙和底质类型的改变，导致了冲淤变化，危及到底栖生物的生境，海洋环境面临的压力和需求不断增大。根据连云港市环境质量报告书报道，海州湾近岸海域在 20 世纪 80 年代末期开始出现赤潮，但赤潮覆盖面积较小，持续时间也短，对渔场和养殖业的破坏不大。此后发生渐多，特别是近年来，几乎每两年就有一次，多发生在夏季暴雨之后。2000 年 9 月连云港港口海域发生严重赤潮，面积逾 30 km^2，部分港口海域及西大堤附近水域均呈黄褐色，给赤潮发生区域的海洋环境带来了灾难性的破坏。为此，本章开展海州湾近岸海域沉积动力环境变化下的海洋水质、底质和生物生态环境影响分析。

为便于研究，本章把海州湾近岸海域根据典型工程位置分为碱厂海域、港口海域、核电站海域 3 个海域进行分析，重点对 3 个海域的环境现状及其对沉积动力变化的响应进行研究。首先分析近岸海域的水质现状，在此基础上研究近岸海洋工程对海域水质的影响，尤其是港口扩建工程——拦海西大堤的建设在根本改变水动力条件的情况下，引起海水水质的相应变化；然后研究近岸海域沉积物中污染物分布规律和特征，分析重金属污染变化，了解污染历史和环境变迁；最后对大型底栖动物进行定量研究，探讨底栖生物群落对自然和人为扰动产生的响应。

17.2　近岸海域水质分析

17.2.1　材料与方法

17.2.1.1　采样

2005 年 10 月，在海州湾近岸海域采取 28 个海水样，站位设置兼顾以往采样设置的位置，结合水域类型、水文、工程位置等自然特征及污染源分布，在碱厂海域布设 13 个站位，在港口海域布设 6 个站位，在核电站海域布设 9 个站位，样品采集位置见图 17 – 1。海水水质样品的采集按《海水水质标准》（GB 3097—1997）规定的方法进行。

17.2.1.2　分析方法

海水水质样品分析按《海水水质标准》（GB 3097—1997）规定的方法进行，主要海水水质分析方法见表 17 – 1。

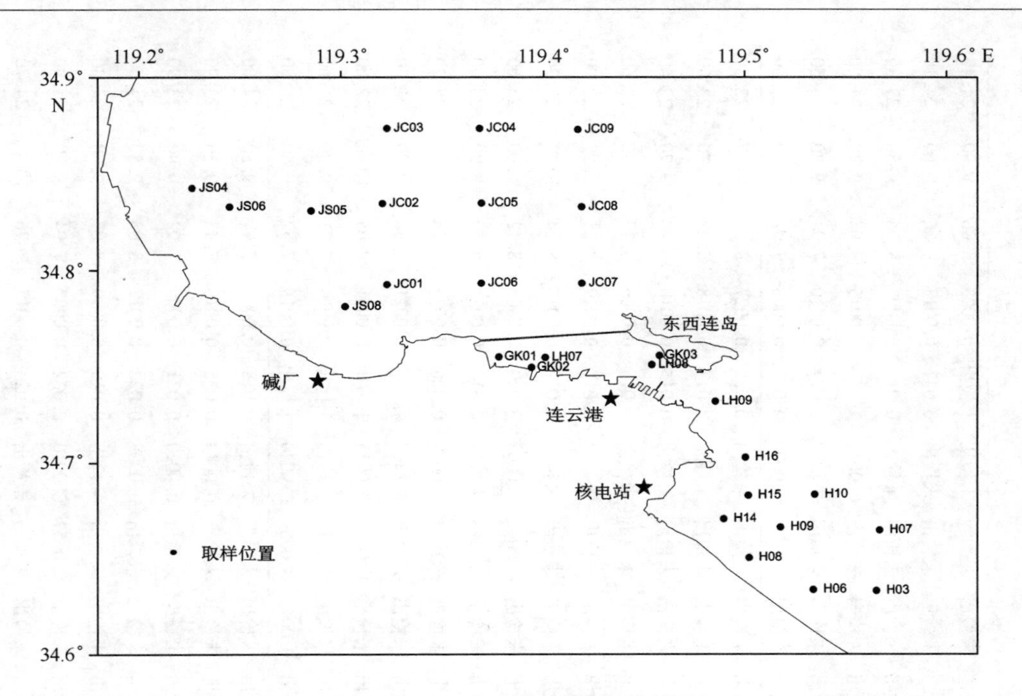

图 17－1　海州湾近岸海域取样位置

表 17－1　海水水质分析项目及方法

序号	分析项目		分析方法
1	pH 值		pH 计电测法
2	水温		标准层水温观测
3	盐度		硝酸银滴定法
4	无机氮	硝酸盐（以 N 计）	锌－镉还原法
		亚硝酸盐（以 N 计）	重氮－偶氮法
		氨氮（以 N 计）	次溴酸钠氧化法
5	悬浮物质		重量法
6	溶解氧		碘量滴定法
7	化学需氧量（高锰酸盐指数）		碱性高锰酸钾法
8	活性磷酸盐（以 P 计）		抗坏血酸还原的磷钼兰法
9	石油类		紫外分光光度法
10	汞		冷原子吸收分光光度法
11	铅		阳极溶出伏安法
12	镉		阳极溶出伏安法
13	铜		阳极溶出伏安法

17.2.2　海水水质因子的分布特征

海州湾近岸海域海水水质分析结果见表 17－2。各因子分布特征如下。

表 17-2　海州湾近岸海域水质监测结果[单位:(mg·L^{-1});含盐量:无;pH 值:无]

海区	站位	BOD_5	COD_{Mn}	石油类	活性磷酸盐	硫化物	SS	氨氮	非离子氨	硝酸盐氮	亚硝酸盐氮	无机氮	汞	铜	铅	镉	锌	砷	pH 值	溶解氧	含盐量
港口海域	LH09	0.9	1.9	0.044	0.026	未检出	38	0.047	0.0014	0.180	0.047	0.274	未检出	未检出	0.0059	未检出	未检出	0.0003	8.06	9.90	24.40
	LH08	0.9	1.8	0.044	0.024	未检出	36	0.045	0.0013	0.175	0.045	0.265	未检出	未检出	未检出	未检出	0.047	0.0013	8.06	9.60	24.10
	LH07	0.9	1.9	0.042	0.026	未检出	33	0.04	0.0011	0.154	0.040	0.234	未检出	未检出	未检出	未检出	0.017	0.0008	8.04	9.50	23.80
	GK03	0.8	1.8	0.054	0.026	未检出	35	0.044	0.0013	0.145	0.044	0.233	未检出	未检出	未检出	0.0011	0.03	0.0015	8.05	9.70	24.00
	GK02	0.9	1.8	0.038	0.036	未检出	36	0.040	0.0009	0.135	0.039	0.214	未检出	未检出	未检出	未检出	0.024	0.0010	7.94	9.30	23.50
	GK01	0.8	1.9	0.052	0.036	未检出	40	0.039	0.0008	0.145	0.039	0.223	未检出	未检出	未检出	0.0003	0.027	0.0008	7.92	9.20	23.60
碱厂海域	JC01	0.9	1.9	0.023	0.017	未检出	33	0.010	0.0005	0.04	0.010	0.060	未检出	未检出	未检出	未检出	0.025	0.0027	8.25	10.90	22.30
	JC02	0.9	1.8	0.042	0.010	未检出	31	0.058	0.0027	0.122	0.058	0.238	未检出	未检出	未检出	未检出	0.017	0.0018	8.22	9.70	23.00
	JC03	1.0	1.9	0.037	0.007	未检出	32	0.059	0.0024	0.136	0.059	0.254	未检出	未检出	未检出	未检出	0.015	0.0010	8.20	9.70	22.50
	JC04	0.9	1.8	0.030	0.004	未检出	31	0.048	0.0021	0.146	0.048	0.242	未检出	未检出	未检出	未检出	0.016	0.0006	8.22	9.80	23.60
	JC05	0.9	1.8	0.032	0.036	未检出	33	0.060	0.0027	0.157	0.060	0.277	未检出	未检出	未检出	未检出	0.011	0.0019	8.21	9.90	22.90
	JC06	0.9	1.9	0.036	0.048	未检出	31	0.048	0.0023	0.153	0.048	0.249	未检出	未检出	未检出	未检出	0.012	0.0017	8.24	10.10	23.20
	JC07	1.0	1.9	0.029	0.090	未检出	40	0.051	0.0019	0.191	0.051	0.293	未检出	未检出	0.0042	0.0008	0.020	0.0005	8.12	9.00	23.60
	JC08	0.8	1.8	0.030	0.010	未检出	34	0.058	0.0024	0.180	0.058	0.296	未检出	未检出	0.0044	未检出	0.014	0.0021	8.19	9.20	23.00
	JC09	0.8	1.7	0.040	0.011	未检出	26	0.053	0.0025	0.174	0.053	0.280	未检出	未检出	未检出	0.0020	0.026	0.0025	8.23	9.30	25.20
	JS04	1.2	1.8	0.030	0.005	未检出	43	0.057	0.0013	0.143	0.057	0.257	未检出	未检出	未检出	未检出	未检出	0.0021	7.90	9.00	21.70
	JS05	1.0	2.5	0.038	0.006	未检出	38	0.034	0.0011	0.117	0.034	0.185	未检出	未检出	0.0046	0.0015	未检出	0.0011	8.04	10.40	22.60
	JS06	1.5	3.6	0.019	0.031	未检出	35	0.060	0.0009	0.152	0.060	0.272	未检出	未检出	未检出	未检出	未检出	0.0020	7.71	9.20	21.60
	JS08	1.4	3.7	0.023	0.036	未检出	33	0.059	0.0005	0.132	0.059	0.250	未检出	0.0040	0.0069	0.0040	未检出	0.0018	7.52	9.50	21.50
核电站海域	H16	0.8	1.7	0.044	0.026	未检出	34	0.043	0.0011	0.142	0.043	0.228	未检出	未检出	未检出	未检出	0.018	0.0007	7.97	9.80	24.00
	H15	0.9	1.9	0.045	0.110	未检出	29	0.033	0.0007	0.168	0.033	0.234	未检出	未检出	未检出	0.0013	0.025	0.0010	7.93	9.50	23.90
	H14	0.9	1.9	0.042	0.016	未检出	33	0.032	0.0007	0.166	0.032	0.230	未检出	未检出	未检出	0.0020	0.021	0.0006	7.92	9.40	23.90
	H10	1.0	1.8	0.026	0.007	未检出	34	0.029	0.0008	0.156	0.029	0.214	未检出	未检出	未检出	0.0009	0.022	0.0012	8.03	9.80	24.50
	H09	1.1	2.4	0.030	0.007	未检出	37	0.027	0.0009	0.152	0.027	0.206	未检出	未检出	未检出	未检出	0.019	0.0019	8.07	9.70	24.30
	H08	0.8	1.7	0.021	0.017	未检出	45	0.031	0.0007	0.143	0.031	0.205	未检出	未检出	0.0059	0.0010	0.022	0.0007	7.94	9.70	23.90
	H07	1.0	1.9	0.037	0.009	未检出	35	0.029	0.0007	0.124	0.029	0.182	未检出	未检出	未检出	未检出	0.023	0.0015	7.96	10.10	24.70
	H06	0.9	1.8	0.030	0.011	未检出	42	0.019	0.0004	0.090	0.019	0.128	未检出	未检出	未检出	0.0015	0.022	0.0013	7.91	9.30	24.10
	H03	0.9	1.9	0.023	0.010	未检出	30	0.028	0.0006	0.072	0.028	0.128	未检出	0.0040	0.0045	0.0009	0.022	0.0027	7.95	9.00	24.40

17.2.2.1 含盐量

海州湾近岸海域含盐量除核电站海域稍高，其余海域变化幅度不大。碱厂海域海水含盐量变化范围为21.50~25.20，平均值为22.82，最高值出现在离岸较远的海域，最低值在离岸较近的海域，总的分布特点是由岸及远含盐量逐渐增大，这与沿岸河流冲淡水有关。港口海域海水含盐量变化范围为23.60~24.40，平均值为23.90，从口门向湾顶逐渐减低。核电站海域海水含盐量变化范围为23.90~24.70，平均值为24.19，由岸及远含量渐增。

17.2.2.2 溶解氧

碱厂海域海水中溶解氧的含量变化范围为9.00~10.90 mg/L，平均值为9.67 mg/L，碱厂和西墅码头附近含量高，临洪河口和沙旺河口附近海域低。港口海域海水中溶解氧的含量变化范围为9.20~9.70 mg/L，平均值为9.53 mg/L，从口门向湾顶含量降低。核电站海域海水中溶解氧的含量变化范围为9.00~10.10 mg/L，平均值为9.59 mg/L，近岸海域含量低，远岸海域含量高。

17.2.2.3 pH值

碱厂海域海水pH值的变化范围为7.52~8.25，平均值为8.08，由岸及远pH值升高，在碱厂和西墅码头附近梯度变化大，表明沿岸径流和碱厂排污是影响湾内海水pH值的主要因素。港口海域海水pH值的变化范围为7.92~8.06，平均值为8.01，从口门向湾顶pH值变小。核电站海域海水pH值的变化范围为7.91~8.07，平均值为7.96，近岸较低，中部海域高。

17.2.2.4 砷

碱厂海域海水中砷的含量变化范围为0.000 5~0.002 7 mg/L，平均值为0.001 7 mg/L，碱厂和西墅码头附近砷的含量较高。港口海域海水中砷的含量变化范围为0.000 3~0.001 5 mg/L，平均值为0.001 0 mg/L，高值区在东西连岛附近，向口门和湾内含量降低。核电站海域海水中砷的含量变化范围为0.000 6~0.002 7 mg/L，平均值为0.001 3 mg/L，从核电附近海域的低值区向东南海域高值区渐次升高，中部变化较缓。

17.2.2.5 锌

碱厂海域海水中锌的含量变化范围为0.011~0.026 mg/L，平均值为0.017 mg/L，远岸海域锌的含量较高。港口海域海水中锌的含量变化范围为0.017~0.047 mg/L，平均值为0.029 mg/L，低值区在东西连岛附近，口门和湾内含量渐高。核电站海域海水中锌的含量变化范围为0.018~0.025 mg/L，平均值为0.022 mg/L，从北部海区向东南海区含量增高。

17.2.2.6 无机氮

碱厂海域海水中无机氮的含量范围为0.060~0.296 mg/L，平均值为0.243 mg/L，碱厂和西墅码头附近为低值区，高值区在临洪河口和沙旺河口海域以及东西连岛的北侧附近海域，说明氮的分布受陆源污染的控制比较明显。港口海域海水中无机氮的含量范围为0.214~0.274 mg/L，平均值为0.241 mg/L，从口门向湾顶墟沟方向逐渐降低。核电站海域海水中无机氮的含量范围为0.128~0.234 mg/L，平均值为0.195 mg/L，从核电站附近高含量区向东南海域逐渐降低。

17.2.2.7 亚硝酸盐氮

碱厂海域海水中亚硝酸盐氮的含量范围为0.010~0.060 mg/L，平均值为0.050 mg/L，与无机氮的分布特点相似，碱厂和西墅码头附近为低值区。港口海域海水中亚硝酸盐氮的含量范围为0.039~0.047 mg/L，平均值为0.042 mg/L，由口门向湾顶附近含量逐渐降低。核电站海域海水中亚硝酸盐氮的含量范围为0.019~0.043 mg/L，平均值为0.030 mg/L，西南部海区为低值区。

17.2.2.8 硝酸盐氮

碱厂海域海水中硝酸盐氮的含量范围为0.04～0.191 mg/L，平均值为0.142 mg/L。与无机氮的分布特点相似，碱厂和西墅码头附近为低值区。港口海域海水中硝酸盐氮的含量范围为0.135～0.180 mg/L，平均值为0.156 mg/L，陆岸港池附近含量较高，由此向东西连岛和湾顶附近降低。核电站海域海水中硝酸盐氮的含量范围为0.072～0.168 mg/L，平均值0.135 mg/L。高值区在核电站附近海域，向外海区含量降低。

17.2.2.9 非离子氨

碱厂海域海水中非离子氮的含量范围为0.000 5～0.002 7 mg/L，平均值为0.001 8 mg/L。由碱厂和西墅码头附近向远海含量渐增，在海州湾的西南中部为高值区，然后向远海又逐渐减少。港口海域海水中非离子氮的含量范围为0.000 8～0.001 4 mg/L，平均值为0.001 1 mg/L。高值区在口门，从口门向湾顶含量逐渐降低。核电站海域海水中非离子氮的含量范围为0.000 4～0.001 1 mg/L，平均值为0.000 7 mg/L，高值区在海域的北部，低值区在海域的南部，中部海域含量变化梯度小。

17.2.2.10 氨氮

碱厂海域海水中氨氮的含量范围为0.010～0.060 mg/L，平均值为0.050 mg/L，与无机氮的分布特点相似，碱厂和西墅码头附近为氨氮的低值区。港口海域海水中氨氮的含量范围为0.039～0.047 mg/L，平均值为0.043 mg/L，低值区在湾内，高值区在口门附近。核电站海域海水中氨氮的含量范围为0.019～0.043 mg/L，平均值为0.030 mg/L，低值区在海域的西南部，高值区在西北部。

17.2.2.11 悬浮物

碱厂海域海水中的悬浮物含量范围为26～43 mg/L，平均为34 mg/L，形成两大高悬浮区，一是在西大堤附近，另一个是在沿岸附近，这与沿岸河流携带泥沙入海以及西大堤附近的淤泥在潮流场的作用下再悬浮有关。港口海域海水中的悬浮物含量范围为33～40 mg/L，平均为36 mg/L，从口门向港内悬浮物含量由高到低，至湾顶附近含量又变高，说明悬浮物大部分来自港口外的海域并逐渐向湾内沉积。核电站海域海水中的悬浮物含量范围为29～45 mg/L，平均为35 mg/L，西南部海域悬浮物含量较高，低值区为东北部海区。

17.2.2.12 活性磷酸盐

碱厂海域海水中活性磷酸盐的含量范围为0.004～0.090 mg/L，平均值0.024 mg/L，从拦海西大堤和临洪河口附近向北部含量由高到低分布，高值区集中在临洪河口附近，表明碱厂、临洪河和西大堤工程对活性磷酸盐的分布有一定影响。港口海域海水中活性磷酸盐的含量范围为0.024～0.036 mg/L，平均值0.029 mg/L，从港口东口门向港区湾内含量逐渐升高，湾内的水动力对活性磷酸盐的含量有一定的影响。核电站海域海水中活性磷酸盐的含量范围为0.007～0.110 mg/L，平均值0.024 mg/L，中部海域活性磷酸盐的含量高，向四周含量逐渐降低，这一现象可能同拦海西大堤改变了近岸海域的潮流场有关。

17.2.2.13 石油类

碱厂海域海水中石油类含量变化范围为0.019～0.042 mg/L，平均值0.031 mg/L，由岸及远含量渐增，中部海域为高值区，表明拦海西大堤导致海州湾的水动力大大减弱，海水的物理自净能力降低。港口海域海水中石油类含量变化范围为0.038～0.054 mg/L，平均值0.046 mg/L，高值区在东西连岛和湾内，低值区在港池附近，这种分布特点同湾内潮流场的特点相吻合。核电站海域海水中石油类含量变化范围为0.021～0.045 mg/L，平均值0.033 mg/L，低值区在核电站海域的西南部，向东北方向渐高。

17.2.2.14 化学需氧量 COD_{Mn}

碱厂海域化学需氧量变化范围为1.7～3.7 mg/L，平均值为2.2 mg/L。碱厂和临洪河口附近化学需氧量明显偏高。这同碱厂和河流含大量有机质有关。港口海域海水化学需氧量变化范围为1.8～1.9 mg/L，平均值为1.9 mg/L。低值区在东西连岛和墟沟附近，高值区在东口门和港池附近。核电站海域中海水化学需氧量变化范围为1.7～2.4 mg/L，平均值为1.9 mg/L。中部海域为高值区，向四周含量逐渐降低。

17.2.2.15　BOD_5

碱厂海域海水中BOD_5的变化范围为0.8～1.9 mg/L，平均值为1.0 mg/L，碱厂和临洪河口附近含量高，湾内北部和外海方向弱。港口海域海水中BOD_5的变化范围为0.8～0.9 mg/L，平均值为0.9 mg/L，港池附近含量高于其他海区，东西连岛附近和湾内梯度变化大。核电站海域海水中BOD_5的变化范围为0.8～1.1 mg/L，平均值为0.9 mg/L，由岸及远含量从低到高，中部海域为高值区。

17.2.3　水质评价

17.2.3.1　单因子污染指数法

目前，近岸海域水质主要沿用传统的单因子污染指数法进行污染评价。单因子污染指数法计算公式如下：

$$P_{ij} = C_{ij}/C_{i0}$$

式中，P_{ij}为第i项污染物的单项污染指数；C_{ij}为第i项污染物的年平均浓度值；C_{i0}为第i项污染物的评价标准值。评价标准为《海水水质标准》（GB 3097—1997）（表17－3）。

表17－3　海水水质标准（单位：mg/L，pH值除外）

项目	第一类	第二类	第三类	第四类
pH值	7.8～8.5		6.8～8.8	
溶解氧＞	6	5	4	3
化学需氧量≤	2	3	4	5
无机氮（以N）计≤	0.20	0.30	0.40	0.50
非离子氨	0.020			
活性磷酸盐（以P）计≤	0.015	0.030		0.045
石油类≤	0.05		0.30	0.50
汞≤	0.000 05	0.000 2		0.000 5
铜≤	0.005	0.010	0.050	
铅≤	0.001	0.005	0.010	0.050
镉≤	0.001	0.005	0.010	

为了能够对海州湾近岸3个海域的海水水质进行统一的评估，根据监测结果，选取10项特征污染因子COD_{Mn}、BOD_5、石油类、无机氮、活性磷酸盐、铜、铅、铬、锌、砷按《海水水质标准》（GB 3097—1997）二类海水标准统一计算污染指数，对各海域水质进行评价，结果见表17－4。

表17－4　海水单因子污染指数评价结果表（按二类海水评价）

海区	站位名称	BOD_5	COD_{Mn}	石油类	活性磷酸盐	无机氮	铜	铅	镉	锌	砷
港口海域	LH07	0.300	0.633	0.840	0.867	0.780	0.370	0.400	0.070	0.340	0.027
	LH08	0.300	0.600	0.880	0.800	0.883	0.370	0.400	0.070	0.940	0.043
	LH09	0.300	0.633	0.880	0.867	0.913	0.370	0.400	0.070	—	0.010
	GK01	0.267	0.633	1.040	1.200	0.743	0.370	0.400	0.070	0.540	0.027
	GK02	0.300	0.600	0.760	1.200	0.713	0.370	0.400	0.070	0.480	0.033
	GK03	0.267	0.600	1.080	0.867	0.777	0.370	0.400	0.220	0.600	0.050
	区域平均	0.289	0.617	0.913	0.967	0.802	0.370	0.400	0.070	0.580	0.032

续表

海区	站位名称	BOD_5	COD_{Mn}	石油类	活性磷酸盐	无机氮	铜	铅	镉	锌	砷
碱厂海域	JS04	0.400	0.600	0.600	0.167	0.857	0.370	0.400	0.070	—	0.070
	JS05	0.333	0.833	0.760	0.200	0.617	0.370	0.920	0.300	—	0.037
	JS06	0.500	1.200	0.380	1.033	0.907	0.370	0.400	0.070	—	0.067
	JS08	0.467	1.233	0.460	1.200	0.833	0.400	1.380	0.800	—	0.060
	JC01	0.300	0.633	0.460	0.567	0.200	0.370	0.400	0.070	0.500	0.090
	JC02	0.300	0.600	0.840	0.333	0.793	0.370	0.400	0.070	0.340	0.060
	JC03	0.333	0.633	0.740	0.233	0.847	0.370	0.400	0.070	0.300	0.033
	JC04	0.300	0.600	0.600	0.133	0.807	0.370	0.400	0.070	0.320	0.020
	JC05	0.300	0.600	0.640	1.200	0.923	0.370	0.400	0.070	0.220	0.063
	JC06	0.300	0.633	0.720	1.600	0.830	0.370	0.400	0.070	0.240	0.057
	JC07	0.333	0.633	0.580	3.000	0.977	0.370	0.840	0.160	0.400	0.017
	JC08	0.267	0.600	0.600	0.333	0.987	0.370	0.880	0.070	0.280	0.070
	JC09	0.267	0.567	0.800	0.367	0.933	0.370	0.400	0.400	0.520	0.083
	区域平均	0.338	0.721	0.629	0.797	0.808	0.370	0.400	0.070	0.312	0.056
核电站海域	H03	0.300	0.633	0.460	0.333	0.427	0.400	0.900	0.180	0.440	0.090
	H06	0.300	0.600	0.600	0.367	0.427	0.370	0.400	0.300	0.440	0.043
	H08	0.267	0.567	0.420	0.567	0.683	0.370	1.180	0.200	0.440	0.023
	H09	0.367	0.800	0.600	0.233	0.687	0.370	0.400	0.070	0.380	0.063
	H10	0.333	0.600	0.520	0.233	0.713	0.370	0.400	0.180	0.440	0.040
	H14	0.300	0.633	0.840	0.533	0.767	0.370	0.400	0.400	0.420	0.020
	H15	0.300	0.633	0.900	3.667	0.780	0.370	0.400	0.260	0.500	0.033
	H16	0.267	0.567	0.880	0.867	0.760	0.370	0.400	0.070	0.360	0.023
	H07	0.333	0.633	0.740	0.300	0.607	0.370	0.400	0.070	0.460	0.050
	区域平均	0.307	0.630	0.662	0.789	0.650	0.370	0.400	0.100	0.431	0.043
各海区平均		0.318	0.669	0.701	0.831	0.756	0.372	0.532	0.164	0.430	0.047

由评价结果表可以看出：港口海域除 GK01、GK03 站石油类，GK01、GK02 站活性磷酸盐超过二类海水标准，其他各站位监测指标均满足二类海水标准，6 个站位中二类海水达标率为 50%，平均值均能满足二类海水标准。在碱厂海域，JS06 站高锰酸盐指数、活性磷酸盐出现超标；JS08 站位高锰酸盐指数、活性磷酸盐、铅指标出现超标；JC05、JC06、JC07 站活性磷酸盐出现超标，其中 JC07 站位活性磷酸盐超标 2 倍，其他各站位监测指标均满足二类海水标准要求，13 个站位中二类海水达标率为 61.5%。在核电站海域，9 个海水站位中，除 H08 站铅出现超标，H15 站活性磷酸盐出现超标，其他各站监测指标均满足二类海水标准要求，9 个站位中二类海水达标率为 77.8%。3 个海域 28 个站位中，共有 10 个站位不能完全满足二类海水标准，其他 18 个站位能满足要求，二类海水达标率为 64.3%。超标项目主要有活性磷酸盐、高锰酸盐指数、铅 3 项，其中活性磷酸盐超标率达 28.6%。

综合以上评价，港口海域水体中超过二类标准项目有活性磷酸盐和石油类；碱厂海域各站位中超过二类标准项目最多的为活性磷酸盐；核电站海域除一个断面铅出现超标外，其余各断面指标满足二类海水标准要求。3 个海区水质总体上均处于轻污染水平。

17.2.3.2　水质模糊综合评价

海水环境质量评价是一种多要素、多因子的评价，海水环境质量的分级标准、污染程度等都是一些模糊概念，因此，用模糊数学综合评价海水环境质量是较为科学的（徐恒振，1992）。模糊数学方法是水环境评价常用的一种方法（盖美，田成诗，2002），对模糊综合评价模型已有较完整的介绍（徐恒振，1992）。为反映海州湾近岸海域水质状况，采用模糊综合评价方法对海州湾近岸海域1980—2005年间主要污染物均值进行评价，从总体上分析海州湾近岸海域受污染的程度。

1）评价项目的选择

根据1980—2005年监测资料，运用污染分担率计算海州湾近岸海域水体中污染物，结果表明，无机氮、石油类、COD_{Mn}和磷酸盐4项指标分担率总和超过60%（表17－5），为主要污染物，因此选择这4项指标进行海水水质评价。

表17－5　海州湾海域主要污染物1980—2005年监测数据统计

项目	COD_{Mn}	石油类	活性磷	无机氮
最小值/（$mg \cdot L^{-1}$）	1.63	0.014	0.000 2	0.025
最大值/（$mg \cdot L^{-1}$）	5.07	0.337	0.075	1.26
平均值/（$mg \cdot L^{-1}$）	3.0	0.089	0.025	0.39

2）单因子隶属函数

各污染因子隶属函数值分别由因子的四级海水标准值（GB 3097—1997）和各因子实测值算出。隶属于第一类水质的隶属函数为（陈守煜，1991；王鸿杰等，2005）：

$$f(x)=\begin{cases}\dfrac{1}{(x_1-x_2)}(x-x_2) & x_1<x<x_2\\ 0 & x\geqslant x_2\\ 1 & x\leqslant x_1\end{cases}$$

隶属于第一类与最后一类之间的i类（$i=2$、3）水质的隶属函数为：

$$f(x)=\begin{cases}0 & x\leqslant x_{i-1}\text{ 或 }x\geqslant x_{i+1}\\ \dfrac{1}{(x_i-x_{i-1})}(x-x_{i-1}) & x_{i-1}<x<x_i\\ \dfrac{1}{(x_{i+1}-x_i)}(x_{i+1}-x) & x_i<x<x_{i+1}\end{cases}$$

隶属于最后一类水质的隶属函数为：

$$f(x)=\begin{cases}\dfrac{1}{(x_4-x_5)}(x-x_5) & x_4<x<x_5\\ 0 & x\leqslant x_4\\ 1 & x\geqslant x_5\end{cases}$$

式中的x为某污染物的实际浓度值，带有下标的x为下标所对应的水质分类标准值。

3）各污染因子权重值的计算

$$w=\frac{x_i/s_i}{\sum\limits_{i=1}^{n}x_i/s_i}\quad\left(\sum_{i=1}^{n}w_i=1\right)$$

式中，w_i为参数i的权重值；s_i为第i种参数4个类别标准的平均值；x_i为参数i的实际浓度值。得到各污染因子权重值矩阵 $\boldsymbol{w}$。

$$\boldsymbol{w} = [w_1 w_2 w_3 w_4]$$

4）评价标准

评价标准以《海水水质标准》（GB 3097—1997）为基础（表 17-6）。

表 17-6　海水水质标准（单位：mg/L）

项目	COD_{Mn}	石油类	活性磷	无机氮
一类	2	0.05	0.015	0.20
二类	3	0.05	0.030	0.30
三类	4	0.30	0.030	0.40
四类	5	0.50	0.045	0.50
平均	3.5	0.23	0.166	0.35

5）综合评价

海水水质综合评价矩阵为：

$$\mathbf{Y} = \mathbf{W} \cdot \mathbf{R}$$

式中，**W** 为权重值矩阵，**R** 为各污染因子的各级隶属函数得到的模糊矩阵。

$$\mathbf{R} = \begin{bmatrix} f_{11} & f_{12} & \cdots & f_{1m} \\ f_{21} & f_{22} & \cdots & f_{2m} \\ \vdots & \vdots & \vdots & \vdots \\ f_{n1} & f_{n2} & f_{n3} & f_{nm} \end{bmatrix}$$

R 中 f 为隶属函数，f_{ij} 表示 i 种污染因子被评为第 j 级海水标准的可能性，即对 j 的隶属度。i 为某评价因子，n 为指标个数，m 为标准级数。

6）模糊综合海水水质级数

模糊综合海水水质级数 $\mathbf{F} = \mathbf{Y} \cdot \mathbf{S}$，式中 **Y** 为模糊综合评判结果矩阵，**S** 为海水水质标准级别向量，$\mathbf{S}^{\mathrm{T}} = (1, 2, 3, 4)$，这里的“T”表示矩阵的转置。

根据我国颁布的《海水水质标准》（GB 3097—1997），海水标准分为四级，当水质级数为 1 时，适用于海洋渔业水域、海上自然保护区和珍稀濒危海洋生物保护区；当水质级数为 2 时，适用于水产养殖区、海水渔场、人体直接接触海水的海上运动或娱乐区，以及与人类食用直接有关的工业用水区；当水质级数为 3 时，适用于一般工业用水区、滨海风景旅游区；当水质级数为 4 时，适用于海洋港口水域、海洋开发作业区。

7）评价结果

对海州湾近岸海域主要污染物 COD_{Mn}、石油类、活性磷、无机氮 1980—2005 年监测数据年均值的模糊综合评价结果如表 17-7 和图 17-2 所示。由此可见，海州湾海域水质级数在波动变化中总体上呈现两个峰，峰值分别对应 1985 年和 1997 年，水质级别特征值最大，污染最严重，其余大部分年份水质级数位于 2 类至 3 类之间。

表 17-7　海州湾近岸海水对各级标准隶属度及水质级别

年份	隶属度				水质级别	年份	隶属度				水质级别
1980	1	0	0	0	1.000	1993	0.116 3	0.363 1	0.165 4	0.355 2	2.760
1981	0.575 8	0.401 4	0.022 7	0	1.447	1994	0.088 9	0.401 5	0.249 2	0.260 4	2.681
1982	0.642 7	0.346 2	0.011 1	0	1.368	1995	0.229 2	0.266 8	0.002 4	0.501 6	2.776

续表

年份	隶属度				水质级别	年份	隶属度				水质级别
1983	0.214 0	0.645 0	0.141 1	0	1.927	1996	0.252 5	0.484 8	0.201 7	0.061	2.071
1984	0.061	0.139 2	0.641 7	0.168 0	2.937	1997	0.064 9	0.775 7	0.663 8	0.061	3.852
1985	0.215	0	0.212 0	0.573 0	3.143	1998	0.078 7	0.409 9	0.007 4	0.504	2.937
1986	0.095 2	0.400 8	0.061 0	0.443	2.852	1999	0.013 7	0.328 3	0.138 1	0.519 9	3.164
1987	0.504	0.101 6	0.055 8	0.338 6	2.229	2000	0.280 5	0.277 5	0.432 6	0.009 3	2.171
1988	0.061	0.406 6	0.190 4	0.342	2.813	2001	0.471 5	0.214 0	0.314 5	0	1.843
1989	0.722 9	0.269 1	0.008	0	1.285	2002	0.487 8	0.512 1	0	0	1.512
1990	0.044 5	0.414 0	0.097 4	0.444 2	2.942	2003	0.222 4	0.273 6	0.051 24	0.452 8	2.735
1991	0.371 1	0.458 8	0.170 1	0	1.799	2004	0.939	0	0.036 6	0.024 4	1.146
1992	0	0.479 0	0.298 7	0.058 8	2.089	2005	0.704 5	0.295 5	0	0	1.296

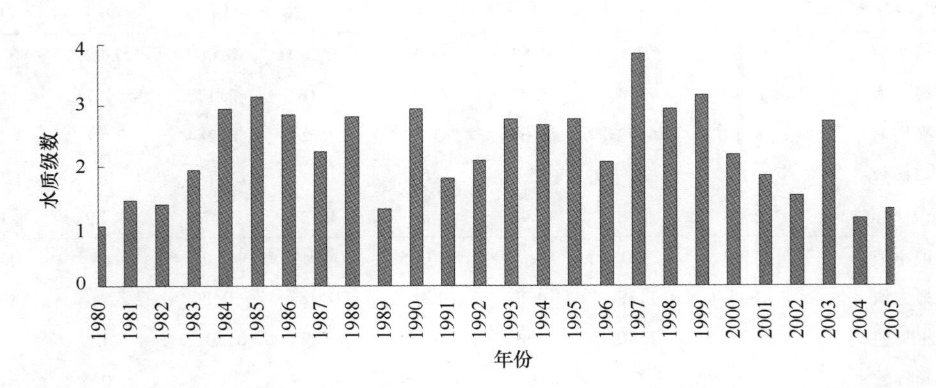

图 17－2　海州湾近岸海域 1980—2005 年水质级数图

17.2.4　水质演变分析

自然环境和人类活动是影响近岸海域水质的重要因素，海州湾近岸海域拦海西大堤是人类活动改变海域自然属性的重要工程之一，对水质变化产生了重要影响。西大堤工程使南北贯通的海峡变为半封闭的人工海湾，导致工程后湾内潮波运动由前进波转变为驻波，降低了港湾的水动力，减弱了港内外水体的交换能力，自净能力变差，加上受水产养殖及陆上生活和生产废水排放的影响，随着时间的推移，污染物不断增加和积累，导致湾内水体污染有加剧的趋势，特别在湾顶附近和港内水体交换能力最差，是水质污染最严重的区域。

通过工程前后海水监测数据对比分析可知（表 17－8），pH 值、DO 仅在西大堤建设过程中有超标值，超标率均为 2.78%；COD_{Mn}在西大堤建成后无超标，在西大堤建设前、建设过程中均有超标，超标率分别为 13.6%、6.94%；石油类仅在西大堤建成后出现超标值，超标率为 1.77%；活性磷酸盐西大堤建设前无超标，建设中、建成后均有超标，超标率分别为 4.71%、16.81%；无机氮在 3 个时段均有超标值，超标率分别为 13.6%、9.72%、6.19%；重金属铜、铅、镉 3 个项目中仅铜在西大堤建设过程中有超标值，超标率为 1.39%，特别是在西大堤建成前两个时段，波动变化较大，铅、镉监测值均无超标现象。

但是导致海州湾近岸海域水质变化的因素很复杂，拦海西大堤使堤内外的水体不能相互交换，因而使两侧污染物不能相互转移，根据入海污染物主要来自临洪河，在一定意义上又有导致港口海域的水质趋于好转的趋势。此外，工程中疏浚以及抛泥弃土在波浪、潮流作用下造成周围水体含沙量的增加而增加水质的浑浊度，这些疏浚弃土中存在着大量的黏性颗粒，在水中呈胶体状态，比表面积大，对海水中带有相反电荷的潜在有毒金属和有机化学物质具有较强的吸附能力。这种物理化学作用的存在，一方面增加了黏性泥沙颗粒本身的有毒有害物质的含量，另一方面在海水温度、盐度和 pH 值等外部环境变化不大的情况下，被吸附的有毒有害元素，一般不再向海水中释放，这在另一种意义上起到了清除海水中的有毒有害元素的作用，因此一旦当悬浮水中的细颗粒泥沙沉降以后，因水体中有毒有害物质的降低而使水质状况得以不同程度的改善。下面根据污染特征重点探讨 pH 值、COD_{Mn}、石油类、磷酸盐、无机氮、重金属铜年均浓度在区域自然和人类活动影响下的变化趋势。

表 17－8　1980—2005 年海州湾近岸海域主要污染物浓度均值及超标率

		pH 值	DO	COD_{Mn}	石油类	磷酸盐	无机氮	铜	铅	镉
建堤前	最小值	6.80	6.13	0.63	0.001	0.000 1	0.015	1.18	1.082	0.058
	最大值	8.38	10.16	7.23	0.130	0.006	2.076	49.68	11.81	0.67
	平均值	7.95	7.61	3.01	0.04	0.000 9	0.300	13.33	3.234	0.232
	超标数	0	0	6	0	0	6	0	0	0
	超标率/（%）	0	0	13.6	0	0	13.6	0	0	0
建堤中	最小值	7.88	1.5	0.88	0.01	0.000 04	0.002	0.92	0.57	0.04
	最大值	8.90	11.4	6.6	0.313	0.18	2.177	50.7	11.2	0.40
	平均值	8.14	6.73	2.69	0.07	0.012 7	0.284	9.87	3.018	0.407
	超标数	2	2	5	0	3	7	1	0	0
	超标率/（%）	2.78	2.78	6.94	0	4.17	9.72	1.39	0	0
建成后	最小值	7.69	5.0	0.7	0.005	0.004	0.02	1.5	0.80	0.06
	最大值	8.5	11.9	4.8	1.92	0.18	0.86	28	33.8	4.10
	平均值	8.09	7.46	1.99	0.098	0.029 5	0.201 7	6.63	5.594	0.413
	超标数	0	0	0	2	19	7	0	0	0
	超标率/%	0	0	0	1.77	16.81	6.19	0	0	0

注：pH 值无量纲，重金属单位为 μg/L、其他单位为 mg/L；pH 值为指数均值，其他为算术平均值。

17.2.4.1　COD_{Mn}年均浓度变化趋势

港口海域 COD_{Mn}年均浓度从 1980—1984 年（西大堤建设前）逐步上升至最高点，1985—2004 年（西大堤建设中、建成后）在波动中不断下降，下降趋势明显（图 17－3），说明港口海域在西大堤建成后，总体上受到的有机污染有所减轻。核电站海域 COD_{Mn} 年均浓度总体呈下降趋势（图 17－4）。碱厂海域 COD_{Mn}年均浓度 1980—1988 年处于上升阶段，1989 年后基本处于波动变化中，总体略呈下降趋势（图 17－5）。造成 3 个海域 COD_{Mn}变化的一个重要原因是西大堤建成后，阻断了西北侧临洪河口带来的大量陆源排污。

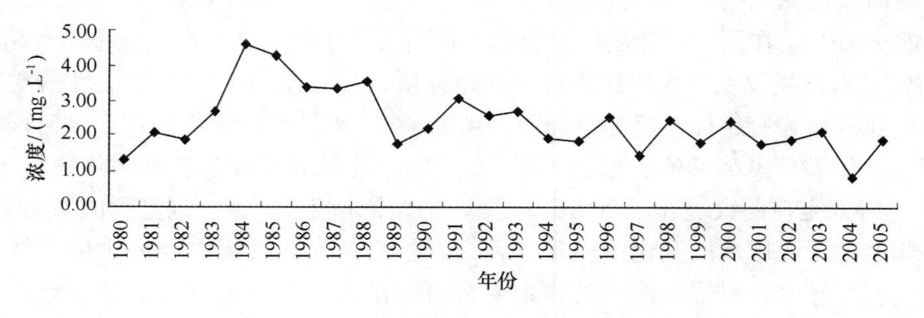

图 17－3　港口海域 COD_{Mn}年均浓度变化

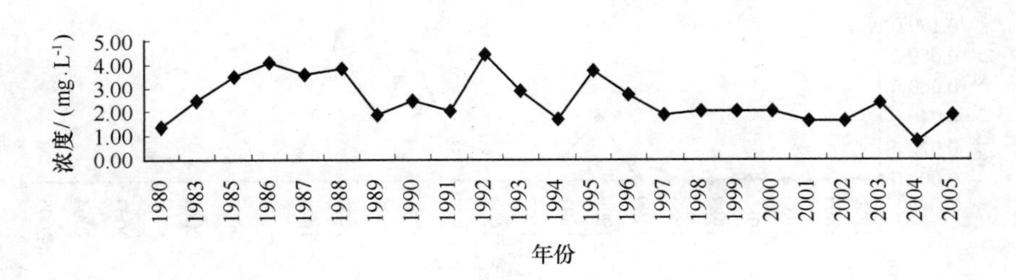

图 17－4 核电站海域 COD_{Mn}年均浓度变化

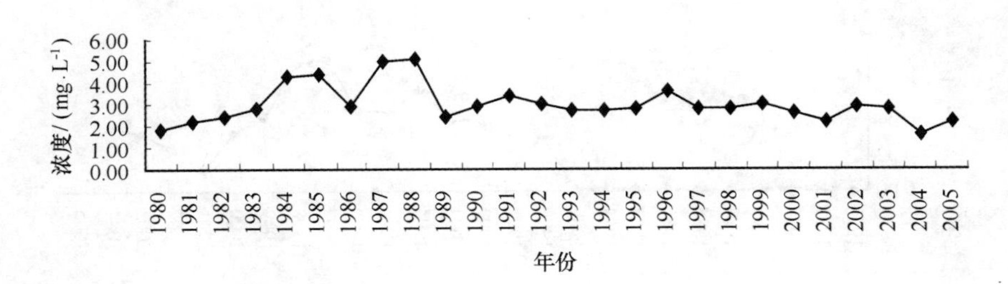

图 17－5 碱厂海域 COD_{Mn}年均浓度变化

17.2.4.2 活性磷酸盐年均浓度变化趋势

港口海域 1989 年以前，活性磷酸盐浓度一直处于较低水平，从 1990 年活性磷酸盐浓度上升，1995—1997 年处于较高浓度的水平，1998—2001 年略有下降，2002—2003 年又有回升，总体呈上升趋势（图 17－6）。核电站海域 1989 年前活性磷酸盐浓度一直处于较低水平，从 1990 年起上升，1997 年在波动中上升至高峰，1999 年以后在波动中呈下降趋势，总体上活性磷酸盐浓度呈上升趋势（图 17－7）。碱厂海域从 1990 年起，活性磷酸盐浓度一直处于低水平，1998 年在波动中上升至高峰，1999 年以后呈下降趋势，总体呈上升趋势（图 17－8）。活性磷酸盐年均浓度变化的原因主要有：一是西大堤建成后，海水交换能力减弱；二是排入海域的污水虽经污水站处理，但无脱氮除磷设施，因此污水治理对氮磷效果不大；三是人工水产养殖，根据调查有使用磷肥的情况；四是港口运载货物，每年有几十万吨的氮磷肥装卸，不可避免有少量的氮磷肥落入水体，多方面综合因素导致水体中活性磷浓度升高。

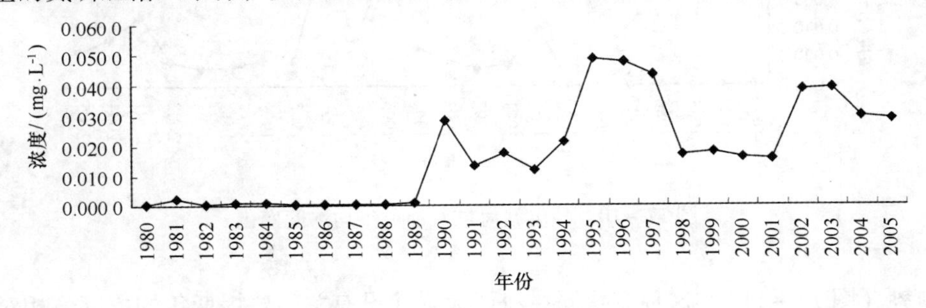

图 17－6 港口海域活性磷酸盐年均浓度变化

17.2.4.3 石油类年均浓度变化趋势

港口海域石油类从 1980—1986 年变化不明显，1986—1992 年在波动中略有下降，从 1992—1999 年上升至高峰，2000—2004 年基本持平，总体水平略有上升（图 17－9）。核电站海域石油类总体上在波动中呈下降趋势（图 17－10）。碱厂海域石油类 1983 年和 1999 年浓度明显高于其他年份，分别达到 0.279 mg/L和 0.337 mg/L，1980—1984 年浓度呈上升趋势，1986—2004 年在波动中下降，总体上在波动

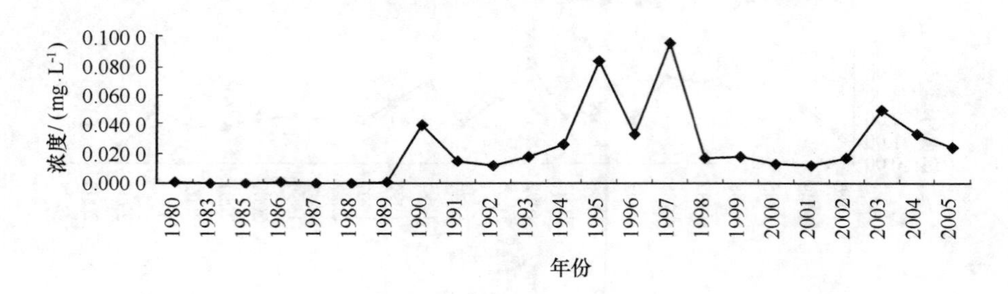

图 17-7　核电站海域活性磷酸盐年均浓度变化

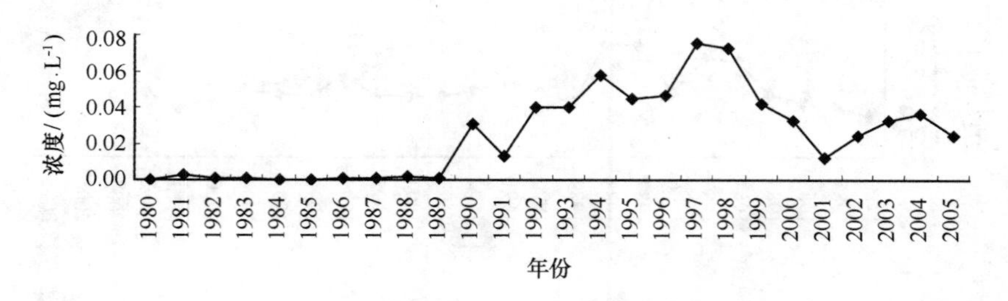

图 17-8　碱厂海域活性磷酸盐年均浓度变化

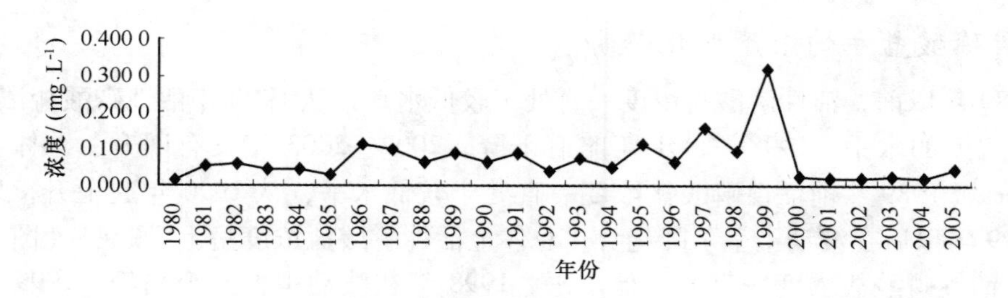

图 17-9　港口海域石油类年均浓度变化

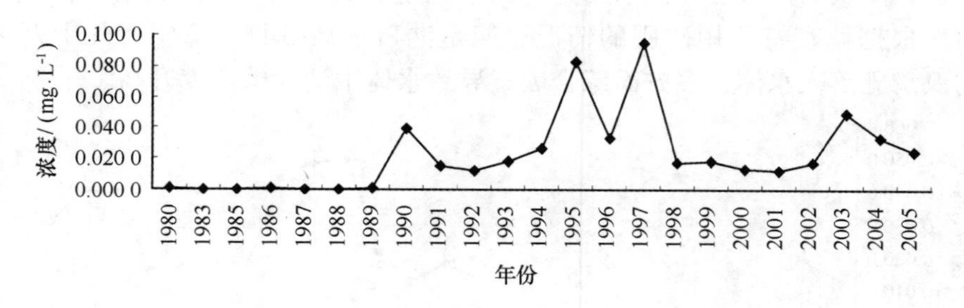

图 17-10　核电站海域石油类年均浓度变化

变化中呈下降趋势（图 17-11）。这种变化同拦海西大堤建设有关，建堤期年均浓度值相对较高，与当时作业的船舶较多有关，随着施工的进展，作业船舶相对减少，故 1986—1992 年呈下降趋势。1996—1999 年石油类升高，与水体交换较弱等因素有关。

17.2.4.4　无机氮年均浓度变化趋势

港口海域无机氮年均浓度的变化从 1980—1986 年基本成直线上升趋势，1990—1996 年略有下降，1997—1999 年上升（图 17-12）。核电站海域水体无机氮年均浓度从 1980—1986 年呈上升趋势，1987 年大幅度下降后在波动中上升（图 17-13）。碱厂海域水体无机氮年均浓度总体呈上升趋势（图 17-14）。无机氮在西大堤建设前明显升高，可能与当时企业迅速发展有关，1990—1996 年在波动中略有下降，

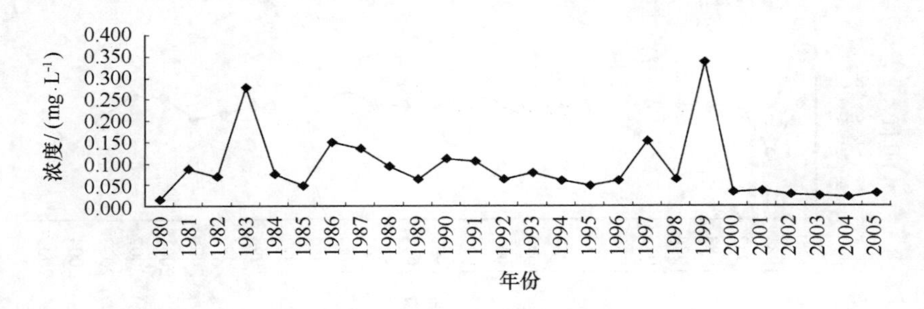

图 17-11　碱厂海域石油类年均浓度变化

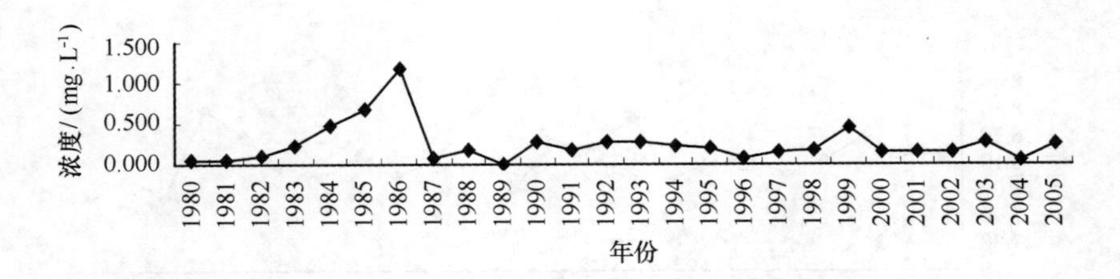

图 17-12　港口海域无机氮年均浓度变化

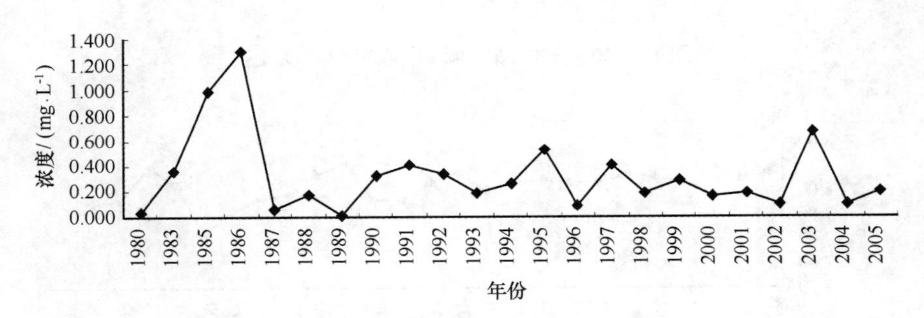

图 17-13　核电站海域无机氮年均浓度变化

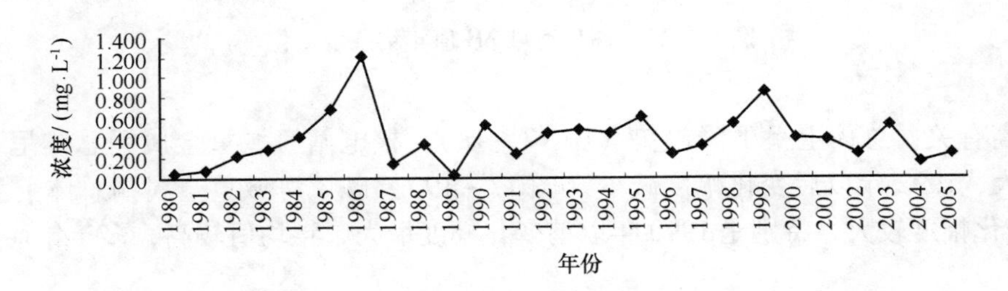

图 17-14　碱厂海域无机氮年均浓度变化

1997—1999 年上升，与这几年海产养殖使用氮磷肥有一定的关系。

17.2.4.5　pH 值变化趋势

港口海域 pH 值总体变化不大，1981 年 pH 值较低，1995 年 pH 值略高，从 2002—2004 年 pH 值呈下降趋势（图 17-15）。核电站海域 pH 值总体呈下降趋势（图 17-16）。碱厂海域 pH 值 1990 年以前基本持平，1991—1994 年略下降，1995—2000 年下降明显，2001—2003 年上升，总体略呈下降趋势（图 17-17）。

17.2.4.6　重金属铜年均浓度变化趋势

港口海域重金属铜 2001 年和 2004 年均较高，与这两年航道扩建等人为因素使底泥中重金属大量溶

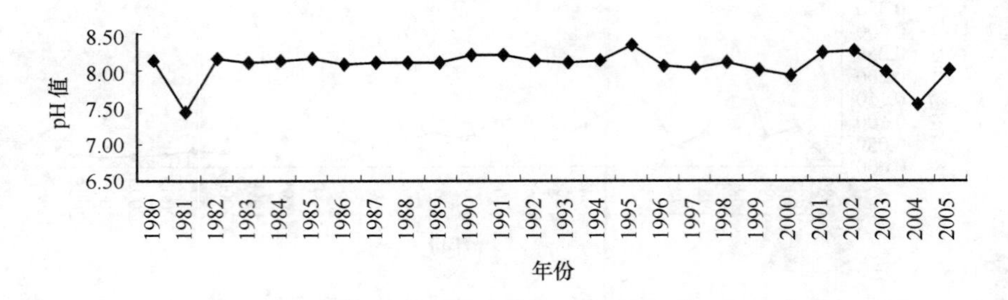

图 17－15　港口海域 pH 值年均浓度变化

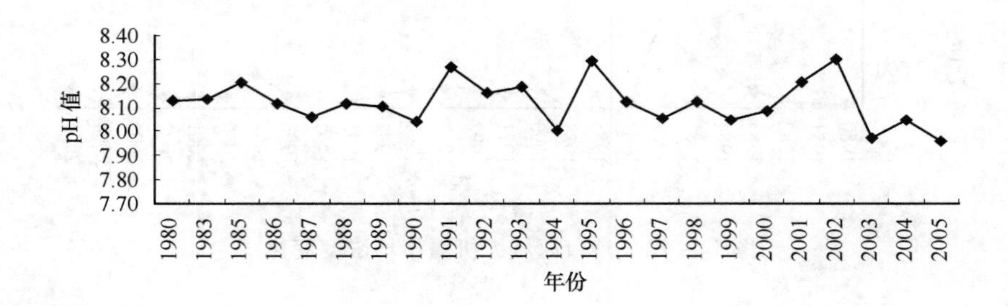

图 17－16　核电站海域 pH 值年均浓度变化

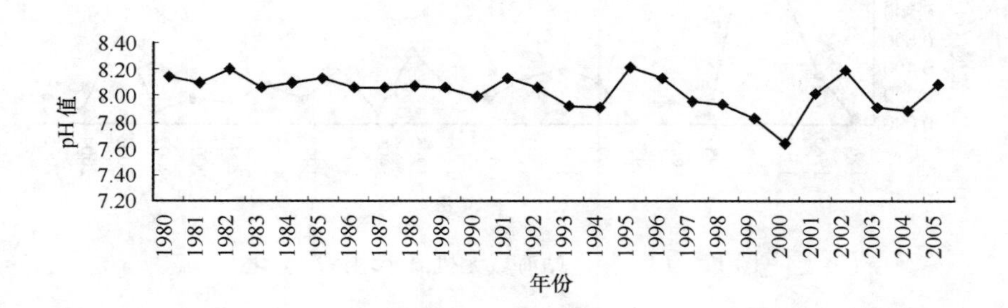

图 17－17　碱厂海域 pH 值年均浓度变化

出，导致浓度升高有关，总体上呈下降趋势（图 17－18）。核电站海域重金属铜总体呈下降趋势，1992 年以前变化幅度大，1992 年以后变化幅度减少（图 17－19）。碱厂海域重金属铜总体上呈下降趋势（图 17－20），年均变化幅度较大，特别是 1990 年以前变化幅度最大，年均值较高，多年年均值不能满足评价标准的要求。

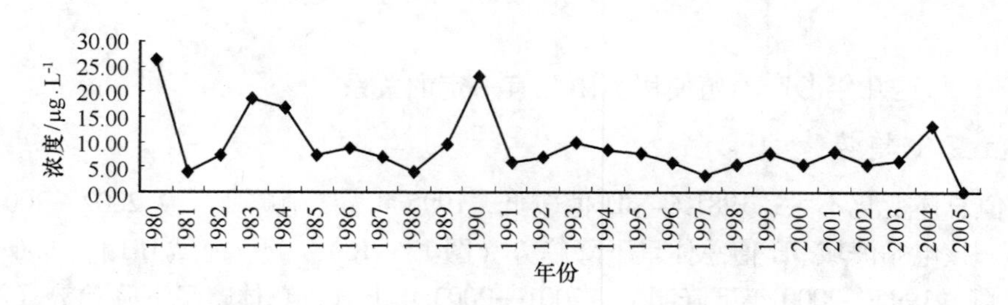

图 17－18　港口海域重金属铜年均浓度变化

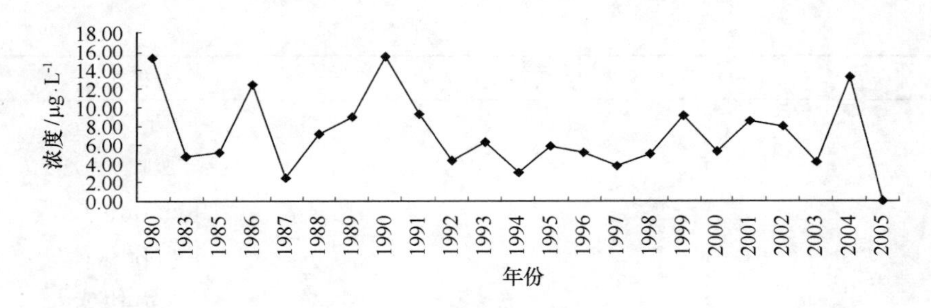

图 17－19　核电站海域重金属铜年均浓度变化

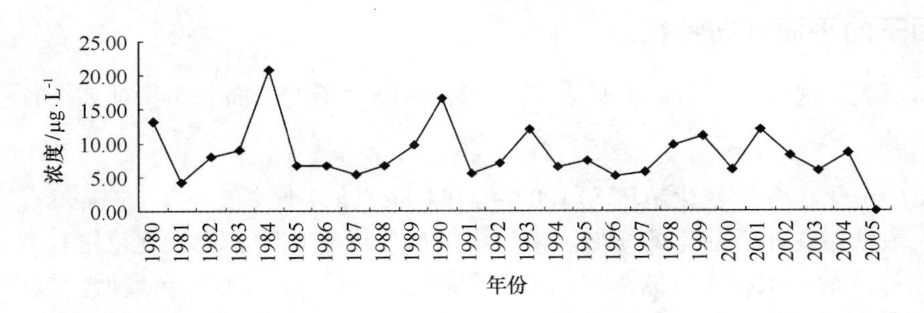

图 17－20　碱厂海域重金属铜年均浓度变化

17.3　沉积物环境质量

海洋沉积物是海洋环境的重要组成部分，又是对海洋环境进行科学研究的物质基础。沉积物颗粒通常具有较大的比表面积，带有不同电荷的颗粒在其搬运、悬浮过程中吸附了大量的污染物质，最终被富集到底部沉积物。如果外部因素导致沉积环境发生改变，这些沉积物通常会再次悬浮进入水体中，造成二次污染。大量研究表明，海洋沉积物既是污染物的汇，又是对水质有潜在影响的次生污染源，被污染的沉积物对生态系统具有直接或间接的威胁。海洋沉积物是海底生物的栖息场所，底质的变化通常会影响底栖生物的变化，导致海洋生物链的变化，引起一系列海洋生态的变化。某种程度上，近岸海域沉积物中污染物的变化记录着所在海区及相邻陆地的环境变化及人类活动影响的信息，体现了一个海区环境演化的趋势，因此，本节通过对底质沉积物中污染物的研究，以期了解自然过程及人类活动对海州湾近岸海域沉积环境的影响，探讨沉积环境的演变。

17.3.1　材料与方法

沉积物底质采样站位与海水采样站位相同，此外，还采取 4 个柱状样。底质样用抓斗式采样器采取，现场描述后，编号放入洁净的聚乙烯袋中，密封袋口。柱状样用柱状取样器采取，每个样品长度在 50 ~ 100 cm，采集的样品以原始状态保存在塑料管中，在实验室以 3 cm 间隔分样，然后进行污染物的测定。具体分析项目和方法如表 17－9 所示。

表 17－9　沉积物分析项目及方法

序号	分析项目	分析方法
1	硫化物	亚甲基蓝分光光度法
2	石油类	紫外分光光度法
3	有机质	重铬酸钾氧化—还原容量法

续表

序号	分析项目	分析方法
4	砷	原子荧光法
5	汞	冷原子吸收分光光度法
6	铅	阳极溶出伏安法
7	镉	阳极溶出伏安法
8	铜	阳极溶出伏安法

17.3.2 污染因子的平面分布特征

海州湾近岸海域表层底质样分析结果见表17-10，污染因子的平面分布特征如下：

17.3.2.1 硫化物

碱厂海域底质中硫化物含量变化范围在1.07~4.94 mg/kg，平均值为2.35 mg/kg。最高值出现在拦海西大堤的北部，最低值在靠近陆岸的海域。港口海域底质中硫化物含量变化范围在0.32~0.44 mg/kg，平均值为0.35 mg/kg。最高值在港口的东口门和湾顶部位，东西连岛附近含量低。核电站海域底质中硫化物含量变化范围在0.20~0.71 mg/kg，平均值为0.53 mg/kg。靠近核电站海域硫化物含量低，其余海域较高。

17.3.2.2 石油类

碱厂海域底质中油类含量变化范围为0.05~16.2 mg/kg，平均值为5.58 mg/kg。最高值在拦海西大堤附近，碱厂附近海域低，这同拦海西大堤封堵了南北贯通的水流，造成石油类大部分滞留在西大堤附近有关。港口海域底质中石油类含量变化范围在0.05~22.9 mg/kg，平均值为4.91 mg/kg，最高值出现在港口的湾顶部位。核电站海域底质中石油类含量变化范围为0.05~2.38 mg/kg，平均值为0.65 mg/kg，中部和外海区石油类含量较高，陆岸海域含量相对较低。

17.3.2.3 有机质

碱厂海域底质中有机质含量变化范围为0.480%~1.77%，平均值为0.85%，高值区在碱厂附近海域，并向外逐渐递减。港口海域底质中有机质含量变化范围在0.442%~3.94%，平均值为1.55%，由口门向湾顶方向含量逐渐增加。核电站海域底质中有机质含量变化范围为0.057%~1.280%，平均值为0.823%，在北部海域含量较高，其余海域相对较低。

17.3.2.4 汞

碱厂海域底质中汞的含量变化范围为0.023~0.049 mg/kg，平均值为0.03 mg/kg，碱厂附近海域含量最高，中部海域低。港口海域底质中汞的含量变化范围在0.018~0.117 mg/kg，平均值为0.041 mg/kg，口门和湾顶含量高，其余海域含量相对较低。核电站海域底质中汞的含量变化范围为0.007~0.026 mg/kg，平均值为0.016 mg/kg，陆岸附近含量低，向外海含量渐增。

17.3.2.5 铜

碱厂海域底质中铜的含量变化范围为18.3~54.2 mg/kg，平均值为31.45 mg/kg，近岸区和西大堤的北部含量较高。港口海域底质中铜含量变化范围在16.5~40.5 mg/kg，平均值为28.2 mg/kg，东西连岛和墟沟附近含量高，其余海域含量相对较低。核电站海域底质中铜的含量变化范围为18.0~40.6 mg/kg，平均值为30 mg/kg，西南部海域含量高，中部海域含量低。

17.3.2.6 铅

碱厂海域底质中铅的含量变化范围为7.85~22.8 mg/kg，平均值为13.95 mg/kg，临洪河口的外侧和西大堤的东北部为高值区。港口海域底质中铅含量变化范围为7.57～27.5 mg/kg，平均值为18.6 mg/kg，陆岸和墟沟附近含量高，其余海域含量相对较低。核电站海域底质中铅的含量变化范围为6.68～40.0 mg/kg，平均值为20.2 mg/kg，陆岸海域含量较高，周围海域低。

17.3.2.7　镉

碱厂海域底质中镉的含量变化范围为0.14～0.29mg/kg，平均值为0.23 mg/kg，近岸海域和西大堤的含量高，并从高值区向其他海域减低。港口海域底质中隔含量变化范围在0.1～0.29 mg/kg，平均值为0.16 mg/kg，陆岸和西大堤附近含量高，东西连岛和墟沟附近含量相对较低。核电站海域底质中镉的含量变化范围为0.05～0.23 mg/kg，平均值为0.14 mg/kg，核电站附近含量低，海域中部含量高。

17.3.2.8　砷

碱厂海域底质中砷的含量变化范围为7.48～19.8 mg/kg，平均值为15.09 mg/kg，近岸海域和西大堤的含量高，并从高值区向其他海域递减。港口海域底质中砷含量变化范围在9.0～19.7 mg/kg，平均值为15.2 mg/kg，东西连岛和墟沟附近含量高，陆岸港池和西大堤附近含量相对较低。核电站海域底质中砷的含量变化范围为9.7～18.7 mg/kg，平均值为16.0 mg/kg，海域中部为高值区，向四周海域含量递减。

表17－10　底质沉积物污染物含量（mg/kg）

海区	站位	分析项目							
		硫化物	石油类	有机质/（%）	汞	铜	铅	镉	砷
碱厂海域	JS04	1.29	6.24	0.820	0.024	38.3	16.3	0.29	18.5
	JS05	1.60	2.03	0.497	0.025	18.3	18.6	0.23	9.91
	JS06	1.12	8.24	1.030	0.036	23.0	22.8	0.25	15.5
	JS08	1.07	0.29	1.77	0.049	27.0	16.4	0.23	13.3
	JC01	2.31	0.05	1.46	0.033	32.8	16.1	0.19	13.5
	JC02	2.86	7.61	0.704	0.025	45.5	13.4	0.24	14.5
	JC03	3.81	4.40	0.521	0.034	34.2	16.1	0.19	17.4
	JC04	1.80	11.5	0.562	0.036	26.6	8.39	0.22	16.7
	JC05	4.94	4.34	0.577	0.023	54.2	9.51	0.29	19.7
	JC06	3.23	1.49	0.980	0.034	31.5	11.2	0.22	17.4
	JC07	2.60	16.2	0.982	0.027	27.5	8.72	0.14	19.8
	JC08	1.98	3.32	0.654	0.030	31.2	16.0	0.27	12.6
	JC09	1.96	6.86	0.480	0.023	18.8	7.85	0.18	7.48
	平均值	2.35	5.58	0.85	0.03	31.45	13.95	0.23	15.09
核电站海域	H03	0.20	0.49	0.832	0.024	30.2	11.5	0.12	18.7
	H06	0.63	0.05	0.557	0.011	40.6	6.68	0.05	15.5
	H07	0.71	1.89	0.566	0.020	33.3	7.32	0.18	16.3
	H08	0.70	0.05	0.970	0.006	36.7	7.95	0.19	16.5
	H09	0.53	0.10	1.090	0.022	18.0	21.7	0.23	9.7
	H10	0.52	0.74	0.625	0.007	28.8	34.6	0.16	17.5
	H14	0.59	0.10	0.571	0.007	26.9	40.0	0.13	17.8
	H15	0.34	2.38	0.916	0.026	30.1	36.3	0.15	18.2
	H16	0.50	0.05	1.280	0.021	25.2	15.7	0.08	14.0
	平均值	0.53	0.65	0.823	0.016	30.0	20.2	0.14	16.0

续表

海区	站位	分析项目							
		硫化物	石油类	有机质/（%）	汞	铜	铅	镉	砷
港口海域	LH07	0.30	0.10	0.941	0.020	16.5	26.1	0.29	9.0
	LH08	0.25	4.13	1.55	0.034	29.5	27.5	0.10	19.7
	LH09	0.44	0.05	0.621	0.038	25.0	14.7	0.21	14.3
	GK01	0.39	22.9	1.80	0.117	18.8	18.4	0.15	13.6
	GK02	0.39	1.12	3.94	0.018	38.6	17.1	0.14	15.4
	GK03	0.32	1.15	0.442	0.018	40.5	7.57	0.10	19.4
	平均值	0.35	4.91	1.55	0.041	28.2	18.6	0.16	15.2

17.3.3 污染因子的垂向分布特征

17.3.3.1 柱-1岩心污染物含量垂向变化特征

柱-1岩心污染物含量及其垂向变化特征如表17-11和图17-21所示。

表17-11 柱-1岩心污染物含量（mg/kg）

站位	硫化物	石油类	有机质/（%）	汞	铜	铅	镉	砷
柱1-1	0.06	5.02	1.04	0.035	30.1	13.8	0.14	7.73
柱1-2	2.37	5.89	1.40	0.089	29.5	17.1	0.13	7.75
柱1-3	4.00	7.75	1.48	0.072	30.6	11.9	0.13	8.85
柱1-4	4.36	14.2	1.36	0.026	30.1	8.66	0.10	8.68
柱1-5	8.16	11.9	2.04	0.066	33.8	10.4	0.11	9.57
柱1-6	18.0	14.4	1.28	0.027	31.1	10.9	0.12	9.46
柱1-7	47.0	14.5	1.64	0.021	23.7	17.0	0.18	11.4
柱1-8	32.1	14.40	0.589	0.082	22.9	3.87	0.16	8.14
柱1-9	31.0	8.92	0.221	0.091	14.1	5.16	0.14	4.88
柱1-10	28.8	12.6	0.408	0.049	21.7	6.76	0.22	6.30
柱1-11	26.1	11.8	0.605	0.073	23.6	3.01	0.14	6.70
柱1-12	16.4	20.0	0.410	0.055	19.9	8.43	0.18	4.39
柱1-13	12.6	23.8	0.630	0.066	24.8	5.61	0.10	6.15
柱1-14	10.1	22.2	0.577	0.130	22.3	15.4	0.13	5.55
柱1-15	8.91	12.5	0.505	0.039	21.8	7.20	0.21	6.46
柱1-16	8.51	10.6	0.621	0.056	32.2	10.1	0.21	8.42
柱1-17	7.47	8.95	1.17	0.049	36.4	10.0	0.26	7.09
柱1-18	6.02	9.80	0.800	0.046	36.9	5.94	0.21	11.4
柱1-19	5.74	13.2	0.851	0.026	36.7	14.5	0.25	7.54

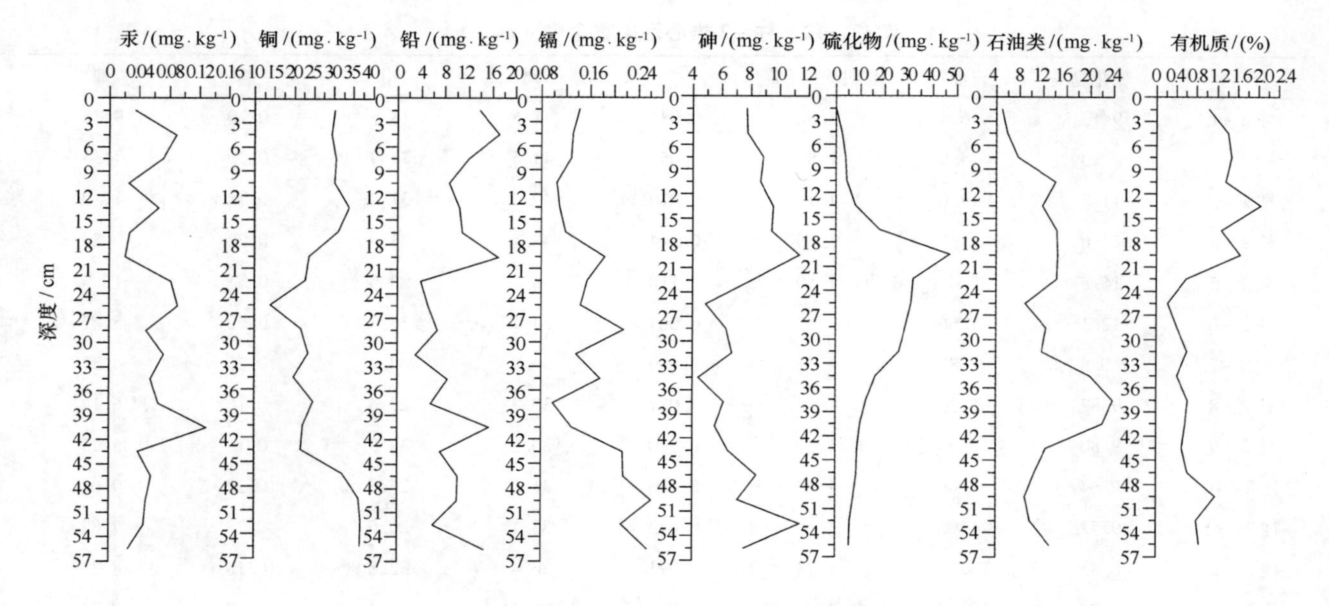

图 17－21 柱－1 岩心污染物垂向分布

（1）汞：汞元素的浓度随深度呈波状起伏，最大值位于 39.5 cm 处，为 0.130 mg/kg，最小值位于 18.5 cm，为 0.021 mg/kg。汞的毒性很强，常通过甲基化形成甲基汞，被海洋生物吸收，由于人类处于食物链终端，从而引起慢性甲基汞中毒。柱－1 中汞的含量起伏较大，表明周围环境汞的输入量不稳定。

（2）铜：铜元素浓度在 0～10.5 cm 和 48.5～57 cm 深度间比较平缓，其余深度段浓度曲线呈锯齿状波动，最大值位于 52.5 cm 处，为 36.9 mg/kg，最小值位于 25.5 cm 处，为 14.1 mg/kg。铜是人体维持正常机能所必需的微量元素，浓度过低会抑制生长，甚至死亡，但过高也会产生毒性效应。过量的铜将严重影响机体的正常代谢。

（3）铅：铅元素浓度波动变化较大，最大值出现在 4.5 cm 处，为 17.1 mg/kg，最小值出现在 30.5 cm，为 3.01 mg/kg 。铅是一种毒性元素，对生物体完全无益，只有毒害作用，甚至在极低的水平上也非常有毒。铅一般溶解度较低，多吸附在悬浮物上，由河流流入海洋，在河口区和港湾中大量沉积。

（4）镉：镉元素浓度变化较大，总体趋势表现为随深度增加含量增高。最大值出现在 48.5 cm 处，为 0.26 mg/kg，最小值出现在 10.5 cm 和 37.5 cm，为 0.10 mg/kg。镉是严重的污染性元素，对人体的毒性很大。

（5）砷：砷元素浓度变化较大，0～19.5 cm 深度砷的浓度逐渐增高，至 19.5 cm 处达最高值 11.4 mg/kg，然后急剧下降至 4.88 mg/kg，接着随深度增加砷含量呈上升趋势，最低值出现在 34.5 cm 处，为 4.39 mg/kg。砷也是一种严重的污染性元素，对人体的毒性很大。

（6）硫化物：硫化物浓度随深度的增加逐渐增加，然后缓慢回落。最大值出现在 19.5 cm 处，为 47 mg/kg。

（7）石油类：石油类浓度变化幅度较大，随深度增加，由最小值 5.02 mg/kg 逐渐增加，经波状变化增至最大值 23.8 mg/kg，接着急速回落后回升。

（8）有机质：有机质在 0～24 cm 深度，含量较高，呈锯齿状变化，在 25～57 cm 间，变化幅度不大。最大值出现在 13.5 cm 处，为 2.04%，最小值出现在 25.5 cm 处，为 0.221%。

17.3.3.2 柱－2 岩心污染物含量垂向变化特征

柱－2 岩心污染物含量及其垂向变化特征如表 17－12 和图 17－22 所示。

表 17－12　柱－2 岩心污染物含量（mg/kg）

站位	硫化物	石油类	有机质/（%）	汞	铜	铅	镉	砷
柱 2－1	9.13	16.4	1.56	0.037	41.6	13.5	0.20	9.78
柱 2－2	9.40	14.9	1.83	0.055	49.6	7.49	0.20	7.25
柱 2－3	11.8	14.0	1.75	0.070	49.0	31.2	0.28	11.0
柱 2－4	13.6	21.7	1.66	0.044	48.1	23.8	0.22	9.89
柱 2－5	16.8	3.41	1.50	0.110	46.1	28.6	0.33	12.9
柱 2－6	12.1	7.66	1.69	0.081	34.7	26.8	0.22	5.07
柱 2－7	10.8	6.82	1.65	0.049	34.9	42.2	0.23	4.32
柱 2－8	9.87	5.33	1.18	0.087	30.7	29.6	0.16	6.12
柱 2－9	9.80	6.08	1.20	0.110	30.5	33.3	0.15	5.33
柱 2－10	9.64	8.06	1.43	0.036	31.0	26.3	0.28	9.08
柱 2－11	9.52	6.05	1.60	0.043	33.1	20.6	0.23	7.82
柱 2－12	8.45	3.81	1.24	0.071	36.4	32.8	0.18	8.23
柱 2－13	8.08	9.55	1.57	0.044	33.5	33.4	0.20	8.21
柱 2－14	7.88	7.76	1.77	0.068	37.8	33.2	0.16	6.54
柱 2－15	7.95	19.8	1.33	0.093	37.7	42.5	0.17	5.16
柱 2－16	7.78	20.8	1.24	0.041	39.7	21.5	0.19	5.63
柱 2－17	7.64	12.6	1.36	0.042	40.2	28.5	0.18	8.90

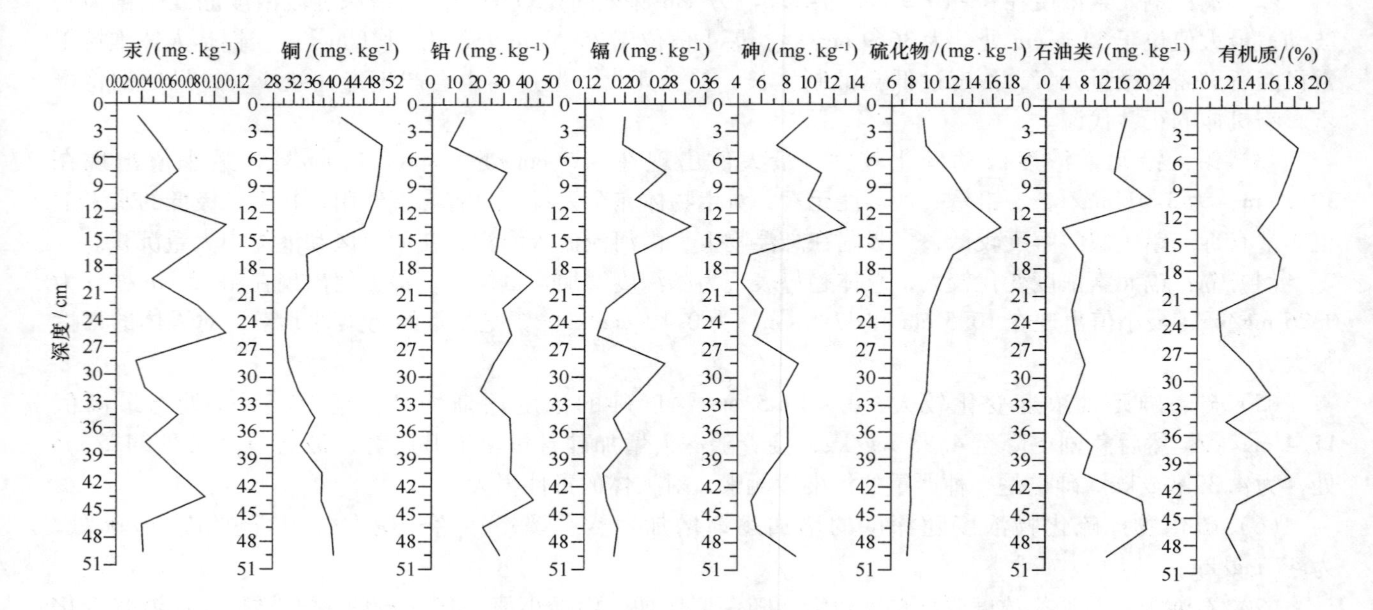

图 17－22　柱－2 岩心污染物垂向分布

（1）汞：汞元素的浓度随深度呈锯齿状起伏，最大值位于 13.5 cm 和 25.5 cm 处，为 0.110 mg/kg，最小值位于 1.5 cm，为 0.037 mg/kg。

（2）铜：铜元素浓度在 0～16.5 cm 深度间含量比较高，其余深度段浓度曲线波动变化不大。最大值位于 5.5 cm 处，为 49.6 mg/kg，最小值位于 25.5 cm 处，为 30.5 mg/kg。

（3）铅：铅元素浓度变化幅度不大，最大值出现在 43.5 cm 处，为 42.5 mg/kg，最小值出现在

4.5 cm，为7.49 mg/kg。

（4）镉：镉元素浓度变化较大。最大值出现在13.5 cm处，为0.33 mg/kg，最小值出现在25.5 cm，为0.15 mg/kg。

（5）砷：砷元素浓度变化也较大，最高值出现在13.5 cm处，为9.89 mg/kg，最低值出现在18.9 cm处，为4.32 mg/kg。

（6）硫化物：硫化物浓度近乎单峰分布，随深度增加逐渐增加到最大值，然后逐渐回落。最大值出现在13.5 cm处，为16.8 mg/kg。

（7）石油类：石油类浓度变化幅度较大，在0～12 cm深度，含量较高，然后急剧回落，在13.5～39 cm深度间，变化幅度不大，接着含量升高。

（8）有机质：有机质近乎呈锯齿状变化。最大值出现在4.5 cm处，为1.83%，最小值出现在23.5 cm处，为1.18%。

17.3.3.3 柱－3岩心污染物含量垂向变化特征

柱－3岩心污染物含量及其垂向变化特征如表17－13和图17－23所示。

表17－13 柱－3岩心污染物含量（mg/kg）

点位	硫化物	石油类	有机质/（%）	汞	铜	铅	镉	砷
柱3－1	12.8	18.8	2.18	0.028	45.5	15.1	0.19	8.99
柱3－2	13.2	25.3	1.62	0.007	44.5	8.89	0.13	10.7
柱3－3	18.4	19.4	1.74	0.007	41.7	10.3	0.07	8.32
柱3－4	23.0	17.0	1.61	0.016	41.7	5.62	0.12	6.88
柱3－5	24.3	23.0	1.57	0.016	45.1	8.60	0.13	8.90
柱3－6	33.3	10.7	1.79	0.017	44.0	7.15	0.10	9.25
柱3－7	34.4	11.8	1.67	0.017	44.5	5.80	0.10	8.29
柱3－8	36.9	8.36	1.71	0.021	39.2	4.84	0.10	6.96
柱3－9	48.6	13.7	1.60	0.027	39.6	8.11	0.17	10.0
柱3－10	50.5	10.6	1.63	0.011	40.6	4.16	0.08	6.84
柱3－11	51.5	12.7	1.33	0.016	37.4	7.60	0.15	11.4
柱3－12	51.0	13.0	1.65	0.016	56.4	4.76	0.09	9.90
柱3－13	48.2	11.7	1.63	0.022	35.7	3.36	0.04	8.92
柱3－14	46.4	8.40	1.51	0.016	42.2	6.81	0.05	6.79
柱3－15	44.0	11.9	1.53	0.027	36.2	7.87	0.07	8.58

（1）汞：汞元素的浓度随深度起伏较大，在4.5～7.5 cm处，汞的含量没有变化，含量也最小，为0.007 mg/kg，最大值位于1.5 cm处，为0.28 mg/kg。汞的含量起伏较大，表明周围环境汞的输入量不稳定。

（2）铜：铜元素浓度在31.5～41.5 cm深度间含量比较高，其余深度含量变化幅度平缓。最大值位于34.5 cm处，为56.4 mg/kg，最小值位于37.5 cm处，为35.7 mg/kg。

（3）铅：铅元素浓度总体变化幅度不大，最大值出现在1.5 cm处，为15.1 mg/kg，最小值出现在37.5 cm，为3.36 mg/kg。

（4）镉：镉元素浓度变化较大，最大值出现在1.5 cm处，为0.19 mg/kg，最小值出现在37.5 cm，为0.04 mg/kg。

（5）砷：砷元素浓度变化也较大，最高值出现在31.5 cm处，为11.4 mg/kg，最低值出现在40.5 cm

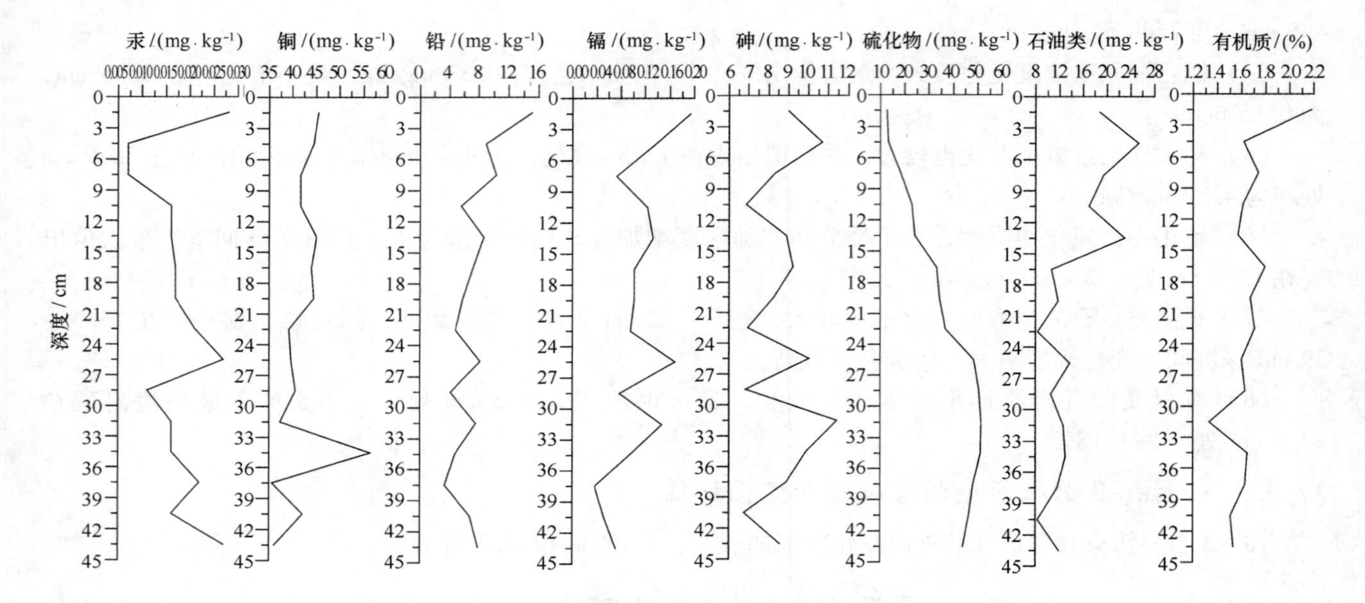

图 17-23 柱-3 岩心污染物垂向分布

处，为 6.79 mg/kg。

（6）硫化物：硫化物浓度随深度在总体上先呈缓慢上升趋势，然后又缓慢回落。最大值出现在 31.5 cm处，为 51.5 mg/kg。

（7）石油类：石油类浓度变化幅度也较大，在 0~15 cm 深度，含量较高，最高值在 4.5 cm 处，为 25.3 mg/kg。在 15~45 cm 深度，变化幅度比较平缓。

（8）有机质：有机质含量变化幅度总体上变化不大。最大值出现在 1.5 cm 处，为 2.18%，最小值出现在 31.5 cm 处，为 1.33%。

17.3.3.4 柱-4 岩心污染物含量垂向变化特征

柱-4 岩心污染物含量及其垂向变化特征如表 17-14 和图 17-24 所示。

表 17-14 柱-4 岩心污染物含量（mg/kg）

点位	硫化物	石油类	有机质/（%）	汞	铜	铅	镉	砷
柱 4-1	0.10	0.92	1.31	0.075	48.8	22.2	0.10	10.6
柱 4-2	0.10	0.12	1.22	0.059	58.8	20.7	0.18	9.65
柱 4-3	0.11	0.18	1.28	0.076	50.5	16.9	0.05	8.63
柱 4-4	0.11	2.92	1.24	0.072	46.0	17.0	0.07	8.19
柱 4-5	0.12	5.66	1.21	0.078	26.7	22.0	0.07	9.55
柱 4-6	0.11	9.65	1.48	0.075	30.0	23.0	0.12	10.6
柱 4-7	0.13	5.15	1.25	0.066	27.3	9.51	0.17	12.3
柱 4-8	0.30	3.42	1.39	0.072	28.5	23.3	0.10	10.5
柱 4-9	14.2	10.1	1.47	0.048	31.3	21.0	0.17	11.0
柱 4-10	16.3	4.62	1.20	0.056	32.7	15.3	0.08	8.44
柱 4-11	17.5	4.01	1.10	0.062	31.0	4.08	0.08	8.09
柱 4-12	27.3	21.8	1.39	0.056	38.7	11.6	0.10	9.37
柱 4-13	23.4	20.8	1.15	0.062	38.8	8.06	0.10	8.95

续表

点位	硫化物	石油类	有机质/（%）	汞	铜	铅	镉	砷
柱4－14	20.3	12.9	1.17	0.069	40.5	14.0	0.09	8.84
柱4－15	22.5	5.62	1.25	0.061	29.3	12.0	0.07	9.16
柱4－16	21.0	5.12	1.17	0.061	43.4	4.61	0.08	8.82
柱4－17	19.0	23.2	1.16	0.063	20.8	8.47	0.12	8.67
柱4－18	18.8	18.2	1.19	0.048	29.1	12.2	0.06	7.92
柱4－19	18.2	17.5	1.18	0.048	39.7	12.1	0.05	9.37
柱4－20	17.4	19.2	1.25	0.058	27.8	6.24	0.06	8.22
柱4－21	15.1	22.7	1.25	0.063	44.0	8.59	0.04	9.34

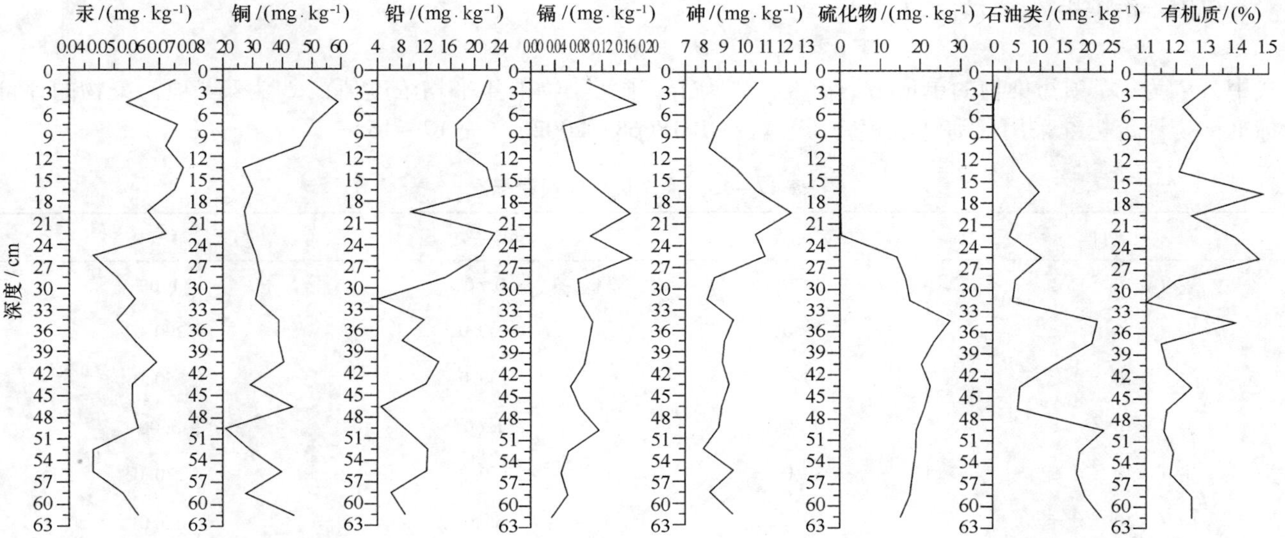

图17－24　柱－4岩心污染物垂向分布

（1）汞：汞元素的浓度随深度变化较大，最大值位于13.5 cm处，为0.078 mg/kg，最小值位于25.5 cm，为0.048 mg/kg。

（2）铜：铜元素浓度的最大值位于4.5 cm处，为58.8 mg/kg，最小值位于49.5 cm处，为20.8 mg/kg。

（3）铅：铅元素浓度变化幅度较大，最大值出现在22.5 cm处，为23.3 mg/kg，最小值出现在31.5 cm，为4.08 cm。

（4）镉：镉元素浓度变化也较大，最大值出现在4.5 cm处，为0.18 mg/kg，最小值出现在61.5 cm，为0.04 mg/kg。

（5）砷：砷元素浓度变化较大，最高值出现在19.5 cm处，为12.3 mg/kg，最低值出现在52.5 cm处，为7.92 mg/kg。

（6）硫化物：硫化物浓度在0～21.5 cm深度含量很低，随后上升最高点，然后又缓慢回落。最大值出现在34.5 cm处，为27.3 mg/kg。

（7）石油类：石油类浓度变化幅度大，总体呈上升趋势，最高值在61.5 cm处，为22.7mg/kg，最低值出现在4.5 cm处，为0.12 mg/kg。

（8）有机质：有机质含量呈锯齿状变化，幅度较大，最大值出现在25.5 cm处，为1.47%，最小值出现在31.5 cm处，为1.10%。

17.3.4 沉积物质量评价

17.3.4.1 单因子污染指数法

目前，对海洋沉积物的污染评价方法主要是传统的单因子污染指数法。本节采用单因子污染指数法对海州湾近岸海域表层和柱样沉积物进行污染评价。对沉积物中的重金属采用较为成熟的潜在生态危害指数法进行评价。瑞典学者Hakanson（1980）于1980年建立的潜在生态危害指数法综合考虑了重金属的毒性、重金属在沉积物中普遍的迁移转化规律和评价区域对重金属污染的敏感性，以及重金属区域背景值的差异，消除了区域差异和异源污染的影响，可以综合反映沉积物中重金属对生态环境的影响潜力（冯慕华等，2003），成为国内外沉积物质量评价中应用最为广泛的方法之一（程祥圣等，2006）。

1）单因子污染指数法

单因子污染指数法计算公式为：

$$P_{ij} = C_{ij}/C_{i0}$$

式中，P_{ij}为第i项污染物的单项污染指数；C_{ij}为第i项污染物的年平均浓度值；C_{i0}为第i项污染物的评价标准值。评价标准采用《海洋沉积物质量》（GB 18668—2002）（表17－15）。

表17－15 海洋沉积物质量标准

项 目	第一类	第二类	第三类
汞（$\times 10^{-2}$）≤	0.20	0.50	1.00
铜（$\times 10^{-2}$）≤	35.0	100.0	200.0
铅（$\times 10^{-2}$）≤	60.0	130.0	250.0
镉（$\times 10^{-2}$）≤	0.50	1.50	5.00
铬（$\times 10^{-2}$）≤	80.0	150.0	270.0
砷（$\times 10^{-2}$）≤	20.0	65.0	93.0
锌（$\times 10^{-2}$）≤	150.0	350.0	600.0
硫化物（$\times 10^{-2}$）≤	300.0	500.0	600.0
石油类（$\times 10^{-2}$）≤	500.0	1 000.0	1 500.0
有机碳（$\times 10^{-2}$）≤	2.0	3.0	4.0

2）底质表层样评价

底质表层沉积物单因子污染指数法计算结果见表17－16。由表可知，港口海域6个站位中，除GK02、GK03铜超过一类沉积物标准外，其他各项监测指标均能满足一类沉积物标准要求，说明港口海域沉积物质量较好。碱厂海域13个站位中，JS04、JC02、JC05 3个站位铜超过一类沉积物标准，最大值出现在JC05，超标0.55倍，其他各项监测项目均能满足一类沉积物标准要求，各站位平均值也均满足一类标准要求。核电站海域9个站位中，H06、H08两个站位铜超过一类沉积物标准，其他各项监测项目均能满足一类沉积物标准要求，各站平均值也均满足一类标准要求。

从评价结果可知，海州湾近岸海域沉积物总体质量较好，除部分站位铜含量介于第一类和第二类标准之间外，其他各监测指标均能满足于一类沉积物标准要求。

表 17－16　表层沉积物评价结果表（按一类沉积物标准评价）

海区	站位	单因子污染指数							
		硫化物	石油类	有机质	汞	铜	铅	镉	砷
碱厂海域	JS04	0.004 3	0.012 5	0.410	0.120	1.094	0.272	0.586	0.926
	JS05	0.005 3	0.004 1	0.249	0.125	0.523	0.310	0.469	0.496
	JS06	0.003 7	0.016 5	0.515	0.180	0.657	0.380	0.505	0.775
	JS08	0.003 6	0.000 6	0.885	0.245	0.771	0.273	0.468	0.664
	JC01	0.007 7	0.000 1	0.730	0.165	0.937	0.268	0.373	0.673
	JC02	0.009 5	0.015 2	0.352	0.125	1.300	0.224	0.473	0.723
	JC03	0.012 7	0.008 8	0.261	0.170	0.977	0.268	0.382	0.872
	JC04	0.006 0	0.023 0	0.281	0.180	0.760	0.140	0.434	0.835
	JC05	0.016 5	0.008 7	0.289	0.115	1.549	0.159	0.582	0.984
	JC06	0.010 8	0.003 0	0.490	0.170	0.900	0.186	0.440	0.868
	JC07	0.008 7	0.032 4	0.491	0.135	0.786	0.145	0.285	0.992
	JC08	0.006 6	0.006 6	0.327	0.150	0.891	0.267	0.540	0.630
	JC09	0.006 5	0.013 7	0.240	0.115	0.537	0.131	0.365	0.374
	区域平均	0.007 8	0.011 2	0.425	0.153 5	0.898 7	0.232 4	0.453 9	0.754 7
核电站海域	H03	0.000 7	0.001 0	0.416	0.120	0.863	0.192	0.244	0.935
	H06	0.002 1	0.000 1	0.279	0.055	1.160	0.111	0.092	0.774
	H07	0.002 4	0.003 8	0.283	0.100	0.951	0.122	0.369	0.816
	H08	0.002 3	0.000 1	0.485	0.030	1.049	0.133	0.372	0.825
	H09	0.001 8	0.000 2	0.545	0.110	0.514	0.362	0.458	0.484
	H10	0.001 7	0.001 5	0.313	0.035	0.823	0.577	0.313	0.877
	H14	0.002 0	0.000 2	0.286	0.035	0.769	0.667	0.266	0.888
	H15	0.001 1	0.004 8	0.458	0.130	0.860	0.606	0.298	0.909
	H16	0.001 7	0.000 1	0.640	0.105	0.720	0.262	0.160	0.700
	区域平均	0.001 8	0.001 3	0.412	0.080 0	0.856 5	0.336 7	0.285 9	0.800 8
港口海域	LH07	0.001 0	0.000 2	0.471	0.100	0.471	0.435	0.580	0.451
	LH08	0.000 8	0.008 3	0.775	0.170	0.843	0.459	0.205	0.986
	LH09	0.001 5	0.000 1	0.311	0.190	0.714	0.245	0.414	0.714
	GK01	0.001 3	0.045 8	0.900	0.585	0.537	0.307	0.301	0.679
	GK02	0.001 3	0.002 2	1.970	0.090	1.103	0.285	0.280	0.770
	GK03	0.001 1	0.002 3	0.221	0.090	1.157	0.126	0.194	0.969
	区域平均	0.001 2	0.009 8	0.775	0.204 2	0.804 3	0.309 4	0.329 0	0.761 6
各海域平均		0.004 5	0.007 7	0.495 3	0.140 7	0.864 9	0.282 6	0.373 1	0.771 0

3）底质柱状样评价

底质柱状样单因子污染指数法计算结果见表 17－17 至表 17－20。由表可知，各底质柱状样中首要污染物均为铜，超标项目主要有铜、有机质。

表 17－17　柱－1 岩心监测结果单因子指数评价表（按一类沉积物标准评价）

点位	硫化物	石油类	有机质	汞	铜	铅	镉	砷
柱 1－1	0.000 2	0.010 0	0.520	0.175	0.860	0.229	0.285	0.387
柱 1－2	0.007 9	0.011 8	0.700	0.445	0.843	0.285	0.264	0.388
柱 1－3	0.013 3	0.015 5	0.740	0.360	0.874	0.199	0.258	0.442
柱 1－4	0.014 5	0.028 4	0.680	0.130	0.860	0.144	0.209	0.434
柱 1－5	0.027 2	0.023 8	1.020	0.328	0.966	0.174	0.219	0.478
柱 1－6	0.059 9	0.028 8	0.640	0.135	0.889	0.182	0.239	0.473
柱 1－7	0.156 7	0.029 0	0.820	0.105	0.677	0.284	0.369	0.569
柱 1－8	0.106 9	0.028 8	0.295	0.410	0.654	0.064	0.311	0.407
柱 1－9	0.103 2	0.017 8	0.111	0.455	0.403	0.086	0.289	0.244
柱 1－10	0.096 0	0.025 2	0.204	0.245	0.620	0.113	0.431	0.315
柱 1－11	0.086 9	0.023 6	0.303	0.365	0.674	0.050	0.275	0.335
柱 1－12	0.054 6	0.040 0	0.205	0.275	0.569	0.140	0.354	0.220
柱 1－13	0.042 1	0.047 6	0.315	0.330	0.709	0.093	0.198	0.308
柱 1－14	0.033 8	0.044 4	0.289	0.650	0.637	0.256	0.260	0.278
柱 1－15	0.029 7	0.025 0	0.253	0.195	0.623	0.120	0.428	0.323
柱 1－16	0.028 4	0.021 2	0.311	0.280	0.920	0.168	0.430	0.421
柱 1－17	0.024 9	0.017 9	0.585	0.245	1.040	0.166	0.524	0.354
柱 1－18	0.020 1	0.019 6	0.400	0.230	1.054	0.099	0.422	0.570
柱 1－19	0.019 1	0.026 4	0.426	0.130	1.049	0.242	0.509	0.377
平均	0.048 7	0.025 5	0.463 9	0.288 8	0.785 3	0.163 0	0.330 3	0.385 4

表 17－18　柱－2 岩心监测结果单因子指数评价表（按一类沉积物标准评价）

点位	硫化物	石油类	有机质	汞	铜	铅	镉	砷
柱 2－1	0.030 4	0.032 8	0.780	0.185	1.189	0.226	0.400	0.489
柱 2－2	0.031 3	0.029 8	0.915	0.275	1.417	0.125	0.391	0.363
柱 2－3	0.039 3	0.028 0	0.875	0.350	1.400	0.520	0.564	0.549
柱 2－4	0.045 2	0.043 4	0.830	0.220	1.374	0.397	0.441	0.495
柱 2－5	0.056 0	0.006 8	0.750	0.550	1.317	0.477	0.662	0.647
柱 2－6	0.040 3	0.015 3	0.845	0.405	0.991	0.447	0.440	0.253
柱 2－7	0.036 1	0.013 6	0.825	0.245	0.997	0.703	0.461	0.216
柱 2－8	0.032 9	0.010 7	0.590	0.435	0.877	0.494	0.327	0.306
柱 2－9	0.032 7	0.012 2	0.600	0.550	0.871	0.555	0.293	0.267
柱 2－10	0.032 1	0.016 1	0.715	0.180	0.886	0.438	0.559	0.454
柱 2－11	0.031 7	0.012 1	0.800	0.215	0.946	0.344	0.461	0.391
柱 2－12	0.028 2	0.007 6	0.620	0.355	1.040	0.547	0.358	0.412
柱 2－13	0.026 9	0.019 1	0.785	0.220	0.957	0.557	0.409	0.411
柱 2－14	0.026 3	0.015 5	0.885	0.340	1.080	0.553	0.317	0.327
柱 2－15	0.026 5	0.039 6	0.665	0.465	1.077	0.708	0.332	0.258
柱 2－16	0.025 9	0.041 6	0.620	0.205	1.134	0.359	0.373	0.281
柱 2－17	0.025 5	0.025 2	0.680	0.210	1.149	0.475	0.360	0.445
平均	0.033 4	0.021 7	0.751 81	0.317 9	1.100 2	0.466 1	0.420 4	0.386 1

表 17－19 柱－3 岩心监测结果单因子指数评价表（按一类沉积物标准评价）

点位	硫化物	石油类	有机质	汞	铜	铅	镉	砷
柱 3－1	0.042 8	0.037 6	1.090	0.140	1.300	0.252	0.386	0.450
柱 3－2	0.044 1	0.050 6	0.810	0.035	1.271	0.148	0.269	0.535
柱 3－3	0.061 4	0.038 8	0.870	0.035	1.191	0.171	0.146	0.416
柱 3－4	0.076 6	0.034 0	0.805	0.080	1.191	0.094	0.245	0.344
柱 3－5	0.080 9	0.046 0	0.785	0.080	1.289	0.143	0.266	0.445
柱 3－6	0.111 0	0.021 4	0.895	0.085	1.257	0.119	0.203	0.462
柱 3－7	0.114 7	0.023 6	0.835	0.085	1.271	0.097	0.202	0.414
柱 3－8	0.122 8	0.016 7	0.855	0.105	1.120	0.081	0.191	0.348
柱 3－9	0.162 0	0.027 4	0.800	0.135	1.131	0.135	0.337	0.501
柱 3－10	0.168 4	0.021 2	0.815	0.055	1.160	0.069	0.154	0.342
柱 3－11	0.171 8	0.025 4	0.665	0.080	1.069	0.127	0.293	0.572
柱 3－12	0.170 1	0.026 0	0.825	0.080	1.611	0.079	0.185	0.495
柱 3－13	0.160 7	0.023 4	0.815	0.110	1.020	0.056	0.073	0.446
柱 3－14	0.154 6	0.016 8	0.755	0.080	1.206	0.114	0.105	0.339
柱 3－15	0.146 6	0.023 8	0.765	0.135	1.034	0.131	0.142	0.429
平均	0.119 2	0.028 8	0.825 7	0.088 0	1.208 2	0.121 1	0.213 2	0.436

表 17－20 柱－4 岩心监测结果单因子指数评价表（按一类沉积物标准评价）

点位	硫化物	石油类	有机质	汞	铜	铅	镉	砷
柱 4－1	0.000 3	0.001 8	0.655	0.375	1.394	0.369	0.190	0.530
柱 4－2	0.000 3	0.000 2	0.610	0.295	1.680	0.345	0.357	0.482
柱 4－3	0.000 4	0.000 4	0.640	0.380	1.443	0.281	0.109	0.431
柱 4－4	0.000 4	0.005 8	0.620	0.360	1.314	0.283	0.130	0.410
柱 4－5	0.000 4	0.011 3	0.605	0.390	0.763	0.367	0.148	0.478
柱 4－6	0.000 4	0.019 3	0.740	0.375	0.857	0.383	0.239	0.528
柱 4－7	0.000 4	0.010 3	0.625	0.330	0.780	0.158	0.336	0.614
柱 4－8	0.001 0	0.006 8	0.695	0.360	0.814	0.388	0.202	0.525
柱 4－9	0.047 4	0.020 2	0.735	0.240	0.894	0.349	0.340	0.548
柱 4－10	0.054 4	0.009 2	0.600	0.280	0.934	0.255	0.160	0.422
柱 4－11	0.058 2	0.008 0	0.550	0.310	0.886	0.068	0.167	0.405
柱 4－12	0.090 9	0.043 6	0.695	0.280	1.106	0.194	0.209	0.469
柱 4－13	0.077 9	0.041 6	0.575	0.310	1.109	0.134	0.196	0.448
柱 4－14	0.067 7	0.025 8	0.585	0.345	1.157	0.233	0.181	0.442
柱 4－15	0.074 9	0.011 2	0.625	0.305	0.837	0.199	0.135	0.458
柱 4－16	0.069 9	0.010 2	0.585	0.305	1.240	0.077	0.167	0.441
柱 4－17	0.063 3	0.046 4	0.580	0.315	0.594	0.141	0.230	0.433
柱 4－18	0.062 7	0.036 4	0.595	0.240	0.831	0.204	0.127	0.396
柱 4－19	0.060 5	0.035 0	0.590	0.240	1.134	0.201	0.103	0.469
柱 4－20	0.058 0	0.038 4	0.625	0.290	0.794	0.104	0.126	0.411
柱 4－21	0.050 4	0.045 4	0.625	0.315	1.257	0.143	0.072	0.467
平均	0.040 0	0.020 4	0.626 4	0.316 2	1.039 0	0.232 3	0.186 9	0.466 9

17.3.4.2 表层样重金属潜在生态危害评价

1）潜在生态危害指数计算方法

单个重金属污染系数 c_f^i：

$$c_f^i = \frac{c^i}{c_n^i}$$

式中，c_f^i 为重金属 i 的污染系数；c^i 为重金属 i 的实测浓度；c_n^i 为重金属的评价参比值。

沉积物重金属综合污染程度 c_d：

$$c_d = \sum_i^m c_f^i$$

单个重金属潜在生态危害系数 E_r^i：

$$E_r^i = T_r^i \times c_f^i$$

式中，E_r^i 为重金属 i 的潜在生态危害系数；T_r^i 为重金属毒性系数，反映重金属的毒性水平及生物对重金属污染的敏感程度。

多种重金属潜在生态危害指数 RI：

$$RI = \sum_i^m E_r^i = \sum_i^m T_r^i \times c_f^i = \sum_i^m T_r^i \times \frac{c^i}{c_n^i}$$

2）重金属种类的选择

Hkanson 从重金属的生物毒性角度建议对铜、铅、锌、镉、汞、砷、铬 7 种元素进行评价，以使区域质量评价更具有代表性和可比性。根据海州湾近岸海域污染物排放情况选择沉积物中的汞、铜、铅、镉、砷作为评价因子。

3）参比值的确定

关于评价参比值，国内外尚未统一（甘居利等，2000），有的以当地沉积物评价要素的背景值为参比值；有的以全球沉积物评价要素的平均背景值为参比值（何孟常等，1999；贾振邦等，1997）；Hakanson 本人则提出以现代工业化前沉积物重金属的最高背景值为参比值。本节采用工业化以前沉积物中的重金属最高背景值作参比（表 17－21）。

4）重金属毒性系数的确定

重金属毒性系数揭示了重金属对人体的危害和对水生生态系统的危害，表明了生物和环境对重金属污染的敏感程度，反映了水相、沉积相重金属和生物之间的响应关系。目前，大多数评价分析均采用表 17－21 数据。

表 17－21　重金属的背景参比值和毒性系数（丁喜桂等，2005）

	汞	镉	砷	铜	铅	铬	锌
c_n^i	0.25	1	15	50	70	90	175
T_r^i	40	30	10	5	5	2	1

5）沉积物重金属污染生态危害系数和生态危害指数与污染程度的划分

沉积物重金属污染生态危害系数和指数与污染程度的划分标准见表 17－22。

表 17－22　评价指标与污染程度和潜在生态危害程度的关系（丁喜桂等，2005）

c_f^i	c_d	污染程度	E_r^i	RI	潜在生态危害程度
<1	<8	低	<40	<150	低
1～3	8～16	中等	40～80	150～300	中等

续表

c_f^i	c_d	污染程度	E_r^i	RI	潜在生态危害程度
3～6	16～32	重	80～160	300～600	重
≥6	≥32	严重	160～320	≥600	严重
			≥320		极严重

6）表层样重金属潜在生态危害分析

海州湾近岸海域沉积物重金属生态危害评价结果见表17－23、表17－24和图17－25，根据重金属潜在生态危害定量评价标准可以得出：

① 海州湾近岸各海域沉积物重金属总的潜在生态危害指数远远低于150，说明沉积物重金属潜在生态危害属于轻微，即沉积物中重金属的生态危害效应较小，但在不同的海域，潜在生态危害指数具有差异性，碱厂海域总的重金属潜在生态危害指数最高，为25.92，核电站海域最低，为21.96，说明碱厂海域沉积物质量最差，核电站海域沉积物质量最好。从海州湾近岸海域沉积物重金属总的生态危害指数平面分布图来看，指数较大的区域多集中在大型人文工程附近，碱厂、西大堤、港口、核电站海域附近均是生态危害指数较高的区域，说明沉积物中重金属的分布同人类的活动有密切关系。

② 沉积物中单个重金属潜在生态危害系数均低于40，说明单因子污染物生态危害程度轻微，但在每个具体的海域单个重金属生态危害系数具有明显的差异。在碱厂海域，砷、镉重金属生态危害系数明显高于汞、铜，铅的生态危害系数。在港口海域，砷、汞、镉明显高于铜、铅。在核电站海域，砷、镉明显高于汞、铜、铅、砷的生态危害系数在3个海域中均处于较高水平。从各重金属生态危害指数平面分布图（图17－25）可以看出，汞的潜在生态危害指数高值区主要集中在碱厂和港口海域；铜的高值区靠近碱厂和西大堤附近；铅的高值区主要分布在临洪河口和核电站海域；镉的高值区主要分布在临洪河口附近；砷的生态危害指数具有一个高值带，分布在近岸区域和西大堤北部。重金属生态危害指数在海域的不同部位大小各异，这同水动力作用、海湾地貌、泥沙量、沉积物粒度分布、重金属来源以及元素自身性质和其他化学生物过程等有密切关系，尤其是同近岸海洋工程导致沉积物重新分布和迁移、养殖饲料和汞剂用药、河口输入陆源污染物有关。

③ 沉积物重金属综合污染程度低于8，说明海州湾近岸海域沉积物总体污染程度处于低水平。3个海域污染的程度从高到低的顺序为：碱厂海域、港口海域、核电站海域。

④ 沉积物单个重金属污染系数分为低等和中等两个级别，汞、铅、镉均属于低污染程度，铜、砷属于中等污染程度，砷在3个海域中均有中等程度的污染站位，分别为：JS04、JS06、JC03、JC04、JC05、JC06、JC07、H03、H06、H07、H08、H10、H14、H15、LH08、GK02、GK03站，铜在碱厂海域的JC05站属于中等程度的污染，沉积物中砷、铜相对于汞、铅、镉污染水平较高。

表17－23　海州湾近岸海域沉积物重金属单项污染系数 c_f^i 和综合污染系数 c_d

海域	类别	c_f^i					c_d
		汞	铜	铅	镉	砷	
碱厂海域	取值范围	0.092～0.196	0.366～1.084	0.112～0.326	0.143～0.293	0.498～1.323	1.261～2.915
	区域平均值	0.123	0.629	0.199	0.227	1.006	2.184
港口海域	取值范围	0.072～0.468	0.33～0.81	0.108～0.393	0.097～0.290	0.601～1.314	1.674～2.536
	区域平均值	0.163	0.563	0.265	0.165	1.016	2.172
核电海域	取值范围	0.024～0.104	0.36～0.812	0.095～0.572	0.046～0.229	0.645～1.247	1.632～2.586
	区域平均值	0.064	0.599	0.289	0.143	1.068	2.163

表 17－24　海州湾近岸海域沉积物重金属的潜在生态危害系数 E_r^i 和潜在生态危害指数 *RI*

海域	类别	c_f^i					c_d
		汞	铜	铅	镉	砷	
碱厂海域	取值范围	3.68～7.84	1.83～5.42	0.56～1.63	4.28～8.79	4.98～11.23	16.58～31.62
	区域平均值	4.91	3.15	0.99	6.81	10.06	25.92
港口海域	取值范围	2.88～18.72	1.65～4.05	0.54～1.97	2.91～8.70	6.01～13.15	21.42～35.49
	区域平均值	6.53	2.82	1.33	4.94	10.16	25.77
核电海域	取值范围	0.96～4.16	1.8～4.06	0.48～2.86	1.37～6.87	6.45～12.47	17.99～26.36
	区域平均值	2.56	2.99	1.44	4.29	10.68	21.96

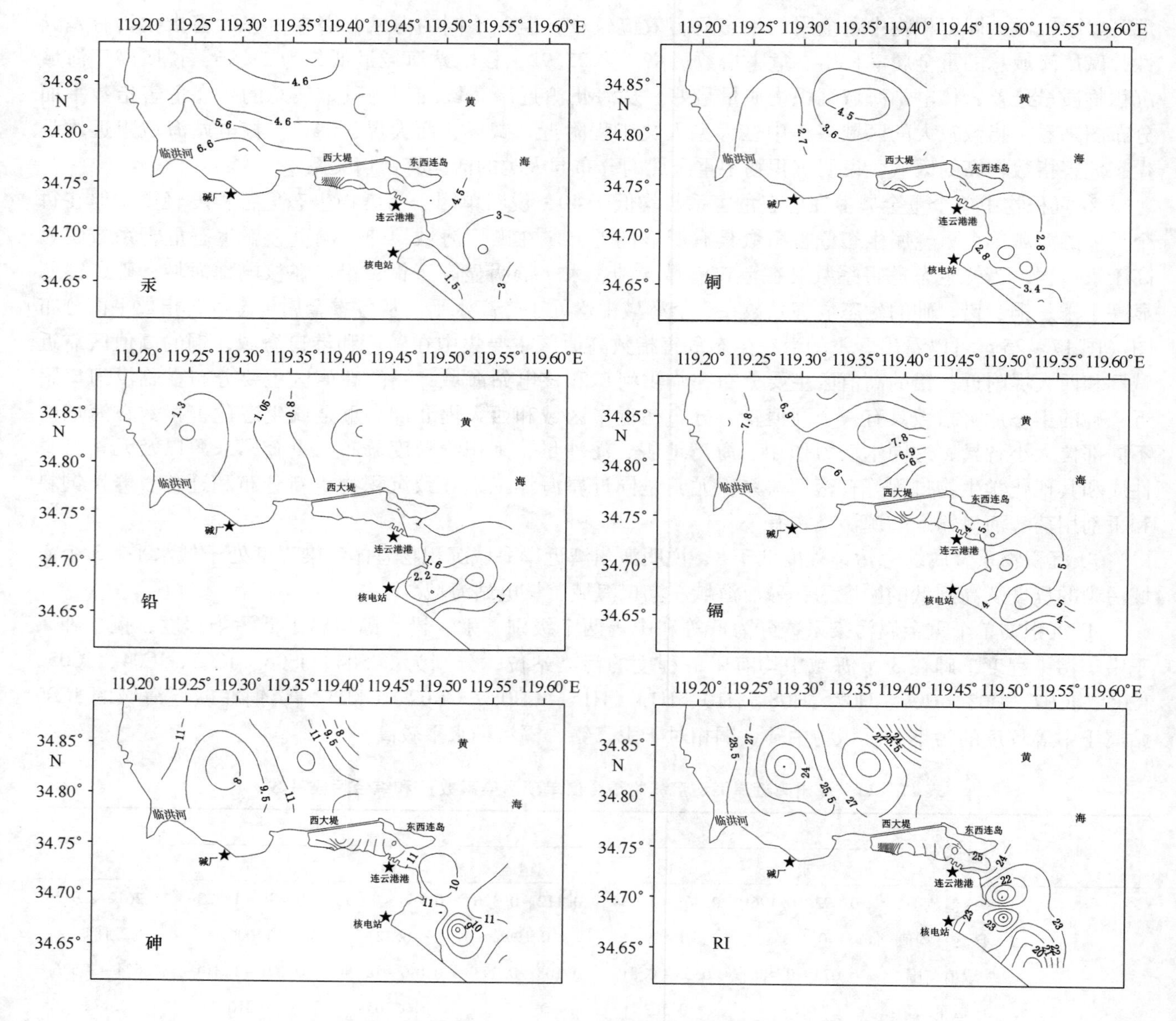

图 17－25　海州湾近岸海域沉积物重金属潜在生态危害指数平面分布

17.3.4.3 柱状样重金属潜在生态危害评价

利用文献（丁喜桂等，2005）所推荐的参比值、金属毒性系数以及沉积物重金属污染生态危害系数和生态危害指数与污染程度的划分标准对海州湾近岸海域3个柱状样进行了污染评价，评价结果见表17－25、表17－26和图17－26至图17－28。

表17－25 海州湾近岸海域柱样重金属单项污染系数 c_f^i 和综合污染系数 c_d

柱样	类别	c_f^i					c_d
		汞	铜	铅	镉	砷	
柱－1	取值范围	0.84～5.2	0.282～0.738	0.043～0.244	0.1～0.26	0.293～0.76	2.44～6.37
	区域平均值	2.312	0.550	0.140	0.164	0.514	3.68
柱－2	取值范围	1.44～4.4	0.61～0.992	0.107～0.607	0.15～0.33	0.288～0.86	3.306～6.921
	区域平均值	2.54	0.77	0.40	0.211	0.515	4.44
柱－3	取值范围	0.28～1.12	0.714～1.128	0.048～0.216	0.04～0.19	0.453～0.76	1.847～3.035
	区域平均值	0.704	0.855	0.103	0.106	0.58	2.34

表17－26 海州湾近岸海域柱样重金属潜在生态危害系数 E_r^i 和潜在生态危害指数 *RI*

柱样	类别	E_r^i					*RI*
		汞	铜	铅	镉	砷	
柱－1	取值范围	33.6～208	1.14～3.69	0.22～1.22	3～7.8	2.93～7.6	50.18～218.93
	区域平均值	92.46	2.748	0.70	4.93	5.14	105.98
柱－2	取值范围	57.6～176	3.05～4.96	0.535～3.036	4.5～9.9	2.88～8.6	76.84～201.15
	区域平均值	101.74	3.85	1.20	6.32	5.15	119.05
柱－3	取值范围	11.2～44.8	3.57～5.64	0.24～1.079	1.2～5.7	4.53～7.6	23.75～62.12
	区域平均值	28.16	4.23	0.519	3.18	5.81	41.90

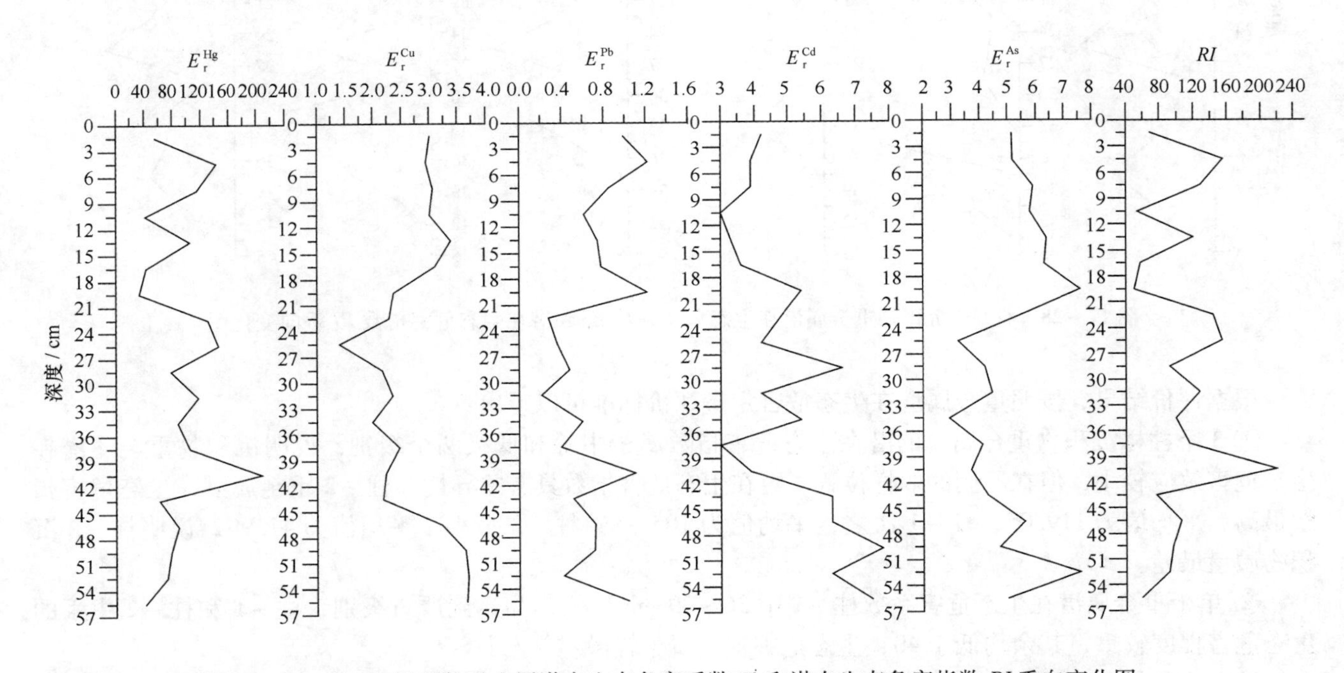

图17－26 柱－1沉积物重金属潜在生态危害系数 E_r^i 和潜在生态危害指数 *RI* 垂向变化图

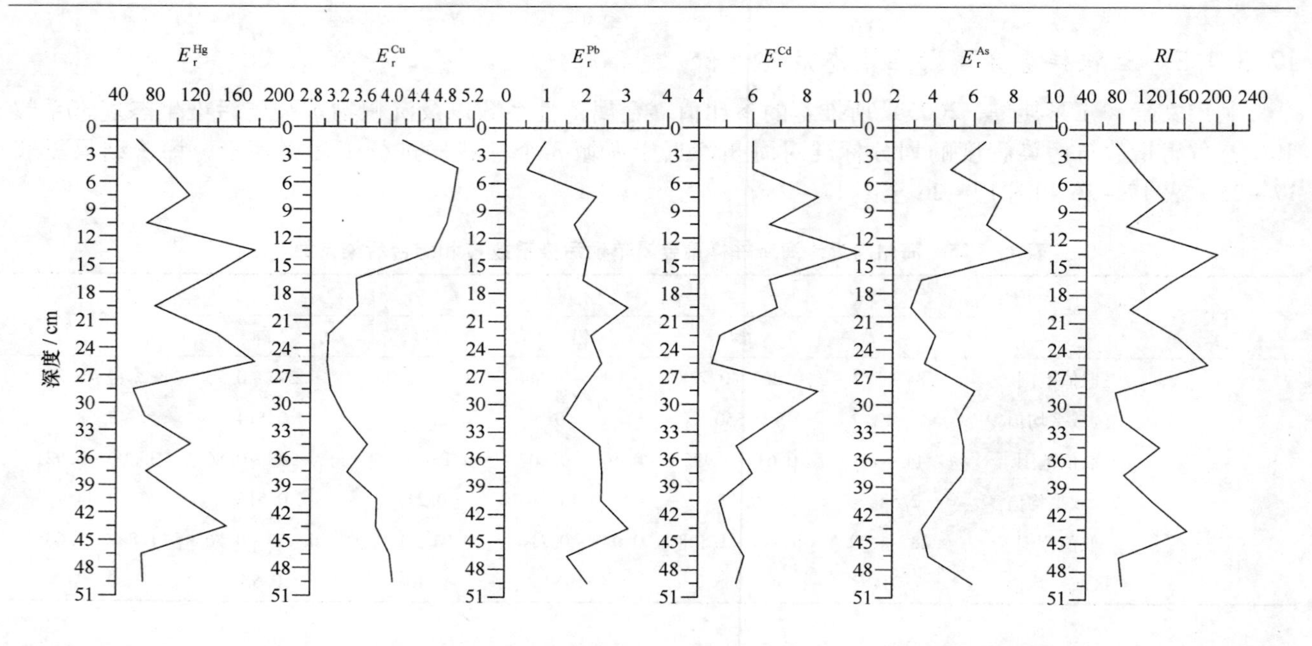

图 17－27　柱－2 沉积物重金属潜在生态危害系数 E_r^i 和潜在生态危害指数 RI 垂向变化图

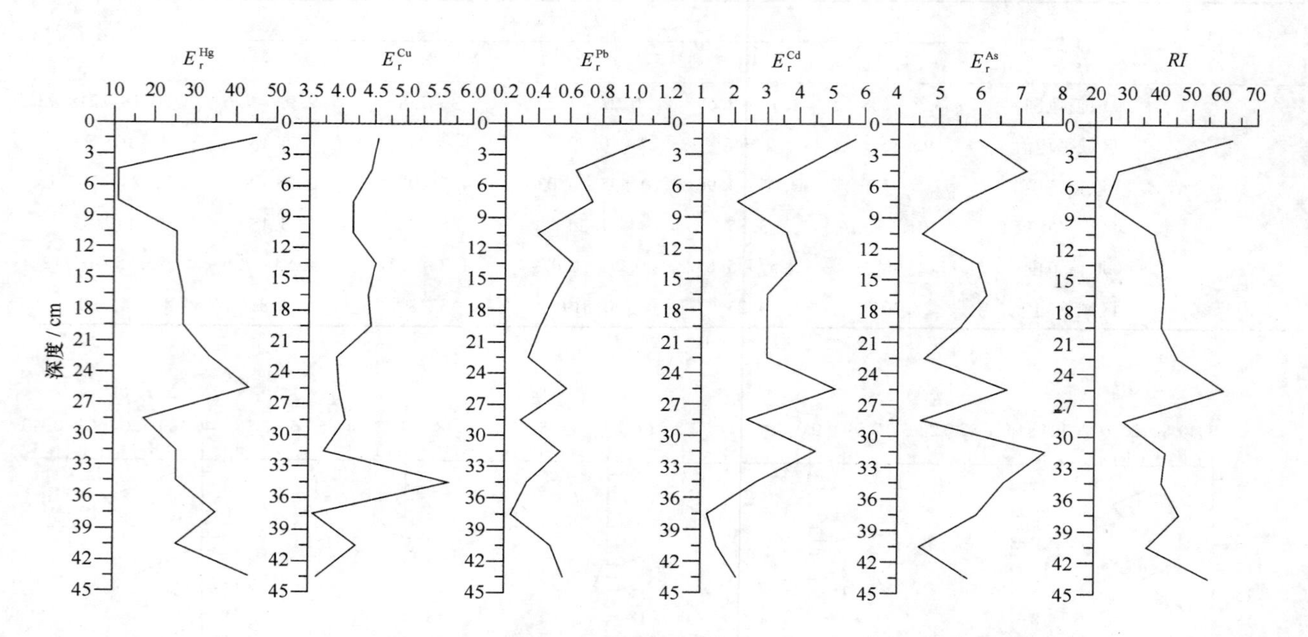

图 17－28　柱－3 沉积物重金属潜在生态危害系数 E_r^i 和潜在生态危害指数 RI 垂向变化图

根据评价结果，按照重金属潜在生态危害定量评价标准可以得出：

① 3 个柱样沉积物重金属总的潜在生态危害指数属于中等和低级两个级别，说明沉积物重金属潜在生态危害效应较小，但在不同的取样位置，潜在生态危害指数具有差异性，柱－2 重金属潜在生态危害指数最高，平均值为 119.05，柱－1 次之，平均值为 105.98，柱－3 最小，平均值为 41.90，说明柱－2 沉积物质量最差。

② 单个重金属潜在生态危害系数柱－1 中 36～39 cm 处汞样品达到严重级别，柱－1 和柱－2 中汞的生态危害程度较重，其余均低于 40，生态危害程度属于轻微。

③ 3 个柱样沉积物中重金属综合污染程度低于 8，说明总体污染程度处于低水平，污染程度从高到低

的顺序为：柱-2、柱-1、柱-3。

④3个柱样中单个重金属污染系数中汞都有中等污染级别，其余全为低等级别，铜、汞、砷相对于铅、镉污染水平较高。

17.3.5 沉积物污染演变分析

下面通过分析工程前后底质污染物的变化，进一步揭示人类活动对海州湾近岸海域沉积环境的影响。

17.3.5.1 铜

1985年西大堤工程前，海州湾近岸海域表层沉积物中铜的含量变化范围为18.0~47.0 mg/kg，平均值为20.1 mg/kg。其中以港口海域铜的含量最高，平均值为29.8 mg/kg，碱厂海域最低，平均值为28.0 mg/kg。含量从高到低的排列顺序为：港口海域、核电站海域、碱厂海域。工程后，铜的含量变化范围为16.5~45.5 mg/kg，平均值为29.9 mg/kg。铜含量的变化范围虽略微降低，但平均值较高，说明整个海域铜的含量增高，污染加重，从分布特点上看，铜的含量近岸海域增高，并形成两个高值区，分别为西大堤的北部和港口海域的墟沟附近，含量从高到低的排列顺序为：碱厂海域、核电站海域、港口海域，造成这种分布的原因与拦海西大堤的建成导致潮流场的变化有关。

从柱状样上看，根据^{210}Pb测年资料，自1985年以来，柱-3岩心铜的含量增高，柱-4含量有所降低，表明碱厂海域铜的含量增高，说明拦海西大堤与碱厂海域铜的含量增高有关。

17.3.5.2 砷

1985年西大堤工程前，海州湾近岸海域表层沉积物中砷的含量变化范围为2.03~24.39 mg/kg，平均值为9.94 mg/kg。其中以港口海域最高，平均值为11.85 mg/kg，碱厂海域最低，平均值为6.41 mg/kg，各海域的平均含量从高到低顺序为：港口海域、核电站海域、碱厂海域。工程后，砷的含量变化范围为9.0~19.8 mg/kg，平均含量为15.43 mg/kg，含量变化幅度低于1985年，但是平均含量较高，从分布特点上来看，砷的含量在河口区和西大堤附近抛泥区含量较高，表明河流排污是砷的重要污染源，各海域砷含量的平面分布从高到低顺序为：碱厂海域、核电站海域、港口海域。拦海西大堤使港口成为半封闭的海湾，封堵了来自碱厂海域的海水，只有东口门与外海水交换，成为港口海域砷含量降低的重要原因。

从柱状样上看，根据^{210}Pb测年资料，自1985年以来，柱-3岩心砷的含量反而有所降低，柱-4岩心含量显著增高，说明拦海西大堤是导致砷分布含量增高的重要原因。

17.3.5.3 汞

1985年拦海西大堤工程前，海州湾近岸海域表层沉积物中汞的含量变化范围为0~0.111 mg/kg，平均值为0.07 mg/kg。其中以东西连岛北侧海域最高，为0.086 mg/kg，碱厂海域最低为0.055mg/kg，各海域平均含量从高到低排序为：港口海域、核电站、碱厂海域。工程后，汞的含量变化范围为0.011~0.117 mg/kg，平均含量为0.029 mg/kg，含量变化幅度基本相当，平均含量显著降低，从分布特点上来看，汞的含量形成几个高值区，分别在碱厂附近、港口的湾顶和核电站的取排水附近，表明影响汞分布的因素与碱厂排污以及核电站和西大堤工程有关。各海域的平面分布从高到低顺序为：碱厂海域、港口海域、核电站海域。

从柱状样上看，根据^{210}Pb测年资料，自1985年以来，柱-3和柱-4岩心汞的含量显著增高，说明碱厂和拦海西大堤与汞含量分布增高有关。

17.3.5.4 铅

1985年拦海西大堤工程前，海州湾近岸海域表层沉积物中铅的含量变化范围为15.20~39.11 mg/kg，平均值为25.95 mg/kg。其中以东口门海域含量最高，为27.74 mg/kg，东西连岛北侧最低，为22.98 mg/kg，各海域平均含量从高到低排序为：核电站海域、港口海域、碱厂海域。工程后，铅的含量变化范围为6.68~40.0 mg/kg，平均含量为17.58 mg/kg，铅的含量较1985年低，从分布特征上来看，铅的含量在临洪河口、港池附近和核电站附近形成几个高值区，表明影响铅的因素与河流、港口和核电站有关。各海域含量从高到低的顺序为：核电站海域、碱厂海域、港口海域。

从柱状样上看，根据^{210}Pb测年资料，自1985年以来，柱-3和柱-4岩心铅的含量显著增高，说明碱厂和拦海西大堤工程是导致铅含量分布增高的重要因素。

17.3.5.5 镉

1985年拦海西大堤工程前，海州湾近岸海域表层沉积物中镉的含量变化范围为0~0.91 mg/kg，平均值为0.218 mg/kg。其中以港口口门附近海域含量最高，为0.379 mg/kg，碱厂海域含量最低，为0.077 mg/kg，各海域平均含量从高到低排序为：核电站海域、港口海域、碱厂海域。工程后，镉的含量变化范围为0.05~0.29 mg/kg，平均含量为0.18 mg/kg，平均含量较1985年略低，从分布特点上来看，镉的含量在沙旺河口附近、西大堤北侧和东西连岛附近为高值区，表明影响镉的因素主要为河流和拦海西大堤工程。各海域含量从高到低的平面分布顺序为：碱厂海域、核电站海域、港口海域。

从柱状样上看，根据^{210}Pb测年资料，自1985年以来，柱-3岩心镉的含量显著增加，柱-4岩心镉的含量减低，说明河流排污和碱厂是导致镉含量增高的重要原因。

17.3.5.6 石油类

1985年拦海西大堤工程前，海州湾近岸海域表层沉积物中油类的含量变化范围为60.7~443 mg/kg，平均值为142.06 mg/kg。其中以港口海域最高，为186.6 mg/kg，西大堤北侧最低，为67.4 mg/kg，各海域平均含量分布从高到低顺序为：港口海域、碱厂海域、核电站海域。工程后，石油类的含量变化范围为0.05~22.9 mg/kg，平均含量为7.43 mg/kg，油类的含量大幅度降低，这可能同管理措施有关，从分布特点上来看，石油类的含量在东西连岛南北两个旋转潮流场和港口海湾的湾顶形成高值区，表明石油类的分布与潮流场有关。各海域含量从高到低的分布顺序为：核电站海域、碱厂海域、港口海域。

从柱状样上看，根据^{210}Pb测年资料，自1985年以来，柱样中油类含量都降低，说明海上石油类污染相对减少。

17.3.5.7 有机质

1985年拦海西大堤工程前，海州湾近岸海域表层沉积物中有机质的含量变化范围为0.83%~1.92%，平均值为1.39%。其中以碱厂海域最高，为1.51%，西大堤北侧最低，为1.33%，各海区平均含量分布从高到低顺序为：碱厂海域、港口海域、核电站海域。工程后，有机质的含量变化范围为0.442%~3.94%，平均含量为1.07%，平均含量略有降低，但变化幅度较大。从分布特点上来看，有机质的含量在碱厂附近、港口墟沟附近和核电站海域中部形成高值区，表明影响有机质分部的因素主要为碱厂、港口和潮流场。各海域含量从高到低的平面分布顺序为：碱厂海域、核电站海域、港口海域。

从柱状样上看，根据^{210}Pb测年资料，自1985年以来，柱-3和柱-4样岩心有机质含量增加，说明碱厂和西大堤工程是导致有机质分布较高的重要因素。

17.4 底栖生物的环境效应

海洋生物是海洋环境变化研究中一个不可或缺的重要组成部分，生物能聚集整个生活周期环境因素的变化情况，可反映其栖息场地现在和过去水质和底质环境的状况，进而推测环境变化的全过程，并能反映多种污染物混合后对生物综合影响的结果，尤其是轻度污染的长期效应，在海洋环境中具有特殊的重要性。相对于其他海洋生物来讲，底栖生物的移动性较差，当海区受到污染时，底栖生物更易受到影响，因而，也更容易富集污染物，其污染效应具有指示性、综合性和持续性。因此，本节将探讨海州湾近岸海域底栖生物的环境响应。

17.4.1 材料与方法

17.4.1.1　采样

采样站位同水质样站位，用抓斗式采样器采取28个样品，抓斗张口面积为0.025 m^2，每个站位连续采取3斗合并作为一个样品，将泥样放入塑料桶内，加水搅拌，倒入孔径40目的筛中过滤，反复冲洗，滤出的生物及余留的泥沙用5%的甲醛固定，带回实验室分类、鉴定、记数、称重。

17.4.1.2　数据处理

使用大型统计软件PRIMER进行数据处理，在数据分析中采用如下指数：

1）Shannon－Wiener多样性指数

指数公式为：

$$H' = -\sum_{i=1}^{S}(n_i/N)\log_2(n_i/N)$$

式中，H为多样性指数；n_i为单位面积样品中第i种生物的个体数；N为单位面积样品中所收集到的生物总个体数；S为收集到的生物种类数。

2）Simposon指数

指数公式为：

$$C = 1/\sum_{i=1}^{S}(n_i^2/N^2)$$

式中，C为Simposon指数；N为单位面积样品中的生物总个数；n_i为单位面积样品中第i种生物的个体数。

3）Margalef丰富度指数

指数公式为：

$$d = (S-1)/\log_2 N$$

式中，d为Margalef丰富度指数；S为群落中的总种数；N为观察到的个体总数。

4）均匀度

均匀度是通过香农－威纳指数来计算的，其公式为：

$$J' = H'/\log_2 S$$

式中，J'为均匀度指数；H'为多样性指数；S为物种数目。

17.4.2　底栖生物类群和指数

17.4.2.1　大型底栖生物丰度和生物量

海州湾近岸海域底栖生物丰度和生物量结果如表17－27至表17－29。

表17－27　碱厂海域底栖生物参数［丰度：个/m^2，生物量（w.w）：g/m^2］

样品编号	丰度	生物量	种数	丰富度	多样性	均匀度
JC01	545.3	1.942	9	0.88	1.41	0.444
JC02	304	11.432	18	2.06	3.94	0.944
JC03	784.7	7.407	19	1.87	3.87	0.911
JC04	837.9	9.948	21	2.06	3.85	0.877
JC05	478.8	29.167	14	1.46	3.41	0.896
JC06	199.5	23.993	9	1.05	3.06	0.965

续表

样品编号	丰度	生物量	种数	丰富度	多样性	均匀度
JC07	319.2	1.28	9	0.962	2.64	0.832
JC08	465.5	2.564	12	1.24	2.9	0.809
JC09	970.9	8.061	20	1.91	3.37	0.779
JS04	5 971.7	315.917	16	1.2	1.16	0.29
JS05	465.5	28.877	11	1.13	2.9	0.838
JS06	1 715.7	20.11	17	1.49	2.26	0.553
JS08	252.7	19.485	6	0.626	1.44	0.558
平均	1 024	36.937	13.923	1.38	2.785	0.746

表 17－28　港口海域底栖生物参数 ［丰度：个/m^2，生物量（w. w）：g/m^2］

样品编号	丰度	生物量	种数	丰富度	多样性	均匀度
GK01	1 090.6	111.8	16	1.49	2.99	0.747
GK02	212.8	0.865	8	0.905	2.52	0.841
GK03	545.3	6.182	18	1.87	3.68	0.882
LH07	585.2	12.848	14	1.41	2.98	0.782
LH08	93.1	0.24	5	0.612	2.24	0.963
LH09	984.2	101.982	23	2.21	3.79	0.838
平均	585.2	38.986	14	1.416	3.033	0.842

表 17－29　核电站海域底栖生物参数 ［丰度：个/m^2，生物量（w. w）：g/m^2］

样品编号	丰度	生物量	种数	丰富度	多样性	均匀度
H03	279.3	1.197	12	1.35	3.27	0.912
H06	172.9	0.519	8	0.942	2.65	0.885
H07	970.9	17.197	18	1.71	3.54	0.85
H08	425.6	30.258	11	1.15	2.79	0.807
H09	545.3	13.367	13	1.32	2.93	0.792
H10	172.9	7.865	10	1.21	3.24	0.975
H14	691.6	24.553	19	1.91	3.57	0.84
H15	412.3	1.303	14	1.5	3.21	0.844
H16	372.4	19.471	14	1.52	3.46	0.909
平均	449.2	12.85	13.222	1.401	3.184	0.868

海州湾近岸海域大型底栖生物的丰度和生物量总平均值分别为754.2 个/m^{2}和（w. w）29.637 g/m^2，其中碱厂海域的平均丰度值最高，为1 024 个/m^2，核电站和港口海域的丰度值较低，分别为449.2 个/m^{2}和585.2 个/m^2。港口和碱厂海域的生物量较高，分别为（w. w）38.986 g/m^{2}和（w. w）36.937 g/m^2，核电站外海的生物量最低，为（w. w）12.85 g/m^2。

在所有28 个站位中，丰度和生物量的最高值都出现在碱厂海域的 JS04 站，分别为5971.7 个/m^{2}和（w. w）315.917 g/ m^2，原因是在该站出现了大量的双壳类软体动物：光滑河蓝蛤（*Potamocorbula laevis*），其丰度和生物量分别达5 054 个/m^{2}和（w. w）309.225 g/ m^2，占该站位丰度和生物量的84.6%和

97.9%，为绝对的优势种。丰度和生物量的最低值出现在港口海域的LH08站，分别为93.1个/m^2和（w.w）0.24 g/m^2，该站大型底栖动物种类贫乏，只采到5个种。

17.4.2.2　大型底栖动物的类群组成

在28个站位共采到大型底栖动物9大类群80种，分别属于腔肠动物（1种）、纽形动物（1种）、多毛类（33种）、软体动物（22种）、甲壳类（18种）、棘皮动物（2种）、毛颚动物（1种）、腕足动物（1种）和鱼类（1种）。多毛类、软体动物和甲壳类是主要类群，分别占总种数的41.5%、27.5%和22.5%。碱厂海域、港口海域和核电站海域各出现大型底栖动物51种、49种和40种。

从丰度的类群组成看，多毛类和软体动物都是最占优势（表17－30和表17－31），分别占42.703%、51.352%、56.030%和46.085%、38.145%、32.034%。从生物量组成上看，软体动物占优势，分别占49.997%、44.351%和36.352%，其次是甲壳类和棘皮动物。多毛类虽然占据丰度优势，但因其个体较小，而使其生物量不占优势。

表17－30　3个海域各类群丰度的百分含量组成（%）

丰度	腔肠	纽形	多毛	软体	甲壳	棘皮	毛颚	腕足	鱼类
碱厂海域	0.279	5.722	42.703	46.085	3.483	1.216	0	0	0.512
港口海域	0	0	51.352	38.145	9.624	0.225	0.225	0.202	0.225
核电站海域	0	3.753	56.030	32.034	6.829	1.355	0	0	0

表17－31　3个海域各类群生物量的百分含量组成（%）

生物量	腔肠	纽形	多毛	软体	甲壳	棘皮	毛颚	腕足	鱼类
碱厂海域	5.964	3.139	8.822	49.997	15.212	11.963	0	0	4.904
港口海域	0	0	12.403	44.351	28.18	10.629	0.011	0.036	4.391
核电站海域	0	4.557	15.281	36.352	13.801	30.011	0	0	0

表17－32是各海域丰度和生物量列前5位的优势种，丰度和生物量的最主要优势种是光滑河蓝蛤（*Potamocorbula laevis*），该种出现在碱厂和港口海域，因其数量多，且个体生物量也较大，所以丰度和生物量值都大，其平均丰度和平均生物量（w.w）在碱厂和港口海域分别达到509.7个/m^2、84.7个/m^2和25.956 g/m^2、15.716 g/m^2。丰度的其他优势种都是个体很小的多毛类和软体动物。生物量的其他优势种都是个体比较大的棘皮动物、腔肠动物、甲壳类和鱼类，如：棘刺锚参（*Protankyra bidentata*）、细指海葵（*Metridium* sp.）、薄荚蛏（*Siliqua pulchella*）、狼牙鰕虎鱼（*Odontamblyopus* sp.）和绒毛细足蟹（*Raphidopus ciliatus*）等。

17.4.2.3　多样性指数

丰富度指数 d、多样性指数 H' 和均匀度指数 J' 是定量描述底栖生物群落多样性的常用参数，各站位上述指数的结果见表17－27至表17－29。

海州湾近岸海域的平均丰富度指数 d 为1.395，碱厂海域、港口海域和核电站海域的平均值为1.38、1.416和1.395，最大值出现在JC02站和JC04站，都是2.06，最小值出现在LH08站，仅为0.612，原因是该站出现的种数仅为5种，丰度也只有93.1个/m^2。

多样性指数 H' 的总平均值为2.967，港口海域的平均值最大为3.033，其次是核电站海域为2.967，碱厂海域的平均值最低，为2.785。最高值出现在JC02站，为3.94，最低值出现在JS04站，为1.16，原因是该站出现了丰度占绝对优势的光滑河蓝蛤（*Potamocorbula laevis*）。

表 17-32 各海域底栖生物主要优势种（列前5位）

	碱厂海域	港口海域	核电站海域
丰度优势种	光滑河蓝蛤 *Potamocorbula laevis*	光滑河蓝蛤 *Potamocorbula laevis*	圆筒原盒螺 *Eocylichna cylindrella*
	寡节甘吻沙蚕 *Glycinde gurjanovae*	足刺拟单指虫 *Cossurella aciculata*	寡节甘吻沙蚕 *Glycinde gurjanovae*
	异蚓虫 *Heteromastus filiformis*	圆筒原盒螺 *Eocylichna cylindrella*	不倒翁虫 *Sternaspis sculata*
	光螺 *Eulima* sp.	寡鳃齿吻沙蚕 *Nephthys oligobranchia*	寡鳃齿吻沙蚕 *Nephthys ligobranchia*
	胶州湾顶管角贝 *Episiphon kiaochowwanense*	小胡桃蛤 *Nucula paulula*	拟特须虫 *Paralacydonia aradoxa*
生物量优势种	光滑河蓝蛤 *Potamocorbula laevis*	光滑河蓝蛤 *Potamocorbula laevis*	棘刺锚参 *Protankyra bidentata*
	棘刺锚参 *Protankyra bidentata*	棘刺锚参 *Protankyra bidentata*	薄荚蛏 *Siliqua pulchella*
	细指海葵 *Metridium* sp.	狼牙鰕虎鱼 *Odontamblyopus* sp.	绒毛细足蟹 *Raphidopus ciliatus*
	薄荚蛏 *Siliqua pulchella*	菲律宾蛤仔 *Ruditapes philippinarum*	圆筒原盒螺 *Eocylichna cylindrella*
	狼牙鰕虎鱼 *Odontamblyopus* sp.	绒毛细足蟹 *Raphidopus ciliatus*	胶州湾顶管角贝 *Episiphon kiaochowwanense*

均匀度指数 J' 的总平均值为 0.806，在碱厂海域、港口海域和核电站海域依次取值为 0.746、0.842 和 0.806，相差不大。最大值出现在 H10 站，为 0.975，原因是在该站出现的 10 个种之间的丰度值相差不大。最低值出现在 JS04 站，仅为 0.29，原因是在该站出现了大量的光滑河蓝蛤（*Potamocorbula laevis*），导致种间的丰度值相差极大。

17.4.3 底栖生物评价

近岸海域环境生物评价是利用生物对环境的反应来评价环境变化的方法。栖息于自然界的生物，种与种之间有着相互依存、相互制约的辩证关系，并且在一定环境中，某些种类以一定的数量比例构成群落。正常情况下，生态系统中环境与生物、生物与生物之间不断地进行着物质循环和能量流动，以维持自然界的平衡。一旦环境发生改变，其数量超过了环境的自净能力，就造成污染，对生物产生危害，进而引起群落结构上的改变，破坏生态系统的平衡。

目前，利用底栖生物群落和种群进行污染评价的类型很多，最简单的是生物多样性指数，又称差异指数，是指应用数理统计方法求得表示生物群落和个体数量的数值，以评价环境质量，它是群落结构中组成种数的一种简化反应。该指数既反映了组成生物群落的种类变化又反映了群落中各生物之间数量关系的改变，适用范围广，能够较实际地反映群落结构，评价准确度较高，并用丰富度 Margalef 指数和单纯度 Simposon 指数计算底栖生物的群集特征值，以判别评估海域底栖生物群落结构的稳定性。

本节采用 3 种多样性指数对该海域各站位进行环境质量评价，评价标准参照表 17-33（纪炳纯，王新华，等，2002），评价结果见表 17-34。

表 17-33 环境质量评价标准

污染指标	重污染	中度污染	轻度污染	清洁
H′	<1.00	1.00~2.00	2.00~3.00	>3.00
Simpson 指数	<2.00	2.00~3.00	3.00~6.00	>6.00
Margalef 指数	<1.00	1.00~2.00	2.00~5.00	>5.00

表 17-34 各采样站位底栖生物环境质量评价

站位	多样性指数	污染评价	Margalef 指数	污染评价	Simpson 指数	污染评价
JC01	1.41	中度污染	0.88	重污染	1.62	重污染
JC02	3.94	清洁	2.06	轻度污染	13.37	清洁
JC03	3.87	清洁	1.87	中度污染	12.21	清洁
JC04	3.85	清洁	2.06	轻度污染	11.06	清洁
JC05	3.41	清洁	1.46	中度污染	8.76	清洁
JC06	3.06	清洁	1.05	中度污染	7.76	清洁
JC07	2.64	轻度污染	0.962	重污染	4.43	轻度污染
JC08	2.90	轻度污染	1.24	中度污染	4.88	轻度污染
JC09	3.37	清洁	1.91	中度污染	6.84	清洁
JS04	1.16	中度污染	1.2	中度污染	1.39	重污染
JS05	2.90	轻度污染	1.13	中度污染	5.92	轻度污染
JS06	2.26	轻度污染	1.49	中度污染	2.57	中度污染
JS08	1.44	中度污染	0.626	重污染	1.80	重污染
GK01	2.99	轻度污染	1.49	中度污染	4.76	轻度污染
GK02	2.52	轻度污染	0.905	重污染	4.13	轻度污染
GK03	3.68	清洁	1.87	中度污染	9.29	清洁
LH07	2.97	清洁	1.41	中度污染	4.94	轻度污染
LH08	2.24	轻度污染	0.612	重污染	4.45	轻度污染
LH09	3.79	清洁	2.21	轻度污染	8.53	清洁
H03	3.27	清洁	1.35	中度污染	7.74	清洁
H06	2.65	轻度污染	0.942	重污染	4.83	轻度污染
H07	3.54	清洁	1.71	中度污染	9.14	清洁
H08	2.79	轻度污染	1.15	中度污染	4.92	轻度污染
H09	2.93	轻度污染	1.32	中度污染	5.24	轻度污染
H10	3.08	清洁	1.21	中度污染	8.00	清洁
H14	3.57	清洁	1.91	中度污染	8.40	清洁
H15	3.21	清洁	1.5	中度污染	6.36	清洁
H16	3.46	清洁	1.52	中度污染	8.52	清洁

从表中可以看到各采样站位底栖生物的各项生物学指标评价结果为：JC01、JS08 站属重污染，JC07、JC08、JS04、JS05、JS06、GK01、GK02、LH07、LH08、H06、H08、H09 站属中度污染，JC02、JC03、JC04、JC05、JC06、JC09、GK03、LH09、H03、H07、H10、H14、H15、H16 站属轻微污染。综合以上各站评价结果可以看出：①离湾顶最近的两个站位 JC01、JS08 均属重污染，说明碱厂是个重要的污染源。

②港口海域污染站位比例普遍多于非港口站位，表明港口海域相对污染较重。

17.4.4 底栖生物对生境变化的响应

底栖生物对生境变化的适应能力有一定差异性，例如，多毛类、甲壳类生物对悬移质浓度和沉积物厚度比较敏感。自然和人类活动对底栖生物的影响主要是通过改变底栖生境来实现的，如通过改变物理因子（水动力、底质粒径、悬浮浓度等），同样，也会通过改变水质和底质沉积物的质量对有特殊生境需求的底栖生物产生影响，破坏正常的底栖生态过程，包括碳固定、营养物质循环、碎屑分解作用和营养物质重新回到水层等生态作用。例如海水中悬沙浓度增高，可能会造成部分底栖动物缺氧窒息，还会堵塞动物的呼吸系统。沉积物颗粒大小可能会影响沉积物食性动物的取食，而水动力和水体中的其他物理过程将会影响到以悬浮物为食的动物，最终导致底栖生物群落的变化，底栖生物群落则通过改变种类组成和多样性特征对生境变化产生响应。

通过与工程前底栖生物比较可以发现，工程后底栖生物群落种类减少，种类组成发生变化。总的趋势是工程后甲壳动物种类略微减少，多毛类种类增多，底栖生物多样性降低。碱厂海域低栖息密度区出现在拦海西大堤附近，高栖息密度区出现在西北方向，生物量与栖息密度分布趋势大体相一致，基本上自海州湾西北向东南拦海西大堤方向逐步递减，并且递减幅度越来越大。西大堤附近生物明显减少，在生物种类上多毛类显著增多，但生物量在总体上却减少，说明底栖生物类群发生了一定的变化。

港口海域生物量与栖息密度在港池附近为低值区。与工程前相比，工程后虽然丰度明显增大，但生物量反而大大减少，这主要是因为多毛类增多，导致生物丰度增加，生物量却降低。

核电站海域各站生物密度分布很不均匀，海域南部和北部为栖息密度低值区，近岸和远海为栖息密度高值区。密度最高的站位其生物量反而不是最高，但生物量与栖息密度总的分布趋势仍大体一致。同核电站工程前环境调查报告中底栖生物相比，工程后出现的总种数明显减少，其中棘皮动物和鱼类减少的种类比较多，分别少了5种和6种。工程前后的优势种发生了较大的变化，仅有2种是共同的：不倒翁虫（*Sternaspis sculata*）和足刺拟单指虫（*Cossurella aciculata*）。工程后出现的优势种都是个体很小的种类，以多毛类居多，而工程前调查的优势种多是个体较大的软体动物和棘皮动物，如：薄云母蛤（*Yoldia similis*）、薄荚蛏（*Siliqua pulchella*）、织纹螺（*Nassarius spp*）、棘刺锚参（*Protankyra bidentata*）和海地瓜（*Acandina molpadioides*）等，导致工程后大型底栖动物丰度增加，而生物量却减少。

综合工程前后底栖生物丰度和生物量组成的变化（表17－35）可以看到：从丰度组成上，工程前的多毛类和软体动物增加了，甲壳类和棘皮动物减少了，特别是棘皮动物由26.2%减少到1.4%。从生物量组成上，软体动物、多毛类和甲壳类都增加了，尤其是软体动物增加很多，由2.8%增加到36.4%，而棘皮动物的组成由86.7%减少到30.0%。出现这种变化的原因，通常是人类活动对底栖生物群落的干扰所致。

表17－35　底栖生物主要类群丰度和生物量组成（%）

比较项		多毛类	软体动物	甲壳动物	棘皮动物	其他
丰度	工程前	44.6	12	12.8	26.2	3.4
	工程后	56.0	32.0	6.8	1.4	3.8
生物量	工程前	0.4	2.8	1.0	86.7	9.1
	工程后	15.2	36.4	13.8	30.0	4.6

选取工程附近由近及远的JC01、JS08、JS06、JS04 4个站位分别做生物ABC曲线来探讨人类活动对底栖生物群落干扰的影响，结果如图17－29至图17－32所示。生物ABC曲线是将生物量和丰度的K－优势度曲线绘入同一张图中，通过比较丰度和生物量这两个单位不同的指标，分析大型底栖动物群落受扰动和影响的状况。图中的横轴是种类依丰度和生物量重要性的相对种数（对数）排序，纵轴是丰度和

生物量优势度的累积百分比。在未受扰动的群落中，生物量往往由一个或几个体形较大的种占优势，其数量很少，而数量占优势的是个体相对较小的种类，其丰度具有很强的偶然性，此时的种类丰度曲线比生物量曲线平滑，而生物量曲线则显示较强的优势度，因此，绘出的图形是生物量的 K－优势度曲线始终位于丰度曲线之上，在受到中等程度的干扰时，较大个体的优势种被削弱，数量和生物量优势度的不均等减弱，造成丰度和生物量曲线接近重合或出现部分交叉，当环境受到严重干扰时，底栖群落逐渐由一个或几个个体较小的种类占优势，此时的丰度曲线位于生物量曲线之上。

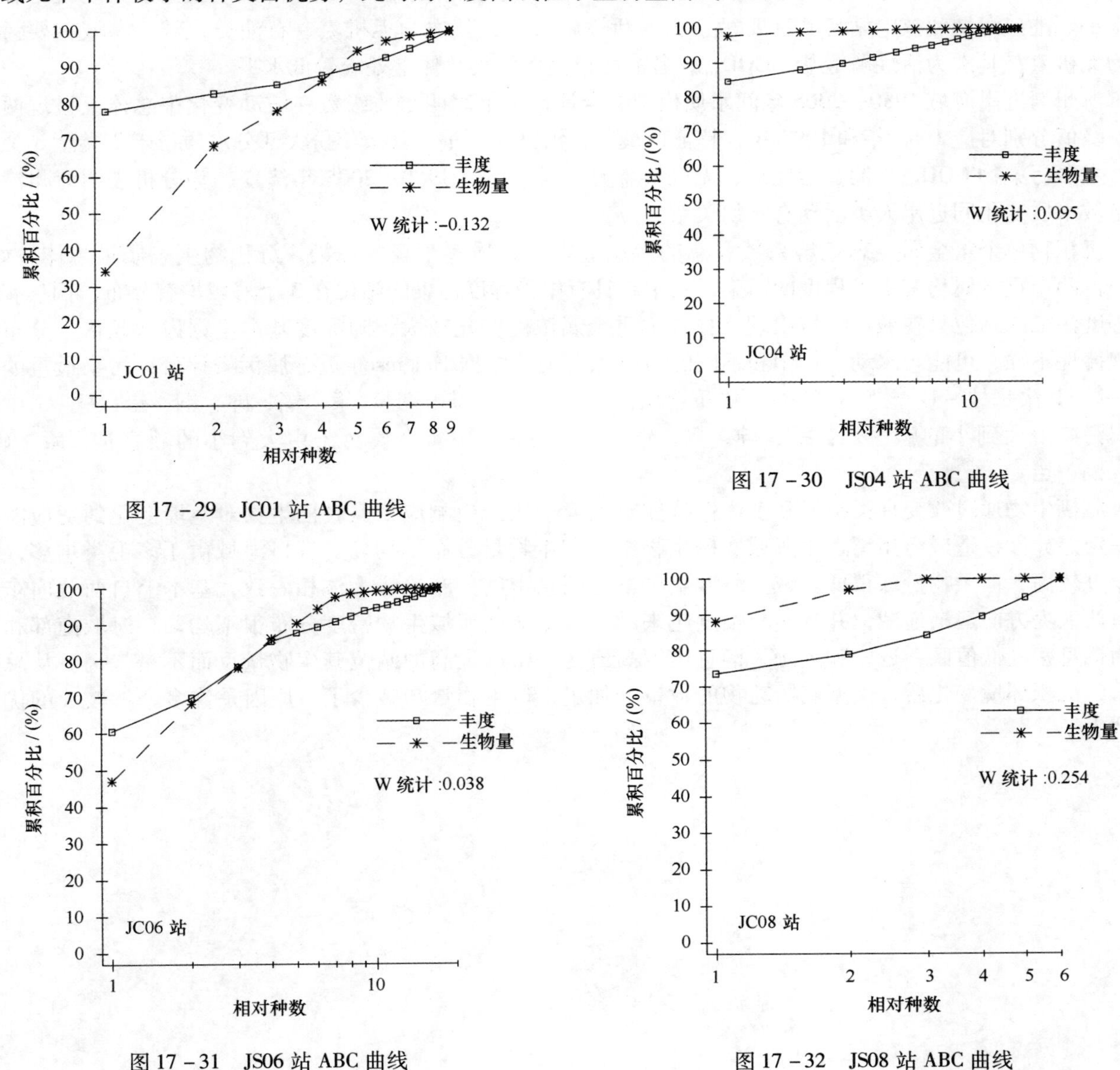

图 17－29　JC01 站 ABC 曲线

图 17－30　JS04 站 ABC 曲线

图 17－31　JS06 站 ABC 曲线

图 17－32　JS08 站 ABC 曲线

根据上述，由图可知 JS04、JS06 和 JS08 站的生物量曲线起点都很高，丰度和生物量曲线交叉或接近，代表大型底栖动物群落结构受到的干扰相对较轻。而距工程较近的 JC01 站的生物量曲线最低，表明大型底栖动物群落结构受到较大的干扰。

总之，从底栖生物的变化可以看出，工程后大型底栖动物的数量比工程前增加了，而生物量却大大地减少了。工程前的丰度值在 0～506.9 个/m^2，工程后的丰度值在 172.9～970.9 个/m^2，高于工程前，工程后出现的总种数也明显少于工程前出现的种类。工程前的生物量取值波动很大，w. w 在 0～1 889.75 g/m^2，生物量相当高，几乎全是海地瓜（*Acandina molpadioides*）和棘刺锚参（*Protankyra bident-*

ata）。而工程后的生物量取值却很小，波动不大，w. w 在 0. 519 ~ 30. 258 g/m²，没有出现海地瓜（*Acandina molpadioides*），生物量显著小于工程前的数值，原因是许多个体较大的优势种消失了。

17. 5 小结

海州湾近岸海域核电站海域总体水质最好，港口海域总体水质最差，3 个海域水质总体上均处于轻污染水平。港口海域和核电站海域首要污染物为活性磷酸盐，其次为无机氮、石油类；碱厂海域首要污染物为无机氮，其次为活性磷酸盐、COD_{Mn}；各海区重金属污染总体上处于较低水平。

海州湾近岸海域 1980—2005 年间水质模糊综合评价结果表明水质级数在波动变化中总体上呈现两个峰，峰值分别对应 1985 年和 1997 年，特征值最大，污染最严重，其余年份大部分水质位于 2 类至 3 类之间。主要污染物 COD_{Mn}、油、活性磷、无机氮监测数据平均值 1980—2005 年演变趋势分析表明海州湾近岸海域水质变化同近岸人类活动有密切关系。

沉积物单个重金属生态危害系数和总的生态危害指数均属于轻微污染，沉积物生态质量总体较好。砷、铜两个重金属均有中等程度的污染，其中砷具有中等程度污染的站位在 3 个海域均有分布，铜具有中等程度污染的站位只在碱厂海域出现。柱样中重金属浓度变化较大，随深度基本呈锯齿状起伏，分布趋势规律性不强，可能与水动力作用和不同的污染源有关。根据 Hakanson 重金属污染评价，污染最重的是柱 -2，其次是柱 -1、柱 -3，柱 -2 中重金属污染由大到小的顺序是：汞、镉、砷、铜、铅；柱 -1 中重金属污染由大到小的顺序是：汞、砷、镉、铜、铅；柱 -3 中重金属污染由大到小的顺序是：汞、砷、铜、镉、铅。

底栖生物通过改变种类组成和多样性特征对生境干扰产生响应，但底栖生物对生境变化的适应能力有一定差异性，造成海州湾近岸海域底栖生物密度和生物量分布不均匀。港口海域由于多毛类增多，虽然丰度较高，但生物量却很低。碱厂海域生物量与栖息密度分布趋势大体相一致，基本上自西北向东南拦海西大堤方向逐渐递减，并且递减幅度越来越大。核电站海域生物密度分布很不均匀，海域南部和北部为栖息密度低值区，近岸和远海为栖息密度高值区，密度最高的站位其生物量反而不是最高。从总体上看，沉积环境变化后，大型底栖动物的数量增加了，但生物量却减少了，原因是许多个体较大的优势种消失了。

参考文献

安福元,马海州,樊启顺,等.2012.粒度在沉积物物源判别中的运用[J].盐湖研究,20(1):49-56.

柏春广,王建.2003.一种新的粒度指标:沉积物粒度分维值及其环境意义[J].沉积学报,21(2):234-239.

鲍献文,宋军,姚志刚,等.2010.北黄海潮流、余流垂直结构及其季节变化[J].中国海洋大学学报,40(11):11-18.

陈德昌,金镠,唐寅德,等.1989.连云港地区淤泥质海岸近岸带水体含沙量的横向分布[J].海洋与湖沼.20(6):544-553.

陈红霞,华锋,刘娜,等.2009.不同方式的纳潮量计算比较——以胶州湾2006年秋季小潮为例[J].海洋科学进展,27(1):11-15.

陈吉余,王宝灿,虞志英.1989.中国海岸发育过程和演变规律[M].上海:上海科学技术出版社.

陈君,王义刚,林祥.2006.江苏灌河口海域现代沉积特征研究[J].资源调查与环境,27(1):39-45.

陈乐平.1990.从遥感信息看连云港西海堤工程的隐患[J].国土资源遥感,2:57-60.

陈沈良,李向阳,俞航,等.2008.潮流作用下洋山港水域悬沙和底沙的交换[J].海洋学研究,26(3):11-17.

陈沈良,张国安,杨世伦,等.2004.长江口水域悬沙浓度时空变化与泥沙再悬浮[J].地理学报,59(4):260-266.

陈守煜.1991.水质综合评价的模糊集理论模型与水质评价[J].水利学报,1:119-125.

陈祥锋,贾海林,刘苍字.2000.连云港南部近岸带沉积特征与沉积环境[J].华东师范大学学报:自然科学版,1:74-81.

陈祥锋,刘苍字,虞志英.2001.连云港南部近岸带冲淤变化分析[J].海洋工程,19(3):96-101.

陈学良.1998.连云港浮泥测试及"适航深度"的确定[J].水运工程,8:28-31.

程祥圣,刘汉奇,张昊飞,等.2006.黄浦江沉积物污染及潜在生态风险评价初步研究[J].生态环境,15(4):682-686.

丁喜桂,叶思源,高宗军,等.2005.近岸海域沉积物重金属污染评价方法[J].海洋地质动态,21(8):31-36.

樊社军,虞志英,金镠.1997.淤泥质岸滩侵蚀堆积动力机制及剖面模式[J].海洋学报,19(3):66-76.

范恩梅,陈沈良,张国安.2009.连云港近岸海域沉积物特征与沉积环境[J].海洋地质与第四纪地质,29(2):33-40.

方国洪,郑文振,陈宗镛,等.1986.潮汐和潮流的分析与预报[M].北京:海洋出版社.

方国洪.1981.潮汐分析和预报的准调和分潮方法:Ⅲ.潮流和潮汐分析的一个实际计算过程[J].海洋科学集刊,18:19-40.

方神光,陈文龙,崔丽琴.2012.伶仃洋水域纳潮量计算及演变分析[J].海洋环境科学,31(1):76-78.

方欣华.1993.海洋小尺度过程[J].地球科学进展,8(5):99-100.

冯慕华,龙江平,喻龙,等.2003.辽东湾东部浅水区沉积物中重金属潜在生态评价[J].海洋科学,27(3):52-56.

冯士筰.1982.风暴潮导论[M].北京:科学出版社.

冯应俊,李炎.1993.杭州湾近期环境演变与沉积速率[J].东海海洋,11(2):13-24.

盖美,田成诗.2002.大连市近岸海域环境的模糊模式识别及动态分析[J].地域研究与开发,26(1):64-68.

甘居利,贾晓平,林钦,等.2000.近岸海域底质重金属生态风险评价初步研究[J].水产学报,24(6):533-538.

高良,赵一阳,赵松龄,等.1982.海州湾南岸的沉积特征与动态[J].海洋与湖沼,13(6):496-508.

高抒,Collin S M.1998.沉积物粒径趋势与海洋沉积动力学[J].中国科学基金,4:241-246.

高抒.2009.沉积物粒径趋势分析:原理与应用条件[J].沉积学报,27(5):826-836.

谷国传,胡方西.1989.我国沿海近岸带水域的悬沙分布特征[J].地理研究,8(2):1-15.

管孝艳,杨培岭,任树梅,等.2009.基于多重分形理论的壤土粒径分布非均匀性分析[J].应用基础与工程科学学报,17(2):196-205.

郭志刚,杨作升.2002.冬、夏季东海北部悬浮体分布及海流对悬浮体输运的阻隔作用[J].海洋学报,24(5):71-80.

国家质量监督局.1993.海洋调查规范(GB/T 13909—92)[S].北京:中国标准出版社.

国家质量监督局.2007.海洋调查规范(第7部分):海洋调查资料交换[S].北京:中国标准出版社.

海洋图集编委会.1993.渤海黄海东海海洋图集.北京:海洋出版社.

何华春,丁海燕,张振克,等.2005.淮河中下游洪泽湖湖泊沉积物粒度特征及其沉积环境意义[J].地理科学,25(5):590-596.

何孟常,王子健,汤鸿霄.1999.乐安江沉积物重金属污染及生态危害性评价[J].环境科学,20(1):8-10.
贺松林,孙介民.1996.长江河口最大浑浊带的悬沙输移特征[J].海洋与湖沼,27(1):60-66.
贾建军,程鹏,高抒.2004.利用插值试验分析采样网格对粒度趋势分析的影响[J].海洋地质与第四纪地质,24(3):135-141.
贾建军,高抒,薛允传.2002.图解法与矩法沉积物粒度参数的对比[J].海洋与湖沼,33(6):577-582.
贾建军,汪亚平,高抒,等.2005.江苏大丰潮滩推移质输运与粒度趋势信息解译[J].科学通报,50(22):2546-2554.
贾振邦,梁涛,林健枝,等.1997.香港河流重金属污染及潜在生态危害研究[J].北京大学学报,33(4):485-492.
江文胜,苏建.1999.渤海悬浮物浓度分布和水动力特征的关系[J].海洋学报,124(1):212-218.
交通部第一航务工程勘察设计院.2004.海港水文规范[S].北京:人民交通出版社.
纪炳纯,王新华,刘越.2002.天津市主要公园底栖动物及其水质评价.动物科学与动物医学,19(6):17-19.
雷坤,杨作升.2001.东海不同底质类型海域春季悬浮体通量及影响因素[J].海洋与湖沼,132(1):50-57.
李冬梅,刘广山,杨世纶.2005.剥谱方法解析海洋沉积物粒径谱[J].厦门大学学报(自然科学版),44(6):810-814.
李凤业,宋金明,李学刚,等.2003.胶州湾现代沉积速率和沉积通量研究[J].海洋地质与第四纪地质,4(23):29-33.
李广雪,杨子赓,刘勇.2005.中国东部海域海底沉积物类型图[M].北京:科学出版社:33-44.
李建芬,王宏,夏威岚,等.2003.渤海湾西岸^{210}Pb、^{137}Cs测年与现代沉积速率[J].地质调查与研究,(6):114-128.
李坤平,杨克奇.1983.渤海湾非周期性水位变化与风和气压的关系[J].海洋科学,(2):12-15.
李永祥,李伟.2000.连云港核电站工程海域的含沙量评价[J].水道港口,3:37-40.
李占海,陈沈良,张国安.2008.长江口崇明东滩水域悬沙粒径组成和再悬浮作用特征[J].海洋学报,30(6):154-163.
李占海,高抒,沈焕庭,等.2006.江苏大丰潮滩悬沙级配特征及其动力响应[J].海洋学报,28(4):87-94.
李占海,高抒,沈焕庭.2006.大丰潮滩悬沙粒径组成及悬沙浓度的垂向分布特征[J].泥沙研究,1:62-70.
连云港市政府研究室"突破海州湾开发研究"课题组.2006.突破海州湾开发研究[J].海洋开发与管理,2:3-36.
刘付程,张存勇,彭俊.2010.海州湾表层沉积物粒度的空间变异特征[J].海洋科学,34(7):54-76.
刘涛,石学法,刘莹.2011.基于"动力组分"思想的沉积物粒径趋势模型[J].海洋学报,33(5):97-103.
刘玮祎,楼飞,虞志英.2006.灌河河口河道冲淤演变及航道自然条件分析[J].海岸工程,25:14-21.
刘赞沛,陈则实,鄢利农,等.2001.蓬莱近岸非潮汐水位波动[J].海洋与湖沼,32(4):363-370.
潘少明,施晓冬,王建业,等.2000.围海造地工程对香港维多利亚港现代沉积作用的影响[J].沉积学报,(3):22-28.
秦蕴珊,李凡,徐善民.1989.南黄海海水中悬浮体的研究[J].海洋与湖沼,20(2):101-112.
秦蕴珊,李凡,郑铁民,等.1986.南黄海冬季海水中悬浮体的研究[J].海洋科学,10(6):1-7.
秦蕴珊,李凡.1982.渤海海水中悬浮体的研究[J].海洋学报,14(2):191-200.
曲政.2001.沉积物粒度数据表征方法的研究[J].中国粉体技术,7(4):24-31.
沈育疆,钱成春.1990.Sa分潮与月平均海面[J].海洋湖沼通报,(2):12-16.
侍茂崇,高郭平,鲍献文.2008.海洋调查方法导论[M].青岛:中国海洋大学出版社.
宋召军,黄海军,杜廷芹,等.2006.南黄海辐射沙洲附近海域悬浮体的研究[J].海洋地质与第四纪地质,26(6):19-25.
孙东怀,安芷生,苏瑞侠,等.2001.古环境中沉积物粒度组分分离的数学方法及其应用[J].自然科学进展,11(3):269-276.
孙有斌,高抒,李军.2003.边缘海陆源物质中环境敏感粒度组分的初步分析[J].科学通报,48(1):83-87.
唐建华,何青,刘玮,等.2007.长江口南槽沉积物粒度的分形特性分析[J].泥沙研究,3:50-56.
王宝灿,虞志英,刘苍字,等.1980.海州湾岸滩演变过程和泥沙流动向[J].海洋学报,2(1):79-96.
王鸿杰,尤宾,上官宗光.2005.模糊数学分析方法在水环境评价中的应用[J].水文,25(6):30-32.
王元磊.2008.粒度趋势分析方法的研究进展[J].山东师范大学学报(自然科学版),23(2):81-84.
魏皓,田恬,周锋,等.2002.渤海水交换的数值研究-水质模型对半交换时间的模拟[J].青岛海洋大学学报,32(4):519-525.
吴德安,张忍顺,严以新,等.2006.辐射沙洲东大港潮流水道悬沙输移机制分析[J].河海大学学报(自然科学版),34(2):216-222.
吴少华,王喜年,戴明瑞.1999.海湾中假潮的特征与成因的初步研究[J].海洋通报,18(3):1-6.
吴少华,王喜年,于福江,等.2002.连云港温带风暴潮及可能最大温带风暴潮的计算[J].海洋学报,24(5):8-18.
肖尚斌,李安春.2005.东海内陆架泥区沉积物的环境敏感粒度组分[J].沉积学报,23(1):122-129.
肖玉仲,刘国贤,杜瑞芝,等.1997.江苏灌河口现代沉积速率的研究[J].海洋学报,19(5):91-96.
熊学军,胡筱敏,王冠琳,等.2007.半封闭海湾纳潮量的一种直接观测方法[J].海洋技术,26(4):17-19.

徐恒振.1992.海水环境质量评价的灰色聚类法[J].海洋通报,11(5):34-40.
徐恒振.1992.海水水质级别的模糊综合评价方法[J].海洋环境科学,11(2):41-48.
徐兴永,易亮,于洪军,等.2010.图解法和矩值法估计海岸带沉积物粒度参数的差异[J].海洋学报,32(2):80-86.
杨晓东.2010.乐清湾悬沙输移特性研究:[D].杭州:浙江大学.
杨作升,郭志刚.1992.黄东海陆架悬浮体向其东部深海区输运的宏观格局[J].海洋学报,14(2):81-90.
杨作升,米利曼.1983.长江入海沉积物的输运及其入海后的运移[J].山东海洋学院学报,13(3):1-12.
殷志强,秦小光,吴金水,等.2009.中国北方部分地区黄土、沙漠沙、湖泊、河流细粒沉积物粒度多组分分布特征研究[J].沉积学报,27(2):343-351.
尹逊福,徐龙,熊学军,等.2003.南海东部区域的海流状况——Ⅲ.海流的经验模分解和Hibert谱[J].海洋科学进展,21(2):148-159.
于东明,胡小兰,张光灿,等.2011.江子河小流域不同植被类型土壤粒径的多重分形特征[J].中国水土保持科学,9(5):79-85.
于东生,田淳,严以新.2004.长江口悬沙含量垂向分布数值模拟[J].水利水运工程学报,1:35-40.
于福江,王喜年,戴明瑞.2002.影响连云港的几次显著温带风暴潮过程分析及其数值模拟[J].海洋预报,19(1):113-122.
于谦,高抒.2008.往复潮流作用下推移质粒径趋势形成模拟初探[J].海洋与湖沼,39(4):297-303.
臧启运,李泽林,周希林.1996.一种新型简易自动采水浮标系统的研制和试用[J].黄渤海海洋,14(1):62-68.
张存勇,冯秀丽.2009.连云港近岸海域沉积物粒度空间分布特征及其分析[J].海洋学报,31(4):120-127.
张存勇.2013.连云港近岸海域沉积物运移趋势[J].海洋学报,35(3):172-178.
张存勇.2012.连云港近岸海域潮流垂直结构及其季节变化[J].海洋通报,31(4):391-396.
张存勇.2012.连云港近岸海域潮流动力特征[J].水运工程,9:30-34.
张国安,虞志英.2001.连云港疏浚工程的环境效应[J].黄渤海海洋,19(2):46-56.
张庆河,王殿志,吴永胜,等.2001.黏性泥沙絮凝现象研究述评(1):絮凝机理与絮团特性[J].海洋通报,20(6):80-90.
张忍顺,陆丽云,王艳红.1984.江苏海岸侵蚀过程及其趋势[J].地理研究,31(4):469-478.
张晓东,翟世奎,许淑梅.2006.端元分析模型在长江口邻近海域沉积物粒度数据反演方面的应用[J].海洋学报,28(4):159-166.
张学庆,孙英兰.2006.三维质点追踪模型及其在胶南海域的应用[J].水科学进展,17(6):873-876.
赵梅.2008.黄海中部海岸末次冰盛期第1硬质黏土层的粒度分维特征及其环境[J].海洋地质动态,24(10):8-13.
中国海湾志编纂委员会.1993.中国海湾志(第四分册)[M].北京:海洋出版社.
周晶晶,张长宽,薛鸿超.2012.泥沙颗粒的粒径谱分析——以长江口泥沙为例[J].泥沙研究,6:19-25.
周良勇,陈斌,刘健,等.2010.苏北废黄河口声学多普勒测流中向上分量的分析[J].海洋地质动态,26(1):16-20.
周炜星,吴韬,于遵宏.2000.多重分形奇异谱的几何特性Ⅱ.配分函数法[J].华东理工大学学报,26(4):390-395.
周小峰,何文亮,叶小凡,等.2007.ADCP在浅海复杂流况观测中的应用[J].浙江水利科技,2:39-41.
Andrew D K, Christopher K S. 2005. Latest Holocene evolution and human disturbance of a channel segment in the Hudson River Estuary[J]. Marine Geology, 218:135-153.
Armentano T V, Woodwell G M. 1975. Sedimentation rates in a Long Island marsh determined by ^{210}Pb dating[J]. Limnology and Oceanography, 20(3):452-456.
Asok K S, Gabriel M F, Jose A F. 2009. An application of wavelet analysis to paleoproductivity records from the Southern Ocean[J]. Computers & Geosciences, 35:1445-1450.
Asselman N E M. 1999. Grain-size trends used to assess the effective discharge for floodplain sedimentation, river waal, the Nethlerlands[J]. Joumal of Sedimentary Research, 69(1):51-61.
Davies A G. 1985. Field observations of the threshold of sediment motion by wave action[J]. Sedimentology, 32(5):685-704.
Folk R L, Ward W C. 1957. Brazos river bar: a study in the signification of grain size parameters[J]. Journal of Sedimentary Petrology, 27:3-27.
Gailani J, Lick W, Ziegler C K, et al. 1996. D. Development and calibration of a fine-grained sediment transport model for the Buffalo River[J]. J Great Lakes Res, 22:765-778.
Gao S, Collins M B, Lanckneus J et al. 1994. Grain size trends associated with net sediment transport patterns: An example from the Belgian continental shelf [J]. Marine Geology, 121:171-185.

Gao S,Collins M B. 1992. Net sediment transport patterns inferred from grain - size trends, based upon definition of transport vectors [J]. Sedimentary Geology,81(1-2):47-60.

Goldberg ED,Koide M. 1963. Rates of sediment accumulation in the Indian Ocean[M]//Geiss J,Goldberg ED. (editor) Earth Sciences and Meteorities:90-102.

Grant W D,Madsen O S. 1979. Combined wave and current interaction with a rough bottom[J]. Journal of Geophysical Research,84: 1797-1808.

Hakanson L. 1980. An ecological risk index for aquatic pollution control: A sedimentological approach [J]. WaterResearch, 14: 975-1001.

Hanes D M,Huntley D A. 1986. Continuous measurement of suspended sand concentration in a wave dominated near shore environment [J]. Continental Shelf Research,6(4):585-596.

Hanes D M. 1991. Suspension of sand due to wave groups[J]. Journal of Geophysical Research,96:8911-8915.

Hasselmann K. 1974. On the spectral dissipation of ocean waves due to whitecapping[J]. Boundlayer Meteor,6:107-127.

Huang N E,Shen Z,Long S R,et al. 1998. The empirical mode decomposition and the Hilbert spectrum for nonlinear and nonstationary series analysis[J]. Proc R Soc Lond A, 454(1971):903-995.

HydroQual,Inc. 2002. A Primer for ECOMSED[M]. 1-188.

Jay D A,Geyer W R,Uncles R J,et al. 1997. A review of recent development in estuarine scalar flux estimation[J]. Estuaries,20(2): 262-280.

Kato Y,Kitazato H,Shimanaga M,et al. 2003. ^{210}Pb and ^{137}Cs in sediments from Sagami Bay,Japan: sedimentation rates and inventories [J]. Progress in Oceanography ,57:77-95.

Krone R B. Flume Studies of the Transport of Sediment in Estuarial Shoaling Processes, Final Report[R]. Hydraulic Engineering Laboratory and Sanitary Engineering Research Laboratory, University of California, Berkeley, 1962.

Le Roux J P. 1994. An alternative approach to the identification of net sediment transport paths based on grain - size trends[J]. Sedimentary Geology. 94:97-107.

Lyons M G. 1997. The dynamics of suspended sediment transport in the ribble estuary[J]. Water, Air and Soil Pollution,99:141-148.

Ma F,Wang Y P,Li Y,et al. 2010. The application of geostatistics in grain size trend analysis: A case study of eastern Beibu Gulf [J]. Journal of Geographical Sciences,20(1):77-90.

Maa J P Y,Sanford L,Halka J P. 1998. Sediment resuspension characteristics in Baltimore Harbor, Maryland[J]. Marine Geology,146: 137-145.

Mandelbrot B B. 1982. The fractal geometry of nature[M]. San Francisco: Freeman.

McManus J. 1988. Grain size determination and interpretation [C]//Tucker M. Techniques in Sedimentology. Backwell, Oxford: 63-85.

Mclaren P,Boeles D. 1985. The effects of sediment transport on grain - size distributions [J]. Journal of Sedimentary Petrology,55(4): 457-470.

Montero E. 2005. Rényi dimensions analysis of soil particle - size distributions[J]. Ecological Modeling,182(3-4):305-315.

Orson R W,Warren R S,Niering W A. 1998. Interpreting sea level rise and rates of vertical marsh accretion in a southern New England tidal salt marsh[J]. Estuarine, Coastal and Shelf Science,47:419-429.

Partheniades E. 1965. Erosion and deposition of cohesive soil[J]. Journal of the Hydraulics Division,91:105-139.

Partheniades E. 1992. Estuarine Sediment Dynamics and Shoaling Processes[M]//Herbick J. Handbook of Coastal and Ocean Engineering, Vol. 3:985-1071.

Passega R. 1957. Texture as a characteristic of clastic deposition[J]. Bulletin of the American Association of Petroleum Geologists. 41: 1952-1984.

Poizot E, Mear Y. 2010. Using a GIS to enhance grain size trend analysis [J]. Environmental Modelling and Software, 25 (4):513-525.

Poizot E,Mear Y. ,Thomas M,et al. 2006. The application of geostatistics in defining the characteristic distance for grain size trend analysis[J]. Computers & Geosciences,32(3):360-370.

Ribbea J,Hollowayb P E. 2001. A model of suspended sediment transport by internal tides [J]. Continental Shelf Research, 21: 395-422.

Rich P, Bob B, Steve L. 2002. Classical tidal harmonic analysis including error estimates in MATLAB using T – TIDE[J]. Computers & Geosciences, 28: 929 – 937.

Robbins J A, Edgington D N. 1975. Determination of recent sedimentation rates in Lake Michigan using ^{210}Pb and ^{137}Cs[J]. Geochimica et Cosmochimica Acta, (39): 285 – 304.

Rouse H. 1937. Modern conceptions of the mechanics of fluid turbulence. Transactions of the American Society of Civil Engineers, 102: 463 – 523.

Sheldon R W, Parsons T R. 1967. A continuous size spectrum for particulate matter in the sea[J]. Journal of the Fisheries Research Board of Canada, 24(5): 909 – 915.

Shepard FP. 1954. Nomenclature based on sand – silt – clay ratios[J]. Journal of Sedimentary Petrology, 24: 151 – 158.

Soulsby R L. 1997. Dynamics of Marine Sands: A Manual for Practical Applications[M]. Thomas Telford, London: 1 – 250.

Sun D H, Bloemendal J, Rea D K, et al. 2002. Grain – size distribution function of polymodal sediments in hydraulic and aeolian environments, and numerical partitioning of the sedimentary components [J]. Sedimentary Geology, 152: 263 – 277.

The SWAN team. 2008. SWAN USER MANUAL. Delft: Delft University of Technology: 1 – 117.

Thorbjorn J A, Ole A M, Annette L M, et al. 2000. Deposition and mixing depths on some European intertidal mudflats based on ^{210}Pb and ^{137}Cs activities[J]. Continental Shelf Research, 20: 1569 – 1591.

Udden JA. 1914. Mechanical composition of clastic sediments[J]. Bulletin of the Geological Society of America, 25: 655 – 744.

Uncles R J, Elliott R C A, Weston S A. 1985. Observed fluxes of water, salt and suspended sediment in a partly mixed estuary[J]. Estuarine, Coastal and Shelf Science, 20: 147 – 167.

Uncles R J, Stephens J A, Barton M L. 1984. Observations of fine – sediment concentrations and transport in the turbidity maximum region of an estuary[M]//Prandle D. Coastal and Estuarine Studies. Dynamics and Exchanges in Estuaries and the Coastal Zone American Geophysical Union: 255 – 276.

Van Rijn L C. 1984. Sediment transport, part Ⅱ: suspended load transport[J]. ASCE J Hydr Engr, 110(11): 1613 – 1638.

Van Rijn L C, Nieuwjaar, M W C, van der Kaay T, et al. 1993. Transport of fine sands by currents and waves[J]. ASCE J Hydr Engr, 119(2): 123 – 143.

Vincent C E, Green M O. 1990. Field measurement of the suspended sand concentration profiles and fluxes and of the resuspension coefficient over a ripple bed[J]. Journal of Geophysical Research, 95: 11591 – 116011.

Wang W S, Ding J. 2003. Wavelet network model and its application to the prediction of hydrology[J]. Nature and Science, 1(1): 67 – 71.

Weltje G J, Maarten A P. 2003. Muddled or mixed? Inferring palaeoclimate from size distributions of deep – sea clastics[J]. Sedimentary Geology, 162: 39 – 62.

Weltje G J, Prins M A. 2007. Genetically meaningful decomposition of grain – size distributions [J]. Sedimentary Geology, 202: 409 – 424.

Weltje G J. 1997. End – member modeling of compositional data: numerical – statistical algorithms for solving the explicit mixing problem [J]. Mathematical Geology, 4(29): 503 – 549.

Wentworth C K. 1922. A scale of grade and class terms for clastic sediments[J]. Journal of Geology, 30: 377 – 392.

Wu F, Yang K. 2004. A stochastic partial transport model for mixed – size sediment: application to assessment of fractional mobility [J]. Water Resources Research, 40: 1 – 18.